"十四五"时期国家重点出版物出版专项规划项目
食品科学前沿研究丛书

食品安全检测与真实性溯源方法及应用

付海燕　佘远斌　主编

科学出版社
北　京

内 容 简 介

本书是一部系统介绍食品安全检测与真实性溯源方法及应用的学术专著，重点阐述了食品风险因子和真实性标志物的高通量筛查方法、可视化信号放大与精准识别检测技术、数据处理方法等的最新研究进展，并结合实际案例深入剖析了技术的可操作性和应用效果。此外，本书还展望了人工智能、基因编辑等前沿技术在食品安全检测与真实性溯源中的应用前景。本书内容全面细致，兼具理论性和实用性的特点。

本书适合作为高等学校食品科学与工程、农业科学及相关专业课程教材，也可供食品行业的技术人员、质量控制人员及政府食品质量检验部门有关人员参考使用。

图书在版编目(CIP)数据

食品安全检测与真实性溯源方法及应用 / 付海燕, 佘远斌主编. -- 北京：科学出版社, 2025.6. -- (食品科学前沿研究丛书). -- ISBN 978-7-03-079902-9

Ⅰ. TS201.6；TS207.7

中国国家版本馆 CIP 数据核字第 2024R44A04 号

责任编辑：贾　超　智旭蕾 / 责任校对：杜子昂

责任印制：徐晓晨 / 封面设计：东方人华

科学出版社 出版

北京东黄城根北街 16 号

邮政编码：100717

http://www.sciencep.com

北京建宏印刷有限公司印刷

科学出版社发行　各地新华书店经销

*

2025 年 6 月第 一 版　　开本：720×1000　1/16

2025 年 6 月第一次印刷　印张：18

字数：360 000

定价：150.00 元

（如有印装质量问题，我社负责调换）

丛书编委会

总主编：陈　卫

副主编：路福平

编　委（以姓名汉语拼音为序）：

　　　　陈建设　　江　凌　　江连洲　　姜毓君
　　　　焦中高　　励建荣　　林　智　　林亲录
　　　　刘　龙　　刘慧琳　　刘元法　　卢立新
　　　　卢向阳　　木泰华　　聂少平　　牛兴和
　　　　庞　杰　　汪少芸　　王　静　　王　强
　　　　王书军　　文晓巍　　乌日娜　　武爱波
　　　　许文涛　　曾新安　　张和平　　郑福平

本书编委会

主　编：付海燕　佘远斌

副主编：陈亨业　魏露雨　胡　瑛

编　委（以姓名汉语拼音为序）：

　　　　车思莹　范　尧　谷惠文　兰　薇

　　　　龙婉君　汪兴财　王　硕　吴美霞

　　　　尹小丽　于永杰　周　莉

前　言

随着全球化进程加速，食品安全事件频发，消费者对食品质量和真实性的要求也在不断提升。食品安全检测与真实性溯源不仅关乎个体健康，更与整个社会的福祉紧密相连，已成为全球关注的焦点。由于食品体系复杂，有害物和真实性标志物繁多、量痕且不明确，传统食品安全检测与真实性溯源技术难以满足日益增长的新需求，存在"检不出、检不准、检不快"的瓶颈问题。为提高我国食品安全检测与真实性溯源技术科技水平，近年来相关技术快速发展，受到了行业广泛关注。

基于本团队10余年对食品安全与真实性溯源方法理论及技术应用体系的深入研究，结合国内外最新研究进展，本书围绕食品安全检测与真实性溯源新技术展开论述。第1章总体概述了食品安全与真实性问题及其常规检测方法，提出了困境与解决方案；第2章和第3章系统阐述了食品风险因子与真实性标志物的高通量筛查方法、精准识别方法与可视化放大技术及数据处理方法的最新研究进展；第4章和第5章分别通过案例分析论述了这些技术在食品安全检测与真实性溯源中的可操作性和实际应用效果；第6章对人工智能等新兴技术在食品安全检测与真实性溯源中的应用提出展望，并对全球食品真实性检测标准与溯源体系的建设提出了建设性意见。本书主要特点为：①学术深度大，兼具理论性和研究性，适合学术研究和高等教育；②内容全面系统，结构合理，涵盖了食品安全检测与真实性溯源的各个方面，从基础原理到实际应用一应俱全；③实用性强，结合了丰富的案例和实际操作方法，适合在科研和实际工作中应用。

本书由中南民族大学付海燕教授和浙江工业大学佘远斌教授主编。浙江工业大学、中南民族大学、长江大学和宁夏医科大学的多位老师参与了编写。每一章均由专业领域研究者编写，以确保内容的准确性和专业性，在此对团队中每一位编者表达感谢。此外，衷心感谢国家自然科学基金提供的资助，为本书的出版提供了重要支持。

由于编者水平有限，本书难免存在不妥或疏漏之处，恳请广大读者和同行提出宝贵意见。

编　者

2025年6月

目　录

第1章　食品安全与真实性概述 ·································· 1
1.1　食品安全与真实性定义及重要性 ·································· 1
　　1.1.1　食品安全与真实性定义 ·································· 1
　　1.1.2　食品安全与真实性重要性 ·································· 2
1.2　食品安全问题概述 ·································· 4
　　1.2.1　食品安全影响因素 ·································· 4
　　1.2.2　食品安全常规检测方法 ·································· 5
1.3　食品真实性问题概述 ·································· 6
　　1.3.1　食品真实性分类 ·································· 6
　　1.3.2　食品真实性常规检测方法 ·································· 8
1.4　食品安全与真实性溯源方法困境及解决方案 ·································· 9
　　1.4.1　食品安全与真实性溯源方法困境 ·································· 9
　　1.4.2　食品安全与真实性溯源方法解决方案 ·································· 10
参考文献 ·································· 11

第2章　食品安全检测与真实性溯源方法 ·································· 13
2.1　食品风险因子和真实性标志物高通量筛查方法 ·································· 13
　　2.1.1　食品风险因子高通量筛查方法 ·································· 13
　　2.1.2　食品真实性标志物高通量筛查方法 ·································· 16
2.2　食品中风险因子结构特征和真实性差异信息的精准识别方法 ·································· 20
　　2.2.1　食品风险因子结构特征和真实性差异信息概述及精准
　　　　　 识别策略 ·································· 20
　　2.2.2　食品风险因子结构特征精准识别方法 ·································· 28
　　2.2.3　差异信息精准识别方法 ·································· 31
　　2.2.4　发展趋势与未来展望 ·································· 37
2.3　食品风险因子和真实性检测信号的可视化放大技术 ·································· 38
　　2.3.1　食品风险因子和真实性可视化检测技术 ·································· 38
　　2.3.2　比色可视化检测传感材料及信号可视化放大技术 ·································· 39

2.3.3　荧光可视化检测传感材料及信号可视化放大技术 …………… 46
　　2.3.4　食品风险因子和真实性检测信号的可视化放大技术
　　　　　发展趋势 …………………………………………………………… 54
参考文献 …………………………………………………………………………… 54

第3章　食品安全检测与真实性溯源数据处理方法 ……………………………… 60
　3.1　食品安全检测与真实性溯源数据处理策略 ……………………………… 60
　3.2　食品安全检测与真实性溯源中常用数据处理方法 ……………………… 61
　　3.2.1　化学计量学方法 ……………………………………………………… 61
　　3.2.2　传统机器学习算法 …………………………………………………… 63
　　3.2.3　深度学习算法 ………………………………………………………… 66
　3.3　食品安全检测与真实性溯源数据处理的挑战 …………………………… 71
　参考文献 ………………………………………………………………………… 72

第4章　食品安全检测案例分析 …………………………………………………… 75
　4.1　食品中农药残留检测 ……………………………………………………… 75
　　4.1.1　纳米效应多元光谱检测农药残留 …………………………………… 75
　　4.1.2　可视化传感检测农药残留 …………………………………………… 82
　4.2　食品中重金属检测 ………………………………………………………… 93
　　4.2.1　纳米效应多元光谱检测汞离子 ……………………………………… 93
　　4.2.2　可视化传感多重检测重金属 ………………………………………… 103
　4.3　食品中其他风险因子检测 ………………………………………………… 120
　　4.3.1　食品中四环素抗生素检测 …………………………………………… 120
　　4.3.2　食品中氨基甲酸乙酯检测 …………………………………………… 127
　　4.3.3　食品中亚硝酸盐检测 ………………………………………………… 135
　　4.3.4　食品中甲醛检测 ……………………………………………………… 142
　参考文献 ………………………………………………………………………… 149

第5章　食品真实性溯源案例分析 ………………………………………………… 156
　5.1　AntDAS色质谱智能分析软件用于真实性标志物筛查 ………………… 156
　　5.1.1　AntDAS色质谱智能分析软件概述 ………………………………… 156
　　5.1.2　AntDAS色质谱解析策略 …………………………………………… 157
　　5.1.3　AntDAS用于茶叶真实性标志物筛查 ……………………………… 164
　　5.1.4　AntDAS用于白酒真实性标志物筛查 ……………………………… 171
　5.2　茶叶真实性溯源 …………………………………………………………… 180

  5.2.1 色质谱鉴定茶叶真实性 ·································· 180
  5.2.2 纳米效应多元光谱鉴别绿茶真实性 ·············· 188
  5.2.3 可视化传感方法鉴别茶叶真实性 ·················· 195
 5.3 白酒和葡萄酒真实性溯源 ·································· 209
  5.3.1 色质谱鉴别葡萄酒真实性 ···························· 209
  5.3.2 三维荧光光谱鉴别白酒真实性 ······················ 216
  5.3.3 可视化传感方法鉴别白酒真实性 ·················· 224
 5.4 药食同源食品真实性溯源 ·································· 233
  5.4.1 色质谱鉴别杭白菊真实性 ···························· 233
  5.4.2 纳米融合光谱鉴别陈皮真实性 ······················ 241
  5.4.3 可视化传感方法鉴别杭白菊产地 ·················· 249
 参考文献 ·· 255

第6章 未来趋势与挑战 ·· 264
 6.1 新型食品安全检测与真实性溯源技术发展 ········ 264
  6.1.1 新型传感技术用于食品安全检测与真实性溯源 ·· 264
  6.1.2 新型检测溯源技术的挑战与机遇 ·················· 265
 6.2 新发风险因子挖掘和检测 ·································· 266
  6.2.1 新发风险因子来源与特征 ···························· 266
  6.2.2 新发风险因子高通量筛查技术 ······················ 267
 6.3 人工智能用于食品安全检测与真实性溯源 ········ 268
  6.3.1 人工智能用于食品安全检测 ·························· 268
  6.3.2 人工智能用于食品真实性溯源 ······················ 269
  6.3.3 食品安全检测与真实性溯源未来发展方向 ···· 270
 6.4 全球食品真实性检测标准和溯源体系建设 ········ 270
  6.4.1 全球食品真实性检测标准现状 ······················ 271
  6.4.2 全球食品真实性检测标准建设路径 ·············· 272
  6.4.3 全球食品溯源体系建设 ································ 273
 参考文献 ·· 273

第1章 食品安全与真实性概述

1.1 食品安全与真实性定义及重要性

食品是人类赖以生存和发展的物质基础。我国国民经济持续增长，农业领域实现了主要农产品供需基本平衡、年年有余的历史性转变。2024年，我国粮食年产量在连续9年稳定在1.3万亿斤（1斤=500 g）以上的基础上，首次迈上1.4万亿斤新台阶，人均粮食占有量达到500 kg左右。与此同时，我国食品加工业也快速发展，形成了比较完备、能够基本满足人民生活需要的加工工业体系。2024年，全国4.3万家规模以上食品工业企业营业收入90652.5亿元，占全国规模以上工业企业营业收入的6.6%。"十三五"以来，国家陆续发布了《"健康中国2030"规划纲要》《国民营养计划（2017—2030年）》《健康中国行动（2019—2030年）》等文件，将健康中国建设提升至国家战略地位。健康饮食正在成为全球性消费新趋势，我国食品工业已进入以"营养与健康"为导向的转型发展期。食品工业是国民经济的支柱性产业和保障民生的基础性产业，其在践行大食物观、打造朝阳产业、服务乡村振兴、助力健康中国方面发挥着重要作用。

1.1.1 食品安全与真实性定义

随着经济的发展、文化的进步、生活水平的提高，人们越来越注重自身的营养和健康，饮食的观念已经从吃得饱转变为吃得好、吃得安全、吃得健康。"国以民为本，民以食为天，食以安为先，安以质为本，质以诚为根。"这句话生动地描述了食品三大属性，即食品质量、食品安全与食品真实性（图1.1），它们共同构成了食品完整性。

图1.1 食品三大属性

1. 食品质量

GB/T 15091—1994《食品工业基本术语》中，食品质量的定义为"食品满足规定或潜在要求的特征和特性总和，反映食品品质的优劣"。它不仅包括食品的外观、品质规格、数量、包装，也包括食品安全。食品的总特征和特性在食品标准中都有具体体现，如感官特征、理化指标和微生物指标等。ISO9000：2015《质量管理体系——基础和术语》规定，食品质量指食品的一组固有特性满足消费者要求的程度，既包括外形（大小、形状、颜色、光泽和稠度）、质构和风味在内的外在因素，也包括分组标准（如蛋类）和内在因素（化学、物理、微生物性的不安全因素）。也可以采用普遍接受的质量定义，将食品质量定义为"食品的一组固有特性满足要求的程度"。

2. 食品安全

根据1996年世界卫生组织（WHO）的定义，食品安全指"对食品按其原定用途进行制作、食用时不会使消费者健康受到损害的一种担保"。《中华人民共和国食品安全法》规定，食品安全是指食品无毒、无害，符合应有的营养要求，对人体健康不造成任何急性、亚急性或者慢性危害。国际食品卫生法典委员会（CAC）则将食品安全定义为：消费者在摄入食品时，食品中不含有害物质，不存在引起急性中毒、不良反应或潜在疾病的危险性，不会导致消费者急性或慢性中毒或感染疾病。

3. 食品真实性

食品真实性的概念于1998年由国际科技界正式提出，2013年欧洲"马肉风波"后引发全球广泛关注。国际食品法典委员会食品完整性和食品真实性电子工作组提出"食品真实性指食品的性质、来源、身份和要求是真实和无可争议的，并且满足预期的性质"。为规范我国食品真实性科技名词术语，中国食品科学技术学会食品真实性与溯源分会在2024年发布的《食品真实性科学共识》中，参考国际相关定义，对食品真实性做出如下定义：食品真实性是指食品在符合安全和质量要求的基础上，其本质、来源、特性和声称是真实的、无可争议的，且满足预期的性质（中国食品科学技术学会食品真实性与溯源分会，2024）。

1.1.2　食品安全与真实性重要性

近年来，食品安全与掺假造假事件频发给食品质量安全管理带来了严峻挑战。例如，2023年3月，中国中央电视台曝光多家企业涉嫌生产假"泰国香米"，在大米中掺杂香精，使其具有香米的特殊香味；2023年6月，江西省某高校学生在食堂饭菜中发现疑似老鼠头的异物；2023年7月，河南省永城市两名女子因食用储存不当的凉皮食物中毒，起因是凉皮在潮湿、阴暗的环境中发酵产生米酵菌酸，导致两人米酵菌酸中毒。此外，经济利益驱动型食品掺假使假（食品欺诈）也日益凸显，如进口葡萄酒掺水、品牌大米仿冒掺假、冰醋酸勾兑食醋、名优白酒造假等，不仅侵害了消费者利益，影响消费信心，造成了信任危机；还严重扰乱食品行业公平竞争秩序，造成"劣币驱逐良币"现象，严重制约了我国食品产业高质量发展，同时也给政府监管带来了难题（中国食品科学技术学会食品真实性与溯源分会，2024）。因此，保障食品安全与真实性至关重要，具体表现在以下几个方面。

1. 保障生命健康，维护社会稳定

食品安全与真实性关系到人民生命和健康，保障食品安全与真实性是维护人民基本权益的重要措施之一。食品中存在着各种致病菌、有害物质等，如果不合理使用农药、添加剂等化学物质，在食用过程中就可能影响人体健康。因此，保障食品安全与真实性是保障生命健康的必要手段。此外，食品安全与真实性问题容易引发社会恐慌，进而影响社会稳定。一旦发现食品安全与真实性问题，如未能及时有效处理，就会导致消费者产生恐慌和不信任心理，甚至引发各种突发事件，危及社会稳定。因此，保障食品安全与真实性也是维护社会稳定的需要。

2. 树立企业品牌，促进经济发展

对于食品企业，保障食品安全与真实性是树立企业品牌的关键之一。只有保证产品质量、食品安全与真实性，才能赢得消费者信任，进而获得市场份额和良好口碑，并最终提高企业竞争力。同时，食品安全与真实性不仅关系到人民健康，也关系到经济发展。如果出现严重的食品安全与真实性问题，不仅会导致公众恐慌和社会动荡，也会影响食品工业企业的正常生产经营，进而影响整个国家经济发展。因此，保障食品安全与真实性也是促进经济发展的需要。

3. 建立国际形象，提高国际影响

随着全球化的深入推进，食品安全与真实性问题已成为世界各国共同关注的焦点。一个国家的食品安全与真实性标准和认证体系在国际上是否受到关注和认可，直接影响着该国国际形象的好坏和商务往来。因此，保障食品安全与真实性也是建立国际形象和提高国际影响的重要手段。

1.2　食品安全问题概述

1.2.1　食品安全影响因素

1. 环境污染

随着现代科学技术的迅猛发展，各种新产品层出不穷，这些新产品不仅在生活上给人们带来了便利，也推动了新兴产业的发展。但是工业快速发展的同时，"三废"问题也日益严峻。如果处理不当就会带来严重的环境污染，污染水源、空气和土壤，使农畜产品及水产品产生铅、汞等重金属及多环芳烃等其他化学物质残留的问题。除此之外，养殖种植过程中的人为原因，如过度使用农药和兽药，也直接影响我国农畜产品和水产品的质量，加剧了食品工业原料的源头污染。直接食用或以这些污染农副产品作为原料加工出来的食品，就会给我们的健康带来不可避免的伤害，因此环境的污染给食品安全埋下了众多不利的影响。

2. 生物性污染

生物性污染所引发的疾病范畴广泛，主要涉及由微生物引发的食源性疾病，以及这些微生物代谢产生的毒素对人体健康构成的潜在风险。食源性疾病在我国当前食品安全领域占据突出位置，是威胁公众健康的主要因素，其中细菌和病毒为首要病因。生物性污染的具体形态涵盖细菌及其产生的毒素、真菌及其分泌的毒素，以及病毒的广泛存在形式。遗憾的是，我国至今尚未构建出一个全面而完善的食源性疾病报告体系。生物性污染已成为影响食品安全的首要因素。细菌对食品的污染途径多样，具体包括：食品原料因其多样性和广泛来源，易受不同程度和种类的细菌污染；食品加工过程中的任一环节均可能成为细菌侵入的途径；食品的储存、运输及销售阶段同样面临着细菌污染的风险。特别值得注意的是霉菌及其产生的毒素对食品的污染，其危害主要体现在两个方面：一是霉菌直接导致食品变质，使食品降低乃至丧失食用价值；二是霉菌毒素能引发人类食物中毒，对健康构成严重威胁。更为复杂的是，食品中天然存在的某些成分（如有毒蛋白质、有毒氨基酸、生物碱、蘑菇毒素、微生物及真菌代谢产生的毒素、食源性细菌毒素、河豚毒素和藻类毒素等）也对食品安全构成了挑战，它们对健康的潜在威胁已成为一个亟待关注的重要问题。

3. 食品非法添加

食品添加剂在食品加工中具有不可替代的重要作用，不但可以改善食品香、味等感官特征，而且可以提高储存性及便利性。科学地添加一定限量的食品添加剂对人体是无害的。所以，国家对食品添加剂的使用量做了明确的规定。但是，一些生产加工企业为了个人利益，在食品制作过程中加入非可食用添加剂或加大添加剂的使用剂量。例如，为了让面粉更白，违规加入增白剂过氧化苯甲酰；卤制品中为色泽靓丽而加入过量的亚硝酸盐等。这样超量使用或者超范围使用食品添加剂，尤其是将工业添加剂非法添加到食品中，可导致食用者恶心、乏力、呕吐甚至死亡等急性中毒或者引起畸变、癌变等危害。

1.2.2　食品安全常规检测方法

食品安全检测按照国家标准，借助先进精密的食品检测仪器，使用科学合理的检测方法来检测食品中可能威胁消费者健康的隐患物质，使食品生产企业了解当前的食品安全情况，有效提升食品安全质量，在食品生产行业中形成良性竞争的企业气氛，从而带动整个食品生产行业的健康发展。现代食品安全常规检测方法大致可以分为3大类：光谱分析法、色谱分析法、生物检测法（谭明乾，2024）。

1. 光谱分析法

光谱分析法是利用物质发射、吸收电磁辐射以及物质与电磁辐射的相互作用而建立起来的一种方法，是通过辐射能与物质组成和结构之间的内在联系及表现形式，以光谱测量为基础形成的方法。光谱分析是一种无损的快速检测技术，分析成本低。其中，拉曼光谱、红外光谱、近红外光谱以及荧光光谱等在食品安全检测中应用较广泛。

2. 色谱分析法

色谱分析法实质上是一种物理化学分离方法，即当两相（固定相和流动相）做相对运动时，由于不同的物质在两相中具有不同的分配系数（或吸附系数），通过不断分配（即组分在两相之间进行反复多次的溶解、挥发或吸附、脱附过程）从而达到各物质被分离的目的。目前，色谱分析法已经发展成熟，具有检测灵敏度高、分离能效高、选择性高、检测限低、样品用量少、方便快捷等优点，已被广泛应用于食品工业的安全检测。色谱分析法中常用的方法有气相色谱法、高效液相色谱法、薄层色谱法和免疫亲和色谱法等。

3. 生物检测法

生物检测法近年来飞速发展，且在食品检测中备受关注。利用生物材料与食品中化学物质反应，从而达到检测目的的生物检测法在食品检验中显示出巨大的应用潜力，具有特异性生物识别功能、选择性高、结果精确、灵敏、专一、微量和快速等优点。目前应用较广泛的方法有酶联免疫吸附技术、聚合酶链反应技术、生物传感器技术以及生物芯片技术等。

1.3 食品真实性问题概述

1.3.1 食品真实性分类

食品欺诈和食品真实性是从正反两方面阐述食品的真伪问题，而经济利益驱动掺假只是食品真实性问题的一个方面。目前，食品真实性研究主要涉及3个方面：食品真伪鉴别、产地溯源、非法添加物检测（Zhong et al.，2022）。

1. 食品真伪鉴别

食品掺假屡见不鲜，至今仍然是一个令人担忧的问题。据调查发现，包括肉及肉制品、水产品、牛奶和奶制品、食用油、燕窝、葡萄酒、蜂蜜，甚至面粉在内的食品掺假发生率都在增加。其中，肉类食品的掺假现象更是频繁发生，由于掺假肉类食品绝大部分添加了调味料、香精、香料，且经过多次加工，仅通过感官无法完全辨别。针对此类问题，迫切需要完善的监管体系和适宜的检测技术对食品真伪进行鉴别，以保障食品的真实性。

2. 产地溯源

食品产地溯源已成为政府当局、食品行业和消费者关注的问题。瑞士的一项评估指出，食品的原产地对于82%顾客的购买决策非常重要，而肉类的原产地则是71%顾客做出购买决定的一个非常关键的因素。食品产地溯源技术是为保护地区品牌和特色产品、防止食品掺假和食源性疾病扩散、确保食品安全、降低公司召回成本而建立起来的一系列追溯检测技术。

3. 非法添加物检测

食品的非法添加物指的是那些未经国家标准允许添加到食品中的外来物质，非法添加已成为我国食品真实性问题的监管重点。针对非法添加这一监管难题，2008~2011年，我国相继发布了6批"食品中可能违法添加的非食用物质和易滥用的食品添加剂名单"，共涉及151种非法添加物。食品中的非法添加物种类繁多，数量较大，现行的相关检测标准及方法所能涉及的非法添加种类和范围比较有限，这也导致了某些违法添加行为处于监测盲区，因此很难对不法商贩的违法行为进行准确判定与评估。

随着食品品种日益丰富，加工手段日益多样化，食品真实性问题的内涵也在不断地演变和延伸。Moore 等（2012）在调查研究中指出，食品真实性问题主要包括 3 种类型：替换、增加、移除。Ortea 等（2016）定义了目前与食品真实性相关的挑战，主题包括地理来源识别、品种掺假鉴别、物种掺假鉴别、成分组成比例的确定、饲养方式、转基因生物的检测、标签错误标识和非法添加的检测等。此外，食品的真实性还包括生产工艺、产品成分、新鲜度和品牌等的真实性，其目的已呈多维度多元化需求（陈颖，2021），见表 1.1。

表 1.1 食品真实性分类及代表案例

维度	类别	代表案例
真假鉴别	伪造鉴别	以假乱真：用酒精、糖精、香精等"三精一水"勾兑假红酒；用银耳、猪皮、明胶等伪造燕窝 以次充好：棘鳞蛇鲭（油鱼）冒充鳕鱼；亚香棒虫草（霍克斯虫草）冒充冬虫夏草
	掺假（杂）鉴别	牛奶、果汁兑水稀释；蜂蜜中掺入果葡糖浆；红薯淀粉中加入低值木薯粉
	工艺鉴别	浓缩汁还原果汁冒充 NFC 鲜榨果汁；橄榄果渣油冒充初榨橄榄油；复原乳代替生鲜牛乳
种类鉴别	物种鉴定	食品中动植物成分鉴定；调和油中食用油种类及配比鉴定
	品种鉴定	泰国香米的鉴定；山羊乳与牛乳的鉴定
	清真或民族特色食品鉴别	清真食品中非清真成分的检测
品质评价	有机、天然食品鉴别	有机牛奶鉴别；散养鸡蛋鉴别
	新鲜度鉴别	蜂王浆新鲜度鉴别；新鲜三文鱼肉与冷冻化冻三文鱼肉鉴别
	功能、营养成分鉴别	保健品中功能成分检测；食品中主要标志性营养成分鉴别
	年份鉴别	年份酒鉴别；年份醋鉴别
	等级鉴别	绿茶等级鉴别；
溯源检测	地理标志产品	吐鲁番葡萄干鉴别；帕尔玛火腿鉴别
	原产地保护	镇江恒顺香（陈）醋系列产品鉴别；意大利巴里地区的阿古利尔罗拉庄园产的克鲁托（Crudo）橄榄油鉴别
	珍稀动植物保护	鱼翅和鲨鱼软骨中鲨鱼种类鉴别；鹿产品中梅花鹿等鹿种类鉴别
标签符合	转基因食品标注	转基因食品中外源基因定性定量检测
	过敏原标注	过敏原食物种类鉴别；致敏蛋白及含量检测
法庭证据	违禁成分检测	国家卫生健康委员会公布的 6 批"食品中可能违法添加的非食用物质和易滥用的食品添加剂名单"中非食用物质的检测
	食品走私	走私冻肉；走私水产
	食品反恐	"食品炭疽"；"蓄意投毒"

1.3.2 食品真实性常规检测方法

近年来，食品造假、以次充好、标示虚假产地等频繁发生，食品真伪鉴别、产地溯源、非法添加物的检测等食品真实性问题成为举世关注的热点。目前，用于食品真实性的鉴别技术主要包括 3 类（张勤等，2024；陈颖等，2019）。

1. 理化检测法

从分析化学的角度来看，真实属性不同的食品，其内在的化学成分必然存在差异。以光谱、色谱和质谱为代表的理化分析技术，通过对产品的主要成分、特定成分或标志物及各种代谢物进行检测分析，为检测食品的真实属性提供了可能。例如，稳定同位素作为生物（包括食品）的一种天然印记，能够携带环境因子的信息。在自然界中，生物体不断与外界环境进行物质交换，体内同位素组成受气候、环境、生物代谢类型等因素的影响而发生自然分馏效应，从而使不同来源的同位素自然丰度存在差异。研究人员利用稳定性同位素质谱仪测定丰度，实现了大米等农产品的原产地验证和鉴别。又如，植物由于受到外界环境气候的影响，其内部代谢物的种类或含量会存在差异，本课题组基于此原理采用紫外-可见分光光度法（Gu et al., 2023）、激发-发射矩阵荧光法（Wu M et al., 2024a）、液相色谱法（Peng et al., 2021；Gu et al., 2020）和液相色谱-质谱法（Yin et al., 2024；Zou et al., 2024；Li et al., 2023；Pan et al., 2022）等技术实现了茶叶和葡萄酒的真实性鉴别。

2. 分子生物学检测法

基因是生物遗传信息的载体，以脱氧核糖核酸（DNA）的形式存在于所有组织和细胞中。由于遗传信息直接决定生物的本质，所以通过基因来鉴别生物物种是最具权威性和科学性的方法。在技术层面上，随着 20 世纪末分子生物学技术的发展，对基因信息进行快速、准确分析的各种方法不断出现，如聚合酶链反应（polymerase chain reaction，PCR）、实时荧光 PCR、数字 PCR、分子指纹、基因芯片、基因测序、基因条形码等，可以快速地分辨食品中使用的所有动植物原料成分、过敏原物种成分和转基因成分。由于生物型的差异直接反映在基因序列的差异上，不受季节、环境和加工条件等限制和影响，因此以 DNA 为基础的分子生物学检测法被认为是食品真实性鉴别中最有效的方法之一。例如，采用基于基因组学的食品真实性鉴别方法可以快速地分辨食品中使用的所有动植物原料成分，并对同一种原料的不同品系、产地进行精细区分，甚至追溯到特定的生物个体（陈颖，2021）。

3. 智能感官检测法

智能感官技术是基于人类感官仿生技术开发的智能检测系统，近年来被广泛应用于食品真实性鉴别和产地溯源检测，具有精确度高、检测速度快、操作简单、成本低等优势（王铁龙等，2023）。尽管智能感官设备的研究对象有所差异，但设备组成和工作原理具有一定的相似性，一般都包括传感器阵列、数据处理单元和模式识别系统。传感器阵列模拟人类的嗅觉、味觉和可视化，并获取具有样本综合特征的响应信号；数据处理单元则通过处理外部刺激模拟神经系统的复杂维度，并将处理结果传输到模式识别系统；模式识别系统在生物系统中充当"大脑"，区分不同的测量样本。常见的智能感官检测设备主要有电子鼻、电子舌、电子眼以及其他通过化学或生物方法构筑的仿生传感器，它们分别通过获取的香气、滋味以及外观信号描述和表征检测对象的综合风味品质。例如，本课题组构筑了系列仿生阵列传感器结合智能的机器学习算法可实现茶叶（Fan et al., 2022）、白酒（Wu M et al., 2024b；Wu Q et al., 2024；Zhu et al., 2024）、药食同源食品（Long et al., 2024；2023）的品种、产地、等级鉴别（Chen et al., 2021）。

1.4　食品安全与真实性溯源方法困境及解决方案

1.4.1　食品安全与真实性溯源方法困境

1. 检测方法标准化程度不足

目前，我国食品安全与真实性检测方法标准化程度还有待提高。以农药残留检测为例，不同实验室采用的预处理方法、检测仪器种类和操作步骤各不相同，导致检测结果差异较大。液相色谱-质谱法被广泛用于农药残留检测，但实验室间采用的离子源类型、检测模式、色谱柱种类等参数可能不同，使定量检测结果缺乏可比性。在食品中兽药残留检测中，样品基质复杂多样，不同基质采用统一的提取纯化方法往往难以达到最佳回收率和基质效应控制，影响检测灵敏度。此外，国内外标准规定的兽药残留检测方法也有差异，如欧盟规定氯霉素检测采用液相色谱-质谱法，而我国部分检测单位仍沿用酶联免疫吸附法，这两种方法的检测限相差近 10 倍。微生物检测领域同样面临标准不统一的问题，如传统沙门氏菌菌落计数法与新兴的沙门氏菌核酸扩增技术结果差异明显，但标准并未规定哪种方法较优。

2. 仪器设备精度和灵敏度有限

当前，食品安全与真实性检测技术虽然取得了长足进步，但仪器设备的精度和灵敏度仍然存在一定局限性。以重金属检测为例，电感耦合等离子体质谱是公认的"金标准"，但由于基质干扰效应，在复杂基质样品中准确测定痕量重金属依然困难。食品中砷的毒性与其存在的形式及价态有关，有机砷的毒性小于无机砷，五价砷的毒性小于三价砷，但目前常用的氢化物发生原子荧光光谱法难以区分不同价态的砷化物，易低估砷带来的风险。对于一些极性较强的农药，如氨基甲酸酯类，气相色谱检测法存在色谱峰拖尾、灵敏度不足等问题。针对低浓度有机污染物，如多氯联苯和二噁英，大体积进样技术可提高检测灵敏度，但进样量超过 10 μL 时，易导致色谱柱污染和基线漂移。此外，大多数商品化快检设备只能对特定指标进行定性或半定量分析，在准确度和重现性方面难以满足监管需求。

3. 现场快速检测技术性能不足

现场快速检测技术虽具有便捷、实时、高通量的优势，但在实际应用中仍面临诸多局限。以侧向流动分析为代表的免疫层析技术被广泛用于食品中农药残留、真菌毒素等有害物质的快速筛查，但抗体特异性不足，容易出现假阳性结果，导致不必要的产品召回和经济损失。基于三磷酸腺苷（adenosine triphosphate，ATP）荧光法的微生物快速检测技术可在数小时内获得结果，但 ATP 本身并非微生物特有成分，食品基质中游离的 ATP 会显著影响检测结果的准确性。近红外光谱技术作为一种无损检测手段，在肉制品脂肪酸组成分析、农产品品质无损评估等领域展现出良好应用前景，但其模型的泛化能力有限，且易受到样品状态、环境温度、湿度等因素的影响，在复杂基质中的稳健性有待提高。此外，大多数快速检测设备缺乏有效的现场校准手段，试剂盒的质量不稳定，使检测结果缺乏可追溯性。

1.4.2　食品安全与真实性溯源方法解决方案

综上所述，食品安全与真实性是关系国计民生的重大问题，也是国家重大战略需求。但由于食品基质复杂、原料来源广、时空跨度大，有害物和真实性标志物种类繁多、结构类似、量痕且不明确，传统的食品安全与真实性检测方法难以满足日益增长的新需求，存在"检不出、检不准、检不快"的瓶颈问题。面对这些挑战，本课题组经过十余年的系统深入研究，建立了食品安全与真实性溯源方法理论及技术应用体系，实现了理论创新、技术革新、装备焕新。具体解决方案如下：

（1）阐明食品中结构类似痕量标志物与源内裂解质谱信号的关系及解析机制，建立"自适应高灵敏降噪→动态时间精准规整→重叠峰智能解析→特征信号无偏识别"的化合物高通量筛查和识别新方法，研发具有自主知识产权的色质谱智能解析新软件 AntDAS，相较于 XCMS（美国）、MS-DIAL（日本）等软件，化合物检出率提升了 20% 以上，并有效地避免了假阳性，实现了食品中真实性标志物的全覆盖式筛查。

（2）揭示食品中真实性标志物和有害物细微差异结构的氮锌配位、靶向螯合、扭曲分子内电荷转移等特异性识别机制，构筑具有特异性识别位点的量子点、金纳米颗粒和纳米卟啉等传感材料，建立了纳米增效多元谱学检测新方法，灵敏度相较于同类技术提高了1~2个数量级，实现了食品中结构类似痕量真实性标志物及有害物的高灵敏精准识别和定量。

（3）明确可视化传感制备方法对传感材料空间隔离和限域增敏的影响机制，通过高能级激发态调控、内标比例型发色团修饰等方法实现了探针跨色域信号精准调控，研发高灵敏、强色变的可视化探针及传感元件，创制具有高识别效能的液体、纸基以及凝胶可视化传感新装置并研发了智能表征手机APP，检测时间缩短了50%以上，实现了食品中结构类似痕量真实性标志物和有害物的现场快速检测。

本书后续章节将详细阐述上述创新性成果的具体原理、方法及应用。

参 考 文 献

陈颖. 2021. 基于组学技术的食品真实性鉴别技术. 北京：科学出版社.

陈颖, 张九凯, 葛毅强. 2019. 基于文献计量的食品真实性鉴别研究态势分析. 食品安全质量检测学报, 10(24)：8183-8194.

谭明乾. 2024. 现代食品安全学. 北京：科学出版社.

王铁龙, 许凌云, 杨冠山, 等. 2023. 智能感官分析技术在食品风味中的研究进展. 食品安全质量检测学报, 14(8)：37-43.

张勤, 刘宇静, 左婵媛, 等. 2024. 基于文献计量学分析的全球食品追溯研究进展. 食品科学, 45(3)：275-284.

中国食品科学技术学会食品真实性与溯源分会. 2024. 食品真实性科学共识. 中国食品学报, 24(6), 479-485.

Chen H, Zhang L, Hu Y, et al. 2021. Nanomaterials as optical sensors for application in rapid detection of food contaminants, quality and authenticity. Sensors and Actuators B: Chemical, 329: 129135.

Fan Y, Che S, Zhang L, et al. 2022. Dual channel sensor array based on ZnCdSe QDs-KMnO$_4$: An effective tool for analysis of catechins and green teas. Food Research International, 160: 111734.

Gu H W, Yin X L, Ma Y X, et al. 2020. Differentiating grades of Xihu Longjing teas according to the contents of ten major components based on HPLC-DAD in combination with chemometrics. LWT, 130: 109688.

Gu H W, Zhou H H, Lv Y, et al. 2023. Geographical origin identification of Chinese red wines using ultraviolet-visible spectroscopy coupled with machine learning techniques. Journal of Food Composition and Analysis, 119, 105265.

Li Z Q, Yin X L, Gu H W, et al. 2023. Revealing the chemical differences and their application in the storage year prediction of Qingzhuan tea by SWATH-MS based metabolomics analysis. Food Research International, 173: 113238.

Long W, Guan Y, Lei G, et al. 2024. Machine learning-assisted visual sensor array for identifying the origin of Lilium bulbs. Sensors and Actuators B: Chemical, 399: 134812.

Long W, Wang S, Chen H, et al. 2023. Rapidly identifying the geographical origin of lilium bulbs by nano-effect excitation-emission matrix fluorescence combined with chemometrics. Journal of Food Composition and Analysis, 123: 105618.

Moore J C, Spink J, Lipp M. 2012. Development and application of a database of food ingredient fraud and economically motivated adulteration from 1980 to 2010. Journal of Food Science, 77(4): R118-R126.

Ortea I, O'Connor G, Maquet A. 2016. Review on proteomics for food authentication. Journal of Proteomics, 147: 212-225.

Pan Y, Gu H W, Lv Y, et al. 2022. Untargeted metabolomic analysis of Chinese red wines for geographical origin traceability by UPLC-QTOF-MS coupled with chemometrics. Food Chemistry, 394: 133473.

Peng T Q, Yin X L, Gu H W, et al. 2021. HPLC-DAD fingerprints combined with chemometric techniques for the authentication of plucking seasons of Laoshan green tea. Food Chemistry, 347: 128959.

Wu M, Fan Y, Zhang J, et al. 2024a. A novel organic acids-targeted colorimetric sensor array for the rapid discrimination of origins of Baijiu with three main aroma types. Food Chemistry, 447: 138968.

Wu M, Zhang J, Fan Y, et al. 2024b. Esters-targeted colorimetric sensor array for the authenticity discrimination of strong-aroma baijiu with different origins. Food Chemistry, 453: 139560.

Wu Q, Geng T, Yan M L, et al. 2024. Geographical origin traceability and authenticity detection of Chinese red wines based on excitation-emission matrix fluorescence spectroscopy and chemometric methods. Journal of Food Composition and Analysis, 125: 105763.

Yin X L, Fu W J, Chen Y, et al. 2022. GC-MS-based untargeted metabolomics reveals the key volatile organic compounds for discriminating grades of Yichang big-leaf green tea. LWT, 171: 114148.

Yin X L, Peng Z X, Pan Y, et al. 2024. UHPLC-QTOF-MS-based untargeted metabolomic authentication of Chinese red wines according to their grape varieties. Food Research International, 178: 113923.

Zhong P, Wei X, Li X, et al. 2022. Untargeted metabolomics by liquid chromatography-mass spectrometry for food authentication: A review. Comprehensive Reviews in Food Science and Food Safety, 21: 2455-2488.

Zhu Y, Xiang F, Su Y, et al. 2024. Authenticity identification of high-temperature Daqu Baijiu through multi-channel visual array sensor of organic dyes combined with smart phone App. Food Chemistry, 438: 137980.

Zou D, Yin X L, Gu H W, et al. 2024. Insight into the effect of cultivar and altitude on the identification of EnshiYulu tea grade in untargeted metabolomics analysis. Food Chemistry, 436: 137.

第 2 章　食品安全检测与真实性溯源方法

2.1　食品风险因子和真实性标志物高通量筛查方法

2.1.1　食品风险因子高通量筛查方法

1. 食品风险因子概述

食品风险因子指可能导致食品安全问题或危害人体健康的各种因素。常见的食品风险因子分为化学、物理、生物或环境等类别,这些风险因子会增加食品的潜在风险。例如,农药残留、兽药残留、重金属污染、真菌毒素等风险因子可能造成急性中毒,甚至致畸,威胁人类健康。食品的绝对安全很难实现,只能通过检测技术和方法的不断发展和革新来控制日益严峻复杂的食品安全问题,尽可能减少不合格食品对人类的威胁。

2. 现代色谱-高分辨质谱高通量筛查方法

近年来,随着毒理学的发展,对农兽药、真菌毒素、食品添加剂以及新型化学危害物的研究日益深入,常规的靶向检测方法已很难满足食品风险评估的要求,对食品中化学性危害物质高通量、高灵敏度检测技术的需求越来越强烈。基于色谱-质谱技术的非靶向高通量、高灵敏度检测技术是目前食品安全领域化学性危害物质高通量筛查的最有力的手段。常用的高分辨率质谱主要包括傅里叶变换离子回旋共振质谱(Fourier transform ion cyclotron resonance mass spectrometry)、磁质谱(magnetic mass spectrometry)、飞行时间质谱(time-of-flight mass spectrometry)及静电场轨道阱质谱(electrostatic field orbitrap mass spectrometry)等。

1)非靶向筛查流程和置信水平

色谱-质谱非靶向筛查过程中,首先进行数据采集,随后利用数据分析软件对采集到的数据进行分析,最后在可靠的置信水平下识别和检测食品危害物。广义的非靶向筛查包括可疑筛查和未知筛查。数据分析过程应充分分析鉴定食品危害物的置信水平,进而评价非靶向筛查结果的可靠性。色谱-质谱非靶向筛查流程如图 2.1 所示。

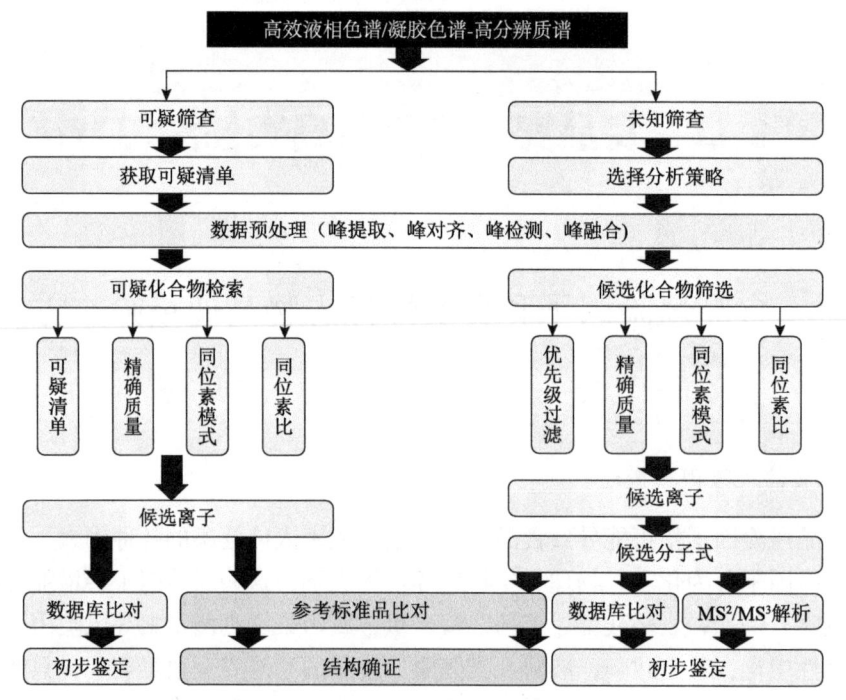

```
         ┌─────────────────────────────────────────┐
         │  高效液相色谱/凝胶色谱-高分辨质谱        │
         └─────────────────────────────────────────┘
                ↓                          ↓
          ┌──────────┐              ┌──────────┐
          │ 可疑筛查 │              │ 未知筛查 │
          └──────────┘              └──────────┘
                ↓                          ↓
        ┌────────────┐              ┌────────────┐
        │获取可疑清单│              │选择分析策略│
        └────────────┘              └────────────┘
                ↓                          ↓
      ┌─────────────────────────────────────────┐
      │ 数据预处理（峰提取、峰对齐、峰检测、峰融合）│
      └─────────────────────────────────────────┘
                ↓                          ↓
        ┌──────────────┐          ┌──────────────┐
        │可疑化合物检索│          │候选化合物筛选│
        └──────────────┘          └──────────────┘
        ↓    ↓    ↓    ↓          ↓    ↓    ↓    ↓
       可疑 精确 同位 同位        优先 精确 同位 同位
       清单 质量 素模 素比        级过 质量 素模 素比
                 式                滤       式
                ↓                          ↓
          ┌──────────┐              ┌──────────┐
          │ 候选离子 │              │ 候选离子 │
          └──────────┘              └──────────┘
                                           ↓
                                     ┌──────────┐
                                     │候选分子式│
                                     └──────────┘
           ↓           ↓               ↓           ↓
      ┌────────┐ ┌──────────┐    ┌────────┐ ┌─────────┐
      │数据库比│ │参考标准品│    │数据库比│ │MS²/MS³解│
      │对      │ │比对      │    │对      │ │析       │
      └────────┘ └──────────┘    └────────┘ └─────────┘
           ↓          ↓                ↓          ↓
      ┌────────┐ ┌──────────┐    ┌────────┐
      │初步鉴定│ │结构确证  │    │初步鉴定│
      └────────┘ └──────────┘    └────────┘
```

图2.1 色谱-质谱非靶向筛查流程

在质谱定性分析中，化合物鉴定的可靠性值得关注。目前，质谱在小分子化合物结构鉴定中的置信度共分为5个：水平1为最理想情况下，使用标准物质的一级质谱（MS^1）、二级质谱（MS^2）、保留时间匹配来确认所提出的结构；水平2定义为所检测物质的MS^2谱图和MS^2标准谱图相匹配；水平3定义为通过MS^1谱图、碎片谱图以及实验数据，推测化合物可能的结构，然而对于位置异构体很难提供确切的结构信息；水平4定义为获得物质准确的分子式；水平5的置信度最低，定义为仅获得感兴趣物质的精确质荷比（m/z）（图2.2）。因此，化合物的质谱分析仍然具有相当的不确定性，特别是那些命名时缺乏足够的质谱信息的化合物（水平4和水平5），置信度通常会比较低。

2）高通量筛查分析策略

根据不同样品类型和检测目的，非靶向筛查的分析策略可分为代谢组学、数据库、质谱裂解特征、分子网络等策略。

（1）代谢组学策略。代谢组学策略是通过统计学手段对不同类型的食品样品进行整体分析，以发现具有统计学意义的差异化合物，是发现和鉴定未知危害物的有效手段。目前，数据统计学手段主要有非监督模式识别和监督模式识别两种模式。主成分分析（principal component analysis，PCA）、层次聚类分析（hierarchical

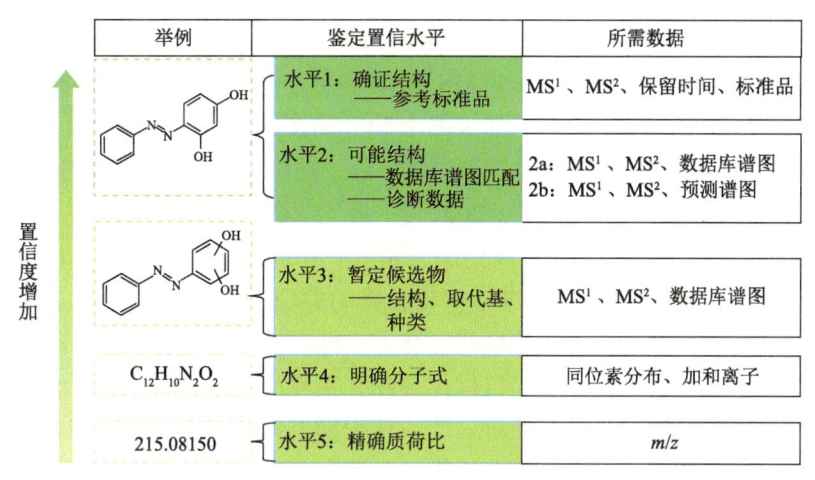

图 2.2 高分辨率质谱非靶向筛查候选化合物的鉴定置信水平

cluster analysis，HCA）等是广泛使用的非监督模式识别，可对完全未知类型样品的原始数据进行分析和有效降维，并对具有相似特征的目标化合物进行聚类，最终筛选具有相似特征的目标化合物。偏最小二乘判别分析（partial least squares-discriminant analysis，PLS-DA）、人工神经网络（artificial neural network，ANN）等是广泛应用的监督模式识别，依据样品类型建立数据模型和已知类型样品的数据分析，对未知样品进行辨识、聚类和预测，进而用于未知类型样品中的差异化学危害物的筛查。

（2）数据库策略。数据库策略是不预设分析物信息或只预设范围，在数据库范围内进行筛查和鉴定。一级质谱库主要包括化合物的名称、CAS 号、分子式、精确分子量、前体离子质荷比、同位素模式、保留时间等信息。二级质谱库主要包括化合物碎片离子的质荷比、丰度比、同位素比和同位素模式等信息。化合物的筛查和鉴定可依据开源数据库、自建数据库、商品化数据库和模拟数据库等。Pubchem、MetaboAnalyst 和 mzCloud 等开源数据库以及实验室自建数据库是食品风险因子筛查和鉴定的重要支撑。

（3）质谱裂解特征策略。质谱裂解特征策略是根据结构相似的化合物通常具有相似质谱裂解途径和碎片离子的理论，依据已知成分的碎裂模式筛查结构相似的未知化合物。根据筛查出的精确分子量初步推断出分子式，再通过其他结构推导手段进行结构鉴定。根据化合物能产生共同碎片、共同中性丢失、诊断离子等裂解特征，依据共同碎片离子质荷比、共同中性丢失分子量和诊断离子质荷比筛查未知的结构类似物。该策略能够在无标准品或标准品较少的情况下实现系列结构相似的食品风险因子的非靶向筛查。

（4）分子网络策略。分子网络策略是一种新的非靶向筛查策略，该策略采用 MS^2 数据组织及可视化平台，每个 MS^2 谱图被视为一个矢量，并使用余弦相似度与所有其他 MS^2 谱图进行比较。如果两个 MS^2 谱图的相似性高于阈值，则它们将在分子网络中连接在一起。通过这种方式，分子网络允许基于 MS^2 数据库中的已知化合物对未知化合物进行筛查。2021 年，叶文才教授团队在传统分子网络技术基础上首次提出基于生源砌块的分子网络（building block-based molecular network，BBMN）策略，以促进新型化合物的发现。该策略根据化合物的 MS^2 谱图中显示的特征性的离子碎片峰或（和）中性丢失碎片峰进行生源砌块识别，再结合分子网络分析，精准锁定目标化合物，实现快速分离。与传统的分子网络技术相比，BBMN 策略选择性更强，能快速识别目标化合物。另外，BBMN 策略在选择性过滤的基础上可简化待分析物的数据集，快速实现分子网络可视化，有利于潜在或新型食品风险因子的发现。

3. 总结

近年来，随着广大消费者对各类食品的日益关注和市场需求不断增长，有必要更加深入地了解潜在的风险因素，并开发相应的灵敏可靠的检测方法来评估其安全水平。本节详细讨论了食品中潜在危险因素的分类、来源、发生和检测方法。潜在危险因素主要包括霉菌毒素、农药残留、有毒金属元素等。常用的检测方法包括色谱法、色谱-质谱法、电感耦合等离子体等，其中色谱-质谱法作为高通量检测的首选方法，具有快速、高效、低成本、准确的特点，但面对日益严峻的食品安全问题和越来越多的污染物，仍需要更新颖的质谱检测技术予以支持。考虑到食品中风险因子筛查的难点在于食品基质复杂、潜在风险物质不明、新污染物和未知风险因子层出不穷等问题，未来色谱-质谱检测技术的突破点应重点包括：①加快新型样品前处理技术和多维色谱技术的研发，提高提取净化效率和方法分离效能；②不断补充已有风险物质的质谱数据信息，完善已有的质谱数据库；③加快非靶向筛查方法的标准化进程，推动数据处理流程的自动化和标准化，提高筛查的准确率和效率。

2.1.2 食品真实性标志物高通量筛查方法

食品真实性标志物是指能够用来鉴定食品的产地、品种、加工过程以及是否掺假的特定化学成分、生物分子或其他可测量的特征。这些标志物可以帮助确保食品的真实性，防止欺诈行为，并维护食品的质量和安全。食品真实性标志物大体可分为挥发性和非挥发性两大类，而非挥发性真实性标志物又可分为水溶性代谢标志物和脂质标志物两大类,以下是常见的真实性标志物的高通量筛查分析方法及其应用。

1. 挥发性标志物

食品的挥发性成分是相关食品质量的重点关注问题之一。几种化合物族系是食品各种气味产生的主要原因。此外,食品本身的性质会影响挥发性成分的浓度,这可能是基质成分(如多糖或蛋白质)与芳香化合物之间的选择性相互作用的结果,可能会影响食品中化合物的挥发性,从而影响消费者对它们的感知。因此,食品之间的差异挥发性成分可作为特征标志物实现食品真实性溯源。

气相色谱-质谱(GC-MS)是一种稳定的联用技术,用于分析挥发性化合物以及进行化学衍生化以增加其挥发性的半挥发性化合物,应用比较广泛,然而,一维的 GC-MS 由于分离能力有限,无法完成复杂基质中大量挥发性组分的有效分离,共流峰或者微痕量成分难以有效鉴定。而近年发展起来的二维气相色谱仪-飞行时间质谱仪(GC×GC-TOF-MS),比普通一维 GC-MS 的分辨率更高、峰容量更大、灵敏度更好、分析速度更快,具有很强的分析复杂混合物的能力,是代谢组学领域引入的最快速、最强大的分离技术之一。有研究采用 GC×GC-TOF-MS 鉴定不同产地的沉香的特征香气标志物(Sun et al., 2020),筛选崂山绿茶特征香气成分(Zhu et al., 2021),分析白酒香气类型和产地的香气特征,筛选白酒特征香气标志物(Liu Z P et al., 2023)。

2. 水溶性代谢标志物

代谢物是细胞代谢过程中的底物、中间物和小分子产物,也是常见的生物标志物。代谢组是指生物系统代谢途径中存在的低分子量代谢物的全部总和,是给定时间基因表达和细胞调控过程的产物。每个代谢组的物理和化学特性是异质的,并且涵盖了广泛的浓度范围(至少从 mmol/L 到 pmol/L)。这种浓度范围对所使用的分析技术是一个巨大的挑战。因此,为了捕获整体代谢谱,并检查代谢物的多变量和细微生物学差异,应用涵盖广泛动态范围和高样品通量的灵敏、准确和可重现的分析技术生成可靠的代谢数据是必不可少的先决条件。代谢组学作为生物科学中的一个新兴领域,主要关注特定系统或生物体在特定时间点的小分子代谢物。直到最近,代谢组学被认为是一种接受度高、可重复的技术平台,该技术的大部分工作集中在分子流行病学、毒性评估、功能和营养基因组学、生物标志物发现和鉴定、药物开发和个性化医疗保健。在食品质量和安全问题日益严峻的今天,代谢组学已经成功地应用于食品科学的各个领域,在维持食品安全和食品质量方面显示出了应用前景。在现代食品分析方面,食品代谢组学主要评估食品成分、食品农场、食品质量、食品加工和食品病原体，应用于食品安全控制（评价微生物毒素、过敏原、抗营养原物、食源性病原体、农药）、食品质量（感官特性和营养价值）、食品真实性（掺假和地理来源）和食品可追溯性检测。

由于高分辨率的仪器与分离技术兼容，质谱已逐渐成为应用最广泛的代谢组学的最佳工具。色谱-质谱法在鉴别代谢类食品真实性标志物中的应用为食品质量控制和食品安全检测做出了不可磨灭的贡献。非靶向代谢组学和拟靶向代谢组学可获得丰富的代谢物信息，确保代谢组的高覆盖率，并通过动态多反应监测（MRM）技术监测这些代谢物，获得高质量的可靠数据，在食品真实性标志物的筛选中应用广泛。特征标志物筛选出来后，靶向代谢组的应用可确定目标化合物的精确身份，并绝对定量（表 2.1）。因此，在食品真实性标志物高通量筛查中，非靶向代谢组学、拟靶向代谢组学和靶向代谢组学通常会综合运用起来，最终实现特征标志物的精准识别和准确定量。

表 2.1 非靶向代谢组学、靶向代谢组学、拟靶向代谢组学检测的优缺点

分析方法	优点	缺点
非靶向	无需预知样本所含代谢物具体信息 准确分子量有利于代谢物结构鉴定 无偏向全扫描以检测尽可能多的代谢物	线性范围有限 重复性不好 数据处理复杂
靶向	线性范围宽，定量分析金标准 重复性好、灵敏度高 数据处理过程简单	需要代谢物标准品 代谢物覆盖度有限 无法发现新代谢物
拟靶向	兼具非靶向代谢组学与靶向代谢组学分析优势	代谢物覆盖有限、灵敏度较低、标准化不足

3. 脂质标志物

脂质组学旨在对给定样品中存在的脂质进行全面分析。不同食品的脂质谱有其独特性，通过比较脂质谱的差异性，用于进行食品掺假、品种鉴定、产地溯源等方面鉴别。基于质谱的脂质组学因在特异性、灵敏度、动态范围和高通量方面的应用优势成为近年来的研究热点。食品领域中，基于 MS 的食品脂质组学经典分析流程见表 2.2。由于食品和生物样品中脂质的化学复杂性和浓度范围广，因此使用单一分析策略同时鉴定和定量所有脂质是一项艰巨的任务。因此，根据分析目的，可以选择性采用靶向或非靶向方法进行脂质组学分析，每种方法都有其独有的特征、固有优势和局限性。

表 2.2　基于 MS 的食品脂质组学经典分析流程

样品准备前处理	MS 数据采集	数据分析	数据机制分析
样品（油籽）冷冻、切片	分离技术：MALDI（基质辅助激光解吸电离）、REIMS（快速蒸发电离质谱）、DESI（解吸电喷雾电离）、DART（实时直接分析）、SIMS（二次离子质谱）等采集单像素的质谱	采集的数据被转换为质谱图像生成	脂质标志物可作为食品质量安全监测的指纹 当与其他组学数据（基因组学、转录组学、蛋白质组学）结合时，脂质组学信息将有助于进一步阐明摄入的食物成分如何在分子水平上影响健康或疾病
IS（内标）的加入是为了量化和排除数据采集过程中的操作故障 脂质提取技术：IE（离子交换）、SPE（固相萃取）、SPME（固相微萃取）、UAE（超声波辅助萃取）、MAE（微波辅助萃取）、SFE（超临界流体萃取）、QuEChERS（快速、高效、廉价、耐用、安全、简单） 衍生化（可选）是非挥发性脂质在 GC-MS 分析和低丰度脂质的敏感性提高中必需的 QC（质量控制）样品是大规模脂质组学研究数据保证的必要条件	色谱：LC（液相色谱）、2D-LC（二维液相色谱）、GC（气相色谱）、GC×GC（全二维气相色谱）、SFC（超临界流体色谱）、TLC（薄层色谱）、CE（毛细管电泳） 离子化技术：ESI（电喷雾电离）、APCI（大气压化学电离）、APPI（大气压光致电离）、EI（电子轰击电离）等 离子迁移（可选）：DTIMS（漂移管离子迁移谱）、TWIMS（行波离子迁移谱）、FAIMS/DMS（高场不对称波形离子迁移谱）和 TIMS（俘获离子迁移谱） 质谱：HRMS（高分辨质谱）Q-TOF Orbitrap（四极杆-飞行时间-轨道阱）、FTICR（傅里叶变换离子回旋共振等） 低分辨率质谱：QqQ（三重四极杆质谱）和离子陷阱 数据采集方式： （1）靶向脂质组学：PIS（产物离子扫描）、NLS（中性丢失扫描）、SRM/MRM（选择反应监测/多反应监测） （2）非靶向脂质组学：DDA（数据依赖性采集）和 DIA（数据非依赖性采集）	采集的原始数据使用软件（XCMS、MZmine、MS-DIAL 等）进行预处理（包括滤波、选峰、对齐和归一化） 脂质标识： （1）脂质分裂途径/模式 （2）与脂质数据库（METLIN、LipidBlast、脂质图谱等）匹配的 MS/MS 谱 统计分析： 单因素分析：t 检验、方差分析 多因素分析：PCA（主成分分析）、HCA（层次聚类分析）、PLS-DA（偏最小二乘判别分析）、MLR（多元线性回归）、RF（随机森林）、SVM（支持向量机）等	

本课题组建立了基于超高液相色谱-高分辨质谱（UHPLC-HR-AM/MS/MS）的脂质组学方法，并获得了 8 种新疆沙棘（种子和果肉）的脂质组学指纹图谱，为沙棘的产地溯源和营养学评价提供参考（Ma et al., 2024）；挖掘出菊花脂质标志物用于菊花掺假鉴别（Zhou et al., 2023）。对食用蘑菇——侧耳（*P. cornucopiae*）和有毒蘑菇——日本类脐菇（*O. japonicus*）的脂质组成和分子结构进行全局表征，筛选出差异脂质代谢物并用于有毒蘑菇鉴别，为准确识别有毒蘑菇提供了新的视角（Yao et al., 2023a）。

4. 总结

在过去数年中，光谱、色谱-质谱、核磁共振和纳米材料等工具的进步显著推动了代谢组学和脂质组学研究。这些工具适应性强，可以根据食品和营养的相应研究要求进行科学性选择。而高通量色谱-质谱检测技术集成非靶向或靶向分析工作流程可实现全面的代谢物、脂质、DNA、蛋白质等生物标志物的详尽分析，并支持相关领域研究的假设生成和推动假设的验证性研究。然而，在注释复杂食品基质中检测到的特征和改进未知代谢物的结构解析方面仍然存在不小的挑战。未来的食品高通量筛查分析方法可能会更加侧重于提高色谱-质谱分析中的分析灵敏度、扩展谱库以及集成用于代谢物鉴定和解析的高级计算工具（包括人工智能的开发），从而促进对食品基质和生物系统的全面理解。

2.2 食品中风险因子结构特征和真实性差异信息的精准识别方法

2.2.1 食品风险因子结构特征和真实性差异信息概述及精准识别策略

1. 食品风险因子结构特征和真实性差异信息概述

食品在生产、加工、存储、流通直至食用等过程中会直接或间接产生一系列生物、化学和物理危害物质，如生物毒素、重金属、食源性病菌等，这些风险因子极大增强了食品的安全风险。大体上，影响食品安全的风险因子可分为物理风险因子、化学风险因子、生物风险因子，如常见的食品添加剂、农兽药、食源性致病菌、生物毒素、重金属物质等，其分类如图 2.3 所示，可以看出不同风险因子具有显著差异，其中结构、官能团等差异信息为进一步利用光谱技术对其进行精准识别提供了可能性。

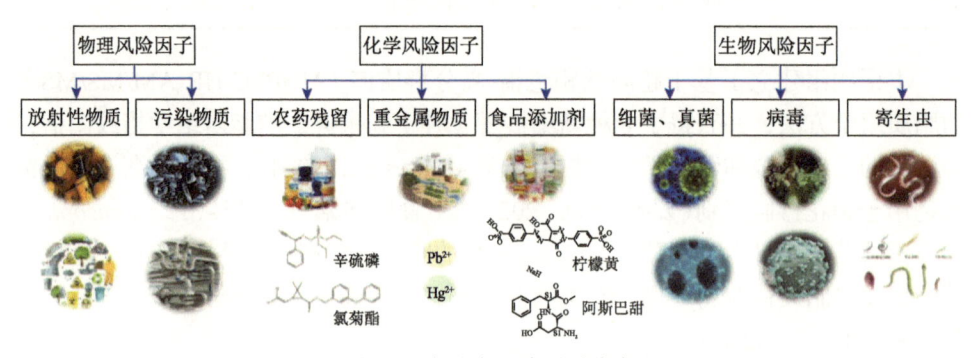

图 2.3 食品中风险因子分类

一些特定化学成分、生物分子或其他可测量的特征被用于鉴定食品的产地、品种、加工过程以及是否掺假，这些物质被称为食品真实性标志物。食品真实性标志物与食品的质量和安全息息相关。以茶和酒为典型代表，其真实性标志物的种类及结构如图 2.4 所示，可以看到儿茶素类、黄酮素类、花青素类物质是茶叶中最主要的生物活性成分，与其抗氧化、抗炎、抗菌等多种健康功效息息相关，而酒的真实性标志物主要包括己酸乙酯、醛类化合物等，其中糠醛、苯甲醛为酱香型白酒中的特征化合物；乳酸乙酯、乙酸乙酯被认为是以桂林三花为代表性的米香型白酒中的特征化合物；此外，有机酸作为一种重要的呈味物质为白酒口感提供了不可或缺的作用。依据不同食品中真实性标志物的种类、结构及含量差异结合多元光谱技术可实现对食品真实性的精准识别。

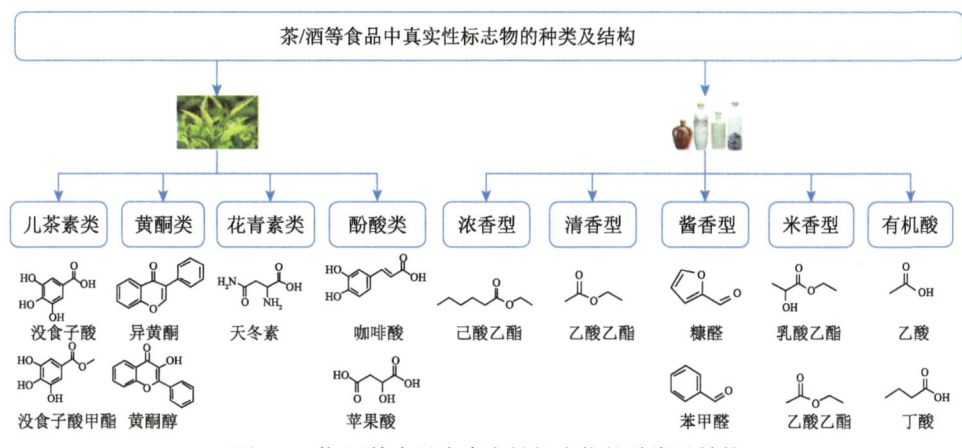

图 2.4 茶/酒等食品中真实性标志物的种类及结构

2. 多元光谱技术对食品安全和真实性的识别策略

目前多元光谱技术已成为食品安全和真实性检测中不可或缺的工具，可广泛用于食品成分检测、掺假检测、质量等级鉴别、农药残留检测等（Sharma et al., 2024）。然而，随着食品成分和基质复杂性的增加，这些光谱技术在处理复杂食品基质时面临诸多挑战，如多成分干扰和光谱信号重叠等问题。这些问题显著影响了检测的准确性和灵敏度，尤其是在复杂食品基质和低浓度污染物的检测中（表 2.3）。

表 2.3 食品安全和真实性识别中常见光谱技术比较

光谱技术	产生机理	优点	缺点	应用
红外光谱技术	振动引起偶极矩或电荷分布变化	快速、无损、成本低、分析重现性强	不适合分析含水样品，灵敏度较低，样本检测装置不能用玻璃仪器，固体样本需要研磨溴化钾片	掺假检测、质量等级鉴别等

续表

光谱技术	产生机理	优点	缺点	应用
拉曼光谱技术	电子云分布瞬间极化产生诱导偶极	信息丰富、灵敏度高、操作简单、无需样本预处理、不受水溶剂的影响，可以直接检测固体样品	不同振动峰重叠和拉曼散射强度容易受光学系统参数等因素的影响	食品成分检测、农药残留检测、掺假检测等
紫外-可见光谱技术	物质吸收紫外可见光，发生能量转移，产生电子跃迁	成本低、应用范围广、操作简单、速度快	紫外光区只能使用石英比色皿，仅适用于微量分析	定性分析、结构鉴定、定量分析
荧光光谱技术	物质吸收电磁辐射后受到激发，产生波长更长的光	灵敏度高、选择性强	分析的物质有限，必须具有大的共轭π键结构	食品污染物检测、纯度检测、食品鉴别、掺假检测

上述食品体系中风险因子量痕且结构复杂、真实性标志物繁多、真实性标志物与其真实性/品质间的量效关系不明确，导致现有方法难以同时解决检不出、检不准、检不快的瓶颈问题。本课题组利用食品风险因子及真实性标志物等各成分对不同波长的光有选择性吸收或散射的特性，通过分析光谱特征图获取相关风险因子或真实性标志物信息，其流程如图 2.5 所示。

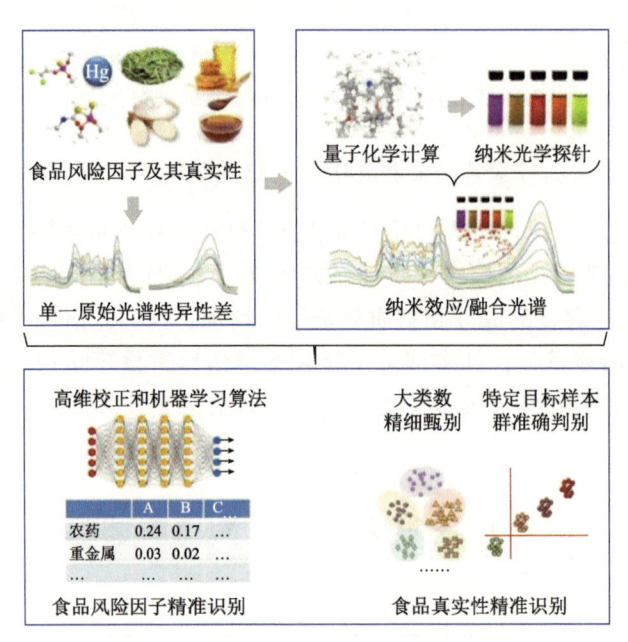

图 2.5 食品安全和真实性准确检测示意图

3. 多元光谱技术对食品安全和真实性的精准识别

1）单一光谱对食品安全和真实性的精准识别

（1）红外光谱对食品安全和真实性的精准识别。

红外光谱按光谱波段可分为中红外光谱和近红外光谱。一般将 400~4000 cm^{-1} 波段的红外光谱称为中红外光谱，将 4000~12800 cm^{-1} 波段的红外光谱称为近红外光谱。中红外光谱主要来源于物质分子中官能团的基频跃迁，具有信号强度大、光谱可解析度高等特点，因此多用于机理研究与定性分析。近红外光谱主要来源于物质分子中含氢官能团的合频与倍频跃迁，具有信号强度小、光谱可解析度低等特点，随着近年来化学计量学的发展和计算机技术的进步，红外光谱不仅广泛应用于定量分析领域，而且在农产品产地溯源等定性分析领域得到成功应用。

Sankom 等（2021）比较了不同类型红外光谱如傅里叶变换近红外（FT-NIR；4000~12500 cm^{-1}）光谱和傅里叶变换中红外（FT-MIR；400~4000 cm^{-1}）光谱在食品中定量检测农药的方法。研究结果表明最佳 FT-NIR-偏最小二乘回归（PLSR）方程能很好地检测出甘蓝、白菜和辣椒中的丙溴磷。这些统计数据显示，在 95%的置信区间内，FT-NIR 预测值与实际值之间没有显著差异，农药残留水平超过 30 mg/kg 时，结果令人满意。FT-NIR 结合化学计量学是一种很有前途的蔬菜农药检测筛选方法。

（2）紫外光谱对食品安全和真实性的精准识别。

紫外光谱是分子中价电子的跃迁而产生的，经紫外光或可见光照射时，电子从低能级跃迁到高能级，此时电子吸收了相应波长的光，这样产生的吸收光谱称为紫外光谱。紫外光谱法具有快速、准确的特点、仪器价格低廉，在食品掺假和安全性检测中具有广泛应用。例如，Cavdaroglu 等（2022）利用紫外光谱法测定葡萄醋中酒精醋和合成乙酸的掺假情况。首先，将葡萄醋与酒精醋和稀释的合成乙酸（4%）按 1%~50%（体积分数）的比例分别混合。用紫外光谱测定醋及其混合物的光谱。使用各种化学计量学方法和 ANN 对数据进行评估，其对非掺假醋和掺假醋的鉴别正确率达到 94.3%以上。结果表明紫外光谱是一种快速、准确地检测醋中掺假的方法。选取紫外光谱进行掺假鉴别的原因是掺假前后的醋在 280~300 nm 区域均能够观察到最高的吸光度值，275~350 nm 区域与酚类化合物和有机酸有关。该区域各峰的吸光度随掺假浓度的变化而变化，因此能够通过紫外区域内特征吸收峰的差异，进一步结合二阶导数预处理，避免基线漂移、重叠吸收峰等问题，提高光谱分辨率、分析结果的准确性等。

紫外光谱在食品安全中的检测主要应用于农药残留检测，这是因为农药中含有苯环、双键等官能团，能够产生一定的紫外吸收峰。Huang 等（2023）为实现混合体系中多组分有机磷农药的定性识别和定量检测，采用紫外光谱法结合平行因子分析法（PARAFAC），对水体中多组分有机磷农药混合溶液进行快速分析测定。在纯净水中配制毒死蜱、甲基对硫磷、丙溴磷的单组分、2 组分和 3 组分农药溶液为实验样本，采用紫外-可见光谱仪获取各组样本的吸收光谱。模型的预测结果表明，PARAFAC 具有显著的二阶校正优势，即使光谱重叠严重，具有预测集中存在、校正集中不存在的干扰信息，算法依然可以有效地从混合体系中检测出目标物农药。模型对 2 组分混合溶液均实现了定性分析与定量检测，预测集决定系数 R^2 都大于 0.9，预测残差 RPD 也都大于 3；对 3 组分混合溶液的毒死蜱、甲基对硫磷、丙溴磷实现了定性分析，其中毒死蜱和甲基对硫磷均达到了定量检测要求。

（3）荧光光谱对食品安全和真实性的精准识别。

荧光光谱法是一种利用物质在受激后发射荧光的特性进行分析的方法。该方法通过测量物质发射的荧光光谱，获得物质的信息，如组成、结构和浓度。不同荧光光谱技术被应用于满足不同食品安全和真实性检测需求。例如，Hao 等（2023）采用荧光光谱法结合化学计量学，探索了一种简便、快速、无损地检测枸杞蜂蜜掺假的方法。该方法在蜂蜜掺假检测中具有重要的应用前景。由于荧光团浓度存在差异，荧光强度和峰位是区分真蜂蜜和糖浆的容易获得的特征。三维荧光光谱通过获取激发波长、发射波长、荧光强度等信息，直观、全面地识别蜂蜜和糖浆。结果表明，枸杞蜂蜜的峰位相对固定在 342 nm。随着糖浆浓度的增加（10%～100%），荧光强度降低，峰位红移。与其他昂贵、复杂、耗时、费力的方法相比，荧光光谱法对每个样品的检测时间仅在几分钟内，样品预处理简单。可以看出荧光光谱技术具有快速、实时、成本低等优势，为食品真实性检测提供了参考。同时，相较于二维荧光光谱受限于波长的单一考量，三维荧光光谱可以同时考虑多个波长范围内的荧光信号，提供更为全面的样品特征信息，从而增强了食品真实性检测的准确性和可靠性。除此之外，随着荧光光谱技术的不断发展和完善，由于其具有突出的高灵敏度以及有利的时间标度，能够通过荧光特性反映农药残留浓度随时间的变化规律，荧光光谱技术在复杂的农药残留检测现场有明显的优势，在农药残留快速检测中的应用与研究得到越来越多的关注。例如，Xu 等（2024）利用荧光光谱技术对多菌灵在黄瓜中的残留进行了研究。首先，利用荧光分光光度计扫描得到多菌灵标准品和 4 种多菌灵配方的三维荧光光谱。通过对各自荧光特性的分析比较，确定了荧光峰 1（Ex/Em=245/300～320 nm）和荧光峰 2（Ex/Em=280/300～320 nm）为多菌灵的荧光特征峰，筛选出了具有多菌灵特异性的最佳激发波长 Ex=245 nm 和 Ex=280 nm。利用最佳激发波长对多菌灵和黄瓜-多菌灵混合溶液进行二维荧光光谱分析。为了获得更有效的二维光谱数据，对黄瓜-多菌灵混合溶液的原始荧光光谱进行空白校正（blank correction，BC），显著降低了黄瓜自身荧光特性对混合溶液中多菌灵荧光峰的影响。根据多菌灵浓度和BC后荧光峰强度建立了多项式模型和线性预测模型。黄瓜-多菌灵混合体系中多菌灵残留检测极限值包含国家食品安全法规规定的最高农药残留限量。此研究为有效检测黄瓜中农药残留提供了有价值的数据和技术支持。

2）融合光谱对食品安全和真实性的精准识别

使用单一的光谱技术只能提供有限的被检测样品的化学信息。为克服这一局限性，基于光谱技术的数据融合策略已成为提高食品安全和真实性准确识别的一种重要手段。光谱数据融合的技术本质体现在整合单光谱的数据检测结果，通过实施检测数据的融合处理手段来保障食品检测的结论更加精确。与单一光谱的传统检测技术相比，建立在光谱数据融合基础上的全新食品检测技术更能够达到缩短检测时间、提高检测精准率、降低样本检测的误差等目标。

（1）近红外光谱数据融合技术。

分子具有吸收光和促进其组成的振动运动多样性的特性，因此食品中存在的化合物可以通过红外光谱识别。近红外光谱（NIRS）反映了有机分子中含氢基团振动的合频和各级倍频信息，中红外光谱（MIRS）反映的是分子振动的基频、倍频或合频信息，两种光谱相融合比使用单一光谱对产地来源进行鉴别更能充分地反映样品中的化学信息。Gao 等（2024）基于 NIRS、MIRS 和微观拉曼光谱，结合个体光谱和多光谱数据融合策略，构建了河北山药的定性鉴别模型。结果表明，利用 3 个特征光谱进行中级融合构建的灰狼优化器-支持向量机（GWO-SVM）模型对山药产地的识别效果最好，训练集和测试集的预测准确率均为 100.00%，F1分数为 1.00。由于光谱的互补性，近红外光谱、红外光谱和拉曼光谱结合特征级融合可以作为一种强大、无损、快速、可行的河北山药地理原产地分类和品牌保护工具。这项工作有望成为食品和制药行业的原产地鉴定分析和质量监控的潜在方法。

（2）紫外与红外光谱数据融合技术。

傅里叶变换红外光谱（Fourier transform infrared spectrum，FTIR）和紫外-可见光谱（ultraviolet-visible spectroscopy，UV-vis）技术是有机成分指纹分析技术中常用的两种方法，具有价格便宜、简便快速、准确度高、灵敏可靠等特点，紫外光谱与红外光谱融合处理实践技术能够广泛适用于定量分析、定性分析与食品组成结构的分析，切实保障了食品安全的利益。例如，Zhang 等（2021）收集了云南、四川和广西 9 个产地 133 根黄精的衰减全反射-傅里叶变换红外光谱（ATR-FTIR）和 UV-vis，分别对数据进行预处理，建立随机森林（RF）模型。ATR-FTIR 和 UV-vis 数据直接串联，完成低能级数据融合的 RF 模型。提取两种光谱的主成分（PC）和潜变量（LV），实现中能级（mid-PC 和 mid-LV）和高能级（high-PC 和 high-LV）数据融合的 RF 模型。结果表明，所建立的中能级 RF 模型准确率 ACC 最高，模型性能最佳，灵敏度 SEN 和特异性 SPE 均大于 0.98，可为黄精药材资源的科学评价提供理论依据。研究表明数据融合策略利用不同来源数据的互补性，增加样品整体化学信息，从不同的层面反映食品真实性标志物差异，提高了样品分类正确率。

（3）拉曼红外光谱数据融合技术。

NIRS 反映的是电偶极矩变化引起的振动，表面增强拉曼散射 SER 反映的是分子极化引起的振动，两种光谱信息在分子信息表达上具有互补性，红外光谱技术与拉曼光谱技术能够达到良好的联用效果，以上两种光谱数据的融合处理技术方法尤其适用于测试多种类型的分子基团。拉曼光谱技术可被用作振动光谱技术，根据分子的振动特性与近中红外光谱技术等方法相互关联，相互补充。例如，Mei 等（2024）提出了一种新的分子光谱深度融合快速检测玉米油中毒死蜱残留量的方法。采用拉曼光谱仪和傅里叶变换近红外光谱仪采集了污染玉米油样品的光谱。多光谱融合增强了光谱特征，提高了数据的可靠性和结果。该研究采用了低级和中级融合策略以及一维卷积神经网络（1D-CNN）进行建模。中级融合模型的相对偏差百分比（RPD）为 11.6517，预测决定系数为 0.9874，优于低级融合模型。结果表明，中级融合策略适用于拉曼光谱和傅里叶变换近红外光谱的多元模型校准，为玉米油中农药残留的快速检测提供了一种方法。

3）纳米效应光谱对食品安全和真实性的精准识别

为了克服单一光谱和融合光谱存在峰重叠、光谱图相似度高、复杂体系解析难度大等问题，研究人员近年来引入了纳米材料，以增强多元光谱技术的灵敏度和选择性。纳米材料因其独特的物理化学特性，能够显著提高光谱信号的强度，减少多成分干扰，从而提高检测的准确性。纳米材料的结构可以靶向获得特定的信息，如表面效应、量子尺寸、量子隧道和介电限制。利用纳米材料作为食品分析快速传感器的活性成分，具有检测快速、操作简单、成本低、特异性和灵敏度高的优点。常见的纳米材料包括各种量子和碳量子点、纳米卟啉、金纳米颗粒、银纳米颗粒、上转换纳米颗粒（UCNP）、纳米酶、金属氧化物纳米材料和有机荧光分子基纳米材料（Chen et al.，2021a）。

（1）纳米材料在荧光光谱法中的应用。

量子点（QD）等纳米材料优异的发光特性使其成为快速检测食品成分的荧光传感器活性材料的绝佳选择。目前荧光猝灭方式分为静态和动态两种。当量子点/猝灭剂相互作用形成非荧光基态复合物时，发生静态猝灭。这种复合体在光吸收后返回到基态，没有光子发射。静态猝灭的特点可以概括为：①猝灭剂的存在不会改变量子点的荧光寿命；②基态络合物的形成改变了量子点的吸收光谱；③基态配合物在较高温度下稳定性变差，降低了静态猝灭效果。动态猝灭发生在猝灭器和量子点碰撞以及两者之间的能量或电荷转移而使量子点激发态返回低量子点的过程中。动态猝灭机制也可以基于福斯特共振能（FRET）和光致电子转移。FRET于 1984 年首次提出，涉及供体和受体偶极相互作用。FRET 是有效的光谱跟踪供体/受体相互作用，也可以用于传感。根据非辐射能量转移的福斯特理论，FRET发生在：①受体吸收和供体发射光谱重叠时；②受体偶极子与供体偶极子在特定取向上；③受体与供体之间的距离小于 10 nm。光激发量子点的光诱导电子转移（PET）猝灭的光物理机制遵循电子供体-受体位点之间空间受限的密切相互作用。光激发量子点在带隙中产生电子-空穴对，在具有高于导带电势的最低未占分子轨道（LUMO）能级的电子受体存在的情况下，导带电子向受体转移发生猝灭。类似地，当最高占据分子轨道（HOMO）能级低于价带电势的电子供体存在时，电子从供体转移到与价带相关的空穴中。当猝灭剂吸收光谱与荧光材料的激发或发射光谱重叠时，就会发生内滤效应（IFE）。在 IFE 期间，不会发生猝灭。相反，荧光材料或溶液中的猝灭剂会发生激发光束的衰减或对发射辐射的吸收，从而导致荧光减弱。因此，IFE 属于静态猝灭。由于没有形成新的配合物，荧光材料的吸收峰不会发生变化。此外，食品和生物中的一些复合物和蛋白质存在荧光，荧光寿命短，干扰荧光检测，降低灵敏度。具有长荧光寿命的纳米材料结合时间分辨荧光技术，可以最大限度地减少瞬时荧光的干扰，可用于这些食品的荧光干扰快速检测。

（2）纳米材料在紫外可见光谱法中的应用。

金纳米颗粒（Au NP）和银纳米颗粒（Ag NP）等纳米材料的独特理化特性，显著地取决于其尺寸、形态及聚集状态（图 2.6）。这些形态学参数均具有高度的可调性，进而能够精确地调控它们在紫外-可见光区域的吸收光谱特性。这一特性

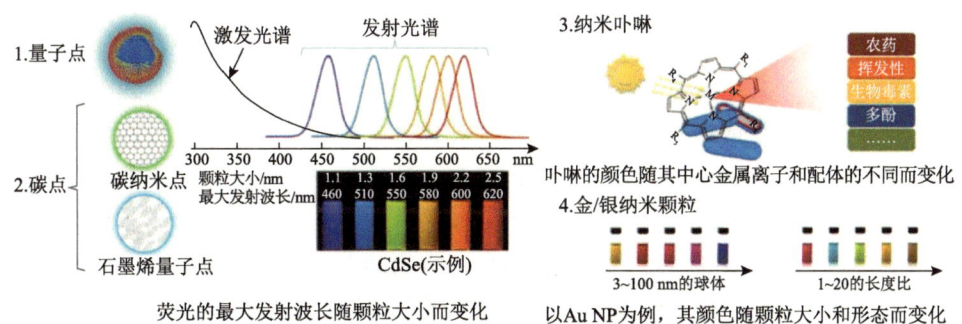

图 2.6　食品安全和真实性识别中常见纳米材料及其光学性质

对于开发以 Au NP 和 Ag NP 为活性组分的光学传感器，以及结合紫外-可见分光光度法实现食品快速分析的技术，具有极高的应用价值。依据朗伯-比尔定律，此类测量方法所覆盖的电磁波长范围十分广泛，涵盖了 190～760 nm 的广阔区间。

（3）纳米材料在拉曼光谱法中的应用。

当 Au NP 与 Ag NP 达到特定的尺寸与相互接近程度时，它们会展现出显著的表面增强拉曼散射（SERS）效应。SERS 效应可通过标准的拉曼光谱仪器进行精确测量。拉曼光谱学的基本原理建立在分子于 40～4000 cm^{-1} 散射电磁辐射的能力之上。在实际应用中，样品受到单色光源的照射，由此产生的非弹性散射光携带着样品中化学成分振动模式的独特信息，这一特性赋予了拉曼光谱技术高度的选择性。近十年来，SERS 技术因其独特的优势而广受关注。其核心机制在于目标分析物在 Ag 和/或 Au 的纳米级粗糙表面上的有效吸附，这一过程能够极大地增强（通常可达 3～6 个数量级）分析物的拉曼散射信号。因此，即便是在极低浓度下，SERS 技术也能实现对化学物质的灵敏检测。

总的来说，与传统的分析方法相比，基于纳米材料的光谱分析技术具有简单易行、灵敏度高、操作方便、成本低、设备要求简单等优势，能够有效实现对食品中有效成分、营养成分和有害物质的检测。

2.2.2　食品风险因子结构特征精准识别方法

根据不同风险因子的结构特征，多种纳米材料被设计用于实现对其精准识别，其中 QD 作为一种半导体纳米材料，能将电子在三维方向的运动限制在束缚态和离散态之间，由于其波函数类似于原子轨道，因此也被比喻为"人造原子"。QD 具有激发波长范围宽、发射范围窄、荧光强度高和抗光漂白能力强等优点，其在食品安全领域受到研究者的极大关注，并广泛应用于食品中重金属、农药残留、食源性致病菌和食品添加剂等食品风险因子的检测。本课题组归纳总结了量子点在食品风险因子中的检测机理和检测形式（陈亨业等，2020），如图 2.7 所示，其检测机理主要包括荧光共振能量转移（FRET）、生物发光共振能量转移（BRET）、电荷转移猝灭、电化学发光（ECL）。在实际应用中，QD 可以和被测物进行直接反应发生荧光猝灭或增强，进而对其进行特异性的检测。QD 也可以和其他快检技术联用对被测物进行准确检测。利用量子点等纳米材料的信号放大功能，增强光学传感器的灵敏度和选择性，根据不同纳米材料与目标检测物中的差异化合物作用前后光谱特性变化程度，实现对目标检测物的定性定量分析。因此，本课题组重点研究了 QD 为代表的纳米材料结合光谱技术在食品安全中的应用。

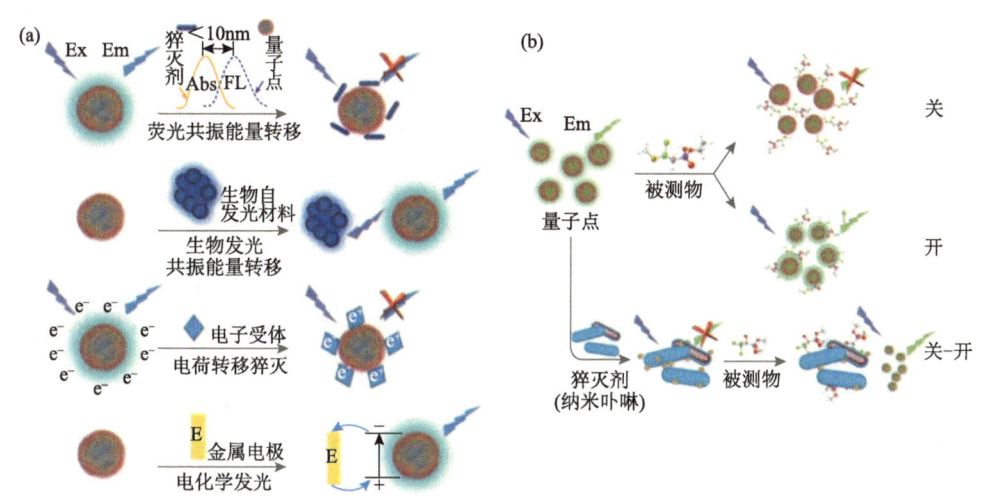

图 2.7 （a）量子点在食品风险因子中检测机理；（b）量子点在食品风险因子中检测形式

1. 农药残留的精准识别

FTIR 监测中草药中多种农药残留的分析方法报道较少。这是由于近红外光谱和 MIR 提供的中草药中多种农药残留的指纹信息分辨率低和峰带重叠而难以直接解释，因此有效而强大的化学计量学方法被广泛关注，以提取和关联丰富的红外光谱信息。本课题组采用 FIIR 与 PLSR 算法相结合的方法，建立了白芷和甘草中药材中杀螟丹、杀虫环和虫酰肼的快速有效同时测定策略（Yang et al., 2016）。结果表明，该方法可实现复杂中药材中农药残留的直接测定，充分发挥了简单、快速、准确的优点，无需进行物理或化学分离和光谱处理，为中药材质量控制和农药残留在线监测提供了一种有前景的定量替代方法。同时，本课题组还首次将基于双量子点的荧光"关闭"模型与化学计量学方法相结合，对五种常用农药（百草枯、甲苯甲酯、对苯乙烯、硫酸甲酯和碳酸甲酯）进行了定性和定量分析（Fan et al., 2016）。利用 ZnCdSe 和硒化镉量子点，以及基于粒子群优化的样本加权最小二乘支持向量机（PSO-OWLS-SVM）模型对所有农药进行定量分析，提供更多的光谱信息。与偏最小二乘判别分析 PLS-DA 相比，所有的农药都是通过使用移动窗口偏最小二乘判别分析（MWPLS-DA）来完美识别的。此外，这是荧光数据阵列传感器首次成功区分不同浓度的不同农药，达到 100% 的鉴别准确率。此外，荧光数据阵列传感器在实际应用中具有良好的选择性和稳定性，如检测茶叶、中药水提物或废水中的农药残留等。

2. 重金属的精准识别

重金属超标也是食品安全检测中广受关注的研究领域。越来越多的纳米材料被用于构建光学传感器，以实现对重金属的检测，然而基于单一强度的传感器往往缺乏自校准，受背景干扰，可视化分析效果单调。此外，大多数方法容易受到其他金属离子的严重干扰，通常需要昂贵的掩蔽剂，往往对环境和人体危害很大。众所周知，基于双发射或多发射的比率荧光法可以有效克服上述缺点，从而可以使用不同波长的比率荧光信号对复杂样品中的分析物进行检测。且比率荧光探针还可以通过内置校正消除复杂样品中背景和金属离子的干扰，提高灵敏度和选择性，并基于更灵敏和直观的多色变化实现可视化分析。本课题组采用比率荧光法合成了 N-乙酰半胱氨酸 NAC 和巯基乙酸 TGA 修饰的不同粒径的 CdTe 和组装的双量子点，构建了一种超灵敏、高选择性的荧光传感器用于痕量银离子浓度的测定（Chen et al., 2020a）。而且，即使在十倍浓度的其他金属离子存在下也不受干扰，不需要有毒掩蔽剂，具有高选择性，从而最大限度地减少环境污染。该方法可用于实际样品中银离子的测定，结果令人满意。同时，本课题组还开发了一种基于多功能碳量子点的增强荧光方法，用于实际样品中 Hg^{2+} 的特异性检测（Xu et al., 2019）。该检测中首次以绿茶为原料，采用水热法制备了抗坏血酸增强的优质内源碳量子点。新制备的毛尖茶（AA）增强碳量子点（CQD）对 Hg^{2+} 有特殊的荧光响应，可用于分析废水、茶叶和大米等复杂样品中的 Hg^{2+}。可以看出，纳米材料结合光谱技术能够有效实现对低浓度重金属的精准检测。

3. 抗生素的精准识别

抗生素广泛应用于畜牧业、水产养殖、制药等行业。近年来，食用动物产品中抗生素残留问题一直受到监管机构和消费者的高度关注。光谱技术操作简单、时效性强、检测限低，已经被广泛用于抗生素的检测，但光谱技术易出现峰重叠，特异性较差。近年来，荧光技术越来越受到人们的关注。虽然已经有学者开发出快速选择性检测抗生素的荧光方法，但其探针合成仍然存在高能耗和高成本的缺点。因此，本课题组以一水柠檬酸和谷胱甘肽为原料，采用水热法合成了一种低成本、简单、环保的 S,N-CQD，并将其开发为具有高选择性和高灵敏度的荧光传感器，用于检测四环素类抗生素（Fan et al., 2022a）。在优化条件下，S,N-CQD 可以特异性结合四环素（TC）、土霉素（OTC）、金霉素（CTC）等四环素类抗生素，并通过 IFE 猝灭其荧光，从而实现对四环素类抗生素的鉴定和定量。更重要的是，该传感器可以快速准确地检测牛奶、蜂蜜等复杂食品基质中的四环抗生素残留，为食品行业抗生素残留监测提供了新的视角和指导。

4. 内源有害物的精准识别

本课题组利用量子点和自组装纳米卟啉构建了一种新的"开关"模式检测策

略,用于食品中氨基甲酸乙酯(EC)的灵敏检测。在这项工作中,提出了一种灵敏度和选择性高的 EC "关闭"荧光传感器,该传感器采用新设计的 CdTeQD 和表面活性功能化纳米-5,10,15,20-四聚酮基-(4-甲氧基苯基)-卟啉(纳米 TPP-OCH$_3$),并将该传感器用于发酵食品(黄酒、酱油、白酒、普洱茶)中 EC 的检测。与先前报道的方法相比,该传感器减少了环境干扰,放大了响应信号,提高了灵敏度,降低了检测限。

2.2.3 差异信息精准识别方法

1. 产地判别

本课题组构建了多种光谱技术用于食药的产地判别。例如,构建了一种激发发射矩阵荧光(EEMF)光谱与化学计量学相结合的方法,用于判别金银花、山银花及其地理来源(He et al.,2024)。采用 PARAFAC 对金银花(LJF)和山银花(LF)样品的 EEMF 光谱进行表征,以获得有化学意义的信息。采用 PLS-DA、主成分分析-线性判别分析(PCA-LDA)和 RF 三种化学计量学方法建立分类模型。这些模型被用来识别 LJF 和 LF 及其地理来源。PCA-LDA 模型对不同产地的 LJF 和 LF 都进行了判别,两者都能达到 100%的准确率。该方法还可用于杜仲的地理来源判别。本课题组采集了 8 个省份 405 份杜仲样品的 EEMF 光谱(Liu et al.,2022)。利用 PARAFAC 算法对杜仲样品的荧光指纹图谱进行表征。在此基础上,采用 k-最近邻域(KNN)、PCA-LDA 和 PLS-DA 等常用的化学计量学方法建立了杜仲的地理来源分类模型。结果表明,KNN 模型在训练集和测试集上均取得了令人满意的性能,准确率(RR)均为 100%,并且具有最高的灵敏度和特异性。因此,上述结果有力地支持了本工作构建的方法在食品和中药的快速分类和真伪鉴定中的广阔的应用前景。

纳米材料的应用进一步提高了光谱技术对产地判别的准确率。本课题组首先提出了利用碳量子点-四甲基卟啉纳米复合材料构建纳米效应近红外光谱传感器结合化学计量学方法实现对不同产地百合进行准确鉴定。本课题组利用传统光谱和纳米效应近红外光谱资料,采用 PLS-DA 对百合的地理来源进行了鉴别(Long et al.,2022)。与传统近红外光谱相比,纳米效应近红外光谱在训练集和测试集上获得了 100%准确率的优异分类性能。结果表明,基于纳米复合材料与化学计量学相结合的近红外光谱方法有望成为未来快速鉴别食品和中药真伪的有力工具。除此之外,本课题组还提出了一种纳米效应 EEMF 光谱与化学计量学相结合的方法,用于快速识别百合(LB)的地理来源(Long et al.,2023a)。通过与牛血清白蛋白修饰的金和银纳米簇(BSA-AuAg NC)反应,收集了 280 个不同来源 LB 样品的纳米效应 EEMF 光谱。利用 PLS-DA 和 PCA-LDA 建立了基于纳米效应

EEMF 光谱的 LB 产地分类模型。结果表明，PCA-LDA 模型获得了最优的性能，训练集和预测集的分类准确率分别为 95.9%和 90.5%。纳米效应的 EEMF 光谱是基于 BSA-AuAg NC 与 LB 中的酚酸等组分通过氢键反应形成的，这扩大了光谱差异。本研究表明，所提出的策略对 LB 的地理来源识别是有效的，这为其他食品的地理溯源提供了新的思路。

2. 掺假鉴别

红外光谱在食品掺假鉴别中具有良好的应用效果。本课题组首先构建了多种单一光谱技术用于不同食品的掺假鉴别。例如，本课题组将近红外光谱与化学计量学方法结合，用于杜仲中掺假物（红杜仲、藤杜仲和松树皮）的种类和掺假比例的识别（胡子康等，2023）。图 2.8 为近红外光谱结合化学计量学判别杜仲及其掺假样品示意图。通过 PLS-DA 和 RF 方法能够实现真、假杜仲的类型鉴别，对于交叉验证、训练集和测试集的准确率，PLS-DA 方法分别得到了 98%、99%和 96%的结果，RF 方法获得的训练集和测试集的准确率分别为 99%和 92%。在实现真伪杜仲的分类后，采用 PLS 回归模型对杜仲中不同类型掺假物的掺假程度进行了定量预测，线性回归结果较好，3 种掺假物的 R^2 均大于 0.999。结果表明，此工作采用的近红外光谱结合化学计量学的方法，成功实现了杜仲的真假鉴定及掺假比例的识别，有望应用于其他食品的掺假鉴别中，为食品市场监管提供参考。

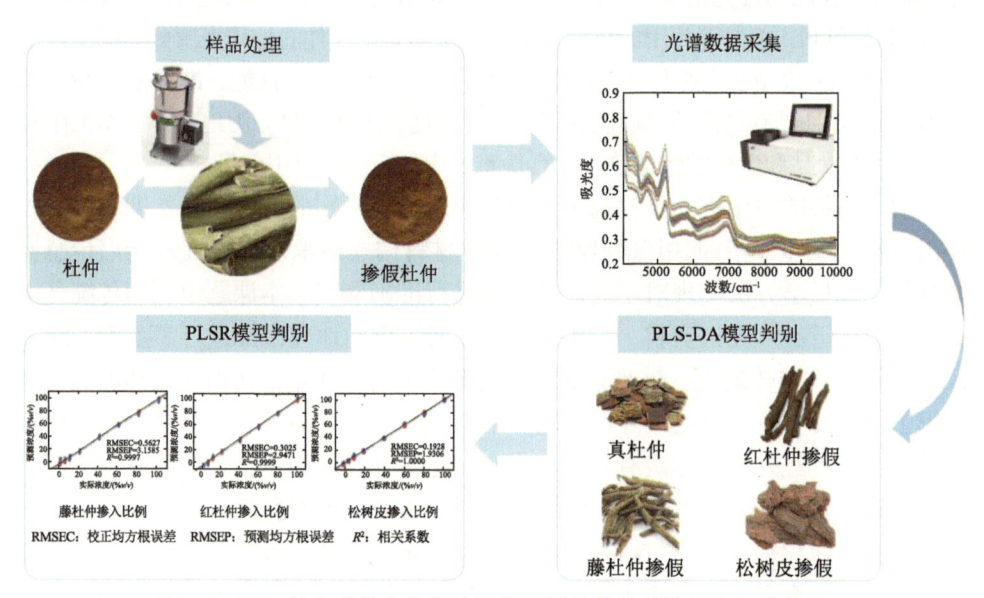

图 2.8 近红外光谱结合化学计量学判别杜仲及其掺假样品示意图

融合光谱能够结合不同来源的光谱信息提高图像的质量和识别能力。本课题组利用近红外光谱和荧光光谱的融合来解决茶籽油（COA）样品掺假的复杂分类问题（Hu et al., 2019），研究了利用增强型化学计量方法和数据融合检测多种未知掺杂物引起的光谱变化的可行性和潜力。结果表明，采用近红外、荧光或数据融合预测灵敏度普遍较高，数据融合可提高模型检测掺假的特异性。在目前的实验条件下，标准正态变量-近红外光谱（SNV-NIRS）和 SNV-荧光的融合可以安全地检测 2%或更高水平的廉价油。数据融合和化学计量学已被证明可以在食品掺假的非靶向检测中实现更好的结果。

由于掺假物和真实样品之间的标志物存在差异，因此利用纳米材料与标志物之间的特异性反应，能够有效放大掺假物和真实样品之间的光谱差异，从而提高判别的准确度。本课题组采用两种荧光法和化学计量学方法探究了同时检测猕猴桃汁中多种廉价物质的可行性（Xu et al., 2020）。由于实际欺诈通常涉及许多已知和未知的掺假成分，传统的检测一种或多种已知成分的方法不足以识别掺假的猕猴桃汁（KFJ）。因此，采用一类偏最小二乘法（OCPLS）建立纯 KFJ 的类模型，进行非目标分析。为了提高检测特异性，将传统和双量子点增强荧光光谱技术相结合，对纯品和掺假的 KFJ 进行了表征。通过数据融合和 SNV 变换，得到了灵敏度为 0.929 的 OCPLS 模型。该方法可检测出 2%（质量分数）及以上的糖浆和人造果粉掺假。传统荧光和量子点增强荧光的融合为掺假 KFJ 的非靶向分析提供了一种快速、灵敏度高的方法。本课题组还提出了一种基于亲水肼-萘酰亚胺功能化壳聚糖（NH-壳聚糖）聚合物探针的高效三维荧光传感策略，用于快速鉴别和定量检测西红花中潜在的掺假（Long et al., 2023b）。NH-壳聚糖探针中的氨基官能团与西红花中有效成分的含氧基团发生特异性反应，放大了西红花与掺假物的信号差异，并用三维荧光对其进行了全面表征。采用四种先进的化学计量学方法对西红花和掺假西红花进行分类，在训练集和预测集中均取得了较好的效果。并将 PLS 回归模型应用于西红花中掺假量的预测，结果令人满意。该方法为西红花等药食同源样品中潜在掺假的快速鉴定和定量检测提供了新的解决方案。

3. 年份鉴别

近红外光谱因能够描述样本的整体化合物信息，近年来广泛应用于地理标志性食品的真实性检测研究。本课题组提出了用 FT-NIRS 与化学计量学相结合的方法来鉴别向日葵种子和大豆的质量（如霉变污染和保质）和预测保质期（Fu et al., 2017a）。在数据分析方面，首先构建 PCA、LDA 和 PLS-DA 等监督模式识别模型，提取变量，识别不同保质期产品近红外指纹信息的差异。基于 PLSR 和不同光谱预处理的多元校正模型，预测了大豆和葵花籽的保质期，分别为 8～30 d 和 30～125 d。结果表明，与 PCA 和 LDA 相比，复杂性降低的优化 PLS-DA 是最佳模型，对不同保质期的霉变和保质产品的无损识别准确率达到 100%。此外，基于二阶导数光谱的 PLSR 对样品货架期的建模效果最好[如葵花籽的预测均方根误差（RMSEP）=2.35 d，大豆的 RMSEP=0.61 d]。综上所述，FT-NIRS 和化学计量学在葵花籽和大豆的质量快速鉴别和预测方面具有潜在的质量控制潜力，也可应用于其他食品和/或其他产品的年份鉴别。

普洱茶必须经过高湿、高温、高微生物活性等必要的后发酵过程，才能具备特殊的品质和独特的香气，许多假冒或掺假的普洱茶被不良的生产商贴上了储存时间长的标签，以期在市场上售出较高的价格。因此，建立有效的普洱茶储存/陈化时间检测方法具有重要意义。本课题组选择了氧化石墨烯（GO）用于构建纳米效应光谱（Wei et al.，2020）。这是因为具有羧基和其他基团表面附着的 GO 易于修饰，有利于其光学性能的改善。本研究旨在建立一种新颖、快速、有效的方法对不同陈化时间的普洱茶进行分类和年龄预测。在这项工作中，将合成的纳米 GO-5,10,15,20-四(4-氨基苯基)卟啉（TAP）配合物创造性地添加到普洱茶中，可以提供更多的特征信息。在化学计量学的帮助下，获得了高灵敏度和特异性的分类和年份预测结果。采用经典的 PLS-DA 鉴别方法对 12 种储存天数不同的普洱茶进行了鉴定，并采用多元校正 PLSR 提取了普洱茶 MIRS 的特征信息，预测了普洱茶的储存天数。与基于传统 MIRS 方法的分类预测结果相比，纳米效应 MIRS 传感器方法对 12 种普洱茶的分类预测准确率达到 100%，对普洱茶的年份预测结果更加准确。本课题组还利用纳米效应荧光光谱实现了对不同陈皮（CRP）的年份鉴定（Lan et al.，2020）。选择 AuNP 和巯基乙酸（TGA）封顶的 CdTe 量子点两种纳米材料作为荧光纳米传感器，并与 CRP 的水提物混合产生荧光猝灭光谱，以实现对各种 CRP 样品自身荧光的特异性修饰。但猝灭系统在准确区分产自广东省新会区的陈皮（CRC）和产自其他地区的陈皮（CRB）和不同储存年份方面的效果也不理想。因此，提出了一种基于自荧光和荧光猝灭光谱拼接的策略，以整合不同系统中 CRP 的不同信息，并建立 PLS-DA 模型以实现准确识别。传统的数据融合方法通常集成来自互补仪器技术的不同信息源，这种光谱拼接方法比传统的数据融合方法更方便。通过采用简单的拼接策略对 CRP 光谱中的特征信息进行整合和放大，避免了复杂的数据处理和合成多个量子点的困难，提高了不同年份样品鉴定的效率。同样地，本课题组还合成了金属化四苯基卟啉（ZnTPP），通过轴向配位、氢键或静电作用与多糖、黄酮类化合物等进行霍山石斛（DHS）光谱放大，获得纳米效应近红外光谱和纳米效应中红外光谱（Hai et al.，2022）。通过重要变量（VIP 大于 1）

筛选后，进行多变量数据融合，得到纳米效应特征融合光谱，并建立 PLS-DA 模型和正交偏最小二乘判别分析（OPLS-DA）模型，对不同生长年限和栽培方式下的 DHS 进行识别。本研究表明，DHS 与 ZnTPP 反应后的纳米效应光谱放大了光谱差异，获得了更有效的信息。对光谱数据进行重要变量筛选（VIP 大于 1），执行中级数据融合策略，获得纳米效应特征融合光谱。PLS-DA 对 4 种不同栽培年份的 DHS 识别准确率为 100%，基于纳米效应的多光谱特征融合与化学计量学分析相结合是一种有效识别 DHS（图 2.9）的种植方式和生长年份的方法。

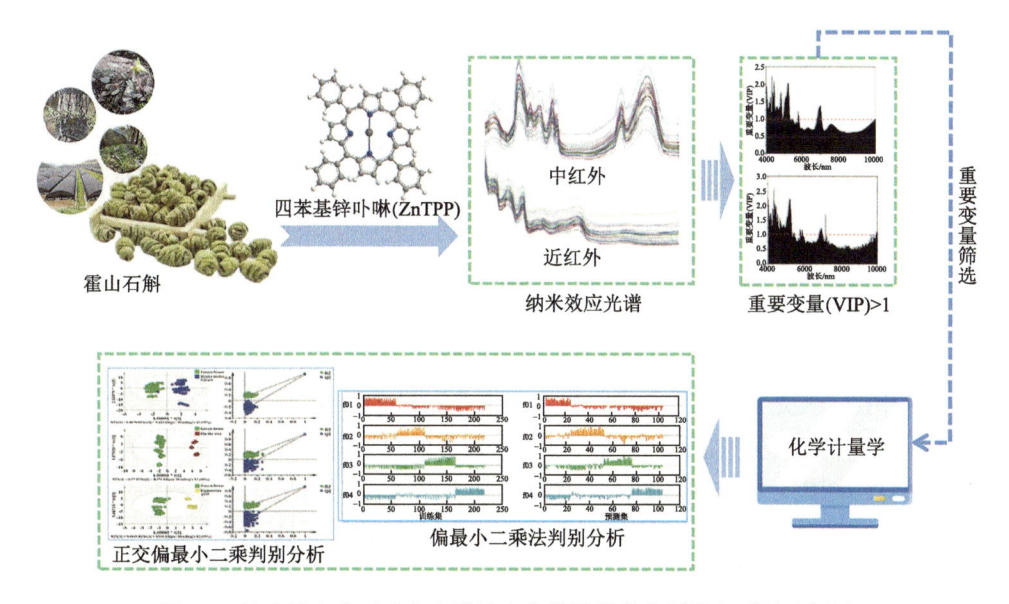

图 2.9　纳米效应多元融合光谱结合化学计量学鉴别霍山石斛示意图

4. 成分鉴别

白酒作为我国国酒，是一种拥有悠久历史文化的传统发酵食品，其在食品行业占有重要的经济地位，富含醇、酯、醛、酮、酸、吡嗪、呋喃和萜烯等近 1900 种风味化合物，且这些化合物以不同含量和比例存在于不同工艺酿造的各种白酒中，构成了我国白酒的十二大香型。白酒中这些有机物质大多含有 C=O、—COOH、C—O—C、—CHO、C=N、O=S=O 等能产生紫外或者可见吸收的生色团，也含有—OH、—OR 等本身无紫外吸收，但可以使生色团吸收峰加强或使吸收峰红移的助色团，紫外-可见光谱是分子中的不饱和基团吸收紫外或者可见光（200～800 nm）后发生价电子跃迁引起的。白酒中约 98%是乙醇和水，这些有机风味物质只占2%左右，但不同香型白酒中风味物质的含量差异显著，故紫外-可见光谱对其有一定的区分鉴别作用。本课题组结合化学计量学的激发-发射矩阵荧光光谱法对同一香气类型的高温大曲白酒进行快速鉴别（Chen H Y et al.，2023）。该方法基于交替三线性分解（ATLD）筛选的7个成分，通过类比的数据驱动-软独立建模（DD-SIMCA）建立判别模型，准确率为100%。GC-MS结合皮尔逊分析，得到了一些美拉德反应产物，如吡嗪和糠醛化合物，决定系数>0.8，预测精度为90.32%~96.77%。该方法具有灵敏度高、检测速度快、无需预处理等特点，为同一香气类型高温大曲白酒的快速鉴别提供了新的策略。

相较于白酒自身的美拉德反应，绿茶中多种活性物质能够与不同的纳米材料发生特异性反应，导致光谱信号发生变化。因此，本课题组构建了多种基于量子点模型的简单、快速、准确的新分析策略，以实现低荧光信号强度下大类数分类（LCNC）系统的同时分类。首次将基于水溶性CdTe量子点的荧光"关闭"模型与化学计量学数据分析相结合，建立了29种不同名优绿茶在较低浓度下的同时鉴别模型（Liu et al.，2017）。虽然低浓度绿茶的荧光强度非常弱，且高度相似，造成了严重的重叠，但不同浓度绿茶的CdTe量子点的荧光可以被不同的"关闭"程度淬灭，从而导致光谱峰和吸光度带的位置和强度存在一些微妙的差异。随后，借助显著降低复杂度的基于PLS-DA的经典模式识别方法，与传统荧光光谱的鉴别结果相比，荧光"关闭"量子点模型对所有茶叶的分类准确率显著提高。然而，基于探头单向信号变化的检测方式容易受到多种因素的干扰，有用信息较少。此外，具有相同成分和质量的样品在单向信号中的光谱信息可能过于相似而无法区分。另外，通过使用两个不同性质和最大发射波长的量子点，不同的材料可以不同程度地淬灭或提高它们的荧光，这可能是两个峰的位置和强度不同的原因。这个模型不需要特别修改，从而保持了量子点的高荧光效率和稳定性，并为定性分析提供了额外的信息。因此，本课题组基于双量子点"关闭"荧光传感器与化学计量学相结合，建立了一种对53种不同绿茶进行高灵敏度特异性识别的新方法（Hu et al.，2018）。采用经典PLS-DA，同时利用ZnCdSe和CdTe量子点为所有绿茶的定性分析提供了更多有效的光谱信息。如图2.10所示，与传统的荧光方法相比，基于单个量子点的"关闭"荧光传感器方法的分类精度得到了提高。然而，100%分类精度的结果对该方法来说仍然是一个挑战。基于双量子点的方法可以成功地对所有绿茶进行鉴别，鉴别准确率达到100%。此外，作为一种通用的方法，所开发的策略具有很大的推广潜力，可以作为LCNC的其他实际应用的替代方案。

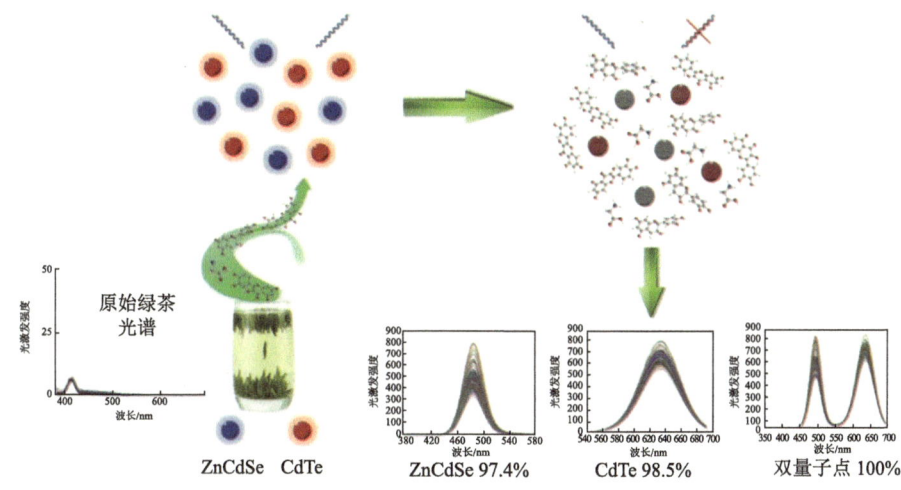

图 2.10　双量子点荧光光谱结合化学计量学精准判别 53 种名优绿茶示意图

2.2.4　发展趋势与未来展望

当前的食品安全和真实性检测技术在应对复杂的食品供应链时仍面临诸多挑战。与传统食品检测技术相比，由于光谱技术具有迅速、高效、没有样品损耗等优点，近年来逐渐开始应用于食品检测领域。食品检测中光谱技术的未来发展方向主要有以下几个方面。

（1）光谱检测技术与多种食品检测技术相互融合将会成为未来崭新的发展方向。光谱检测技术在不同食品检测过程中，由于食品差异性影响，有时其检测精度并不高，此时把光谱检测技术与一些传统食品检测技术相融合，能够充分发挥各种检测技术的优势，提高食品检测精度。

（2）将光谱检测技术与在线检测技术相结合，形成的光谱在线实时检测技术必将成为未来食品检测的主流发展方向。现阶段，食品检测通常需要结合一些实验室检测方法，这些方法在检测之前通常会消耗一定时间，在一定程度上会对检测结果造成不必要影响。因此，将光谱检测技术与在线检测技术相结合，实现对食品样本在线实时检测，将会取得更有价值的检测结果，从而推动光谱检测技术产业化发展。

（3）研发便携式光谱检测设备。研发便携式光谱检测设备将更容易进行食品现场检测，不必再把待测样本送抵实验室进行检测，会极大地提高检测效率，并且具有很大市场潜力。

（4）随着纳米材料的进一步发展，未来可以开发新的纳米材料或者进一步优化已有材料的性能，提高光谱检测技术的准确性，同时构建纳米材料修饰的光学传感器应更趋于常规化和便捷化，开发出可视化的便携快速检测设备，以满足食品安全和真实性检测的现场和检测需求。

2.3 食品风险因子和真实性检测信号的可视化放大技术

2.3.1 食品风险因子和真实性可视化检测技术

1. 比色可视化检测技术

比色可视化检测是一种基于颜色变化来定量或定性分析检测目标的重要方法。其原理在于检测过程中，检测目标与特定的试剂或传感材料发生反应，导致体系的光学性质发生改变，从而产生明显的颜色变化。在这一过程中，颜色变化的程度与检测目标的浓度或存在与否密切相关。例如，当检测某种特定的重金属离子时，与其对应的显色剂会与之结合形成具有特定颜色的络合物。随着重金属离子浓度的增加，络合物的浓度也相应增加，导致颜色逐渐加深。这种颜色的变化可以通过肉眼直接观察，也可以借助分光光度计等仪器进行精确测量和定量分析。

比色可视化检测的优势在于其操作简便、直观快速，不需要复杂的仪器设备，适用于现场快速检测和初步筛选。同时，其结果易于理解和解读，对于非专业人员也具有较高的可操作性。在实际应用中，比色可视化检测已广泛用于食品中风险因子和真实性检测领域，如检测食品中的有害物质、添加剂、变质指标等。

2. 荧光可视化检测技术

荧光可视化检测是一种基于荧光现象的检测技术，其发光机制涉及物质对特定波长的光吸收后，电子从基态跃迁到激发态，随后在返回基态的过程中释放出能量，以光的形式表现出来。在荧光可视化检测中，荧光物质的分子结构和化学环境对其发光特性起着关键作用。例如，一些具有共轭结构的有机分子，由于电子能够在整个分子体系中自由移动，它们在吸收特定波长的光后能够有效地产生荧光。此外，金属配合物中的金属离子与配体之间的电子转移也能导致荧光的产生。

荧光可视化检测具有诸多显著优势。首先，它具有极高的灵敏度。相较于其他检测方法，荧光可视化检测能够检测到极微量的目标物质，这使它在生物医学、环境监测等领域对痕量物质的检测中具有重要价值。例如，在临床诊断中，对于低浓度的生物标志物的检测，荧光可视化检测技术能够提供准确的结果。另外，荧光可视化检测具有良好的选择性。通过选择合适的荧光材料和设计特异性的识别位点,可以实现对特定目标物质的精准检测,从而有效区分复杂样品中的相似物质。再者,它具有快速响应的特点。荧光信号的产生和检测可以在较短的时间内完成,有助于实现实时监测和快速分析。此外,荧光可视化检测还具有操作简便、易于实现微型化和集成化等优点。它可以与微流控芯片等技术结合,构建便携式的检测设备,适用于现场检测和即时诊断。

2.3.2 比色可视化检测传感材料及信号可视化放大技术

1. 纳米传感材料

纳米材料在比色可视化检测中的应用具有显著的优势,能够显著提升检测的灵敏度和选择性。纳米材料凭借其独特的物理和化学性质,为比色可视化检测带来了革新。例如,金纳米颗粒具有良好的光学特性,其表面等离子体共振效应能够产生明显的颜色变化。通过精确控制金纳米颗粒的尺寸、形状和表面修饰,可以实现对目标分析物的高灵敏度和高选择性检测。碳纳米材料如碳纳米管和石墨烯,也在比色可视化检测中展现出巨大潜力。它们具有大的比表面积和优异的电子传递性能,能够有效地吸附和富集目标分子,增强检测信号。同时,这些纳米材料还可以通过功能化修饰,引入特异性识别位点,进一步提高检测的选择性。此外,磁性纳米颗粒在比色可视化检测中也发挥着重要作用。它们不仅能够实现快速分离和富集目标物,还可以作为载体负载显色试剂,从而提高检测的灵敏度。有研究表明,将多种纳米材料进行复合或构建纳米杂化结构,能够综合各自的优势,实现更出色的比色检测性能。例如,将金纳米颗粒与磁性纳米颗粒结合,既能够利用金纳米颗粒的显色特性,又能借助磁性纳米颗粒的分离能力,提高检测的准确性和效率。本章节主要介绍不同的纳米材料,如金纳米颗粒(Au NP)、银纳米颗粒(Ag NP)材料等。

1) Au NP 信号放大方法

Au NP 是比色可视化检测传感中最常用的纳米材料,因为它可与其他目标分子结合,通过聚集和分散引起颜色变化,很容易提供可见的反馈。Au NP 的大小对比色可视化检测传感的灵敏度至关重要,100 nm 的 Au NP 由于其摩尔吸光系数高,被认为是比色可视化检测传感的理想材料。由于显著的空间位阻和强光散射,尺寸大于 100 nm 的 Au NP 在比色传感中的定量性能较差。基于 Au NP 的信号放大策略包括扩大 Au NP 偶联,Au NP 上的银成核,用酶、催化金属或表面增强拉曼标签修饰 Au NP。

(1) 增强 Au NP 聚集状态。

增强 Au NP 聚集以获得在检测限以上有更丰富的颜色变化是其信号放大的直

接方法。通过将聚酰胺引入富氨基的 Au NP-抗体偶联物体系，可将其对双酚 A 的检测灵敏度提高 50 倍。此外，有学者使用硅基纳米材料作为底物负载 Au NP，设计了一种高灵敏度的比色可视化检测传感器来检测蛋白质，通过将大量的 Au NP 负载到二氧化硅纳米棒上，可显著提升其比色显色性能，检测限可低至 0.01 ng/mL。虽然增强 Au NP 聚集是一种相对直接的放大信号的方式，但形成 Au NP 聚集的重复性将是一个限制。一种被称为"金增强"的策略也能够扩大 Au NP 的聚集尺寸，其方法是使用还原剂（$NH_2OH \cdot HCl$）或加载金增强剂（超小的 1.40 nm Au NP）。基于还原剂的催化反应可以在初始 Au NP 表面产生新的 AuNP，从而扩大聚集物的尺寸，增强信号。

此外，重金属污染逐渐成为全球环境污染中最严重的问题之一，它可以渗透到环境，特别是食品中，最终对人体造成不可逆转的伤害。因此，本课题组构建了一种基于掺氮碳量子点（NCQD）和金纳米簇（Au NC）的多通道可视化荧光阵列传感器（Wang et al., 2022a）。该传感器综合考虑了 Au NC 的聚集诱导增强（AIEF）效应、NCQD 的电子转移（ET）效应，以及 Au NC@NCQD 的荧光共振能量转移（FRET）效应。它进一步结合了 PLS-DA 和 PLSR，实现了对自来水、传统中药（TCM）和土壤中多种金属离子的快速准确检测。Cd^{2+}、Pb^{2+} 和 Hg^{2+} 的检测限分别为 0.15 μmol/L、0.20 μmol/L 和 0.09 μmol/L。同时，本课题组提出了一种可调荧光光谱逻辑装置，以满足对重金属的不同检测需求。金属离子的分析结果可以通过四种输出类型直接获得，分别是无（0, 0, 0）、Cd^{2+}（1, 1, 0）、Pb^{2+}（1, 0, 0）和 Hg^{2+}（0, 0, 1）。更有趣的是，Cd^{2+} 和 Pb^{2+} 可以通过简单的离心或沉降去除，这可以通过丁铎尔效应观察到。因此，该方法不仅构建了多金属离子的传感方法，还提出了一种食品中重金属离子去除的新策略。

（2）Au NP 表面生成银核。

银在金上成核是一种被广泛研究的反应，由于其简便性和高灵敏度，可应用于食品中目标成分特征信息的信号放大。银对金的增强原理是，银离子在金纳米晶体表面被金颗粒周围的还原剂还原为银。因此，纳米晶体的尺寸将会由于银沉积而变大，与原始红色 Au NP 相比，可视化传感检测灵敏度增加 100 倍。此外，不同的银盐已被用作银增强剂的来源，如乳酸银、硝酸银和乙酸银。与对光敏感的乳酸银和硝酸银不同，乙酸银是增强金银的最佳银源，其不需要控制黑暗条件下的信号放大反应。此外，银增强策略还可以通过将银还原试剂与混合纳米纤维结合，用于肌钙蛋白 I 检测。银还原试剂沉积在 Au NP 上的纳米纤维上，使测试线上的颜色变暗，检测限（LOD）提高了 10 倍而不影响检测时间。然而，即使发生在 Au NP 表面的还原反应，也很容易被食品中存在的其他组分影响，从而产生较高的背景噪声，影响灵敏度。因此，在应用银或金的增强方法时，应考虑如何减少背景对催化反应的影响。同时，银和金的增强方法需要额外的步骤来添加试剂。这些阻碍了银和金增强方法的广泛应用，需要付出更多的努力来实现一步信号放大。

（3）酶修饰 Au NP。

Au NP 可作为酶载体，提高酶的催化能力，诱导比色可视化检测传感信号扩增。由于其比色特性，辣根过氧化物酶（HRP）可以偶联到生物受体上，提供丰富的信号作为输出。三种不同的 HRP 底物[3,3′,5,5′-四甲基联苯胺（TMB）、3-氨基-9-乙基咔唑和 3,3′-二氨基联苯胺四盐酸]和 TMB 底物提供最好的定量限（200 pg/mL），这是颜色更深的可见结果。最近，有学者使用另一种酶碱性磷酸酶（ALP）放大检测马铃薯病毒 X 的信号，LOD 为 0.30 ng/mL（是传统的比色可视化检测传感的 1/27）。此外，HRP 可以与高度碳化的纳米球（HCS）结合，以增强比色可视化检测传感信号。使用 Au NP 负载的酶可以一种简单的方式实现信号增强，这代表了其是一种潜在的商业化方法。然而，酶相对不稳定，导致检测的保质期缩短，并进一步降低了检测的准确性。此外，酶负载量受到 Au NP 有限表面积的限制。应对这些挑战的战略将对未来的广泛应用至关重要。

（4）催化金属改性 Au NP。

贵金属催化纳米材料已成功用于比色传感信号放大。考虑到铂纳米颗粒（PtNP）的催化活性，有学者将 Au NP 涂上超薄的 Pt 层，形成集成的 Au@Pt。Au@Pt 具备来自 Au NP 的等离子体活性和 PtNP 的高过氧化物酶催化活性，从而能够产生显著的颜色变化，灵敏度提高了 2 个数量级。还有学者利用 Pt-Pd 双金属纳米颗粒（Pt-Pd NP）的过氧化物酶活性，设计了一种灵敏的比色可视化检测传感器来检测蛋白生物标志物 p53 蛋白。与基于 Au NP 的比色可视化检测传感器相比，Pt-Pd NP 与 TMB 的催化反应具有更强的蓝色显色信号，LOD 为 0.05 ng/mL，其线性范围为 0.10~10.00 ng/mL。

作为一种传统的、地道的中药材，菊花（chrysanthemum flower，CF）具有很好的药理效果。然而，目前很难追踪其来源，特别是通过可视化的方法。而本课题组合成了 Au NC，并通过 AIEF 效应与铝离子（Al^{3+}）结合形成 Al@Au NC 复合物，构建了一个快速识别菊花的比色可视化检测传感器（Wang et al.，2022b）。进一步研究表明，菊花中的 3-羟基类黄酮衍生物在识别过程中通过激发态分子内质子转移（ESIPT）效应，主动与 Au NC 竞争 Al^{3+}，而类黄酮能够有效猝灭 Au NC 的荧光。因此，来源不同的菊花能够产生从红色到绿色的各种颜色荧光，形成快速的可视化区分效果。最后，通过化学计量学中的 PLS-DA 方法证明，菊花识别的准确率可以从 46.15%提高到 93.10%~100.00%。

2）Ag NP 信号放大方法

Ag NP 的高摩尔吸光系数提高了能见度，从而提高了其紫外-可见光谱检测的灵敏度。Ag NP 通常与 Au NP 一起用于信号放大，如 Au NP 表面的银成核。Ag NP 比 Au NP 更便宜，作为贵金属纳米颗粒，它们在没有外部激发源或发射传感器的情况下也可以肉眼观察到。与其他纳米材料相比，Ag NP 具有与贵金属纳米颗粒类似的局限性，如固有的等离子体、稳定性相对较差和毒性。

陈皮（CRP）是一种在中医中常用的药食同源材料。CRP 中二氢黄酮（DHF）和多甲氧基黄酮（PMF）的质量、价格及含量与其来源直接相关。本课题组提出了一种新颖、快速、简单的可视化辨别 CRP 来源的方法（Lan et al.，2023）。经过筛选，Al^{3+} 和牛血清白蛋白/硫水杨酸修饰的银纳米簇（BSA/TSA-Ag NC）作为荧光传感器，分别用于定位 DHF 和 PMF。在 60 批来源不同的 CRP 提取物与 Al^{3+} 或 Ag NC 传感器反应后，可以通过肉眼或使用 PLS-DA 准确区分出三种 CRP 来源，这主要是基于荧光颜色的显著差异。用于基于滤纸的检测中时显示出了良好的辨别效果。传感机制可能是 CRP 中的 DHF 与 Al^{3+} 形成复合物，增强了分子的共轭性和结构刚性，产生荧光增强效果。疏水相互作用使 PMF 更容易进入 Ag NC 的 BSA 壳层，并与修饰在 Ag NC 表面的 TSA 进行电子传递，导致 PET 效应及 TSA-Ag NC 的聚集，最终引起荧光猝灭。

3）聚合物纳米颗粒表观颜色变化介导的信号放大方法

聚合物纳米颗粒性能优异，可用于开发比色可视化检测技术。聚丁二炔（polydiacetylene，PDA）囊泡是一种典型的聚合物纳米颗粒。PDA 及其衍生物可以通过自组装形成 PDA 囊泡，PDA 囊泡由亲水头部和疏水尾部组成，在 640 nm 波长处有最大吸收峰，其颜色为蓝色。在外界温度、pH、分子识别等条件的影响下，最大吸光度对应的波长从 640 nm 移动到 540 nm，其颜色也会发生改变，由蓝色变为红色。已有研究用一种聚丁二炔的单体——10，12-二十五碳二炔酸制备了纳米级 PDA 囊泡，并通过共价偶联将截短的脂多糖-适配体修饰在 PDA 囊泡表面，从而得到修饰了适配体的 PDA 探针。大肠杆菌 O157:H7 与囊泡界面处的适配体之间的特异性识别导致 PDA 囊泡由蓝色转变成红色，可直接用裸眼看出。该技术在 2 h 内实现了 $10^4 \sim 10^8$ 菌落形成单位/mL 大肠杆菌的检测，并具有优异的特异性。与标准培养方法相比，此技术对 203 株临床粪便标本中大肠杆菌 O157:H7 的检测限为 98.50%，表明该技术可用于临床粪便标本的检测。此外，还有学者利用 PDA 与赖氨酸的相互作用开发了赖氨酸-PDA 囊泡传感器。氨基酸代谢产物可通过间接扰动改变 PDA 构象。例如，沙门氏菌含有能使赖氨酸脱羧生成胺的赖氨酸脱羧酶，在其培养基中加入赖氨酸，赖氨酸脱羧生成的胺会造成细胞外环境的 pH 增加，从而诱导 PDA 囊泡从蓝色转变成红色。该技术研究了由赖氨酸脱羧造成的不同酸度对 PDA 体系颜色变化的影响,从而证实了其开发的赖氨酸-PDA 囊泡可以用于比色可视化检测传感器的构建。由于 PDA 囊泡的色彩特性,PDA 囊泡在致病菌比色可视化检测领域将大放异彩。

4) 纳米酶信号放大方法

纳米酶是指一类本身具有类似天然酶催化活性的无机纳米材料,与天然酶相比,纳米酶具有制备工艺成熟、成本低、易于储存等优势。组成纳米酶的材料主要包括:贵金属纳米材料、金属氧化物以及复合纳米材料。纳米酶的出现为新型比色传感器的开发提供了更多机会。2007 年,有学者首次发现 Fe_3O_4 纳米颗粒具有类似过氧化物酶的特性。后来的研究者相继发现贵金属纳米颗粒如 Au NP、金属有机骨架(metal organic framework,MOF)纳米材料如 Cu-MOF、金属氧化物纳米材料如氧化镍纳米颗粒(NiONP)等都具有类似天然酶的活性。

综上所述,纳米材料的应用为比色可视化检测的发展注入了强大动力,使比色可视化检测在食品安全、环境监测和生物医学等领域的应用前景更加广阔。

2. 有机小分子传感材料

有机小分子传感材料在比色可视化检测中发挥着重要作用,并具有一系列显著特点。有机小分子具有结构多样和可设计性强的特点。通过对其化学结构的巧妙修饰和改造,可以精准地调整其光学性质和与目标分析物的结合能力,从而实现对特定物质的高选择性检测。在灵敏度方面,一些有机小分子能够与目标分子发生特异性的化学反应,产生明显的颜色变化,这种高反应活性使检测限能够达到极低的水平。有机小分子传感材料还具有良好的兼容性。它们能够与其他材料或技术相结合,进一步增强检测效果。

纳米颗粒 Ag NP 在分散和聚合状态下呈现不同的光学现象即呈现不同的颜色,取决于粒子表面等离子共振吸收。修饰在 Ag NP 表面的某些有机小分子不仅能起到稳定、均匀分散 Ag NP 的作用,还能在一定条件下选择性地与目标物作用,引起 Ag NP 聚集以致颜色变化。与传统方法相比,这种比色可视化分析法具有操作简便、对仪器要求低、重复性好、结果可视化等优点。有学者通过在粒子表面修饰半胱氨酸(Cys)制作 Cys-Ag NP 小型比色传感器,并实现了对 Ni^{2+} 选择性测定,Cys 一端有机小分子的分散性和稳定性高,从而提升检测的准确性和可靠性(伍小艳,2012)。同时,有机小分子传感材料的合成相对较为简单,成本较低,有利于大规模生产和实际应用。通过 S—M 修饰到 Ag NP 表面,另一端分子中的 —NH_2 和 —COOH 与 Ni^{2+} 络合,使粒子聚合,在 526 nm 处出现新的吸收峰,颜色由亮黄色变为橘黄色,实现了对 Ni^{2+} 选择性分析,紫外-可见光谱 526 nm 波长处吸光度与 405 nm 波长处吸光度比值 A_{526}/A_{405} 与 Ni^{2+} 的浓度在一定范围内

（5.60～13.90 µmol/L）存在良好的线性关系，并且肉眼可检测到的最低浓度为 4.90 µmol/L。结果显示，除了 Co^{2+} 轻微干扰外，该传感器对其他相同条件下测定的离子均无响应，有望用于实际样品分析。有学者利用 TGA 与碱土金属离子容易形成巯基乙酸盐 $HSCH_2COO—M^{2+}—OOCCH_2SH$ 的特性，制备了 TGA-Ag NP 传感器，并探讨了该传感器对 Mg^{2+}、Ca^{2+}、Sr^{2+}、Ba^{2+} 的响应情况。研究发现，当 pH 接近 12.20 时，该传感器只对四种离子响应灵敏，并随着四种离子浓度的升高，粒子颜色呈现规律加深，同时表面等离子共振吸收发生规律变化，该比色传感器对四种离子的检测限分别为 6.25 µmol/L、2.08 µmol/L、1.25 µmol/L 和 0.833 µmol/L。

对于白酒的严重掺假问题，快速有效地鉴别不同产地的白酒至关重要，而有机酸是白酒中最主要的风味物质。本课题组基于 4-氨基酚（AP）/4-氨基-3-氯酚（ACP）在 $Cu(NO_3)_2$ 氧化作用下的比色反应，提出了一种简单、快速、有效的有机酸敏感型比色可视化检测传感器阵列，用于三种主要香型白酒的产地快速鉴别（Wu et al., 2024）。有机酸（OA）电离出的氢离子诱导了氨基的质子化，阻断了比色反应，而白酒中不同浓度的 OA 使传感器阵列能够区分不同产地的白酒。利用该阵列对 10 个简单 OA 和 16 个混合 OA 进行了分析，并对 42 种白酒进行了识别，准确率达到 98.00%。该方法为白酒的快速质量分析提供了有效的研究策略。针对类别数更多、相似程度更高的白酒样品识别问题，本课题还基于硝酸银与邻苯二胺或其衍生物的氧化还原反应，构建了一种新型比色可视化检测传感器阵列，用于鉴别羰基风味化合物（carbonyl flavor compound，CFC）和白酒（Wu et al., 2022）。氟氯化碳会根据 Ag NP 聚集和化学反应的影响而改变特定的着色产物。该阵列可对 21 种 CFC 进行定性和定量鉴定，具有响应快（<14 min）、线性范围宽（0.025～25.000 µmol/L）、检测限低（<60 µmol/L，羧酸类为 29 nmol/L）的特点。最后，将该阵列成功应用于 56 种白酒的识别。该方法简便、快速、可靠，在白酒的可视化检测中具有良好的应用潜力（图 2.11）。

有机胺在染料、聚合物和制药行业中无处不在且必不可少，但也具有高度腐蚀性和毒性。开发一种快速有效的方法来检测有机胺是一个重要的挑战。P. Liu 等（2023）演示了通过缺电子紫罗碱金属有机材料的比色和发光传感来检测有机胺。该材料由 1-(3, 5-二羧基苯基)-4, 4′-联吡啶鎓和 Cd（Ⅱ）组成，具有二维框架，其中紫罗碱排列的发色团和可接近的缺电子紫罗碱部分构成路易斯酸性位点。在紫外-可见光照射下表现出可逆的光致变色行为与胺蒸气和溶液接触后会出现可视化颜色变化和荧光猝灭。由于框架的孔径确定，荧光传感效率表现出有机胺尺寸依赖性。蒸气变色和荧光猝灭归因于电子从有机胺转移到缺电子的紫罗碱部分，产生有色的紫罗碱自由基。

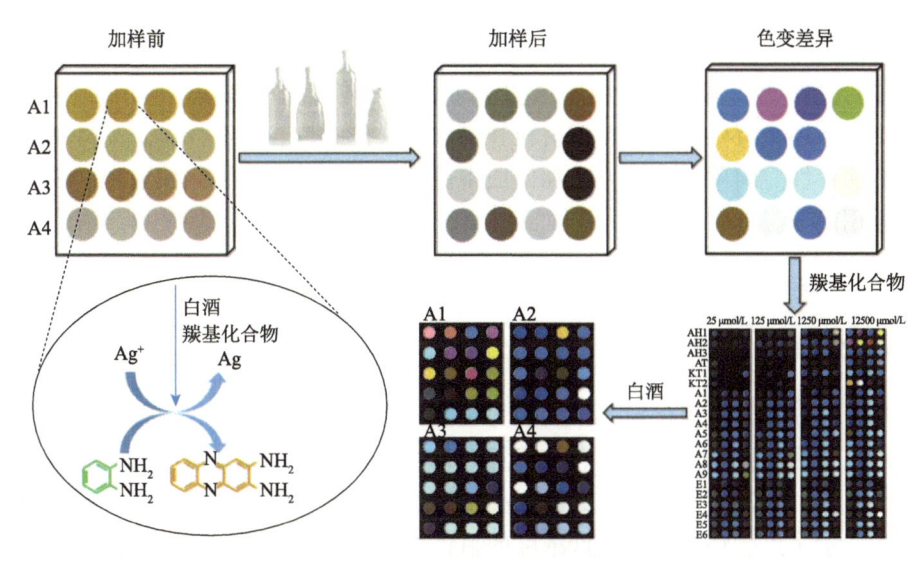

图2.11 有机小分子比色可视化传感器阵列检测白酒真实性

　　Lowdon等（2019）设计了一种新型精神活性物质（NPS）2-甲氧苯胺（2-MXP）和其他双芳基苯的检测方法。该检测方法基于目标分子印迹聚合物（MIP）中染料分子的竞争位移。通过研究MIP对六种常见染料的亲和力，将其表达为结合因子，对其进行充分的表征。研究结果表明，染料与目标MIP之间的数学关系可以用来预测位移试验的效果。使用两种掺杂物和两种合法的药理化合物作为靶标诱导合成染料负载MIP颗粒。而目标物与MIP的亲和力高于染料，可将其从受体的纳米腔中转移，从而导致滤液的颜色改变，该过程可以用肉眼观察到。将MIP颗粒与掺假剂和合法药物一起培养，并没有产生任何可见的吸收变化。它的强大、快速和低成本特性及其特定选择性和通用性，说明其作为识别不明粉末中麻醉物质的预先筛选工具的潜力。

　　生物和生物医学应用对响应工具的需求不断增长，推动了新的低成本探针的发展。目前的光学探针是治疗工具，同时响应生物参数/分析物和治疗操作。包括多功能探针在内的简单有机小分子进行生物活性监测是科学家和技术人员所迫切需要的。Diana等（2022）设计、合成了一种以2-苯基-5-(吡啶-3-基)-1,3,4-噁二唑为骨架并带有柔性阳离子链的新型多功能探针C1，具有三环杂芳图案和柔性阳离子链。该新型分子在微酸性pH范围内具有实时的肉眼比色和荧光响应，并且在有机相和水中均具有良好的溶解度。通过肉眼分析和质子滴定实验，探讨了C1对pH参数的比色和荧光响应。在pH为5.50～6.50检测到比色"开启"和荧光"关闭"。体外抑菌活性测定显示C1对大肠杆菌的抑菌能力，保留了其难溶前体的抑菌活性。单晶X射线衍射研究提供了C1的结构信息，并使用DFT计算来合理化光谱响应。分子动力学模拟了 C1 与模型棕榈酰油酰磷脂酰胆碱（POPC）膜的相互作用，证明了在低程度的双层扰动下穿过溶酶体膜的潜力。

综上所述，有机小分子传感材料凭借其多样的结构、高选择性、高灵敏度、良好的兼容性、简单的合成方法和低成本等特点，在比色可视化检测中展现出广阔的应用前景。

2.3.3 荧光可视化检测传感材料及信号可视化放大技术

1. 量子点信号放大方法

量子点在荧光可视化检测中的优势主要体现在以下几个方面。首先，量子点具有出色的光学性能。它们具有狭窄且对称的发射光谱，荧光强度高，能够提供清晰且强烈的荧光信号，从而大大提高检测的灵敏度。例如，在某些微量物质的检测中，量子点能够检测到极低浓度的目标物质，这对于早期疾病诊断和微量污染物检测具有重要意义。其次，量子点的尺寸可调性使其发射波长可以通过控制粒子来精确调节。这使得可以通过选择合适尺寸的量子点来获得特定波长的荧光，从而避免背景干扰，提高检测的选择性和准确性。此外，量子点具有良好的光稳定性，相比于传统的有机荧光染料，它们在长时间的光照下不易发生荧光猝灭，能够保证检测结果的稳定性和可靠性。量子点具有优良的信号亮度、尺寸可调发光、强抗光漂白稳定性和低背景信号等独特的光学特性，被广泛用于荧光标记。有学者设计了一种试纸型荧光比色传感器，利用量子点作为信号报告器，在紫外灯下可视化检测核酸，LOD 降至 fmol/L。在免疫色谱分析（ICA）中使用三种具有不同发射峰的量子点（红色、黄色和绿色），其同时检测牛奶中的抗生素的检测限比酶联免疫吸附测定（ELISA）灵敏度高 80~200 倍。

本课题组利用酸敏感的 CdTe 量子点负载的海藻酸钠水凝胶（CdTeQD-AH）珠子，设计用于荧光可视化检测 SO_2 残留物的方法（Lan et al.，2024）。作为概念验证，选择了两种类型的 CdTe 量子点作为模型探针并嵌入 AH 珠子中。整个测试在一个修改过的双层试管中进行，试管中一个珠子固定在样品溶液上方，测试时间为 25 min。加入柠檬酸并在 70℃下加热 20 min，将溶液中的亚硫酸盐转化为 SO_2 气体，从而使 CdTeQD-AH 珠子的荧光熄灭。这个检测方法可以在 25~300 ppm（1 ppm=1×10^{-6}）的浓度范围内实现 SO_2 残留物的定性肉眼检测，同时根据反应前后珠子的平均荧光亮度差异，还可以进行精确定量。采用此方法成功分析了五种食品类型，此方法比现有技术更简单、更经济，无需复杂的预处理。

铜作为一种重金属，在人体内会在一定程度上积累，这可能导致各种疾病并危害人类健康。因此，急需建立迅速和灵敏检测 Cu^{2+} 的新方法。本课题组合成了一种修饰了谷胱甘肽的量子点（GSH-CdTeQD），并应用于一种"关闭式"荧光探针来检测 Cu^{2+}（Hu Z K et al., 2023）。在存在 Cu^{2+} 时，GSH-CdTeQD 的荧光可以通过聚集诱导荧光猝灭（ACQ），这源于 GSH-CdTeQD 表面官能团与 Cu^{2+} 之间的相互作用以及静电吸引。在 20~1100 nmol/L 的范围内，Cu^{2+} 浓度增加与传感器的荧光下降呈良好的线性关系，LOD 为 10.12 nmol/L，低于美国国家环境保护局（EPA）定义的限制（20 μmol/L）。此外，为了实现荧光可视化分析，还使用了比色法通过捕捉荧光颜色的变化来快速检测 Cu^{2+}。值得注意的是，提出的方法已成功应用于实际样品（如环境水、食品和中药）中 Cu^{2+} 的检测，并取得了令人满意的结果，这为在实际应用中检测 Cu^{2+} 提供了一种既快速、简单又灵敏的有前景的策略。

在食品中不当使用氨基糖苷类抗生素（AG）会导致 AG 残留物在人体内的积累。本课题组设计了一种基于巯基丁二酸（MSA）修饰 CdTe 量子点的新型荧光传感器，用于快速可视化检测一种代表性的 AG——新霉素（NEO）（Fan et al., 2023a）。该传感器在 NEO 检测方面表现出色，检测限为 $1.60×10^{-8}$ mol/L。此外，MSA-CdTeQD 可用于 NEO 的可视化检测，随着 NEO 浓度的增加，荧光从鲜黄色变为深红色。最重要的是，即使在其他常见干扰抗生素存在的情况下，MSA-CdTeQD 对 NEO 也具有高度选择性，实际样品的回收率高达 95.66%~100.77%，相对标准偏差（RSD）小于 3.15%（图 2.12）。

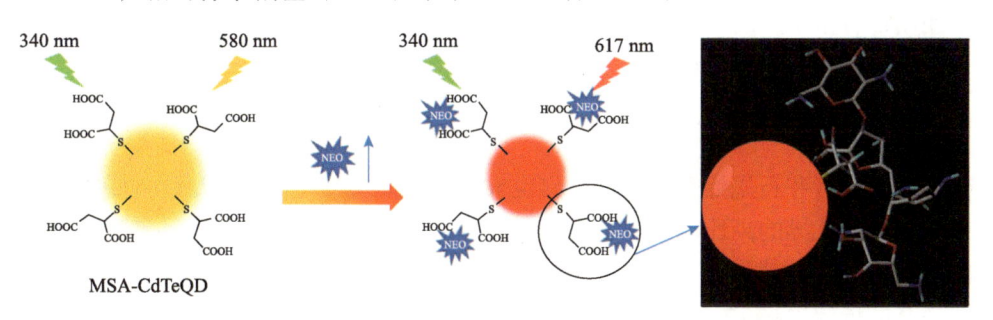

图 2.12　量子点荧光可视化传感器对 NEO 可视化响应原理

此外，本课题组还建立了一种基于 ZnCdSe QD 在 $KMnO_4$ 体系中的"关闭"和"开启-关闭"现象的新型双通道传感器阵列，用于有效区分各品种、等级和产地的 30 种绿茶（Fan et al., 2022b）。从优化量子点开始构建传感器系统，首先测试了它们对 10 种代表性绿茶的灵敏度和选择性表现，最终建立了基于 ZnCdSe QD 的传感器系统。通过氨基酸、槲皮素等与 ZnCdSe QD 之间的相互作用，得到了一种明显的"关闭"响应，同时也验证了儿茶素与 ZnCdSe-$KMnO_4$ 体系之间的"开启-关闭"现象。此外，基于七种儿茶素的差分荧光"开启-关闭"响应，成功进行了这些儿茶素的定性和定量分析，线性范围为 0.50~10.00 μg/mL。最重要的是，通过采用双通道传感器，可以根据光谱信号准确识别30种不同品种、产地和等级的绿茶，识别准确率达到100.00%。

然而，量子点在应用中也存在一些局限性。其一，量子点的合成过程通常较为复杂，需要严格的实验条件和精细的控制，这增加了其制备成本和难度；其二，量子点的表面修饰和功能化也是一个挑战。未经适当修饰的量子点可能存在生物相容性差的问题，限制了其在生物体内的应用。而且，量子点可能会存在潜在的毒性，在生物医学领域的应用中需要引起特别关注。另外，量子点的荧光特性可能会受到环境因素的影响，如pH、温度和离子强度等，这可能导致检测结果的偏差。

2. 硅纳米颗粒信号放大方法

硅纳米颗粒作为一种半导电材料，常与量子点一起用于荧光可视化的信号放大，不仅是因为其良好的水分散性、表面功能和生物相容性，更重要的是，硅纳米颗粒可以通过排除环境中的重金属离子扩散来增强化学稳定性，降低量子点的毒性。具体来说，CdTe量子点嵌入二氧化硅纳米颗粒，检测抗体被标记，作为信号增强标记在纸质免疫装置中用于荧光可视化检测甲胎蛋白（AFP），LOD为0.40 pg/mL。与抗体-QD偶联法相比，检测灵敏度提高了4.70倍。也有学者报道了使用带有量子点的二氧化硅纳米颗粒来增强信号的方法，结合介孔二氧化硅纳米颗粒和用检测抗体标记的量子点来放大信号。

3. 碳纳米材料信号放大方法

碳纳米管和石墨烯等碳纳米材料也被用于荧光可视化的信号增强。最近，利用碳纳米管优异的高比表面积和高信噪比等特性，有学者提出了一种基于适配体的荧光可视化传感器，以碳纳米管作为荧光标记进行目标物检测。LOD比基于Au NP的传感器高12.5倍。此外，还有研究小组开发了一种基于适配体的荧光可视化传感器，通过使用多壁碳纳米管作为标记衬底来检测汞离子以提高条带的稳定性和灵敏度，与传统的基于Au NP的传感器相比，LOD提高了10倍。非晶态碳纳米颗粒（ACNP）不同于发达的碳纳米管，比Au NP更敏感，具有较强的深色。ACNP的突出优点包括稳定性高、毒性低、易于偶联和制备，以及不需要活化。有研究开发了一种多路ACNP传感器，用于检测食品中三种镰刀菌毒素，LOD比Au NP传感器提高了8倍，比缓冲液中的QD提高了2倍。

抗坏血酸（AA）是对人类至关重要的营养素，必须通过蔬菜、水果和其他食物摄取。AA的含量已经成为评估食品质量和营养价值的重要标准。基于纳米材料的荧光可视化检测传感方法是快速检测AA的良好替代方案。因此，Lan等

（2022）开发了一种基于内滤效应的荧光探针，将 NCQD 与羟基氧化钴纳米片（CoOOH NF）杂化，成功选择了最佳的 NCQD，因为它在 430 nm 处有强荧光，并且与 CoOOH NF 发生内滤效应而产生最显著的猝灭现象。当将 AA 加入 NCQD-CoOOH NF 探针溶液中时，AA 的烯二醇基团会与 CoOOH NF 发生特定的氧化还原反应，从而干扰 CoOOH NF 的猝灭能力并恢复 NCQD 的荧光。恢复的荧光强度与 AA 的浓度呈线性关系。基于 NCQD-CoOOH NF 探针的检测可以在 5~200 μmol/L 范围内测试 AA，检测限为 2.31 nmol/L。此外，为了评估其实际应用，利用 NCQD-CoOOH NF 荧光探针分析了蔬菜、水果和血清基质中的 AA，结果令人满意。

  本课题组基于氮/硫掺杂碳量子点（N/S-CQD）和带有巯基乙酸封端的 CdTe 量子点（TGA-CdTeQD）的比例构建了荧光探针，用于敏感地检测多种四环素类抗生素（Fan et al.，2023b）。N/S-CQD 可以稳定地附着在 TGA-CdTeQD 上，形成一种新的复合比率荧光探针，其对四环素类抗生素的灵敏度比单独的量子点提高了 10 倍以上。该探针可以检测四种常见的四环素类抗生素，当探针的颜色从鲜红色变为深红色时，LOD 为 1.47×10^{-2}~1.78×10^{-2} mg/L。该探针在食品和尿液中的实际应用也得到了验证，回收率为 95.21%~104.97%。由于两种量子点提供了丰富的光谱指纹，这种新型探针不仅能准确识别不同的单一四环素类抗生素，还能在结合化学计量学的实际样本中识别混合四环素类抗生素样本。同时，本课题组为了快速检测出食品中的抗生素残留，还建立了一种基于硫、氮掺杂碳量子点（S, N-CQD）的新型荧光可视化检测传感器，用于快速检测四环素类抗生素（Fan et al.，2022a）。通过 IFE，四量子点的荧光可以被四环素类抗生素有效猝灭，使其处于"关闭"状态。在最佳条件下，四环素类抗生素浓度在 1.88~60.00 μmol/L 范围内与四量子点荧光强度的变化呈良好的线性关系，LOD 计算为 0.56 μmol/L（信噪比=3）。此外，所提出的"关闭"传感器可以快速准确地定量四环素类抗生素残留，甚至在牛奶、蜂蜜和自来水中也能有效测量，回收率为 93.61%~102.31%。该传感器在食品安全和药物分析领域具有很大的应用价值，为未来食品产业提供了广阔的前景。

  此外，本课题组描述了一种新型的维生素 C 增强 CQD，它们是用一种著名的绿茶——毛尖作为碳源合成的（Xu et al.，2019）。与仅基于毛尖的 CQD 相比，柠檬酸（CA）增强和维生素 C 增强的 CQD 具有更强的荧光强度，并且响应特性各异。维生素 C 增强的 CQD 对 Hg^{2+} 的荧光响应比普通 CQD 更敏感和更具体，检测限为 6.32×10^{-9} nmol/L，还实现了 2.00×10^{-7}~6.00×10^{-5} mol/L 的线性响应范围。维生素 C 增强的 CQD 也表现出良好的稳定性。它们能够有效地检测复杂样品中的 Hg^{2+}，包括废水、茶和大米。因此，这种多功能的维生素 C 增强 CQD 荧光方法在药品质量、环境质量和食品安全监测等其他领域也展现出良好的应用潜力。

4. 有机荧光染料信号放大方法

有机荧光染料在化学和生物领域具有重要的应用价值。它们种类繁多，常见的有香豆素类、罗丹明类、芘类等。香豆素类荧光染料具有较高的荧光量子产率和较好的光稳定性，其结构易于修饰，能够通过改变取代基来调节荧光波长和强度。在生物成像中，可用于标记细胞内的特定细胞器或生物分子。罗丹明类荧光染料具有较大的摩尔吸光系数和良好的水溶性，其荧光发射波长较长，对细胞的光损伤较小。在医学诊断领域，常用于检测生物体内的离子、小分子或蛋白质等。芘类荧光染料由于其独特的稠环结构，具有较强的荧光发射和聚集诱导发光特性。在材料科学中，可用于制备有机发光二极管和荧光传感器等。

本课题组开发了一种基于芘类的比率型荧光传感器 PN，用于以烯基氨基作为特异性识别位点来可视化检测甲醛（FA）（Hu Y et al., 2023a）。传感器 PN 经历了一种独特的 FA 触发的 2-氮杂-Cope 重排，导致了以比例方式进行的单体-激基转换，荧光颜色从蓝色变化为紫色，十分显著。由于其高选择性、快速响应（<100 s）、低检测限（18 μmol/L）、宽量化检测范围（0.018～4.00 mmol/L）和高达 10 倍的比例增强，PN 已成功应用于各种食品样本中甲醛的检测。值得注意的是，基于纸质芯片和海藻酸盐凝胶的新型便携式设备被构建出来，实现了液体和气体甲醛的可视化定量检测，并可结合化学计量学模型实现在食品保质期内非破坏性监测挥发性甲醛的变化。最重要的是，传感器 PN 已经被证明能够对活细胞中的甲醛进行荧光成像。因此，令人印象深刻的传感器 PN 有望为食品安全和生物系统分析领域提供建议和见解。

此外，本课题组还研究了一种通过结合芘和肼基团功能的可逆荧光探针 Pyr-1，用于可视化检测 Cys（Hu Y et al., 2023b）。Pyr-1 具有三个结合位点，表现出对 Fe^{3+} 的选择性荧光猝灭反应，可形成 1∶1 配位复合物（Pyr-1-Fe_3），进一步用于检测 Cys。在各种测试物种中，Cys 通过去复合化过程引发了独特的荧光增强现象。Cys 的检测表现出荧光"关-开"现象，在 50 s 内，可逆循环可进行至多 32 次。检测限为 0.446 μmol/L。由于在广泛 pH 范围（2～11）内具有优良的稳定性，Pyr-1-Fe_3 成功应用于多种食品样本中的 Cys 检测。在实际应用中，在使用 Pyr-1-Fe_3 修饰的纸基设备上观察到明显的荧光颜色差异，方便且可以用于食品样本中 Cys 的现场评估。

本课题组还利用高效的一锅法策略合成了具有高区域选择性和高效骨架编辑的双硼氧融合多环芳烃（dBO-PAH），硼氧单元的引入使该材料多环芳香烃能够实现最长可达 20 s 的单组分低温超长余辉（Li et al., 2023）。此外，双硼氧融合多环芳香烃还可以作为高亮度和高效深蓝有机发光二极管（OLED）的理想 n 型承载材料；与单一承载材料相比，使用基于双硼氧融合多环芳香烃的共承载材料的器件在亮度和效率上显著提升，并且效率回落显著降低；装置 9（8% PtONTBBI:46% BO1b:46% mCBP）表现出高度的色彩纯度（国际照明委员会 CIE_y = 0.104），并且在 Pt（Ⅱ）基深蓝 OLED 中实现了创纪录的高外量子效率（28.0%），同时 CIE_y<0.20；装置 10（8% PtON1:46% BO1c:46% mCBP）的最大亮度达到 27219 cd/m^2，峰值外量子效率为 27.8%，这是 Pt（Ⅱ）基深蓝 OLED 中的最高亮度记录。这项工作展示了双硼氧融合多环芳香烃作为超长余辉和 n 型承载材料在光电应用中的巨大潜力，有望应用于食品分析。

在易挥发性组分分析方面，本课题组提出了一种新颖的设计策略，利用阴离子功能化的离子液体（IL）实现对气态二氧化硫的可视化和实时检测。创新性地将香豆素荧光团共价连接到离子液体上，因其强烈的化学相互作用对二氧化硫产生荧光信号响应。种离子液体组成的传感器显示出对微量二氧化硫（<0.2 ppm）的高灵敏度和选择性。此外，该传感器克服了抗干扰能力弱和对水敏感的问题。得益于其优良的溶解性，传感器可以组装成简单便携的膜装置，并表现出出色的可重复使用性（>12 次）。所报道的膜传感器可能被用作下一代气体传感器，具有优越的二氧化硫响应性能，能够广泛应用于有害气体的监测。

紫外线有机发光二极管（UV OLED）因在医疗、工业和农业等领域的广泛应用前景而受到越来越多的关注，然而它的发展受到强大 UV 发射源不足的困扰。因此，本课题组将双硼氧单元嵌入非线性多环芳香烃中，以调节其分子结构和激发态特性，从而实现了新型的弯曲 BO-联苯（BO-bPh）和螺旋 BO-萘（BO-Nap）发射体，该材料具有杂化局域和电荷转移（HLCT）特性（Li et al., 2024）。它们可以通过一种高效的两步法轻松合成，产量可达克级。BO-bPh 和 BO-Nap 在甲苯中表现出强烈的紫外线和紫蓝色光致发光，半高宽度分别为 25 nm 和 37 nm，量子效率分别为 98.00%和 99.00%。基于 BO-bPh 的 OLED 展示了高色纯度的紫外电致发光，峰值达到 394 nm，CIE 坐标为（0.166, 0.021）。此外，该设备实现了创纪录的最高外量子效率（EQE=11.30%），这得益于热激发子的成功利用。这项工作展示了双硼氧非线性多环芳香烃作为未来 UV OLED 强大发射源的广阔潜力。

5. 复合荧光可视化检测传感体系

复合荧光可视化检测传感体系具有多种优势,包括高效的荧光共振能量转移、高选择性和高灵敏度，以及可以在生物传感、光催化、纳米探针等多个领域应用。复合荧光可视化检测传感体系结合了卟啉和量子点的优势特性，展现出广泛的应用潜力。卟啉是一种大环化合物，具有独特的光物理和光化学性质，能够与多种分子发生相互作用，因此在光动力疗法、太阳能电池等领域有重要应用。量子点则因其独特的荧光性能（如高量子产率、宽吸收光谱、窄发射光谱和低尺寸依赖性，以及超常的抗光漂白能力），被广泛应用于生物成像、光电转换等领域。复合荧光可视化检测传感体系的一个显著优势是能够实现高效的 FRET，这种能量转移过程基于供体和受体之间距离的依赖性，当供体的发射光谱与受体的吸收光谱重叠时，能量可以从供体转移到受体，实现长距离的能量转移，这在生物传感和成像中尤为重要。此外，复合荧光传感体系还具有选择性和灵敏度高的特点，使它们在检测特定分子或离子时表现出色。

乙基碳酸酯是在发酵及发酵食品储存过程中产生的潜在有毒致癌物，许多国家已经对其在食品中的含量设定了阈值。因此，敏感、快速且准确地检测乙基碳酸酯对确保发酵食品的质量具有重要意义。本课题组建立了一种基于 CdTeQD/纳米甲氧基二苯基卟啉（nano TPP-OCH$_3$）的荧光传感器系统用于检测乙基碳酸酯（Wei et al.，2021）。该传感器的特异性主要依赖于乙基碳酸酯与 nano TPP-OCH$_3$ 之间的光诱导电子转移和静电力相互作用。该传感器的线性范围为 10～1000 μg/L（R^2 = 0.9903），检测限低至 7.14 μg/L。同时，该传感器对发酵食品（黄酒、酱油、中国烈酒、普洱茶）样品的回收率（91.19%～101.09%）和精密度（RSD = 0.64%～3.05%）良好，能够满足实际检测的要求。此外，用该传感器检测的发酵食品样品的检测结果与高效液相色谱-荧光检测器（HPLC-FLD）得到的结果基本一致。该方法有望为食品安全监测中乙基碳酸酯敏感且准确的检测提供一个潜在的平台，从而提供与发酵食品相关的风味和质量信息。

咖啡因天然存在于茶和可可中，同时也作为添加剂用于饮料，并具有提神、抗抑郁和促进消化等药理效应，但过量的咖啡因可能对人体造成伤害。本课题组基于纳米锌卟啉（nano ZnTPyP）-CdTe 量子点与咖啡因之间的特定反应，结合化学计量学，构建了一种纸基传感器，用于快速和现场检测咖啡因（Chen et al.，2021b）。量子点的荧光可以被纳米 ZnTPyP 猝灭。当咖啡因被加入系统中时，它可以通过静电吸引和氮/锌配位将纳米 ZnTPyP 从量子点的表面拉走，从而实现荧光恢复。检测范围为 $5×10^{-11}$～$3×10^{-9}$ mol/L，检测限为 $1.53×10^{-11}$ mol/L（R^2=0.9990，信噪比=3）。构建的纸基传感器在真实样品中表现良好，如茶水、细胞培养液、新生小牛血清和人类血浆。因此，该传感器有望应用于食品和生物样品中咖啡因的快速无仪器检测。

茶叶的品质受到多种因素的影响，尤其是 L-茶氨酸，这是评估茶叶甜味和新鲜度的重要标志之一。因此，灵敏、快速、准确地检测 L-茶氨酸对于识别茶叶的等级和品质非常有用。本课题组建立了一种基于 CdTe 量子点/玉米碳量子点和四吡啶基纳米 ZnTPyP 可视化检测茶中的 L-茶氨酸的方法。荧光光谱法对 L-茶氨酸定量范围为 1～10000 nmol/L，检测限为 0.19 nmol/L（Chen et al.，2021c）。而荧光可视化的纸基传感器对 L-茶氨酸的定量范围为 10～1000 nmol/L，检测限为 10 nmol/L。成功使用部分 PLS-DA 和 PLSR 精确测定了茶水中的 L-茶氨酸，PLS-DA 模型在训练集和预测集中的准确率均为 100.00%，而 PLSR 模型中实际浓度与预测浓度之间的决定系数超过 0.9997。这种结合化学计量学的荧光可视化纸基传感器可以有效应用于茶水样品的实际分析，为确保茶叶的风味和质量提供了新思路。

近年来，对于手性氨基酸的关注在食品分析和药物研究领域大幅增加。本课题组开发了一种创新的"开-关-开"荧光检测方法，能够灵敏且选择性地测定手性脯氨酸（Pro）、赖氨酸（Lys）和丝氨酸（Ser）（Fu et al.，2019）。该检测平台利用目标物可恢复被手性自组装纳米 ZnTPyP 猝灭的 CdTeQD 荧光这一现象构建。CdTeQD 可以作为信号开关，它们的荧光信号能被手性纳米 ZnTPyP 有效猝灭，并在存在对映异构体氨基酸时恢复。CdTeQD 和手性纳米 ZnTPyP 的耦合使用也允许对 D-Pro、D-Lys、L-Ser 进行定量分析，其检测限分别为 4.46×10^{-10} mol/L、7.13×10^{-11} mol/L 和 3.35×10^{-11} mol/L。该方法同样适用于在复杂生物基质中有效检测这三种氨基酸。这种快速、稳健、可靠的识别对映异构体氨基酸的策略尚未被报道。该提议的方法可以成为药物发现和食品化学领域的一项强大而有价值的技术。

对农药的快速和灵敏可视化检测方法的需求正在增加，以便在不需要复杂仪器的情况下进行检测。本课题组开发了一种基于 CdTeQD 和纳米 ZnTPyP 的新型纸基传感器，用于可视化检测三种氨基甲酸酯农药（速灭威、克百威和甲萘威，图 2.13）（Chen et al.，2020b）。该荧光传感模型可以通过荧光光谱法或纸基传感器实现对氨基甲酸酯农药的高选择性和灵敏检测。根据纸张提取的 RGB 颜色值，采用 PLSR 准确量化不同食品基质（苹果、白菜和茶水）中氨基甲酸酯农药的浓度。这种方法具有速度快、成本低和准确性高的特点，为食品安全检测提供了一种新策略。此外 Wang 等（2019）开发了一种高灵敏度的荧光可视化纸基传感器，用于在"关-开"检测模式下对三种有机磷农药（OPP：乐果、敌敌畏和内吸磷）进行特定检测和分析。该荧光可视化纸基传感器通过结合双量子点和高活性纳米卟啉（QD-纳米卟啉）建立，实现了双纳米信号放大，并对这三种有机磷农药产生不同的颜色变化反应。特别地，该方法基于 PLS-DA，用于在复杂基质（苹果和卷心菜）中对三种有机磷农药的指纹光谱分析。因此，可以同时快速识别不同浓度的农药残留，训练集和预测集的准确率均为 100.00%。该方法选择性和稳定性高，为复杂体系中有机磷残留的识别提供了一种新途径。

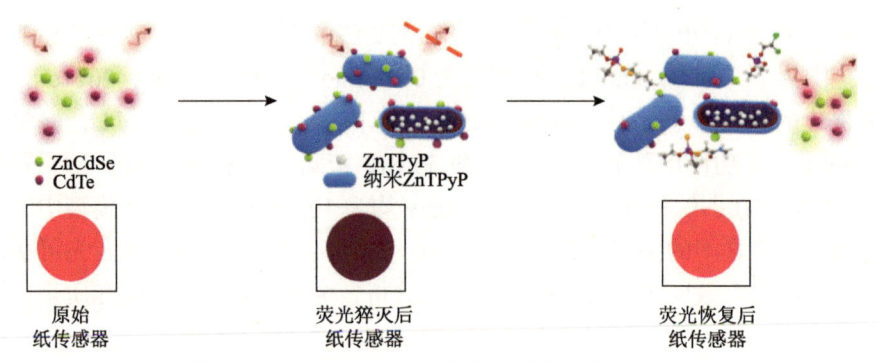

图 2.13　QD-纳米卟啉复合荧光可视化传感原理

2.3.4　食品风险因子和真实性检测信号的可视化放大技术发展趋势

　　随着食品工业的快速发展和消费者对食品安全关注的日益提高，食品风险因子和真实性的快速、准确检测成为科研领域的重要课题。可视化放大技术作为一种创新的检测方法，在提升检测灵敏度和便捷性方面展现出巨大潜力。然而，该领域仍面临诸多挑战。①干扰因素多：食品基质复杂，存在大量干扰物质，易对检测信号产生干扰，影响检测结果的准确性。②灵敏度与特异性的平衡：提高检测灵敏度的同时，如何保持特异性是当前技术发展的难点之一。高灵敏度可能导致假阳性结果增多，影响检测的可靠性。③设备成本与便携性：先进的检测设备往往成本高昂且体积庞大，不利于现场快速检测。如何在保证检测性能的同时降低成本、提高便携性是当前亟待解决的问题。④标准化与规范化：食品安全检测技术的标准化与规范化是确保其广泛应用和结果可比性的关键。然而，目前该领域尚缺乏统一的检测标准和规范。食品风险因子和真实性检测信号的可视化信号放大技术未来的发展方向主要包括以下几方面。①高通量检测技术：高通量技术能够同时检测多种风险因子，提高检测效率和覆盖范围。基于可视化芯片和微流控技术的高通量检测系统将成为未来研究的热点。②智能化与自动化：人工智能和大数据技术的引入将推动食品安全检测的智能化和自动化。通过建立智能检测系统，实现数据的自动采集、处理和分析，提高检测效率和准确性。③新型材料与技术的融合：新型材料如石墨烯、量子点等将为食品安全检测提供新的可能性。同时，与其他先进技术的融合（如纳米技术、光学技术等）将进一步提升检测性能。

参 考 文 献

陈亨业, 刘瑞, 付海燕, 等. 2020. 量子点及其在食品安全快速检测中的应用进展. 化学通报,

83(5): 418-426.

胡子康, 刘庭恺, 饶艳敏, 等. 2023. 近红外光谱结合化学计量学的掺伪杜仲判别. 化学试剂, 45(10): 1-7.

伍小艳. 2012. 基于有机小分子作用的银纳米颗粒对金属离子的可视化研究. 上海: 上海师范大学.

Cavdaroglu C, Ozen B. 2022. Detection of vinegar adulteration with spirit vinegar and acetic acid using UV-visible and Fourier transform infrared spectroscopy. Food Chemistry, 379: 132150.

Chen H Y, Hu O, Fan Y, et al. 2020b. Fluorescence paper-based sensor for visual detection of carbamate pesticides in food based on CdTe quantum dot and nano ZnTPyP. Food Chemistry, 327: 127075.

Chen H Y, Liu R, Guo X M, et al. 2021b. Visual paper-based sensor for the highly sensitive detection of caffeine in food and biological matrix based on CdTe-nano ZnTPyP combined with chemometrics. Microchimica Acta, 188(1): 27.

Chen H Y, Shi Q, Deng G Q, et al. 2021a. Rapid and highly sensitive colorimetric biosensor for the detection of glucose and hydrogen peroxide based on nanoporphyrin combined with bromine as a peroxidase-like catalyst. Sensors and Actuators B: Chemical, 343: 130104.

Chen H Y, Wang S, Fu H Y, et al. 2020a. Dual-QDs ratios fluorescent probe for sensitive and selective detection of silver ions contamination in real sample. Spectrochimica Acta Part A: Molecular and Biomolecular Spectroscopy, 234: 118248.

Chen H Y, Wei L N, Guo X M, et al. 2021c. Determination of L-theanine in tea water using fluorescence-visualized paper-based sensors based on CdTe quantum dots/corn carbon dots and nano-porphyrin with chemometrics. Journal of the Science of Food and Agriculture, 101: 2552-2560.

Chen H Y, Zhu Y M, Xie Y F, et al. 2023. Rapid identification of high-temperature Daqu Baijiu with the same aroma type through the excitation emission matrix fluorescence of maillard reaction products. Food Control, 153: 109938.

Chen W L, Yu S Y, Liu S Y, et al. 2023. Using HRMS fingerprinting to explore micropollutant contamination in soil and vegetablescaused by swine wastewater irrigation. Science of the Total Environment, 862: 160830.

Diana R, Caruso U, Di Costanzo L, et al. 2022. A water soluble 2-phenyl-5-(pyridin-3-yl)-1, 3, 4-oxadiazole based probe: Antimicrobial activity and colorimetric/fluorescence pH response. Molecules, 27(6): 1824.

Fan Y, Che S Y, Zhang L, et al. 2022b. Dual channel sensor array based on ZnCdSe QDs-$KMnO_4$: An effective tool for analysis of catechins and green teas. Food Research International, 160: 111734.

Fan Y, Che S Y, Zhang L, et al. 2023a. Highly sensitive visual fluorescence sensor for aminoglycoside antibiotics in food samples based on mercaptosuccinic acid-CdTe quantum dots. Food Chemistry, 404: 134040.

Fan Y, Liu L, Sun D L, et al. 2016. "Turn-off" fluorescent data array sensor based on double quantum dots coupled with chemometrics for highly sensitive and selective detection of multicomponent pesticides. Analytica Chimica Acta, 916: 84-91.

Fan Y, Qiao W J, Long W J, et al. 2022a. Detection of tetracycline antibiotics using fluorescent "turn-off" sensor based on S, N-doped carbon quantum dots. Spectrochimica Acta Part A: Molecular and Biomolecular Spectroscopy, 274: 121033.

Fan Y, Shen L, Liu Y Q, et al. 2023b. A sensitized ratiometric fluorescence probe based on N/S doped carbon dos and mercaptoacetic acid capped CdTe quantum dots for the highly selective detection of multiple tetracycline antibiotics in food. Food Chemistry, 421: 136105.

Fu H Y, Hu O, Fan Y, et al. 2019. Rational design of an "on-off-on" fluorescent assay for chiral amino acids based on quantum dots and nanoporphyrin. Sensors and Actuators B: Chemical, 287: 1-8.

Fu H Y, Li H D, Xu L, et al. 2017b. Detection of unexpected frauds: Screening and quantification of maleic acid in cassava starch by Furier transform near-infrared spectroscopy. Food Chemistry, 227: 322-328.

Fu H Y, Jiang D, Zhou R, et al. 2017a. Predicting mildew contamination and shelf-life of sunflower seeds and soybeans by Fourier transform near-infrared spectroscopy and chemometric data analysis. Food Analytic Methods, 10(5): 1597-1608.

Gao X, Dong W L, Ying Z H, et al. 2024. Rapid discriminant analysis for the origin of specialty yam based on multispectral data fusion strategies. Food Chemistry, 460: 140737.

Hai C Y, Long W J, Suo Y X, et al. 2022. Nano-effect multivariate fusion spectroscopy combined with chemometrics for accurate identification the cultivation methods and growth years of *Dendrobium huoshanense*. Microchemical Journal, 179: 107556.

Hao S Y, Yuan J, Wu Q, et al. 2023. Rapid identification of corn sugar syrup adulteration in wolfberry honey based on fluorescence spectroscopy coupled with chemometrics. Foods, 12: 2309.

He S, Long W J, Hai C Y, et al. 2024. Rapid identification of traditional Chinese medicines (*Lonicerae japonicae flos* and *Lonicerae flos*) and their origins using excitation-emission matrix fluorescence spectroscopy coupled with chemometrics. Spectrochimica Acta Part A: Molecular and Biomolecular Spectroscopy, 307: 123639.

Hu O, Xu L, Fu H Y, et al. 2018. "Turn-off" fluorescent sensor based on double quantum dots coupled with chemometrics for highly sensitive and specific recognition of 53 famous green teas. Analytica Chimica Acta, 1008: 103-110.

Hu O, Chen J, Gao P F, et al. 2019. Fusion of near-infrared and fluorescence spectroscopy for untargeted fraud detection of Chinese tea seed oil using chemometric methods. Journal of the Science of Food and Agriculture, 99(5): 2285-2291.

Hu Y, Guo S M, Peng J Q, et al. 2023a. Ratiometric pyrene-based fluorescent sensor for on-site monitoring of formaldehyde in foods and living cells. Sensors and Actuators B: Chemical, 392: 134064.

Hu Y, Lu L M, Guo S M, et al. 2023b. A reversible pyrene-based fluorescent probe for visual detection of cysteine in food samples. Sensors and Actuators B: Chemical, 382: 133534.

Hu Z K, Long W J, Liu T K, et al. 2023. A sensitive fluorescence sensor based on a glutathione modified quantum dot for visual detection of copper ions in real samples. Spectrochimica Acta Part A: Molecular and Biomolecular Spectroscopy, 294: 122517.

Huang L, Ma R J, Chen Y, et al. 2023. Experimental study on rapid detection of various organophosphorus pesticides in water by UV-Vis spectroscopy and parallel factor analysis. Spectroscopy and Spectral Analysis, 43(11): 3452-3460.

Lan W, Hai C Y, Shi Q, et al. 2022. An inner filter effect-based nitrogen-doped carbon dots-CoOOH nanoflakes fluorescence probe for detection of ascorbic acid by chemical redox modulation. Journal of the Science of Food and Agriculture, 102: 6658-6667.

Lan W, Rao Y M, Zhao X Y, et al. 2024. Rapid visual detection of sulfur dioxide residues in food using acid-sensitive CdTe quantum dots-loaded alginate hydrogel beads. Food Chemistry, 446: 138791.

Lan W, Wang S, Wu Y, et al. 2020. A novel fluorescence sensing strategy based on nanoparticles combined with spectral splicing and chemometrics for the recognition of Citrus reticulata 'Chachi' and its storage year. Journal of the Science of Food and Agriculture, 100(11): 4199-4207.

Lan W, Wu Y, Zhao X Y, et al. 2023. Rapid visual discrimination of *Citri Reticulatae Pericarpium* from different origins by fluorescent sensors based on aluminum ions and Ag nanoclusters. Sensors and Actuators B: Chemical, 380: 133329.

Li G J, Xu K W, Zheng J B, et al. 2023. Double boron-oxygen-fused polycyclic aromatic hydrocarbons: Skeletal editing and applications as organic optoelectronic materials. Nature Communications, 14: 7089.

Li G J, Xu K W, Zheng J B, et al. 2024. High-performance ultraviolet organic light-emitting diode enabled by double boron-oxygen-embedded benzo[m]tetraphene emitter. Journal of the American Chemical Society, 146: 1667-1680.

Lísa M, Holčapek M. 2015. High-throughput and comprehensive lipidomic analysis using ultrahigh-performance supercritical fluid chromatography-mass spectrometry. Analytical Chemistry, 87(14): 7187-7195.

Liu L, Fan Y, Fu H Y, et al. 2017. "Turn-off" fluorescent sensor for highly sensitive and specific simultaneous recognition of 29 famous green teas based on quantum dots combined with chemometrics. Analytica Chimica Acta, 963: 119-128.

Liu P, Shen X F, Liu T, et al. 2023. An electron-deficient viologen metal-organic material for colorimetric and luminescence sensing of organic amines. Journal of Solid State Chemistry, 328: 124383.

Liu T K, Long W J, Hu Z K, et al. 2022. Rapid identification of the geographical origin of *Eucommia ulmoides* by using excitation-emission matrix fluorescence combined with chemometric methods,.Spectrochimica Acta Part A: Molecular and Biomolecular Spectroscopy, 277: 121243.

Liu Z P, Yang K Z, He Z L, et al. 2023. Comparison of two data processing approaches for aroma marker identification in different distilled liquors using comprehensive two-dimensional gas chromatography-time-of-flight mass spectrometry. Journal of Food Science, 88(7): 2870-2881.

Long W J, Hu Z K, Wei L N, et al. 2022. Accurate identification of the geographical origins of lily using near-infrared spectroscopy combined with carbon dot-tetramethoxyporphyrin nanocomposite and chemometrics. Spectrochimica Acta Part A: Molecular and Biomolecular Spectroscopy, 271: 120932.

Long W J, Wang S Y, Chen H Y, et al. 2023a. Rapidly identifying the geographical origin of *Lilium* bulbs by nano-effect excitation-emission matrix fluorescence combined with chemometrics. Journal of Food Composition and Analysis, 123: 105618.

Long W J, Deng G Q, Zhu Y M, et al. 2023b. A novel 3D-fluorescence sensing strategy based on HN-chitosan polymer probe for rapid identification and quantification of potential adulteration in saffron. Food Chemistry, 429: 136902.

Lowdon J W, Eersels K, Rogosic R, et al. 2019. Substrate displacement colorimetry for the detection of diarylethylamines. Sensors and Actuators B: Chemical, 282: 137-144.

Ma Y, Yao J, Zhou L, et al. 2024. Comprehensive untargeted lipidomic analysis of sea buckthorn using UHPLC-HR-AM/MS/MS combined with principal component analysis. Food chemistry, 430: 136964.

Mei C L, Xue Y C, Li Q H, et al. 2024. Deep learning model based on molecular spectra to determine chlorpyrifos residues in corn oil. Infrared Physics and Technology, 140: 105402.

Sankom A, Mahakarnchanakul W, Rittiron R, et al. 2021. Detection of profenofos in Chinese kale, cabbage, and chili spur pepper using fourier transform near-infrared and fourier transform mid-infrared spectroscopies. ACS Omega, 6: 26404-26415.

Sharma R, Nath P C, Lodh B K, et al. 2024. Rapid and sensitive approaches for detecting food fraud: A review on prospects and challenges. Food Chemistry, 454: 139817.

Sun Y A, Zhang H M, Li Z X, et al. 2020. Determination and comparison of agarwood from different origins by comprehensive two-dimensional gas chromatography-quadrupole time-of-flight mass spectrometry. Journal of Separation Science, 43(7): 1284-1296.

Viacava G E, Roura S I, Berrueta L A, et al. 2017. Characterization of phenolic compounds in green and red oak-leaf lettucecultivars by UHPLC-DAD-ESI-QToF/MS using MS(E) scan mode. Journal of Mass Spectrometry, 52(12): 873.

Wang Q, Yin Q B, Fan Y, et al. 2019. Double quantum dots-nanoporphyrin fluorescence-visualized paper-based sensors for detecting organophosphorus pesticides. Talanta, 199: 46-53.

Wang S, Deng G Q, Yang J, et al. 2022a. Carbon dot- and gold nanocluster-based three-channel fluorescence array sensor: Visual detection of multiple metal ions in complex samples. Sensors and Actuators B: Chemical, 369: 132194.

Wang S, Zeng X Q, Chen H Y, et al. 2022b. A novel visual sensing method based on Al@Au NCs for rapid identification of *Chrysanthemum morifolium* from different origins. Sensors and Actuators B: Chemical, 356: 131307.

Wei L N, Chen H Y, Liu R, et al. 2021. Fluorescent sensor based on quantum dots and nano-porphyrin for highly sensitive and specific determination of ethyl carbamate in fermented food. Journal of the Science of Food and Agriculture, 101: 6193-6201.

Wei L, Hu O, Chen H Y, et al. 2020. Variety identification and age prediction of Pu-erh tea using graphene oxide and porphyrin complex based mid-infrared spectroscopy coupled with chemometrics. Microchemical Journal, 158: 105255.

Wu M X, Chen H Y, Fan Y, et al. 2022. Carbonyl flavor compound-targeted colorimetric sensor array based on silver nitrate and *o*-phenylenediamine derivatives for the discriation of Chinese Baijiu. Food Chemistry, 372: 131216.

Wu M X, Fan Y, Zhang J B, et al. 2024. A novel organic acids-targeted colorimetric sensor array for the rapid discrimination of origins of Baijiu with three main aroma types. Food Chemistry, 447: 138968.

Xu Y, Fan Y, Zhang L, et al. 2019. A novel enhanced fluorescence method based on multifunctional carbon dots for specific detection of Hg^{2+} in complex samples. Spectrochimica Acta Part A: Molecular and Biomolecular Spectroscopy, 220: 117109.

Xu L, Shi Q, Lu D W, et al. 2020. Simultaneous detection of multiple frauds in kiwifruit juice by fusion of traditional and double-quantum-dots enhanced fluorescent spectroscopic techniques and chemometrics. Microchemical Journal, 157: 105105.

Xu X D, Yan K T, Xiao J Q, et al. 2024. Fluorescence spectroscopy detection of carbendazim residue in cucumber juice based on BC. Journal of Food Composition and Analysis, 130: 10.

Yang T M, Zhou R, Jiang D, et al. 2016. Rapid detection of pesticide residues in Chinese herbal medicines by fourier transform infrared spectroscopy coupled with partial least squares regression. Journal of Spectroscopy, 2016: 94920.

Yao J, Zhou L, Hu Y, et al. 2023a. Combining untargeted lipidomics analysis and chemometrics to identify the edible and poisonous mushrooms (*Pleurotus cornucopiae vs Omphalotus japonicus*). Journal of Agricultural and Food Chemistry, 71(21): 8220-8229.

Yao J, Zhu J, Zhao M, et al. 2023. Untargeted lipidomics method for the discrimination of five crab species by ultra-high-performance liquid chromatography high-resolution mass spectrometry combined with chemometrics. Molecules (Basel, Switzerland), 28(9): 3653.

Zhang J, Wang Y Z, Yang W Z, et al. 2021. Data fusion of ATR-FTIR and UV-Vis spectra to identify the origin of *Polygonatum Kingianum*. Spectroscopy and Spectral Analysis, 41(5): 1410-1416.

Zhou L, Ma Y, Yao J, et al. 2023. Discrimination of chrysanthemum varieties using lipidomics based on UHPLC-HR-AM/MS/MS. Journal of the Science of Food and Agriculture, 103(2): 837-845.

Zhu J C, Niu Y W, Xiao Z B. 2021. Characterization of the key aroma compounds in Laoshan green teas by application of odour activity value (OAV), gas chromatography-mass spectrometry-olfactometry (GC-MS-O) and comprehensive two-dimensional gas chromatography mass spectrometry (GC×GC-qMS). Food Chemistry, 339: 128136.

第3章 食品安全检测与真实性溯源数据处理方法

3.1 食品安全检测与真实性溯源数据处理策略

检测技术的快速发展在确保食品安全和真实性方面发挥了关键作用。例如，色谱和质谱已成为鉴定食品中主要成分、特定成分、标志物和各种代谢物的关键技术。NIRS、MIRS、UV-Vis 光谱、荧光光谱（FS）和拉曼光谱等技术提供了一种无损探测样品中分子振动、散射和发射特性的方法，从而有助于全面了解食品成分和结构。电子鼻（EN）和电子舌（ET）等仿生传感器技术也已被用于识别样品中挥发性风味化合物。近年来，计算机可视化系统（CVS）获得了巨大的关注，并且已经广泛应用于食品真伪鉴别。利用强大的图像处理和模式识别功能，CVS 可以快速、精确地检查食品的可视化特征，从而揭示潜在的欺诈和质量违规情况。这些技术为食品安全检测和真实性溯源提供了强大的技术支持。如今，随着现代分析仪器越来越多样化和智能化，科研人员能够非常方便、快速地获取高阶数据，进而提供复杂体系的定性与定量信息，使在复杂体系中分析问题成为可能。当前，如何高效准确地从庞大且冗杂的数据中提取有用的定性定量信息，已成为现代分析化学最主要的挑战之一。

随着信息技术和计算机硬件技术不断取得突破性进展，各种算法在数据处理领域得到了广泛应用。化学计量学方法[PLS、PCA、DA、聚类分析（CA）]以及传统机器学习算法（如 SVM、KNN、RF）在挖掘复杂数据的规律方面发挥了重要作用。然而，这些算法也存在一些局限性。例如，在特征提取方面，部分化学计量学方法和传统机器学习方法通常需要手动选择和提取特征，这在很大程度上依赖于领域专家的先验知识，从而导致这种特征选择和提取的过程容易受到主观因素的限制，以至于无法全面捕捉数据中的复杂模式和信息。为了应对这些局限性，深度学习（DL）作为机器学习领域的新兴分支应运而生。DL 模型通过多层神经网络自动学习数据的特征表示。相较于传统方法需要手动选择和提取特征，DL 模型能够从原始数据中学习到更高级别、更抽象的特征表示。这使其能够更好地捕捉数据中的复杂模式和关系，无需依赖专家的先验知识。近年来，在食品安全与真实性检测领域，DL 算法取得了显著的进展。通过大量数据的训练，DL

算法能够识别和分类不同食品成分，检测食品中是否含有有害物质或添加剂，并实现食品产地和年份的追溯。2013~2023 年的文献检索结果如图 3.1 所示，DL 算法在食品领域应用的文章越来越多。

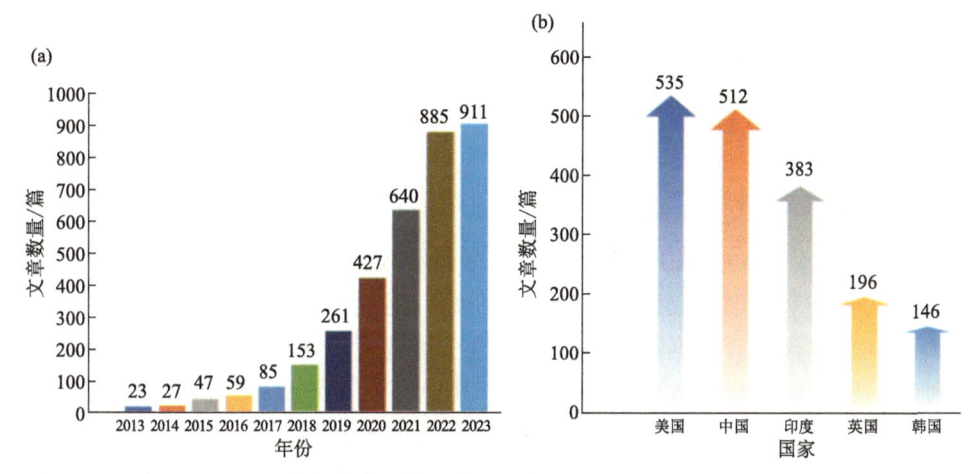

图 3.1 （a）2013~2023 年深度学习算法应用于食品领域的文章数量；（b）2013~2023 年深度学习算法应用于食品领域发文数最多的 5 个国家

3.2 食品安全检测与真实性溯源中常用数据处理方法

3.2.1 化学计量学方法

20 世纪 70 年代，瑞典科学家 Wold 首次提出了化学计量学（chemometrics）的概念，将研究如何从化学实验产生的数据中提取相关化学信息的学科称为化学计量学，它基于对多变量之间关系的建模和分析，通过数学模型来解释和预测化学系统的行为。

1. 主成分分析

PCA 是一种多变量数据无监督分析技术（Hotelling，1933）。它通过线性变换将高维数据映射到低维空间，同时保留数据中的最大方差信息，从而揭示数据的主要成分。通过应用 PCA 进行降维，可以减少数据的维度，同时保留数据的主要信息，这有助于理解高维信息并对其进行可视化（Sharma et al.，2021）。

PCA 算法的流程可以概括如下：首先，对数据进行标准化以消除各个特征之间的量纲差异，随后计算数据的协方差矩阵。然后，对协方差矩阵进行特征值分解，得到特征值和相应的特征向量。将特征值按降序排列，并选择前 k 个特征值对应的特征向量作为主成分。最后，利用选取的主成分构成的转换矩阵，将原始数据映射到低维空间，从而获得降维后的结果。

PCA作为一种经典的数据降维和特征提取方法，在食品领域中发挥着积极的推进作用。目前，PCA已被广泛用于食品霉菌监测（Farrugia et al., 2021）和掺假检测（Guellis et al., 2020）。它能够有效地解决"维数灾难"的问题。然而，主成分分析在某些方面仍存在一定的局限性。例如，它对现实数据中常见的噪声和异常值非常敏感，其鲁棒性仍有待提升。

2. 层次聚类分析

层次聚类分析（HCA）是一种常见的多变量数据无监督聚类方法。HCA的核心概念是从一个由单个数据点组成的簇开始，通过不断合并最接近的簇对，最终形成一个包含所有数据点的单一簇。这个过程可以用树状图表示，树状图是一种展示层次聚类分析结果的图形工具，其中每个节点代表一个单独的数据点，而内部节点和边表示合并过程。HCA算法有两种主要的类型，凝聚型和分裂型。凝聚型从将每个数据点视为一个独立簇开始，逐步合并最接近的簇对，直到达到预定的簇数量或只剩下一个簇。分裂型与之相反，它从包含所有数据点的一个簇开始，然后递归地将其分裂成更小的簇，直到每个数据点自成一个簇或达到某个停止条件。

在食品真实性检测领域，通常需要对样品之间的关系进行深入分析和准确分类，以便将相似的样品合理地归为同一类别。这一步对理解样本之间的内在关系和识别潜在的群体结构至关重要。通过提高同一集群中对象之间的相似性，降低不同集群之间的相似度，HCA最终构建了一个清晰的树状层次结构，这有助于显示数据点之间的聚类关系，从而为研究人员提供了对数据层次结构的深入理解。然而，在处理大规模数据集时，HCA不仅会消耗大量时间，还会占用大量资源空间，这限制其在某些情况下的应用。

3. 偏最小二乘法

偏最小二乘法（PLS）是一种多元回归技术，用于建立一个自变量和一个或多个因变量之间的预测模型。它通过输入自变量和输出因变量之间的最大协方差来建立模型。PLS能够克服单一线性相关误差过大的缺点，并显著提高模型的预测能力（Mehmood and Ahmed, 2015）。

PLS算法的流程可以概括如下：首先，针对给定的输入变量矩阵和目标变量矩阵，通过最大化两者之间的协方差来确定第一个潜在变量。接着，通过对输入变量进行加权平均的线性组合，计算第一个潜在变量的权重向量。随后，通过将目标变量与第一个潜在变量进行回归分析，得到回归系数。然后，通过计算残差并更新输入变量和目标变量矩阵，重复上述步骤，以寻找下一个潜在变量。重复执行该过程，直到达到预设的潜在变量数量或满足某个停止准则。最终，PLS 算法可以生成描述输入变量和目标变量之间线性关系的模型，用于预测新的观测数据的目标变量值。

PLS 可以将食品样品的多种化学成分与其质量、营养或其他性质联系起来，综合考虑多个变量，准确预测食品中的各种成分，为质量控制提供可靠的工具。因此，PLS 在食品安全和真实性检测中得到了广泛的应用，如在检测苹果和大米中农药残留（Zhang et al., 2023），结合 DA 检测牛油果的产地等方面表现出良好的性能（Jimenez-Carvelo et al., 2021）。然而，随着现实生活数据的日益多样化和涉及领域的广泛扩展，出现了各种复杂的非线性问题。对于这些非线性问题，PLS 的拟合能力仍有较大的改进空间（Zhu et al., 2017）。

4. 线性判别分析

线性判别分析（linear discriminant linear discriminant，LDA）也称为 Fisher 线性判别，是一种经典的模式识别算法。它的核心思想是将高维的模式样本投影到最佳鉴别矢量空间，以达到抽取分类信息和压缩特征空间维数的效果，投影后保证模式样本在新的子空间有最大的类间距离和最小的类内距离，即此模式在该空间中有最佳的可分离性。LDA 是一种可监测数据的分类技术，它不仅可以进行数据降维，还可以用于分类。LDA 的监测功能需要一组初始的分类或标记数据来调整模型的参数，然后将其用作分类器，建立分类的标准。训练后的分类器可以对现有类别中的新样本进行分类。LDA 与 PCA 之间的区别在于 PCA 不涉及数据与指定类别的关系，而 LDA 则输出包含类别信息的数据集。

作为真实性鉴别和掺假检测中最常用的监督算法之一，LDA 不仅考虑了数据的分布，还考虑了类别信息，这有助于 LDA 找到最具判别性的线性判别特征，实现样本的准确分类。然而，LDA 假设类别之间的数据分布是线性可分的，这意味着如果数据在高维空间中呈现复杂的非线性结构，LDA 可能无法很好地捕捉到这种结构。

3.2.2　传统机器学习算法

20 世纪 50 年代，美国计算机科学家 Samuel 首次提出了"机器学习"这一概念。他将机器学习定义为一门研究领域，旨在使计算机具备学习能力，无需明确编程指令的支持。随后，1997 年，Tom Mitchell 提出了一个更加工程化的定义："对于一个计算机程序，给它一个任务 T 和一个性能测量方法 P，如果在经验 E

的影响下，P 对 T 的测量结果得到改进，那么就说该程序从 E 中学习"。机器学习作为一门综合交叉学科，涵盖了概率论、统计学、逼近论、凸分析、算法复杂度理论等多学科理论，其主要研究内容是模拟和实现人类学习行为，以探索计算机获取新知识和技能的方式。在机器学习算法的指导下，计算机能够自动学习大量输入数据样本的数据结构和内在规律，并从复杂、高维、多变的大数据中挖掘出人类感兴趣的知识，以实现对未来的智能预测（Jordan and Mitchell，2015）。

1. 支持向量机

支持向量机是一种基于核函数的监督学习算法（Cervantes et al., 2020），被广泛应用于分类问题。算法的核心思想是利用核函数将样本映射到高维特征空间，并在该空间中构建一个最优的超平面，以最大化不同类别之间的间隔，从而实现分类任务。SVM 在高维空间中表现出色，可以有效地处理具有大量特征的数据集。它通过将数据映射到更高维度的特征空间，将非线性问题转换为线性问题，从而提高了分类的准确性。

SVM 算法的流程可以概括如下：首先，通过选择适当的核函数，将输入的训练数据映射到高维特征空间。然后，在该特征空间中寻找一个超平面，以尽可能地将不同类别的样本点分隔开，并使与该超平面最近的训练样本点的距离最大化。这些最近的样本点被称为支持向量。接下来，通过解决优化问题，找到使分类边界最优的超平面参数。最后，使用训练好的模型对新的未知样本进行预测，根据其在超平面的位置确定其所属的类别。

SVM 在食品领域中有许多应用，如检测食品的质量以及掺假情况（Shao et al., 2018）。然而，SVM 也存在一些局限性。其最初是为解决二分类问题而设计的，而食品鉴别常涉及多个类别的分类。因此，如果要将 SVM 应用于多分类问题，就需要构建多个二分类器，这增加了优化的难度（Cervantes et al., 2020）。

2. 决策树算法

决策树（decision tree，DT）算法是一种基于分类数据的分类模型，通过计算某些事件的概率值，可列出这些事件可能产生的后果。DT 算法使用树状图对数据进行记录并划分，由树的分支和节点组成结果，其中节点表示符合条件的、需要分类的组的属性，分支则显示节点可以取的值，根据记录的不同字段取值建立树的分支，并在每个节点上重复这个过程，可以创建一棵 DT，即输入的变量通过 DT 算法给出的不同重要特征，进行一系列简单的比较后，得到多种可能的结果。DT 算法的一个优势在于构建模型的可解释性，这种可解释性使通过不同重要特征和类间关系识别的相关信息能够用于支持预测未来实验数据和分析现有数据集的模型设计。然而，DT 算法倾向于在训练数据中生成与每个训练样本高度匹配的分支和节点，随着数据集变大，过度拟合的问题变得严重，最终导致其在未知数据上的性能不佳。

3. 随机森林算法

随机森林算法是由多棵决策树构成的集成学习模型，主要用于分类和回归任务。RF 算法的核心思想是通过随机抽样和随机选择特征，构建多个弱分类器（DT），并通过投票的方式提升整体预测效果。对于分类任务，RF 取所有 DT 的预测结果中占多数的类别作为最终预测结果。对于回归任务，则取所有 DT 预测结果的平均值作为最终预测结果。作为一种集成学习算法，RF 算法克服了 DT 算法的主要缺点，即对训练数据集的过度拟合，且 RF 算法可以处理高维数据或不平衡数据集的多类问题。虽然 RF 算法比 DT 算法更能处理大型数据集，但数据处理耗时，且需要更多的储存资源。此外，RF 算法通常需要一组定义良好的特征进行训练，在处理图像、音频或视频等非结构化数据时，研究人员需要在应用 RF 算法之前对原始数据进行预处理，这将大大降低研究的效率

4. k-最近邻域法

k-最近邻域法是一种基于实例的监督学习算法（Cover and Hart，1967），可广泛应用于分类和回归问题。它的基本思想是通过比较新样本与训练数据中样本之间的距离，将新样本分类为与其最近的 k 个训练样本中所属类别最多的类别。KNN 算法的概念简单，易于理解和实现，是一种懒惰学习算法，它在训练阶段仅将训练数据储存起来，不显示训练过程，而是在预测时根据近邻样本的类别进行决策。这意味着 KNN 可以快速适应新的训练数据，而不需要重新训练模型，使算法具有较好的灵活性和适应性。

KNN 算法的流程可以概括如下：首先，对于给定的训练数据集，KNN 算法将其储存以供后续使用。然后，对于一个新的未知样本，KNN 算法计算该样本与训练数据集中所有样本之间的距离，通常使用欧氏距离或曼哈顿距离等常见的距离度量方式。接着，选择与该样本距离最近的 k 个训练样本，这些样本被称为最近邻。对于分类问题，KNN 算法采用多数表决的方式来确定新样本的类别，即根据 k 个最近邻样本中占比最多的类别进行分类。对于回归问题，KNN 算法采用平均值的方式，即根据 k 个最近邻样本的平均值来预测新样本的目标值。最终，KNN 算法根据选择的 k 值和距离度量方式对未知样本进行分类或回归预测。

KNN 算法具有简单直观的原理，故在食品领域也有许多应用实例，如准确细分常见食物的品质、辣椒植物叶片病害的检测及鸡肉冷藏状态检测（Effendi et al.,

2019）等。但在处理大规模数据和高维特征空间时，其计算量庞大，可能面临计算效率和储存开销的挑战。因此，该算法更适用于小规模数据集的处理。

3.2.3 深度学习算法

DL 是机器学习的一个重要分支，其核心在于构建和训练基于人工神经网络模型的算法。通过 DL，可以对大规模数据进行高级抽象和复杂模式识别。人工神经网络的发展可以追溯到 20 世纪 50 年代，其算法灵感源自生物神经网络。然而，当时受限于计算能力和数据集规模，人工神经网络并没有引起广泛的关注和应用。直到 2006 年，随着计算资源的增强和大规模数据集可用性的提升，Hinton 和 Salakhutdinov 首次提出了深度学习的概念。DL 的核心思想是通过多层非线性变换和特征提取，逐渐学习更抽象和高级的数据表示。这些表示能够捕捉数据中的潜在结构和特征，从而实现对未标记数据的有效预测和分类。如图 3.2 所示，相较于化学计量学和传统机器学习算法，DL 算法具有多方面的优势，可以弥补它们的不足之处。

对于数据中的噪声和异常值，深度学习算法具备一定的容错能力，能够在一定程度上处理输入数据中的干扰。深度神经网络的多层结构和参数优化过程可以通过学习大量数据来减轻部分噪声和异常值的影响。同时，一些方法也可以增强深度学习算法对噪声和异常值的鲁棒性，其中包括预处理技术（如数据清洗等）（Fatima et al., 2017）以及使用适当的损失函数（Lohala et al., 2021）和正则化技术（Bisong, 2019; Nusrat and Jang, 2018）。

对于非线性问题，深度学习通过多层的非线性变换和特征提取来学习数据的抽象表示。深层神经网络由多个神经元层组成，每个神经元层通过引入激活函数来引入非线性关系，从而使网络能够学习和表示复杂的非线性关系（Zheng et al., 2020）。

对于多分类问题的处理，深度学习模型通常采用 softmax 激活函数和交叉熵损失函数进行训练和优化。通过使用 softmax 激活函数，模型可以将输出转化为概率分布，从而在多个类别之间进行分类。而通过最大化正确类别的概率，模型可以进行准确的分类（Pan et al., 2017）。

对于大规模高维度数据问题，深度学习的多层结构和参数优化能力使其能够从中学习到复杂的特征和模式。深度学习算法具有自动学习抽象表示的能力，无需依赖人为设计的复杂特征提取器。通过多个隐藏层的非线性变换和特征提取，深度学习模型可以有效地捕捉数据中的潜在结构和关联（Min et al., 2023; Niu et al., 2018）。

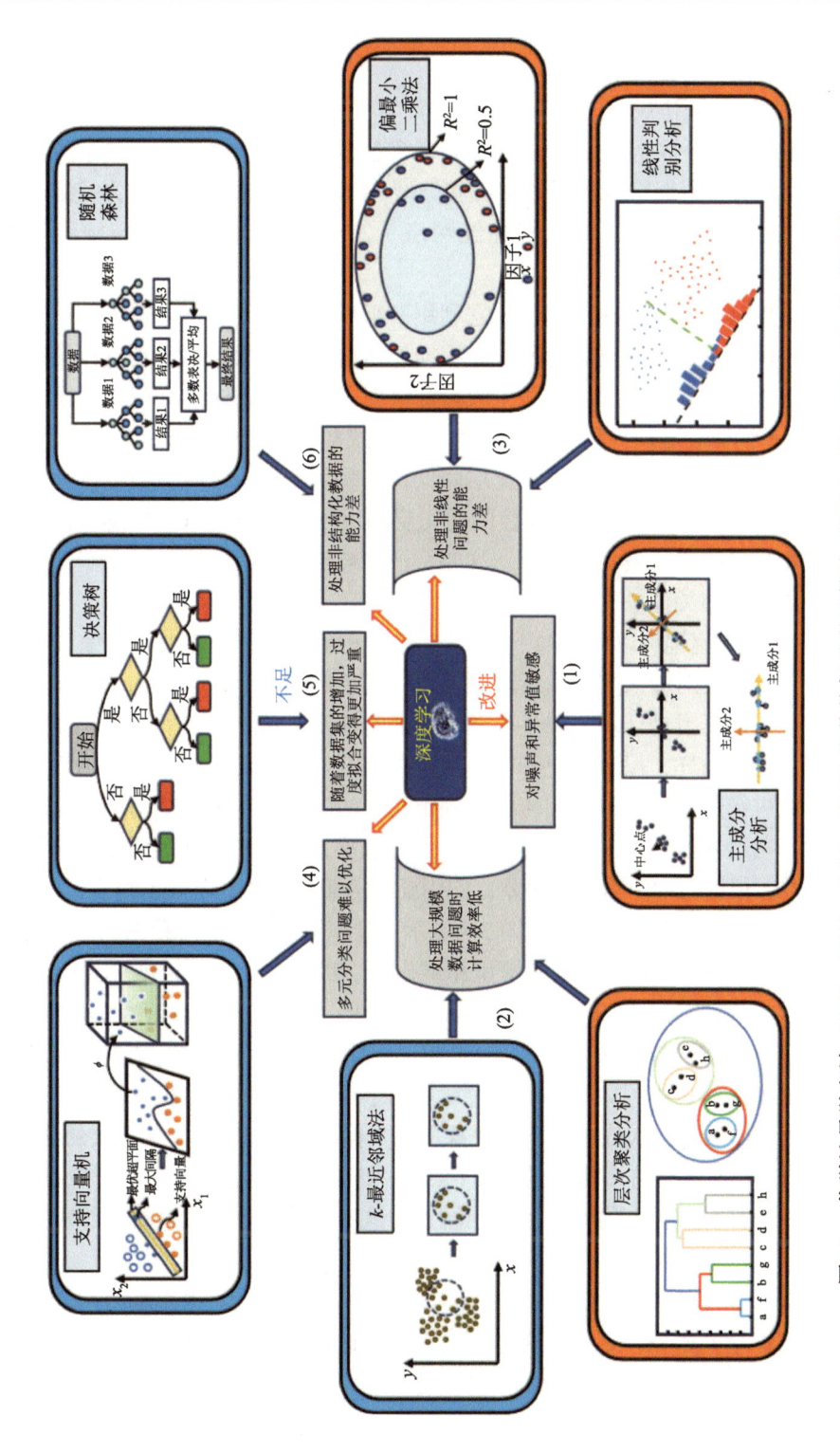

第 3 章 食品安全检测与真实性溯源数据处理方法 ·67·

图3.2 化学计量学方法（PCA、HCA、LDA、PLS）和传统机器学习算法（SVM、DT、RF、KNN）的不足

1. 卷积神经网络

CNN 被广泛应用于处理图像领域的监督学习问题。其通过卷积层和池化层，高效地提取输入数据的特征，并通过堆叠多个卷积层和全连接层实现复杂的特征表示和分类任务，根据输入数据的维度和类型，CNN 可以进一步细分为一维卷积神经网络（1D-CNN）、二维卷积神经网络（2D-CNN）和三维卷积神经网络（3D-CNN）（Liu et al.，2021）。

CNN 的核心组成部分是卷积层，它利用一组可学习的滤波器对输入数据进行卷积运算，以提取局部的空间特征。卷积操作通过在输入数据上滑动卷积核，在每个位置逐步计算卷积结果，从而生成特征映射。这种局部连接和权值共享的设计使 CNN 能够有效地捕捉输入数据中的局部模式和空间结构（Li et al.，2017）。

在卷积层之后，通常会使用池化层降低特征映射的尺寸，减少数据维度，并提取关键的特征信息。经过多个堆叠的卷积层和池化层的处理，CNN 逐步提取出更加抽象和高级的特征表示。随后，这些特征将被传递到全连接层，用于执行分类、回归或其他相关任务。

CNN 算法的流程可以概括如下：首先，随机设置各层的权值（ω）和偏置（b）。然后，通过卷积层对输入图像进行特征提取，其中使用一组可学习的滤波器（卷积核）对输入进行滑动计算，产生不同位置的特征图。接下来，通过最大池化层对特征图进行下采样，保留主要特征并减少参数数量。随后，使用全局平均池化层对特征图进行降维，将特征图转换为固定长度的向量。这些特征向量被输入全连接层中，通过多层神经网络进行处理，最终输出，产生分类结果或预测值。在训练过程中，根据与期望输出的误差，使用反向传播和梯度下降算法调整 ω 和 b，使网络能够更好地拟合训练数据。图 3.3 展示了卷积神经网络的流程图。

近年来，一系列经典的 CNN 模型相继出现，其中包括 AlexNet（Krizhevsky et al.，2017）、VGGNet 和 ResNet（Alzubaidi et al.，2021）。AlexNet 在 2012 年通过引入 ReLU 激活函数和深度层次设计，在一定程度上缓解了梯度消失的问题，加速了网络训练的过程。VGGNet 通过增加网络深度和小尺寸卷积核，提高了特征提取能力，ResNet 引入残差块来解决梯度消失问题，并实现了更深层次的学习。除了这三种，还有其他许多常用的 CNN 架构，如 Inception、MobileNet、Xception 等，每种架构都有其独有的特点和适用场景。这些网络的出现和设计思想对计算机可视化和深度学习领域产生了深远的影响。

CNN 在计算机可视化领域取得了巨大的成功。近年来，它也逐渐被引入食品安全与真实性检测领域，它可以通过对食品图像进行分析和训练，识别食品的品质、检测异常情况、发现伪造产品、检测污染物，并为监测人员提供实时决策支持，以提高食品检测的效率和准确性，保障食品的质量和安全。

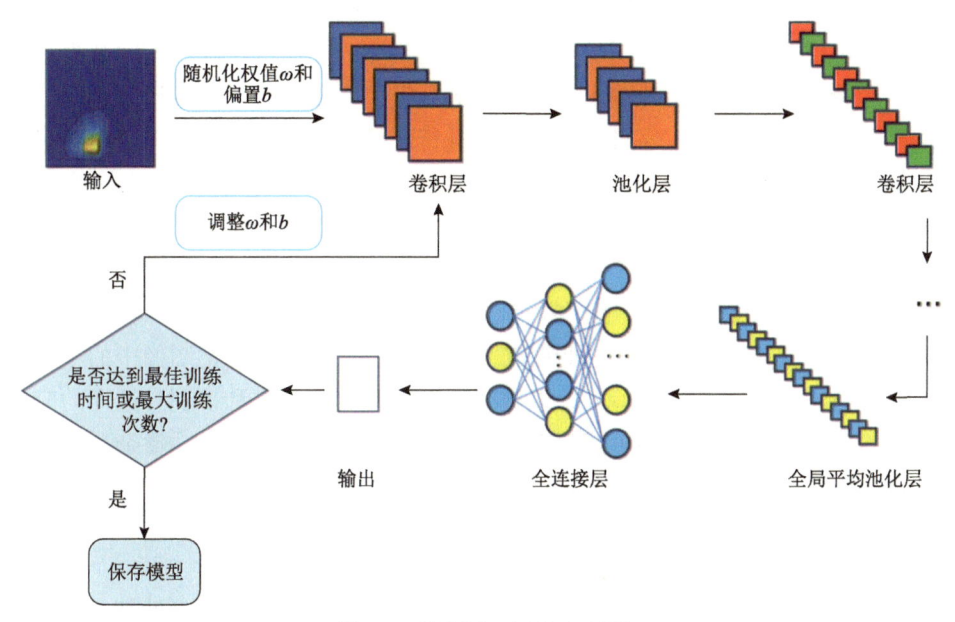

图 3.3　卷积神经网络流程图

2. 全卷积网络

全卷积网络（FCN）被广泛应用于计算机可视化领域的语义分割任务。该模型能够对输入图像进行像素级别的分割，从而实现对图像中每个像素的语义理解。

FCN 的基本原理是将传统的全连接层替换为全卷积层，使网络能够处理任意尺寸的输入图像，并输出相应尺寸的分割结果。这一目标通过在网络的最后几个卷积层之后添加转置卷积层（也称为反卷积层）来实现。反卷积层能够将卷积操作逆向，从而将特征图上的低分辨率采样到与原始输入图像相同的分辨率（Long et al., 2015）。图 3.4（a）为 FCN 的结构。

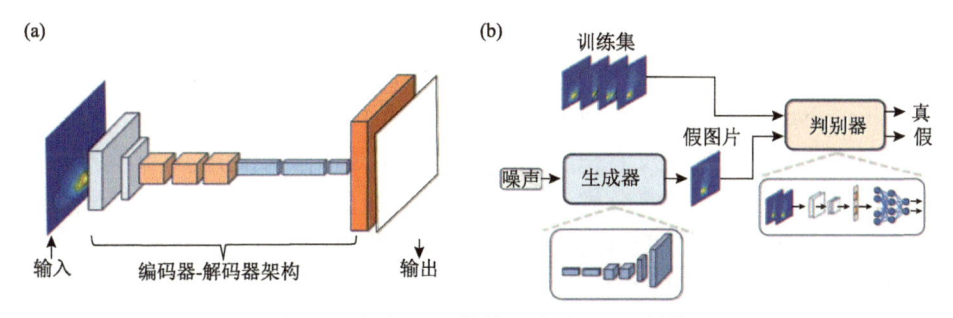

图 3.4　（a）FCN 结构；（b）GAN 结构

FCN算法的流程可以概括如下：首先，通过堆叠多个卷积层和池化层来提取输入图像的特征。这些卷积层逐渐减小特征图的空间尺寸，同时增加通道数量。然后，通过反卷积层将特征图的空间尺寸恢复到输入图像的尺寸，同时减少通道数量。接着，对反卷积层的输出进行像素级分类，生成与输入图像尺寸相同的预测结果。在训练过程中，通过与标注图像进行比较，计算预测结果与真实结果之间的损失，并使用反向传播和梯度下降算法优化网络参数。最终，经过训练的FCN能够对新的输入图像进行像素级的语义分割，即将图像中的每个像素分类为不同的语义类别。

在食品安全和真实性检测领域，FCN可用于检测和定位潜在的食品安全问题，如异物、霉变和污染。通过训练FCN模型，可以识别和标记图像中的不良区域，并学习不同食品类别的特征，以进行图像中食品的分类和识别。这样的应用有助于检查员或消费者鉴别可能存在的食品伪劣问题，如替代品、掺杂品或不合规的食品。

3. 生成对抗网络

生成对抗网络（GAN）被广泛用于图像生成与修复、自然语言处理、数据增强等领域，其核心由生成器（generator）和判别器（discriminator）两个主要组件组成，它们通过对抗的方式相互竞争，从而推动模型的训练和生成高质量的数据样本（Goodfellow et al., 2020）。生成器与判别器是以独立配置启动的神经网络，生成网络可以采用各种网络结构，如CNN、FCN、循环神经网络（RNN）等，但判别网络则需要包含全连接层，并且以分类器收尾。图3.4（b）为GAN结构。

GAN算法的流程可以概括如下：生成器接受一个随机噪声向量作为输入，并通过堆叠多个反卷积层和激活函数将其逐渐转化为图像，判别器是一个二分类器，接受真实图像和生成器生成的图像作为输入，通过堆叠多个卷积层和全连接层来对输入进行分类。通过迭代训练，生成器和判别器相互对抗并逐渐提高性能。最终，经过训练的GAN能够生成逼真的图像，具有与训练数据相似的可视化特征和分布特性。

在处理与图片相关的问题时，深度卷积生成对抗网络（deep convolutional generative adversarial network，DCGAN）展现出了优越的性能（Radford et al., 2015），其在生成器中使用反卷积层，这种层的作用是将输入张量进行上采样操作，将其尺寸扩大，从而生成高分辨率的图像。与传统的插值方法相比，反卷积层可以更好地学习和优化生成图像的细节和结构，使生成的图像质量更高。

在食品安全与真实性检测领域，GAN具备重要的应用潜力。其可以用于生成模拟的食品样本，从而协助检测人员研究和熟悉各类食品的特征和外观。这种技术的应用有助于提高食品真实性检测的准确性和敏感性。通过利用 GAN 进行虚拟实验和培训，检测人员的技能得以提升，同时可减少对真实食品样本的依赖，进而更好地保障食品的安全和真实性。

目前，食品安全与真实性检测领域最常用的深度学习算法仍然是 CNN，FCN 与 GAN 虽然也有相关的研究，但较多以辅助的角色出现，传统的 CNN 在训练过程中通常需要大量的数据才能取得好的性能，然而实际获取大规模标记数据的代价较大，这时可以利用 GAN 进行数据增强。GAN 通过训练生成器和判别器的对抗过程，学习生成逼真的数据样本，并将其与真实数据合并形成更大的训练集。这样，CNN 可以在更丰富的数据集上进行训练，从而提高其泛化能力和识别性能。然而，目前在食品领域中较少使用这种数据增强模式，该方法具有较大的挖掘潜力。DL 算法广泛应用于食品安全与真实性检测。农作物虫害对农业生产和农民的生计造成了广泛的危害，甚至引发食品安全问题。为了解决这个问题，研究者提出了一种基于深度学习模型 ResNet-101 的害虫识别方法。在研究中，他们将该方法与传统的 SVM 和 AlexNet 等网络进行了比较。实验结果显示，在对背景复杂的 10 类农作物有害生物图像进行分类时，该方法的识别率达到了 98.67%，显著高于传统的 SVM。因此，这项研究为农民和农学家提供了有力的帮助，有助于更有效地发现虫害，进而促进农业产量的提高。红茶是我国六大茶类之一，备受广大茶叶爱好者的喜爱。然而，随着储存时间的增长，红茶的品质会逐渐下降。在市场上，有可能出现将长时间储存的红茶当作新鲜红茶进行销售的情况。为了解决这一问题，采用近红外高光谱成像结合 DL 算法[包括 CNN、长短期记忆网络（LSTM）和 CNN-LSTM]对红茶储存年份进行快速检测，并与 SVM 进行对比，实验结果显示 LSTM 算法优于 SVM，为未来的研究奠定了基础。

3.3 食品安全检测与真实性溯源数据处理的挑战

相较于传统算法，DL 算法有着显著的改进。其具备与时俱进与包容的特点，不仅能通过预训练网络提高训练过程的效率和性能，还可以与传统算法相结合。例如，可以将 CNN 卷积层提取的特征输入另一个分类器（如 SVM）（Wu et al.，2020），利用不同模型的优势来提高最终模型的性能。尽管 DL 模型具有优秀的性能，但由于它们具有高度复杂的结构和非线性特性，DL 模型通常被称为黑盒。这种复杂性使研究人员难以直观地了解这些模型如何处理输入数据中的信息并生成输出结果。在这种情况下，可解释性很重要。提高模型的可解释性对于更好地了解其内部决策过程和预测机制至关重要。这有助于提高模型的透明度、可信度和可靠性，并有助于进行故障排除。基于 DL 也开发了一些可解释性方法，包括局部和全局可解释性方法，可用于理解和增强模型的决策透明度。DL 的可解释方法正逐渐应用于食品安全检测与真实性溯源，并且通常伴随着可视化。例如，使用广义梯度加权类激活映射（Grad-CAM）计算每个类别中样本权重的平均值和标准差，以获得可视化结果，其中具有高正值的权重表示相关波长。可视化 CNN 模型中间层中发生的特征提取过程是一种常见的可解释性方法。此外，Shapley 加法解释（SHAP）采用博弈论中的概念来解释整体模型输出，显示每个特征对应不同输出。

然而，尽管可解释性方法在食品真实性方面取得了成功，但大多数研究人员继续优先考虑模型的准确性，并且对 DL 可解释性的重视仍然相对有限。此外，目前的研究仍处于早期阶段，在解释模型为什么有效以及它们如何运作方面面临许多挑战。关于可解释性方法的性质和研究的统一理解和最佳解决方案还有待开发。未来，可解释 DL 的研究有望继续进一步发展。

另外，DL 算法在食品安全与真实性检测方面还面临着多模态数据融合的挑战，即如何有效地将来自不同传感器或数据源的多种模态数据（如图像、文本、声音等）结合起来进行综合分析和决策。目前，利用 DL 中的融合网络结构，如多模态神经网络（MMNN）（Joshi et al., 2021）或操纵网络（MAN）（Ji et al., 2020），可以将不同模态的特征进行融合和整合。这些网络可以学习模态权重，以自适应地对不同模态的特征进行加权融合，从而得到更全面和一致的表示。

食品安全检测与真实性溯源的主要挑战之一是实时快速检测食品中的风险因子和假冒伪劣成分，以确保食品安全和质量。因此，开发基于深度学习的实时检测系统非常重要。MobileNetV3 为实时食品质量检测提供了高效的解决方案。MobileNetV3 的网络宽度扩展允许根据特定应用场景的需求调整模型大小和计算，这使 MobileNetV3 适用于不同的硬件和性能要求。因此，MobileNetV3 与智能手机上的云平台相结合是食品质量安全实时检测的可行方法。此外，研究人员可以开发方便的实时检测软件，消费者可以轻松直接地使用。通过使用智能手机拍摄短视频从样品中获取可见光谱信息，与 3D-CNN 结合可以实现更准确的识别，使用 MobileNetV3 网络架构可以提高模型检测效率，有望在未来实时检测软件的开发中发挥作用。

参 考 文 献

Alzubaidi L, Zhang J, Humaidi A J, et al. 2021. Review of deep learning: Concepts, CNN architectures, challenges, applications, future directions. Journal Big Data, 8(1): 53.
Bisong E. 2019. Regularization for Deep Learning//Building Machine Learning and Deep Learning

Models on Google Cloud Platform. Berkeley: Apress, 415-421.

Cervantes J, Garcia-Lamont F, Rodríguez-Mazahua L, et al. 2020. A comprehensive survey on support vector machine classification: Applications, challenges and trends. Neurocomputing, 408: 189-215.

Cover T, Hart P. 1967. Nearest neighbor pattern classification. IEEE Transactions on Information Theory, 13(1): 21-27.

Effendi M, Jannah M, Effendi U. 2019. Corn quality identification using image processing with k-nearest neighbor classifier based on color and texture features. IOP Conference Series: Earth and Environmental Science, 230: 012066.

Farrugia J, Griffin S, Valdramidis V P, et al. 2021. Principal component analysis of hyperspectral data for early detection of mould in cheeselets. Current Research in Food Science, 4: 18-27.

Fatima A, Nazir N, Khan M G. 2017. Data cleaning in data warehouse: A survey of data pre-processing techniques and tools. International Journal of Information Technology and Computer Science (IJITCS), 9(3): 50-61.

Goodfellow I, Pouget-Abadie J, Mirza M, et al. 2020. Generative adversarial networks. Communications of the ACM, 63: 139-144.

Guellis C, Valério D C, Bessegato G G, et al. 2020. Non-targeted method to detect honey adulteration: Combination of electrochemical and spectrophotometric responses with principal component analysis. Journal of Food Composition and Analysis, 89: 103466.

He W, He H, Wang F, et al. 2021. Non-destructive detection and recognition of pesticide residues on garlic chive (*Allium tuberosum*) leaves based on short wave infrared hyperspectral imaging and one-dimensional convolutional neural network. Journal of Food Measurement and Characterization, 15(5): 4497-4507.

Hinton G E, Salakhutdinov R R. 2006. Reducing the dimensionality of data with neural networks. Science, 313(5786): 504-507.

Hotelling H. 1933. Analysis of a complex of statistical variables into principal components. Journal of educational psychology, 24(6): 417.

Ji Z, Wang H, Han J, et al. 2020. SMAN: Stacked multimodal attention network for cross-modal image-text retrieval. IEEE Transactions on Cybernetics, 52(2): 1086-1097.

Jimenez-Carvelo A M, Martin-Torres S, Ortega-Gavilan F, et al. 2021. PLS-DA *vs* sparse PLS-DA in food traceability. A case study: Authentication of avocado samples. Talanta, 224: 121904.

Jordan M I, Mitchell T M. 2015. Machine learning: Trends, perspectives, and prospects. Science, 349(6245): 255-260.

Joshi G, Walambe R, Kotecha K. 2021. A review on explainability in multimodal deep neural nets. IEEE Access, 9: 59800-59821.

Kelis C V G, Poppi R J. 2021. Cleaner and faster method to detect adulteration in cassava starch using Raman spectroscopy and one-class support vector machine. Food Control, 125: 107917.

Krizhevsky A, Sutskever I, Hinton G E. 2017. ImageNet classification with deep convolutional neural networks. Communications of the ACM, 60(6): 84-90.

Li Y, Zhang H, Shen Q. 2017. Spectral-spatial classification of hyperspectral imagery with 3D convolutional neural network. Remote Sensing, 9(1): 67.

Liu Y, Pu H, Sun D W. 2021. Efficient extraction of deep image features using convolutional neural network (CNN) for applications in detecting and analyzing complex food matrices. Trends in Food Science & Technology, 113: 193-204.

Lohala S, Alsadoon A, Prasad P W C, et al. 2021. A novel deep learning neural network for fast-food image classification and prediction using modified loss function. Multimedia Tools and Applications, 80(17): 25453-25476.

Long J, Shelhamer E, Darrell T. 2015. Fully convolutional networks for semantic segmentation. Proceedings of the IEEE Conference on Computer Vision and Pattern Recognition, 3431-3440.

Mahesar S A, Kandhro A A, Cerretani L, et al. 2010. Determination of total trans fat content in Pakistani cereal-based foods by SB-HATR FT-IR spectroscopy coupled with partial least square regression. Food Chemistry, 123(4): 1289-1293.

Mehmood T, Ahmed B. 2015. The diversity in the applications of partial least squares: An overview. Journal of Chemometrics. 30(1): 4-17.

Min W, Wang Z, Liu Y, et al. 2023. Large scale visual food recognition. IEEE Transactions on Pattern Analysis and Machine Intelligence, 45: 9932-9949.

Niu Y, Lu Z, Wen J R, et al. 2018. Multi-modal multi-scale deep learning for large-scale image annotation. IEEE Transactions on Image Processing, 28(4): 1720-1731.

Nusrat I, Jang S B. 2018. A comparison of regularization techniques in deep neural networks. Symmetry, 10(11): 648.

Pan L, Pouyanfar S, Chen H, et al. 2017. Deep food: Automatic multi-class classification of food ingredients using deep learning. 2017 IEEE 3rd International Conference on Collaboration and Internet Computing (CIC), 181-189.

Radford A, Metz L, Chintala S. 2015. Unsupervised representation learning with deep convolutional generative adversarial networks. Computer Vision and Pattern Recognition, 1511: 06434.

Sharma S, Chophi R, Kaur C, et al. 2021. Chemometric analysis on ATR-FT-IR spectra of spray paint samples for forensic purposes. Journal of Forensic Sciences, 66(6): 2190-2200.

Shao Y, Xuan G, Hu Z, et al. 2018. Identification of adulterated cooked millet flour with hyperspectral imaging analysis. IFAC-PapersOnLine, 51: 96-101.

Wu X, Zhao Z, Tian R, et al. 2020. Identification and quantification of counterfeit sesame oil by 3D fluorescence spectroscopy and convolutional neural network. Food Chemistry, 311: 125882.

Zhang Y, Jiang L, Chen Y, et al. 2023. Detection of chlorpyrifos residue in apple and rice samples based on aptamer sensor: Improving quantitative accuracy with partial least squares model. Microchemical Journal, 194: 109352.

Zheng M, Zhang Y, Gu J, et al. 2021. Classification and quantification of minced mutton adulteration with pork using thermal imaging and convolutional neural network. Food Control, 126: 108044.

Zheng Q, Yang M, Tian X, et al. 2020. Rethinking the role of activation functions in deep convolutional neural networks for image classification. Engineering Letters, 28(1): 80-92.

Zhu B, Chen Z S, He Y L, et al. 2017. A novel nonlinear functional expansion based PLS (FEPLS) and its soft sensor application. Chemometrics and Intelligent Laboratory Systems, 161: 108-117.

第 4 章 食品安全检测案例分析

4.1 食品中农药残留检测

4.1.1 纳米效应多元光谱检测农药残留

近年来，人们对农产品中与农药接触（如在施用除草剂、杀虫剂和防腐剂后）相关的农药残留问题提出了担忧（Li，2018）。日常食品，如蔬菜、水果、茶叶，甚至传统中草药，都可能含有农药残留，因为在农业产业中，农药经常被用于改善外观以及提高收益（Zhao et al.，2018）。色谱法广泛用于农药的鉴定和定量，如高效液相色谱（HPLC）与荧光或二极管阵列检测器（DAD）联用、GC 或液相色谱与质谱联用（LC-MS）。在这些分析策略中，HPLC-DAD 是分析农药最常用的方法。尽管 HPLC-DAD 具有高度的敏感性和可靠性，但该技术也有一些缺点。例如，样品预处理步骤耗时、仪器昂贵、操作复杂，需要经过高度培训的技术人员。此外，分离效果不理想可能意味着需要进行大量的数据处理。目前，使用最广泛的农药快速检测方法是基于乙酰胆碱酯酶抑制的生物传感器和酶联免疫吸附法（Pohanka，2016）。然而，这些方法容易受到蔬菜、水果和传统中草药中的次生代谢产物和色素的影响，容易出现假阳性。因此，需要建立一种快速、方便、准确的农药检测和定量分析方法。

由于纳米材料具有独特的光谱、光物理和光化学特性，各种各样的精密纳米材料，如碳点、量子点、Au NP、Ag NP、含卟啉的纳米结构等，已被开发用于包括金属离子、RNA、癌症生物标志物、霉菌毒素、CO_2 气体和农药在内的痕量物质的定量和定性分析。此外，各种光谱方法，如近红外光谱、紫外-可见光谱、荧光光谱和拉曼光谱已被应用于农药残留的快速检测。化学计量学方法在复杂信号中提取用于定量和定性分析的有用信息方面起着重要作用。粒子群优化的样本加权最小二乘支持向量机（PSO-OSWLS-SVM）模型和经典模式识别方法 PLS-DA 模型是用于定量和定性分析的著名化学计量学方法，并被广泛使用。这些模型可以对大型和复杂数据集中的信息进行快速准确地挖掘、处理和分析，并通过对训练集、监测集和预测集的交叉验证实现评估。在最近的研究案例中，本课题组基于双量子点"关闭"荧光数据阵列传感器和化学计量学开发了一种用于高灵敏度和高选择性检测多组分农药的有效方法（Fan et al.，2016）。然而，使用原始的紫外-可见光谱数据以及通过多元散射校正（MSC）和二阶导数（2nd derivative）分析预处理的数据，使用 PLS-DA 模型对五种农药进行分类的预测集中仅实现了 80%的识别率，而当进一步使用移动窗口偏最小二乘判别分析（MWPLS-DA）时，识别率可达到 100%。因此，本课题组基于对金纳米颗粒-四(N-甲基-4-吡啶基)卟啉（TMPyP）复合物的紫外-可见光谱的化学计量学分析，开发了一种新颖、快速且准确的农药分析策略。由于其纳米尺寸引起的量子尺寸效应，该复合物显示出独特的光谱效应。在训练集和预测集中，使用 PLS-DA 模型对五种农药的识别率达到了 100%。

1. 实验方法

1）Au NP 合成与表征

使用氯金酸、柠檬酸钠和硼氢化钠（$NaBH_4$）合成了直径分别为 2.5 nm、5.0 nm、10.0 nm、20.0 nm 和 50.0 nm 的五种金纳米颗粒（分别表示为 Au NP1～Au NP5）。分别使用 TECNAI G2 20 S-TWIN（赛默飞世尔科技有限公司，美国马萨诸塞州沃尔瑟姆）和 BI-200SM 测角仪（布鲁克有限公司，德国卡尔斯鲁厄）通过透射电子显微镜（TEM）以及静态和动态光散射（DLS）进行表征。

2）五种农药残留定量检测

使用朗伯-比尔定律，通过测量 422 nm 处的特征紫外-可见吸收峰来确定 TMPyP 的浓度。在典型的实验步骤中，将 9.40 nmol/L Au NP、2.69 nmol/L TMPyP 以及不同浓度的农药加入去离子水中，使其总体积为 1 mL。使用 Lambda-35 分光光度计（珀金埃尔默仪器有限公司，美国马萨诸塞州沃尔瑟姆）在相同条件下于 5 min 后测量所有样品的光谱数据。光谱分辨率设置为 1 nm，扫描范围设置为 350～700 nm，并且所有实验均在室温下进行。

3）实际样品中农药残留检测

我国有两种传统中药材龙胆草和知母，它们常用于功能性食品中且化学成分复杂。为了验证在复杂食品基质中存在干扰化合物的情况下该方法的准确性，使用了这两种中药材。将 0.7 g 样品放入装有 10 mL 水的烧杯中，获得龙胆草和知母提取物。将溶液在 80℃下加热 10 min，然后冷却至室温，以获得最终的提取溶液。随后，将五种不同浓度的农药分别加入提取物中进行测试。

4）数据分析

在戴尔工作站上使用 Materials Studio 4.0（美国加利福尼亚州圣地亚哥

Accelrys 公司）准备五种农药分子的模型，并使用 SYBYL-X 2.0（美国密苏里州圣路易斯市 Tripos Associates 公司）进行 TMPyP 与农药之间的对接研究。使用 MSC 或二阶导数分析对收集的紫外-可见光谱数据进行预处理。PSO-OSWLS-SVM 分析和 PLS-DA 模型的代码是内部开发的，所有分析均在 Matlab R2018a（美国马萨诸塞州纳蒂克 MathWorks 公司）中进行。PSO-OSWLS-SVM 是一种定量分析算法，是基于 SVM 算法结合 PSO-OSWLS 开发的；PLS-DA 模式识别算法使用非零分量进行线性判别分析。其中，PSO 是一种基于新兴群体和模拟社会行为的元启发式算法，使用个体或群体从一次迭代更新到下一次迭代以找到最优解；OSWLS-SVM 是通过以下步骤开发的：①在最小二乘支持向量机（LS-SVM）中，PSO 用于样本加权向量 x 的 100 个初始可行解和两个超参数（核宽度和误差项的相对权重），并最小化目标函数；②在优化后的向量 x 和超参数上建立 OSWLS-SVM 模型，并应用于其他未知样本。

2. 结果与讨论

1）农药对 Au NP-TMPyP 复合物吸收性能的影响机理

为了研究 Au NP-TMPyP 与农药的相互作用机制，进行了 ζ 电势测量和 TEM 观察。所制备的金纳米颗粒的 ζ 电势为 -17.8000 mV。在毒死蜱存在的情况下，ζ 电势增加到 -0.0163 mV，这表明毒死蜱可以部分屏蔽金纳米颗粒表面带负电的羧基，并且表明毒死蜱使金纳米颗粒表面钝化。在金纳米颗粒的红外光谱中，观察到分别对应于 OH 和 C=O 伸缩振动的 3413 cm^{-1} 和 1589 cm^{-1} 处的谱带。在 1253 cm^{-1} 处的一个强峰归因于 C=O 基团的特征吸收。此外，还观察到对应于纯毒死蜱的 C=O 和 C—C 弯曲振动的 1396 cm^{-1} 和 3180 cm^{-1} 处的谱带。还观察到分别对应于纯毒死蜱的 C=N 或 C=C 伸缩振动的 1650 cm^{-1} 和 1380 cm^{-1} 处的谱带，以及在 1095 cm^{-1} 处的 C=N 伸缩振动。然而，由于金纳米颗粒表面的羧基与毒死蜱之间的相互作用，毒死蜱的 C=N 基团的特征伸缩振动模式完全消失，并且金纳米颗粒表面的 C=O 和 C—O 的伸缩振动发生位移或变形。此外，紫外-可见光谱表明，不同粒径的金纳米颗粒与毒死蜱的结合程度不同[图 4.1（b）]。五种 Au NP 的 TEM 图如图 4.1（a）所示。根据光谱的变化，粒径为 2.5 nm 的 Au NP-TMPyP 复合物与毒死蜱的相互作用最强。然而，随着金纳米颗粒粒径的增加，Au NP-TMPyP 复合物和毒死蜱的吸收逐渐减弱，这表明毒死蜱容易与具有大比表面积的小金纳米颗粒表面相互作用，并降低表面 ζ 电势。

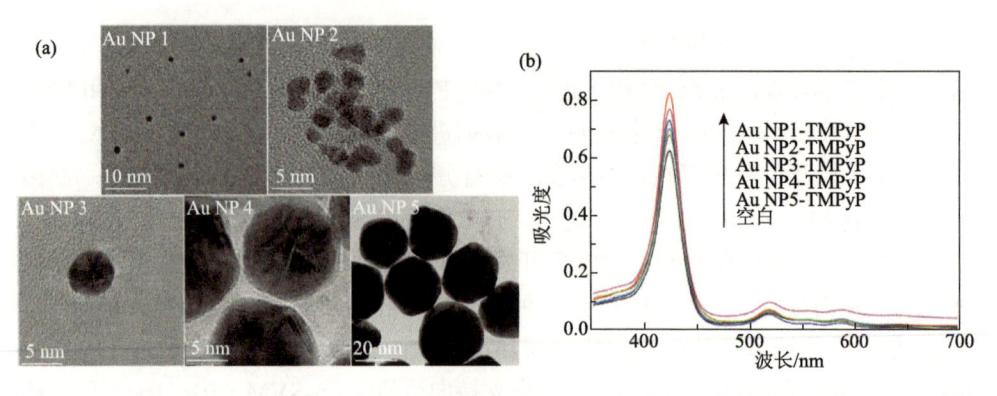

图 4.1 （a）五种 Au NP 的 TEM 图；（b）Au NP-TMPyP 复合物在水溶液中的紫外-可见光谱

为了探究单独的 TMPyP 对不同农药的亲和力，测量了浓度为 $1.0\sim1.0\times10^3$ ng/mL 的 TMPyP 与五种农药的溶液的紫外-可见光谱。如图 4.2 所示，在向 TMPyP 中加入不同浓度的五种农药后，由于紫外光与农药成分的共轭结构相互作用，TMPyP 的紫外-可见光谱略有变化。然而，实际样品中的农药残留浓度很低，而目标正是检测相对较低浓度的这五种农药。因此，TMPyP 与低浓度农药之间的相互作用太弱，无法进行快速准确的测定。

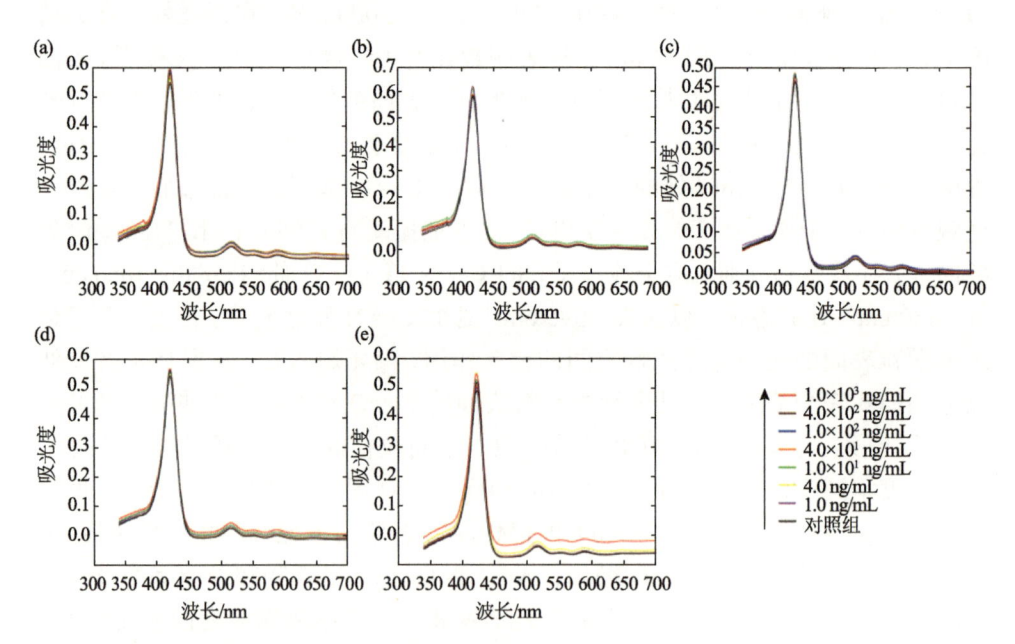

图 4.2 加入不同浓度的（a）百草枯、（b）敌百虫、（c）毒死蜱、（d）甲基托布津和（e）杀螟丹后，TMPyP 的紫外-可见光谱

为了增强 TMPyP 对农药残留的信号响应，将 TMPyP 与 Au NP 反应，形成稳定的纳米卟啉复合物。TEM 图像显示了金纳米颗粒[图 4.3（a）]和稳定的 Au NP-TMPyP 复合物[图 4.3（b）]。此外，分散的金纳米颗粒在 TMPyP 存在下聚集，溶液的颜色从紫红色变为蓝色，在紫外-可见光谱中约 620 nm 处产生一个峰。

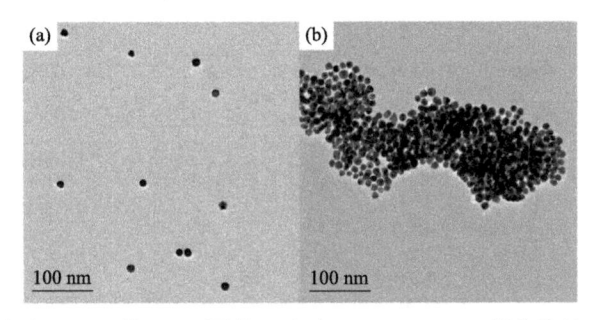

图 4.3 （a）Au NP 的 TEM 图像；（b）Au NP-TMPyP 复合物的 TEM 图像

2）定量分析五种农药残留

这种 Au NP-TMPyP 复合物结合了金纳米颗粒和四(N-甲基-4-吡啶基)卟啉的优势，并产生特征光谱，能够灵敏地检测不同的农药残留。选择粒径最小的金纳米颗粒作为探针来检测农药。加入不同浓度的五种农药后 Au NP-TMPyP 复合物的紫外-可见光谱如图 4.4 所示。在加入农药（浓度范围为 $1.0 \sim 1.0 \times 10^3$ ng/mL）后，TMPyP 和金纳米颗粒的特征峰强度均显著增加。与如图 4.2 所示光谱中的信号强度相比，图 4.4 中 Au NP-TMPyP 复合物光谱的信号强度显著增加。然而，紫外-可见光谱中包含的样本信息变化很小。此外，与样品非均匀分布和异质噪声导致的非线性因素相关的无用信息，以及异常样本的影响，可能会对整个光谱数据集产生负面影响。在这种情况下，如果通过传统的多变量校准方法对数据进行预处理，则无法识别样本之间的代表性差异或测量异常值，定量校准模型可能具有不足的预测能力。鉴于上述问题，使用 PSO-OSWLS-SVM 模型来分析 Au NP-TMPyP 复合物与不同农药混合物的紫外-可见光谱。在 PSO-OSWLS-SVM 分析中，将 30 个样本随机分为 14 个样本的训练集、8 个样本的监测集和 8 个样本的预测集。使用 PSO 同时搜索样本权重和优化训练集、监测集、预测集和目标函数所涉及的超参数。使用这种方法，当光谱数据可能遭受样品非均匀分布和异质噪声影响时，可以有效地表示样本空间并减少模型误差。它们的校准曲线在 $1.0 \sim 4.0 \times 10^2$ ng/mL 的浓度范围内呈线性，并且所有的 RSD 均小于 0.06%。此外，所有的决定系数均大于 0.9990，这满足了准确量化的要求。

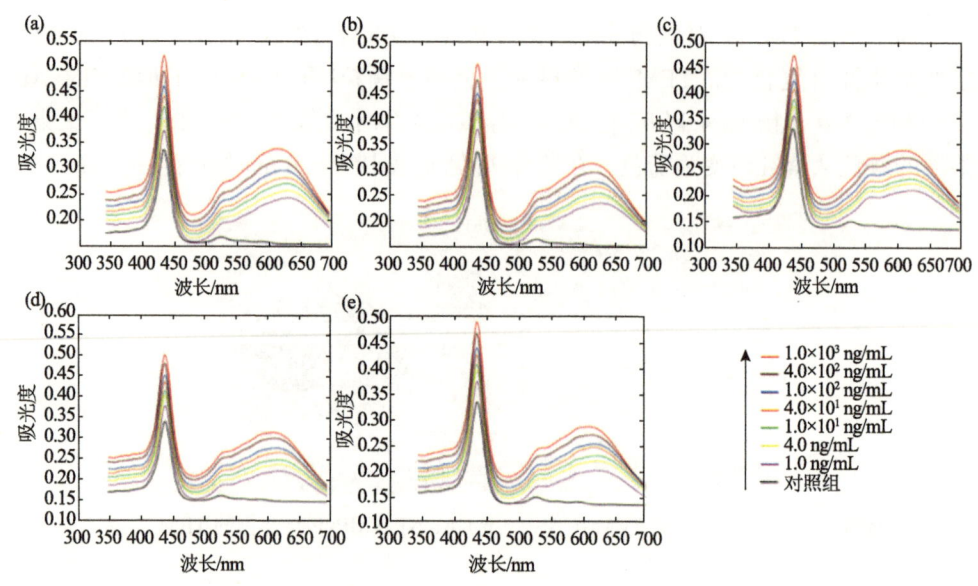

图 4.4 加入不同浓度的（a）百草枯、（b）敌百虫、（c）毒死蜱、（d）甲基托布津和（e）杀螟丹后，Au NP-TMPyP 复合物的紫外-可见光谱

3）五种农药残留的模式识别

如图 4.5 所示，在 Au NP-TMPyP 复合物与五种农药中的每一种在七种不同浓度（1.0 ng/mL、4.0 ng/mL、$1.0×10^1$ ng/mL、$4.0×10^1$ ng/mL、$1.0×10^2$ ng/mL、$4.0×10^2$ ng/mL 和 $1.0×10^3$ ng/mL；每种浓度测量五次）下反应后，共获得 175 个光谱。这些光谱重叠过多，无法观察到特征峰的变化，使农药痕量的定性分析不准确。因此，采用 PLS-DA 方法提取农药的特征光谱信息。对于 PLS-DA，将 175 个原始光谱随机分为训练集和预测集。在模型中使用了包括 MSC 和二阶导数分析在内的不同数据预处理方法，原始以及经过 MSC 和二阶导数分析预处理的紫外光谱如图 4.5 所示。基于留一法（LOO）交叉验证，PLS-DA 模型的最佳潜在变量数量为六个。五种农药的虚拟代码分别为 f1（1, 0, 0, 0, 0）、f2（0, 1, 0, 0, 0）、f3（0, 0, 1, 0, 0）、f4（0, 0, 0, 1, 0）和 f5（0, 0, 0, 0, 1）。所有样品通过最大虚拟代码的位置进行分类。在 PLS-DA 中，如果一个组中样本的值大于其他组中的值，则该样本在该组中。当样本的值大于 0.5 时，意味着分配给该组的样本在统计上是显著的。结果表明，训练集和预测集的分类能力均为 100%。这表明基于紫外-可见光谱数据的 PLS-DA 模型适用于多组分痕量农药的准确鉴定。在最近基于双量子荧光数据阵列和 PLS-DA 模型的工作中，原始、MSC 和二阶导数预处理数据中农药的识别率仅达到 80%。此外，在该案例中，Au NP-TMPyP 复合物中 TMPyP 的量是单独使用的 TMPyP 量的 1/1000，从而大大提高了 TMPyP 的利用率。

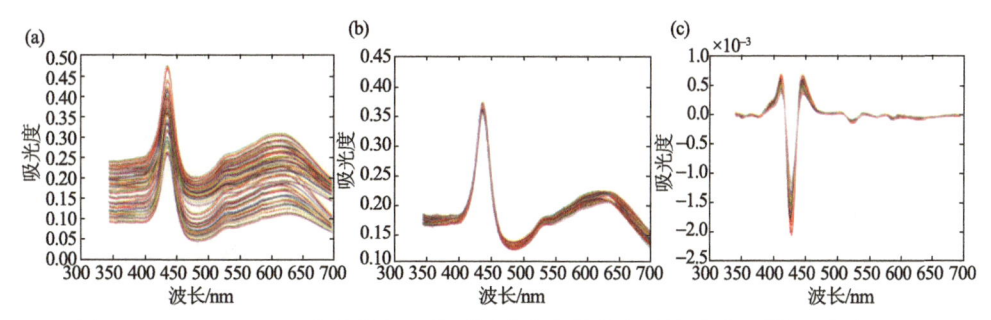

图 4.5 Au NP-TMPyP 复合物与五种不同浓度农药混合后的（a）原始、（b）MSC 和（c）二阶导数的紫外-可见光谱

4）真实样品分析

为了研究方法的实际适用性，对在我国既用作食品又用作药物的龙胆草和知母的水提取物进行了农药的定性和定量分析。采用标准加入法将五种农药加入水提取物中，获得每种农药在六种不同浓度（1.0 ng/mL、4.0 ng/mL、1.0×10^1 ng/mL、4.0×10^1 ng/mL、1.0×10^2 ng/mL 和 4.0×10^2 ng/mL）下的加标溶液的光谱。每个浓度的光谱测量五次，因此每种农药获得 30 个光谱。然后使用提出的方法对这些光谱进行分析。

PSO-OSWLS-SVM 模型能够对水提取物中的农药残留进行准确的定量分析。在该模型中，将 30 个光谱分为一个包含 14 个样本的训练集（三个含有 1.0 ng/mL 农药的样本、三个含有 4.0×10^2 ng/mL 农药的样本以及两个含有所有其他浓度的样本）、一个包含八个样本的监测集（两个含有 1.0 ng/mL 农药的样本、三个含有 4.0 ng/mL 农药的样本、两个含有 1.0×10^1 ng/mL 农药的样本和一个含有 4.0×10^1 ng/mL 农药的样本）和一个包含八个样本的预测集（一个含有 1.0 ng/mL 农药的样本、两个含有 4.0 ng/mL 农药的样本、一个含有 1.0×10^1 ng/mL 农药的样本、一个含有 4.0×10^1 ng/mL 农药的样本、两个含有 1.0×10^2 ng/mL 农药的样本和一个含有 4.0×10^2 ng/mL 农药的样本）。两种样品的决定系数均大于 0.9990，所有的相对标准偏差均低于 0.03%。因此，该模型允许对实际样品中的五种农药残留进行同时定量分析，由于存在干扰化合物，对两种样品的预测能力有所不同。

为了克服模型在不同样品中的振动和不稳定性，选择代表性样品进行样品基质的模型校准，并且必须精确控制如样品处理、使用 MSC 或二阶导数分析进行数据预处理以及检测参数等条件，并且可能需要根据未知样品基质进一步优化模型，这是因为这些未知样品基质引起的模型变化可能导致结果不准确。

PLS-DA 模型也被用于基于 Au NP-TMPyP 探针与复杂基质中的农药残留相互作用的紫外-可见光谱数据阵列，对实际样品中不同浓度（$1.0\sim1.0\times10^3$ ng/mL）

的五种农药残留进行鉴别（最佳潜在变量选择为六个）。基于原始以及经过 MSC 和二阶导数处理的紫外-可见光谱，在训练集和预测集中，龙胆草水提取物中五种农药的分类率为 100%。对于知母样品，在训练集和预测集中使用原始紫外-可见光谱的分类率略低，分别为 98.04% 和 98.63%。然而，即使在复杂基质中存在干扰化合物的情况下，在训练集和预测集中使用经过 MSC 和二阶导数处理的紫外-可见光谱的识别率也达到了 100%。因此，研究的方法实现了快速准确检测农药残留的目标。

3. 总结

在这项案例中，本课题组开发了一种用于快速准确检测食品样品中农药残留的新方法。该技术使用 Au NP-TMPyP 探针、紫外-可见光谱和化学计量学方法，合成并测试了五种不同直径的金纳米颗粒，以找到用于农药检测的最佳纳米颗粒尺寸。通过利用 Au NP-TMPyP 探针的纳米尺度效应及其与分析物的相互作用，使用 PSO-OSWLS-SVM 和 PLS-DA 模型对紫外-可见光谱进行分析，能够对五种常见农药（百草枯、敌百虫、毒死蜱、甲基托布津和杀螟丹）进行定量和定性分析。此外，该方法的新颖之处在于其速度和准确性，使其成为快速准确检测农药残留的合适技术。随着相关技术的持续迭代，开发基于纸质载体的可视化检测方法具有广阔前景。值得关注的是，该方法用于农药定量检测时，其检测波长处于可见光区域，波长约为 422 nm，为后续的可视化呈现提供了技术基础。

4.1.2 可视化传感检测农药残留

氨基甲酸酯类杀虫剂具有毒性低、效率高、残留时间短等优点，在农业生产中具有很高的价值（Pannek et al.，2020）。其典型代表性农药甲萘威，常用来防治叶蝉、水稻虱、蓟马等林业害虫和果树害虫。甲萘威具有内吸性，同时还会发挥一定的触杀作用和胃毒性，通常没有特定的气味，在酸性环境中稳定，与碱接触后分解，大多数品种的毒性低于有机磷农药（Ahn et al.，2021）。与其他同类农药相比，甲萘威具有毒性低和杀虫谱广等优势，因此更受农业工作者的青睐，被广泛应用于现代农业生产中（Chen Z J et al.，2022）。尽管甲萘威在欧盟被禁用，但是在许多发展中国家，甲萘威仍被广泛使用。残留甲萘威可通过食物链进入人体，人体中乙酰胆碱酯酶活性被抑制，神经递质乙酰胆碱的水解被破坏，影响人体系统的正常分泌（Saquib et al.，2021）。此外，甲萘威可能破坏 DNA 并导致染色体畸变，导致人类精子异常（Shahdost-Fard et al.，2021）。因此，甲萘威的广泛使用会导致一系列的公共卫生问题，甲萘威的残留会严重影响食品安全，据此有必要建立一种有效、方便、快速地检测实际样品中甲萘威的方法。

等离子体金属纳米颗粒由于其独特的光学特性在生物和化学传感方面有着广泛的应用，其中常用的是金纳米颗粒、银纳米颗粒等（Chow et al.，2019）。与传统的球形纳米金和棒状纳米金（Au NR）相比，双锥形纳米金（Au NBP）具有更好的形状和尺寸均匀性，并能产生更好的局域电场。由于能量场分布不均匀，Au NBP 更容易被蚀刻或涂覆，形状发生变化。因此，Au NBP 具有巨大的应用优势。沉积和蚀刻 Au NBP 使其形状发生变化，导致其局域表面等离子体共振（LSPR）峰发生不同程度的蓝移，并在溶液中发生一系列彩虹般的颜色变化。丰富的颜色变化使它在可视化检测中有广泛的应用（Wang Z et al.，2020）。

因此，本课题组开发了一种基于 ZnTPyP-十二烷基三甲基溴化铵（DTAB）过氧化物酶活性和 Au NBP 蚀刻的多色比色传感器来定量检测食品中的甲萘威，基于 Au NBP 丰富的颜色变化实现可视化，同时结合数字图像比色法完成对甲萘威的半定量检测。首先，以四吡啶基卟啉和氯化锌为原料通过配位作用合成锌卟啉，利用十六烷基三甲基溴化铵（CTAB）成功将锌卟啉纳米化，得到 ZnTPyP-DTAB；以抗坏血酸为还原剂合成 Au NBP。然后利用 ZnTPyP-DTAB 的拟过氧化物酶活性，催化 H_2O_2 分解为羟基自由基并蚀刻 Au NBP，甲萘威通过空间效应影响了锌和氮在纳米卟啉中的配位，ZnTPyP-DTAB 的拟过氧化物酶活性降低导致 Au NBP 的蚀刻过程随甲萘威的浓度不同而改变，随蚀刻过程中 Au NBP 形貌变化而变化的还有溶液的颜色和 Au NBP 的 LSPR 峰出峰位置，因此可以利用其 LSPR 峰出峰位置的改变定量检测甲萘威，在优化的实验条件下，甲萘威的检测限为 0.26 mg/kg，远低于其允许最大残留限量。此方法通过丰富的颜色变化实现对甲萘威的半定量可视化检测。在线性浓度范围内，传感器平台显示了一系列高分辨率的彩虹颜色变化，仅通过肉眼就可以明显分辨出甲萘威的浓度变化，同时丰富的色彩变化有利于数字图像的获取，RGB 值结合偏最小二乘回归模型可以准确定量检测蔬菜、水果及中药材中的甲萘威（图 4.6）。

1. 实验方法

1）Au NBP 制备

根据已有文献报道方法优化合成了 Au NBP（Sánchez-Iglesias et al.，2017）。首先，向 40 mL 超纯水中加入 0.640 g 十六烷基三甲基氯化铵（CTAC），0.042 g 一水柠檬酸，412 μL $HAuCl_4$（1wt%）。然后加入 1 mL 新制备的 $NaBH_4$（0.025 mol/L），溶液颜色由淡黄色变为黄褐色。将混合溶液加热至 80℃，封口避光，1000 r/min 轻轻搅拌 60 min 后冷却至室温，获得酒红色金种子溶液，避光保存一天以保持稳定，后置于 37℃下保存至使用。

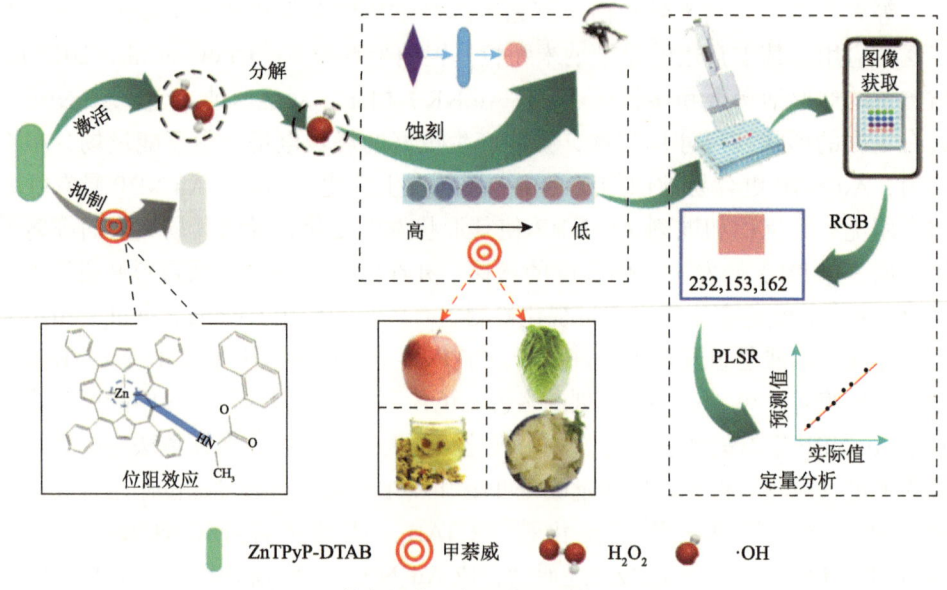

图 4.6 数字图像比色法检测甲萘威示意图

然后将 HAuCl₄（1wt%，800 μL）、AgNO₃（0.01 mol/L，800 μL）、AA（0.1 mol/L，600 μL）、HCl（12 mol/L，120 μL）分别加入 40 mL，0.05 mol/L CTAB 水溶液中。待生长液无色后，加入 750 μL 上述制备的酒红色金种子溶液。密封避光，放置在 30℃的油浴中反应 7.5 h。自然冷却至室温，然后 8000 r/min 离心 15 min，将所得 Au NBP 重悬于超纯水中，得到 Au NBP 水溶液。

2）ZnTPyP-DTAB 制备

采用水热法自组装合成 ZnTPyP。首先分别将丙酸（30 mL）、冰醋酸（30 mL）和硝基苯（30 mL）加入 150 mL 圆底烧瓶中，混合溶液在 150℃下油浴至回流，然后向混合溶液中加入 3.0 mL 4-吡啶甲醛（10 mmol/L）和 2 mL 吡咯（10 mmol/L），反应 2 h 后趁热向圆底烧瓶中加入 250 mL 超纯水，然后在 70℃下旋蒸，去除多余的溶剂后抽滤，将所得固体在 70℃下干燥 24 h，得到紫色粉末 TPyP。精密称取 0.0687 g TPyP 粉末溶于 30 mL N,N-二甲基甲酰胺（DMF）中，在 150℃的油浴锅中加热，待出现回流现象时，加入 0.0900 g ZnCl₂ 继续加热反应 3 h，将约 60 mL 的超纯水加入圆底烧瓶中，会出现静置沉淀现象，然后抽滤，将所得沉淀干燥后即得 ZnTPyP 粉末。

在室温下将 28.5 mL DTAB 和 1.5 mL ZnTPyP（浓度分别为 0.02 mol/L 和 5×10⁻⁴ mol/L）超声混合处理 10 min，将混合溶液在水浴中加热 15 min（温度设置为 70℃），观察到溶液颜色变为浅绿色，冷却至室温后得到纳米化后的 ZnTPyP-DTAB。

3）甲萘威检测及可视化图像拍摄

首先将 50 μL 不同浓度的甲萘威溶液和 100 μL ZnTPyP-DTAB 混合反应 1 min，然后将反应后的溶液加入含有 100 μL Au NBP 和 150 μL 浓度为 3 mol/L 的 H_2O_2 溶液中混合，再加入 200 μL 超纯水将体系体积稀释至 1.0 mL。40℃下孵育 30 min 后测量其紫外吸收光谱，其 LSPR 峰的出峰位置标记为 A_1。同时，相同条件下测量空白样品（不包括甲萘威）中 Au NBP 的 LSPR 峰位置并标记为 A0。用校正曲线绘制 LSPR 的纵向峰蓝移程度（$A_1 - A_0$）与甲萘威浓度的关系。

同时，在 96 孔板中将 50 μL 不同浓度甲萘威和 80 μL ZnTPyP-DTAB 的混合溶液加入含 150 μL Au NBP 和 20 μL H_2O_2（3 mol/L）的混合溶液中，加水将体系体积稀释至 400 μL，将上述溶液混合均匀，放入 40℃烘箱加热反应 45 min（第一行不添加甲萘威反应用作空白对照）。然后将含有反应物的 96 孔板放置在一个 15 W 的 LED 板上，LED 板上放置一个大小固定的纸箱，96 孔板暴露在盒子下面，纸盒上方有一个固定的凹槽用于放置手机，使用手机采集不同浓度甲萘威反应后溶液的颜色变化图像。其中密封的纸箱在样品周围形成一个暗室，在拍摄过程中，手机的设置参数、位置以及拍摄环境保持一致，避免拍摄角度和光照强度不同造成的偏差。

4）实际样品检测

为了评估该传感器的实用性，选用苹果、白菜、菊花、百合等实际样本进行检测。首先，从超市购买了三份不同的苹果和白菜样本，并选取实验室从浙江千岛湖以及甘肃兰州当地不同村落采摘的菊花和百合，将苹果和白菜放入丙酮溶液中压碎成匀浆，菊花和百合则粉碎成粉末浸泡在丙酮溶液中（因为甲萘威难溶于水，易溶于丙酮等有机溶剂，因此这里选择丙酮对实际样本进行处理）。随后，将上述样品进行离心操作（8000 r/min，5 min），去除大的杂质，然后利用 0.22 μm 微孔滤膜对上清液进行过滤，苹果液稀释 10 倍，其他基质液体使用原液用于后续实验，这一步能够有效去除基质本身的颜色对实验结果的影响。然后，使用上述液体配制三种不同浓度的甲萘威（浓度分别为 4.0 mg/kg、2.5 mg/kg 和 1.2 mg/kg），每个浓度制备三份样品用于后续测试。最后，将实际样品与 ZnTPyP-DTAB 混合 1 min，然后将该混合溶液加入含 Au NBP 和 H_2O_2 的溶液中继续反应。在 40℃烘箱中加热反应 35 min，测量反应后 Au NBP 的 LSPR 峰位置。通过 Au NBP 的纵向 LSPR 峰的蓝移程度以及甲萘威浓度之间的线性关系计算实际样品的回收率。采用手机拍照记录 96 孔板上不同实际样品中反应后的颜色变化图。

将拍摄到的图片用于后续数字图像的采集及分析。首先，将拍摄的图片导入 Photoshop（PS）软件，构建一个 10 px×10 px（10 像素×10 像素）的椭圆工具用于采集图像，依据随机分布原则在不同基质中每个浓度反应后的图片上随机采集

10个点，得到70组10 px×10 px图片。然后，将上述图片导入Matlab软件，借助软件将10 px×10px的图片转换为30×10的数字矩阵。最后，利用PLSR法提取各反应孔的颜色变化信息，并与甲萘威浓度相关联。

2. 结果与讨论

1）Au NBP和ZnTPyP-DTAB的表征

利用TEM和紫外-可见光谱分别研究了Au NBP的形貌、粒径和光谱吸收。如图4.7（a）所示，TEM图像显示合成的Au NBP呈双锥状。纯化后的Au NBP在851 nm处有一个强的LSPR峰，在550 nm处有一个很弱的LSPR峰[图4.7(b)]，说明成功去除了合成的Au NBP中的球形纳米颗粒和其他杂质。此外，如图4.7（c）所示，合成的ZnTPyP-DTAB呈棒状，其直径约为100 nm，通过紫外吸收光谱可以看到纳米化后的ZnTPyP-DTAB表现出两个q带和Soret（B）带，Soret（B）带分裂为两个子带。另外，ZnTPyP-DTAB在460 nm处有一个额外的吸收峰[图4.7（d）]，表明形成了j型聚集体，上述结果表明ZnTPyP-DTAB已成功纳米化。

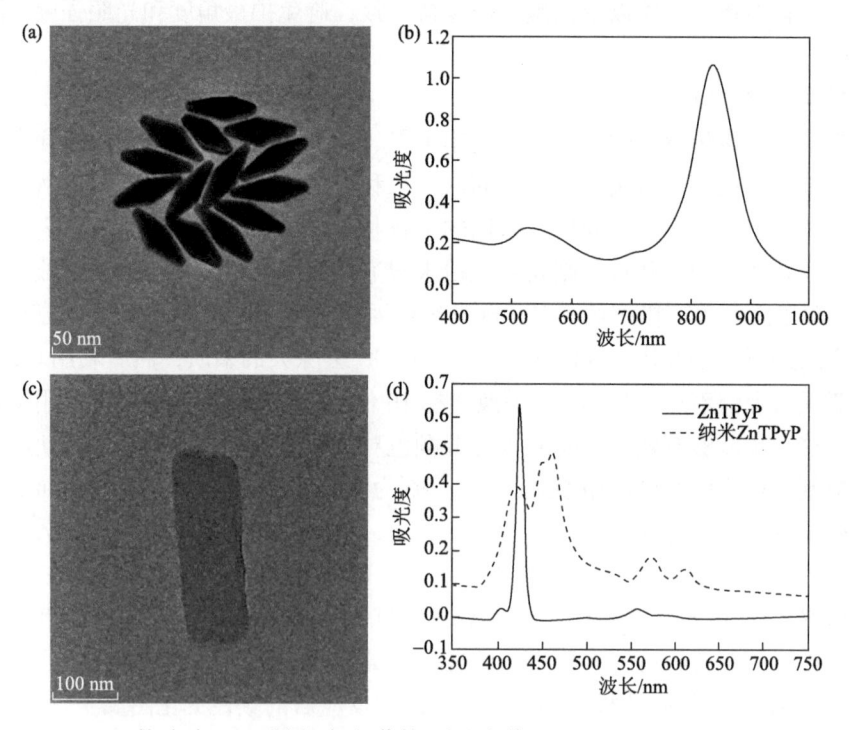

图4.7 Au NBP的（a）TEM图和（b）紫外-可见光谱图；ZnTPyP-DTAB的（c）TEM图和（d）紫外-可见光谱图

2）ZnTPyP-DTAB-Au NBP-H$_2$O$_2$ 传感平台检测甲萘威机理探究

在本案例中，比色信号主要来自 ZnTPyP-DTAB 诱导的 H$_2$O$_2$ 分解导致 Au NBP 的蚀刻。通过缺失实验验证了实验机理。

如图 4.8 所示，曲线 a 为纯 Au NBP 的紫外吸收曲线，在 851 nm 处有明显的特征峰，溶液为淡紫色—粉红色。加入 H$_2$O$_2$ 和 ZnTPyP-DTAB 后，Au NBP 的 LSPR 峰明显左移（曲线 b），溶液颜色变得更红，说明 H$_2$O$_2$ 分解可以刻蚀 Au NBP。加入甲萘威后，曲线 c 的蓝移程度减小，溶液颜色变为绿色。这说明甲萘威的加入导致 Au NBP 的刻蚀过程受到了抑制，这可能是甲萘威与卟啉之间存在空间位阻作用，影响了卟啉中 Zn 和 N 的配位，造成 ZnTPyP-DTAB 的拟过氧化物酶活性降低，H$_2$O$_2$ 的分解速率减慢，从而导致 Au NBP 的刻蚀过程受到抑制，其 LSPR 峰的蓝移以及溶液的颜色变化也随之改变。因此，本案例可以通过 Au NBP LSPR 峰的蓝移程度和溶液颜色的变化实现对甲萘威的检测。在不存在 Au NBP 时，曲线 d 没有明显的 LSPR 峰，溶液颜色也没有明显的差异，说明 Au NBP 是导致 LSPR 峰蓝移和溶液颜色变化的根本原因。这些结果证实了 ZnTPyP-DTAB 可以诱导 Au NBP 的 H$_2$O$_2$ 分解，而甲萘威可以抑制 Au NBP 的蚀刻过程。

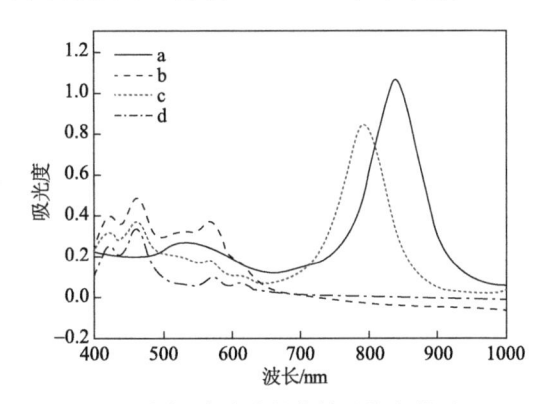

图 4.8　不同组合溶液的紫外吸收光谱图

a.Au NBP；b.Au NBP + H$_2$O$_2$ + ZnTPyP-DTAB；c.Au NBP + H$_2$O$_2$ + ZnTPyP-DTAB + 甲萘威；
d.H$_2$O$_2$ + ZnTPyP-DTAB + 甲萘威

利用 X 射线光电子能谱（XPS）和 TEM 进一步探究了该实验的反应机理。如图 4.9（a）所示，Au NBP 在反应前后的 XPS 结果一致，说明 Au NBP 在蚀刻过程中没有键与键之间的键合。当加入体系中甲萘威的浓度逐渐降低（8.0～0.8 mg/kg）时，Au NBP 的刻蚀程度逐渐增加，从 TEM 图像[图 4.9（b）～（d）]中可以看到，Au NBP 的形貌逐渐变为球形，且溶液颜色也从绿色变为红色，这说明 Au NBP 的形貌改变会导致其溶液颜色变化，且 LSPR 峰的出峰位置也会随之改变。这一结果与报道的金纳米颗粒的性质一致。

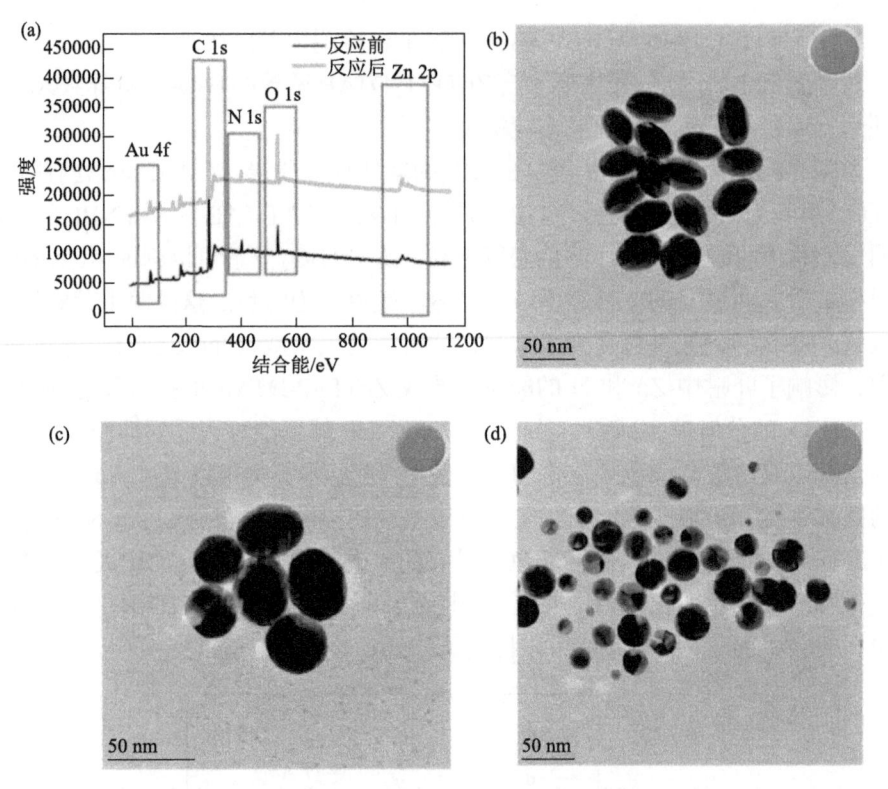

图 4.9 （a）Au NBP 反应前后的 XPS 结果图；不同浓度（b）8.0 mg/kg、（c）4.0 mg/kg、
（d）0.8 mg/kg 的甲萘威抑制 Au NBP 蚀刻的 TEM 图像

插图为相应 Au NBP 溶液的颜色图

3）多色比色法检测甲萘威

考虑到拍摄过程中各类物理因素对实验结果的影响，设计了一种固定装置用于图像采集。如图 4.10 所示，装置底部是一个 LED 板（22 cm×22 cm×1 cm），用于提供光源，也是拍摄过程中的唯一光源。在 LED 板上放置一个密封的纸盒，用于营造黑暗环境，避免因外界光照不同造成的颜色误差。纸盒正上方有一凹槽，用于放置拍摄手机，通过固定手机拍摄的位置，能够有效避免因拍摄角度不同造成的实验误差。装有样品的 96 孔板放置在手机正下方，在 LED 板上做上标记，用于固定 96 孔板的放置位置，同时为了方便放置 96 孔板，在纸箱正前方设置可移动门板。在拍摄过程中，固定手机拍摄的参数如下：ISO 为 32，最长距离为 55 mm，正确曝光为 0 eV，光圈开度为 $f/1.8$。图像放大倍数为 2 倍。实验过程中固定使用同一型号手机进行拍摄。

第 4 章 食品安全检测案例分析 ·89·

条件	参数
拍摄设备	iPhone 11
方向	顺时针旋转90°
水平分辨率	72PPi
垂直分辨率	72PPi
像素	4032×302 (12.2MP)
图像深度	8bit

图像捕捉区

可移动门板

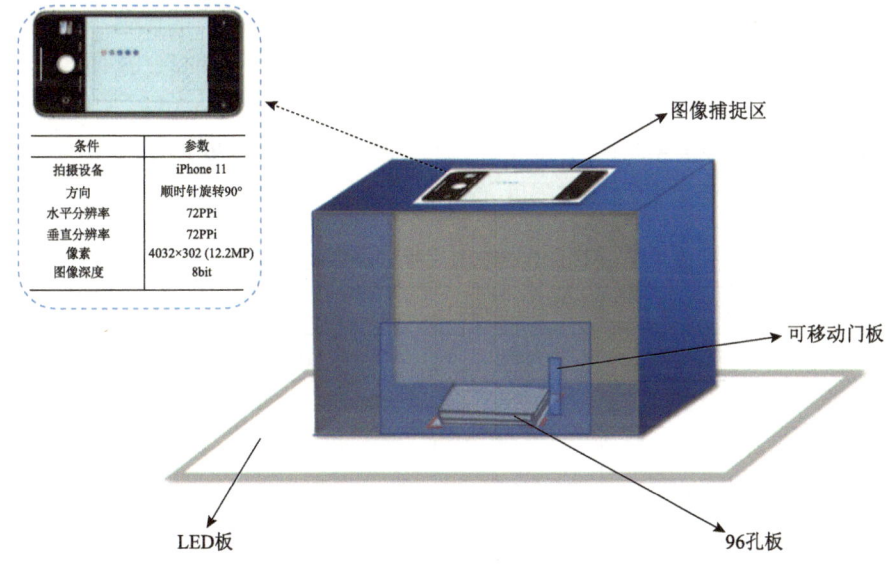

LED板

96孔板

图 4.10 一种用于实际样品的图像采集装置

在优化的实验条件下，通过肉眼观察多色变化达到甲萘威的半定量检测。通过监测 LSPR 峰的蓝移，定量检测甲萘威。如图 4.11（a）所示，随着甲萘威浓度从 0.8 mg/kg 增加到 8.0 mg/kg，在 96 孔板上可以直观地观察到一系列丰富的颜色变化（如橙色、粉色、紫色、蓝色、绿色）。当甲萘威浓度低于 2.5 mg/kg 时，Au NBP 的颜色为粉红色和紫色，当甲萘威浓度高于 2.5 mg/kg 时，Au NBP 的颜色为绿色和蓝色。如图 4.11（c）所示，当增大加入的甲萘威的浓度范围时，96 孔板上呈现出丰富的颜色变化，这些丰富的颜色变化可以被肉眼敏感地识别出来，因此可构建宽范围的甲萘威标准比色卡，进一步结合数字图像比色法可实现甲萘威

(a) 0.8 mg/kg / 1.2 mg/kg / 1.7 mg/kg / 2.5 mg/kg / 3.0 mg/kg / 4.0 mg/kg / 8.0 mg/kg

(b) $y=11.38007x+225.47909$
$R^2=0.9976$

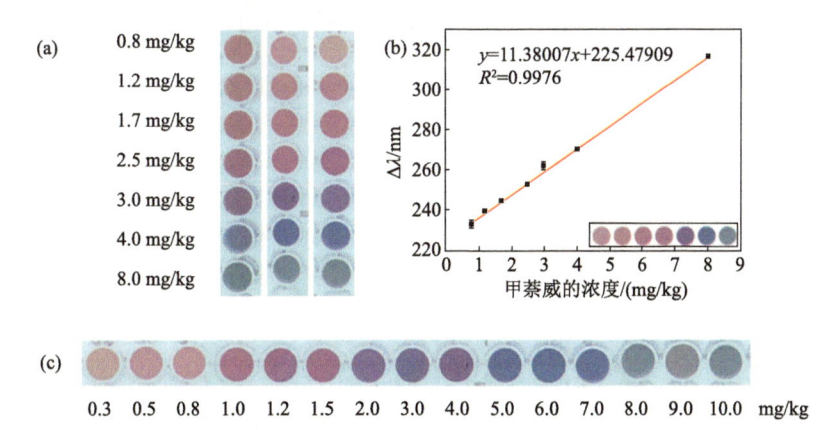

(c) 0.3 0.5 0.8 1.0 1.2 1.5 2.0 3.0 4.0 5.0 6.0 7.0 8.0 9.0 10.0 mg/kg

图 4.11 （a）不同浓度甲萘威的颜色变化图；（b）$\Delta\lambda$ 与甲萘威浓度之间的线性校准曲线；（c）甲萘威标准比色卡

的半定量检测，而不需要使用复杂的仪器。同时，与文献报道的比色法相比，本实验构建的比色法颜色变化丰富，不同浓度溶液的颜色差异明显，这使后续的图像采集更加有效（表4.1）。如图4.11（b）所示，在0.8～8.0 mg/kg，甲萘威浓度与 $\Delta\lambda$ 呈极好的线性关系（$y=11.38007x+225.47909$，$R^2=0.9976$）。甲萘威的检测限为0.26 mg/kg，低于其允许暴露限度（5 mg/kg）。

表4.1　不同比色传感方法检测农药残留的比较

农药	比色材料	检测限/(mg/kg)	颜色变化	参考文献
甲基对硫磷	聚二甲硅氧烷	0.20	黄色	Guo et al.，2015
甲萘威	重氮盐	10.00	黄色—橙色	Lee M G et al.，2018
马拉硫磷	四甲基联苯胺	7.50	无色—深蓝	Liu et al.，2021
敌百虫	靛酚乙酸酯	0.04	蓝色	Yang et al.，2018
对氧磷	碘化钾淀粉	4.70	蓝色	Guo et al.，2017
对硫磷	Au NP	0.07	无色—红色	Wu et al.，2017
甲萘威	Au NBP	0.26	蓝色—绿色—紫色—粉色	本案例

4）选择性评价

进一步研究该传感器在农药检测中的选择性，在相同检测条件下加入其他11种农药（杀虫单、吡虫啉、腐霉利、苄嘧磺隆、异丙威、氰戊菊酯、多菌灵、虫酰肼、二氯喹啉酸、敌百虫和高效氯氰菊酯），探究其对该比色法的影响。如图4.12所示，在相同的反应条件下，只有甲萘威有明显的抑制作用，导致Au NBP溶液呈绿色。而加入其他农药不会影响Au NBP的蚀刻，Au NBP完全蚀刻，其LSPR峰完全蓝移，溶液呈粉红色。这说明该方法具有良好的选择性，可用于甲萘威的检测。

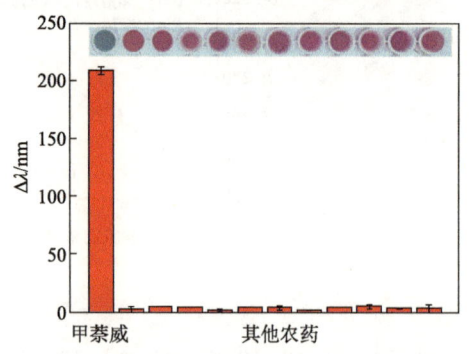

图4.12　多色比色法对甲萘威和其他不同农药的 $\Delta\lambda$
插图为溶液的颜色变化图

进一步利用 PCA 模型对 12 种农药进行分类。将 12 种农药反应后的图像转换成 RGB 值，总共得到 120 个样本，其中训练集 85 个样本，预测集 35 个样本。结果如图 4.13 所示，在训练集和预测集中，甲萘威全部集中在坐标轴左侧，而其他 11 种农药则集中在坐标轴右侧，甲萘威与其他农药能够清楚地区分开，说明该传感器对甲萘威具有良好的特异性。

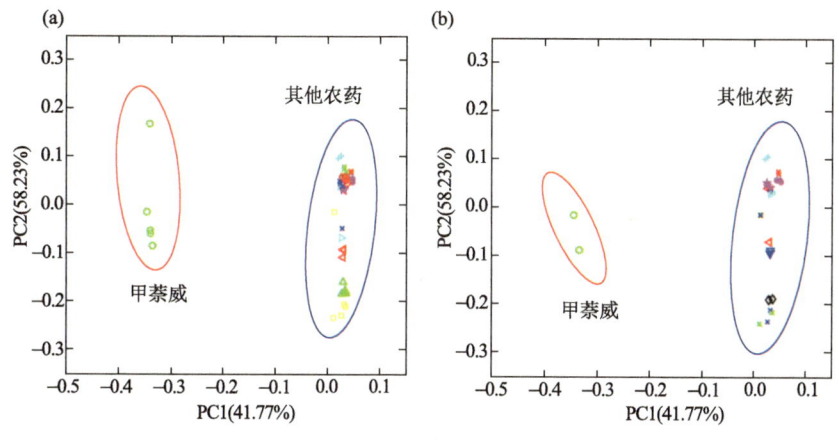

图 4.13　12 种农药在 PCA 模型中的（a）训练集和（b）预测集可视化结果

5）实际样品检测

在苹果、白菜、菊花和百合等实际样品中对该传感器平台的实用性进行了评价。检测出敌百虫在苹果、白菜、菊花和百合中的回收率为 91%～107%，且 RSD 在 0.7% 以下。表明该方法在真实样品检测中具有良好的抗干扰能力，可用于实际样品中甲萘威含量检测。

图 4.14（a）为不同实际样品中 Au NBP 随甲萘威浓度变化的颜色变化图，可以看到向不同基质中加入不同浓度的甲萘威溶液会呈现彩虹色变化，丰富的颜色变化可以通过肉眼识别。但是，相较于图 4.11（c）的甲萘威标准比色卡，不同复杂基质中溶液的颜色变化有所差异，这可能是不同基质造成的影响，而化学计量学则能够减少影响，排除复杂基质的干扰，从而实现对农药的精准测定。

以白菜基质为例，将白菜基质对应反应后的图片导入 PS 软件，利用 PS 软件对每个浓度反应后的图像进行提取，共提取 10 份 10 px×10 px 图像，借助 Matlab 软件将所获得的图像转换成对应的 RGB 数字矩阵，每个浓度得到的数字矩阵为 30×10，一个基质中共获得 300×70 的数字矩阵用于后续分析。直接将可视化结果中不同实际样本中的不同浓度甲萘威进行分组，训练集和预测集的划分是随机的。依据实际样品中甲萘威的 7 个不同浓度，所对应的虚拟编码分别为 f1（1, 0, 0, 0, 0, 0, 0）、f2（0, 1, 0, 0, 0, 0, 0）、f3（0, 0, 1, 0, 0, 0, 0）、f4（0, 0, 0, 1, 0, 0, 0）、

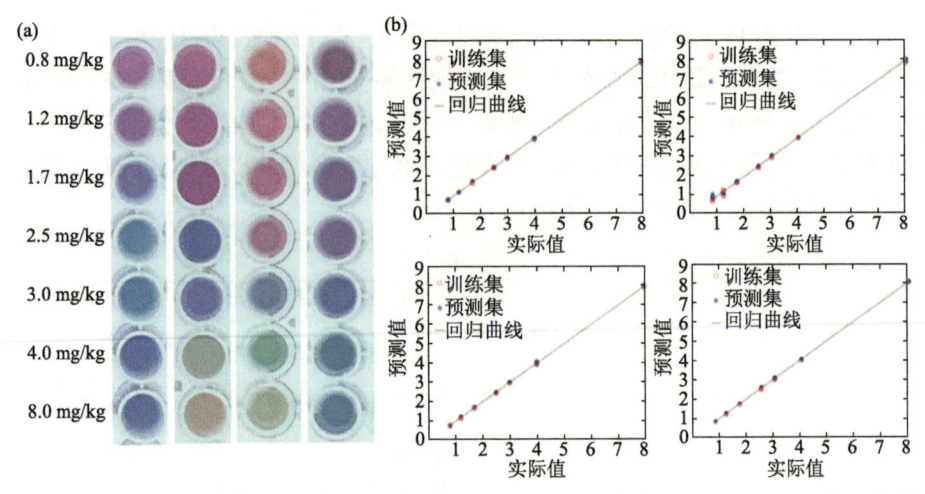

图 4.14 （a）不同实际样品中 Au NBP 随甲萘威浓度变化的颜色变化图（从左至右：苹果、白菜、菊花、百合）；（b）基于 RGB 值的不同基质中甲萘威的实际值和预测值的相关图：依次为苹果（左上）、白菜（右上）、菊花（左下）、百合（右下）

f5（0, 0, 0, 0, 1, 0, 0）、f6（0, 0, 0, 0, 0, 1, 0）和 f7（0, 0, 0, 0, 0, 0, 1）。依据最大虚拟编码位置对上述样本进行模式识别。如表 4.2 所示，最终获得训练集样本数为 56，预测集样本数为 14。

表 4.2 实际样品中不同浓度甲萘威的训练集和预测集划分结果

模拟编码	甲萘威浓度/（mol/L）	训练集 个数	训练集 序号	预测集 个数	预测集 序号
f1	5.0×10^{-5}	8	1～8	2	1～2
f2	7.0×10^{-5}	8	9～16	2	3～4
f3	1.0×10^{-4}	9	17～25	1	5
f4	1.5×10^{-4}	9	26～34	1	6
f5	2.0×10^{-4}	8	35～42	2	7～8
f6	2.5×10^{-4}	6	43～48	4	9～12
f7	5.0×10^{-4}	8	49～56	2	13～14

为了获得最佳模型，采用八倍交叉验证确定模型的最佳隐变量分别为 15、13、13、11（分别对应苹果、白菜、菊花、百合）。利用决定系数 R_c^2 和 R_p^2 分别评价训练集和预测集中预测浓度与实际浓度的相关关系。利用训练集和预测集中校正均方根误差（RMSEC）和预测均方根误差（RMSEP）对校正模型的精度进行估计。所构建的 PLSR 模型中 R^2 均大于 0.999，RMSEC 低至 0.0031，其检测限为

4.06 mg/kg。

此外，如图 4.14（b）所示，甲萘威的预测值与实际值存在良好的线性关系，在不同的复矩阵中几乎没有偏差。进一步证明 RGB 颜色值结合 PLSR 模型可以预测水果、蔬菜和中药材样品中甲萘威的浓度，提供准确可靠的定量结果。

3. 总结

本案例以内吸性农药甲萘威为检测对象，结合 Au NBP 的形态变化导致 LSPR 峰向左偏移以及溶液产生多种颜色变化，构建了一种可视化传感检测不同实际样品中的甲萘威的方法，并结合数字图像比色法用于半定量测定甲萘威的含量。甲萘威通过抑制 ZnTPyP-DTAB 的类过氧化物酶活性来抑制 Au NBP 的蚀刻过程。在优化的实验条件下，甲萘威的检测限为 0.26 mg/kg，远低于允许的最大残留量（5 mg/kg）。随着甲萘威浓度的增加，传感器平台呈现出丰富的颜色变化（如橙色、粉色、紫色、蓝色、绿色）。当甲萘威浓度低于 2.5 mg/kg 时，Au NBP 的颜色偏向粉红色和紫色，当甲萘威浓度高于 2.5 mg/kg 时，Au NBP 的颜色偏向绿色和蓝色。这些丰富的颜色变化可以被肉眼敏感地识别出来，在不需要精密仪器的情况下，通过肉眼就可以判断待测样品中甲萘威含量是否超标。结合智能手机和化学计量学方法，在肉眼可视化的基础上结合数字图像比色法实现甲萘威的半定量检测，主要利用智能手机捕捉溶液颜色变化并将其转化为 RGB 数字矩阵，结合化学计量学中的 PLSR 模型进行食品中甲萘威的定量检测。该方法在农药可视化检测中具有很大的应用潜力。未来随着科技的不断发展，结合便携设备如 96 孔板或纸质设备，可以实现现场及时、快速、准确的可视化检测。同时，优化的变色材料所带来的丰富的色彩变化和有效的化学计量学数据处理方法为快速、低成本、准确的农药检测方法开发提供了新的途径。可实现不同情景下农药残留的定性和定量分析，并可进一步扩展到各种有害物质的检测。

4.2 食品中重金属检测

4.2.1 纳米效应多元光谱检测汞离子

汞污染主要来源于工业生产活动，如燃料燃烧、冶金锻造和矿产采集等途径，并以单质、有机盐或无机盐等形式在水、空气、土壤等媒介中广泛传播且难以降解，最终导致食品污染（Yang et al., 2020）。消费者长期摄入被汞污染的食品，会使其在体内累积，易导致免疫系统、内分泌系统、中枢神经系统等产生不可逆转的损伤，并造成不同水平的生殖、生理和生化异常，引发各种健康问题（Guo Z et al., 2020)。因此，食品中 Hg^{2+} 的检测对人类健康安全至关重要。

截至目前，多种大型仪器方法已被开发并用于不同实际样品中 Hg^{2+} 浓度的定量检测，如石墨炉原子吸收光谱（GF-AAS）、电感耦合等离子体质谱（ICP-MS）、表面增强拉曼散射（SERS）和电化学方法。这些方法虽然灵敏度高、重复性好，但也存在预处理复杂、操作困难、耗时耗材等问题，因此这些大型仪器难以实现 Hg^{2+} 的现场快速检测。与传统的检测方法相比，荧光光谱法因其较高的灵敏度和检测效率，在重金属检测中获得了广泛的关注，已有研究者使用金属量子点、CQD、UCNP 和介孔二氧化硅纳米颗粒（MSNP）等材料作为荧光传感器检测 Hg^{2+}，并取得了较好的结果。其中，CQD 具有环境友好、生物相容性高、合成原料成本低、水溶性优异和光学特性独特等优点，被广泛用于金属离子的检测。

由于 DL-硫辛酸与金属离子可产生较强的螯合作用而被用作金属清除剂（Huang et al., 2021），因此本节以 DL-硫辛酸为硫源，柠檬酸三钠为碳源，成功合成了硫元素掺杂的碳量子点（SCQD），在紫外光（365 nm）下可发出强烈的蓝色荧光，其量子产率比普通 CQD 更高，且具有良好的水溶性和光稳定性。通过 S—Hg 键的可逆化荧光"关-开"实现 Hg^{2+} 的快速识别，并成功应用于陈皮和葡萄汁中不同浓度 Hg^{2+} 的精准检测。在荧光"关-开"过程中，加入甲基硫菌灵（TM）可产生易去除的肉眼可见甲基硫菌灵-Hg 沉淀，从而同时实现 Hg^{2+} 的检测和去除（图 4.15）。

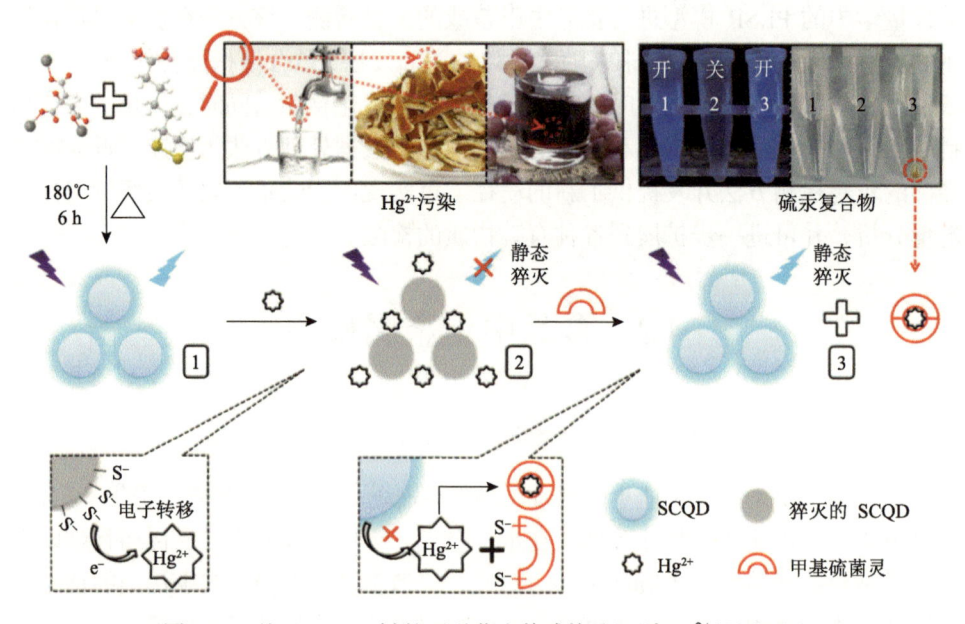

图 4.15 基于 S—Hg 键的可逆荧光传感快速识别 Hg^{2+} 的原理图

1. 实验方法

1）合成 SCQD

SCQD 是利用水热法一步合成的。首先将 0.2 g DL-硫辛酸通过超声波溶解在 10 mL DMF 中；再将 1.0 g 柠檬酸三钠和 10 mg 氢氧化钠搅拌并溶解于 30 mL 超纯水中，并与上述 DMF 溶液混合超声 2 min；然后将混合溶液加入聚四氟乙烯反应釜中，使用烘箱 180℃加热 6 h；最后在 8000 r/min 条件下离心 15 min，取上清液用 0.22 μm 的微孔滤膜过滤去除杂质，得到微黄色发蓝色荧光的 SCQD。此外，在不加入 DL-硫辛酸的情况下，合成了无硫掺杂的 CQD。

2）SCQD 可逆化荧光传感识别 Hg^{2+}

所有荧光数据的采集都是在室温和常压下进行的。向 1.5 mL 的石英比色皿中加入 100 μL SCQD 溶液和 700 μL 磷酸盐（PBS）缓冲溶液，然后加入 100 μL 不同浓度的 Hg^{2+} 和 100 μL 超纯水使溶液总体积为 1 mL，反应 5 min 后 SCQD 的荧光猝灭（关），采集荧光数据，对水中的 Hg^{2+} 进行检测。固定 Hg^{2+} 浓度，将 100 μL 超纯水改为 100 μL 不同浓度的甲基硫菌灵水溶液，反应 5 min 后 SCQD 的荧光强度可逆化恢复（关-开），其他条件均不变，对水中的甲基硫菌灵进行检测。激发波长 Ex 设置为 340 nm，采集光谱范围为 400~600 nm，电压为 400 V，狭缝宽度为 10 nm。

进一步使用 0.22 μm 微孔滤膜除去自来水中的大颗粒杂质；将 0.1 g 陈皮粉末（50 目）加入 100 mL 沸水中浸泡 15 min，并使用 0.22 μm 微孔滤膜过滤后在 4℃下冷藏，待下一步使用；压榨新鲜葡萄，取葡萄汁离心（8000 r/min，5 min），取上清液用 0.22 μm 的微孔滤膜过滤去除大颗粒杂质，将所得溶液用超纯水稀释 5 倍后在 4℃下冷藏，待下一步使用。所有的食品样品都不需要继续处理，以自来水、陈皮水和葡萄汁为溶剂，制备出浓度不同的 Hg^{2+} 和甲基硫菌灵食品样品溶液，并重复上述操作步骤对食品样品中的 Hg^{2+} 进行检测，对 SCQD/Hg^{2+} 的可逆化荧光恢复进行探究。

2. 结果与讨论

1）SCQD 可逆化荧光传感检测 Hg^{2+} 机理探究

利用 XPS、荧光寿命和可视化结果对 SCQD 可逆化荧光"关-开"传感进行了解释，并推测出 Hg^{2+} 通过电子转移效应诱导 SCQD 产生静态荧光"关"；加入的甲基硫菌灵可与 Hg^{2+} 形成甲基硫菌灵-Hg 络合物，阻止 SCQD 与 Hg^{2+} 之间的电子转移效应，从而造成 SCQD 的荧光"关-开"。

如高分辨率 S 2p XPS 图[图 4.16（a、b）]所示，向 SCQD 中加入 Hg^{2+} 后，在 161.90 eV 处出现了一个新峰，归属于 S—Hg 键，说明 Hg^{2+} 与 SCQD 表面的含硫

基团形成了 S—Hg 键；如荧光寿命结果（图 4.17）所示，Hg^{2+} 的加入使 SCQD 荧光寿命的拟合函数由单指数衰减变为双指数衰减，表明该过程中 SCQD 中不仅存在从导带到价带的电子跃迁，还发生了从导带到表面缺陷的电子跃迁，改变了 SCQD 的表面钝化状态，促进 SCQD 与 Hg^{2+} 之间的电子转移效应，从而导致 SCQD 的荧光"关"。此外，SCQD 与 Hg^{2+} 反应前后的平均荧光寿命（τ_{avg}）基本不变，表明 SCQD 的荧光"关"是静态的，形成了非荧光配合物（SCQD-Hg）。先前的文献报道表明在无元素掺杂的 CD-Hg^{2+} 体系中存在电子转移效应，且在碳量子点中掺杂 S 原子可促进电子转移效应的发生。

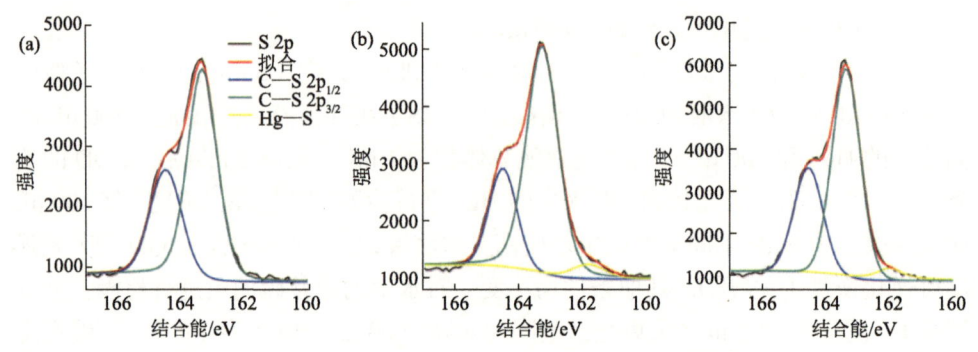

图 4.16　(a) SCQD、(b) SCQD+Hg^{2+} 和 (c) SCQD/Hg^{2+}+甲基硫菌灵的高分辨 S 2p XPS 图

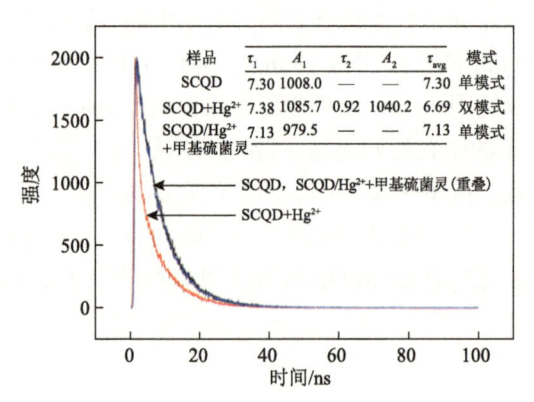

图 4.17　SCQD、SCQD+Hg^{2+} 和 SCQD/Hg^{2+}+甲基硫菌灵的荧光寿命结果
τ_1、τ_2 和 τ_{avg} 分别为快、慢和平均荧光寿命；A_1 和 A_2 分别为相应的权重因数

加入甲基硫菌灵后，在 SCQD 的荧光"关-开"过程中，溶液中形成了一种褐色的非荧光络合物沉淀，且单独混合甲基硫菌灵和 Hg^{2+}，也可产生同样的沉淀（图 4.18），此时 XPS 中 161.90 eV 处所示的 S—Hg 键依然存在[图 4.16 (c)]，说明在 SCQD 的荧光"关-开"过程，通过 S—Hg 键形成了甲基硫菌灵-Hg 络合物。同时，τ_2 的消失（图 4.17）说明 SCQD 荧光寿命的拟合函数又由双指数衰减变为

单指数衰减,电子跃迁形式仅存在于导带和价带间,导致SCQD与Hg^{2+}之间的电子转移效应消失,使SCQD发生荧光"关-开"。此外,荧光"关-开"过程中反应前后的τ_{avg}基本不变,表明SCQD的荧光恢复是静态的,且佐证了非荧光复合物甲基硫菌灵-Hg络合物的形成。

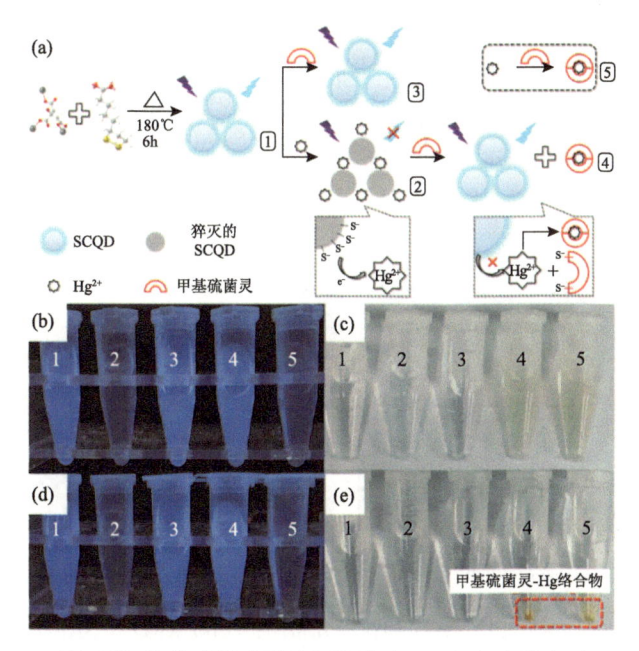

图4.18 (a) SCQD "关-开" 的传感模型示意图以及(b、c)离心前和(d、e)离心后的可视化结果

1号管为SCQD;2号管为SCQD+Hg^{2+};3号管为SCQD+甲基硫菌灵;4号管为SCQD/Hg^{2+}+甲基硫菌灵;5号管为Hg^{2+}+甲基硫菌灵;离心条件为6000 r/min,5 min;紫外灯的波长为365 nm;Hg^{2+}和甲基硫菌灵的浓度均为10 μmol/L

2) SCQD表征

利用高分辨率透射电子显微镜(HRTEM)、X射线衍射(XRD)以及相应的选区电子衍射(SAED)和三维荧光光谱对SCQD的粒径、形貌、晶形和荧光特性进行了表征。将合成的SCQD分散在乙醇中,使其均匀分布在碳薄膜包覆的铜网格上,通过HRETM图和粒径分布图[图4.19(a)]得知SCQD的粒径范围为2.21~3.01 nm,平均粒径为2.52 nm,且SCQD的0.22 nm晶格间距属于典型的石墨(100)面。XRD结果[图4.19(b)]表明,SCQD在$2\theta=28.4°$处存在的弥散峰与石墨碳(002)面类似,在对应的SAED中观察到扩散的环状光晕证明了无定形碳的存在。SCQD的三维荧光光谱[图4.19(c、d)]显示,SCQD的最佳激发波长为340 nm,最佳发射波长为438 nm,且发射波长不随激发波长的变化而变化,说明SCQD表面相对均匀,钝化良好。

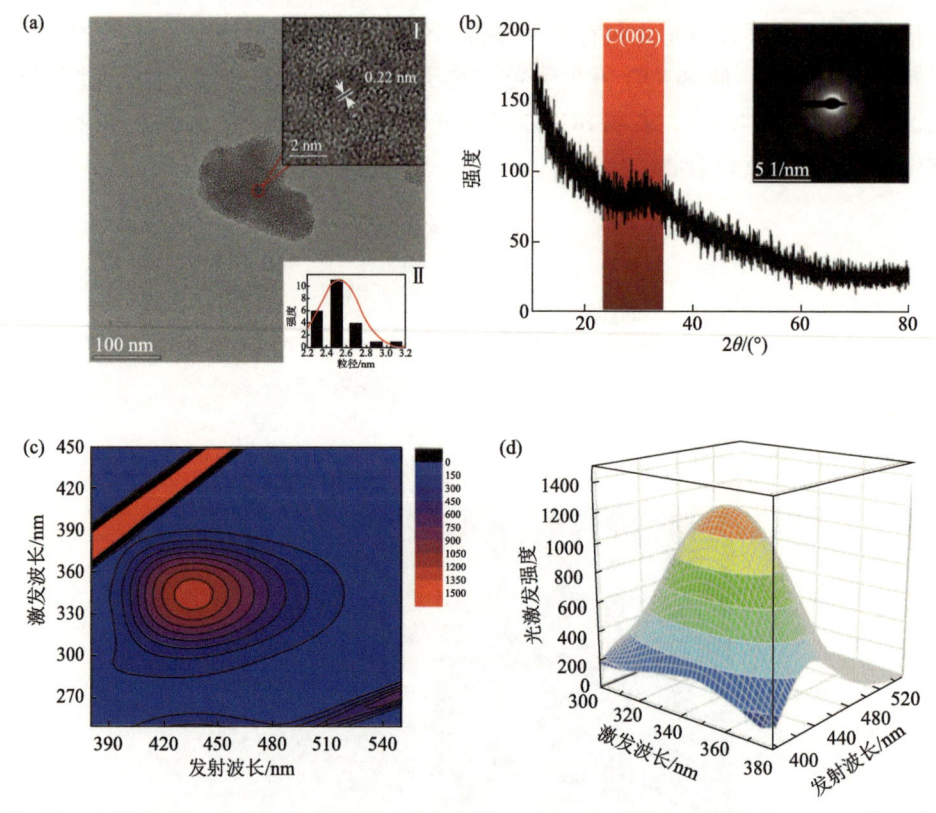

图 4.19 SCQD 的（a）HRTEM 图和粒径分布图；（b）XRD 和 SAED 结果；（c、d）三维荧光光谱

通过中红外光谱对 SCQD 中的特征官能团进行了表征。如图 4.20 所示，在 3424 cm^{-1} 处的宽吸收峰（O—H 伸缩振动）和 1596 cm^{-1} 处的强吸收峰（C=O 伸缩振动）表明含氧和含碳官能团的存在；2930 cm^{-1} 和 1414 cm^{-1} 处的特征峰可以归属于—CH$_3$ 基团的 C—H 伸缩振动；2329 cm^{-1} 和 1151 cm^{-1} 处的特征峰分别对应于 S—H 和 C—S 的伸缩振动，表明 DL-硫辛酸上的硫元素已成功掺杂到碳量子点上。

进一步，通过 XPS 对 SCQD 中各元素的结合形式进行了表征（图 4.21）。其中 6 个特征峰集中于 163.3 eV、228.0 eV、284.7 eV、400.1 eV、497.0 eV 和 531.1 eV，分别对应 S 2p、S 2s、C 1s、N 1s、Na KLL 和 O 1s。C 1s 的高分辨率 XPS 结果表明在 284.72 eV、286.01 eV 和 288.18 eV 处存在不同的特征峰，分别对应 C—C/C=C、C—O 和 C=O 键；O 1s 的高分辨率 XPS 中，在 531.04 eV、531.90 eV 和 535.53 eV 处出现了不同的特征峰，分别对应于 SCQD 中的 C=O、C—O 和 O=C—O 键，碳和氧的不同键合方式表明了其在 SCQD 中的存在形式丰富且复

杂；此外，在 S 2p 的高分辨率 XPS 中，163.30 eV 和 164.47 eV 两个特征峰分别对应 C—S 2p$_{3/2}$ 键和 C—S 2p$_{1/2}$ 键，说明 DL-硫辛酸上的硫元素已经成功地掺杂到碳量子点上，并提供了足够的硫元素通过 S—Hg 键达到对 Hg^{2+} 的检测目的，使 SCQD 具有较高的特异性。

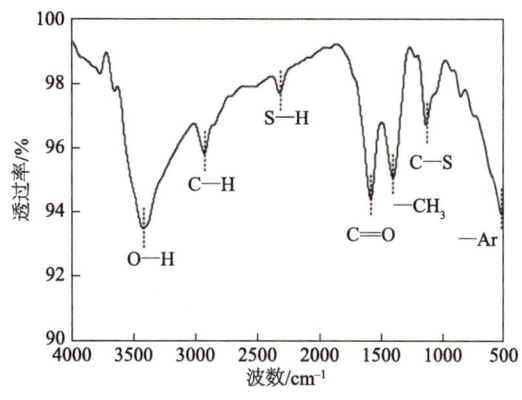

图 4.20 SCQD 的中红外光谱表征图

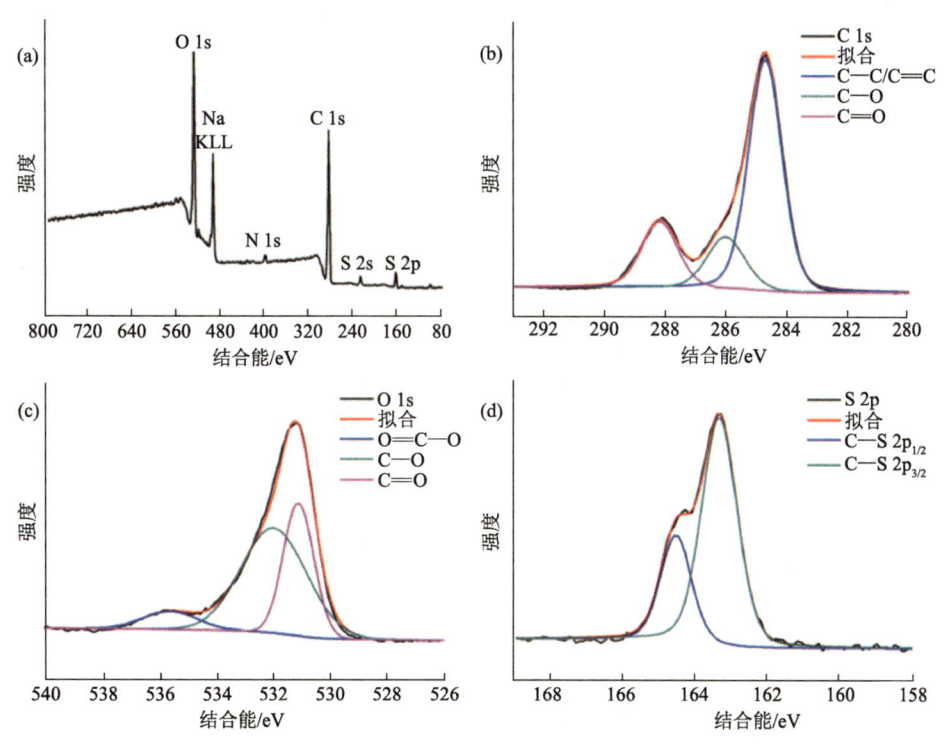

图 4.21 SCQD 的（a）XPS 表征图及其（b）C 1s，（c）O 1s 和（d）S 2p 的高分辨率 XPS 表征图

同时，SCQD 的荧光寿命表征如图 4.17 所示，SCQD 的 τ_1 和 τ_{avg} 值均为 7.30 ns，荧光寿命拟合曲线函数属于单指数衰减，表明 SCQD 中的电子发生了从导带到价带的跃迁。

3）SCQD 可逆化荧光传感选择性评价

选择性是评估传感方法的重要指标，故本案例考察了 SCQD 荧光传感方法对多种常见金属离子（Hg^{2+}、Zn^{2+}、Mn^{2+}、Mg^{2+}、Cu^{2+}、Sn^{2+}、Pb^{2+}、Ba^{2+}、Ni^{2+}、Cd^{2+}、Co^{2+}、Al^{3+}、Fe^{3+}、Ag^+、K^+、Na^+）的响应效果。如图 4.22（a）所示，SCQD 对 Hg^{2+} 的响应基本不受其他金属离子的影响，这可能是由于 SCQD 的表面钝化和修饰基团更有利于其与 Hg^{2+} 的结合。在此步骤中，在比 Hg^{2+} 浓度高 20 倍的其他金属离子存在下，SCQD 也无响应。

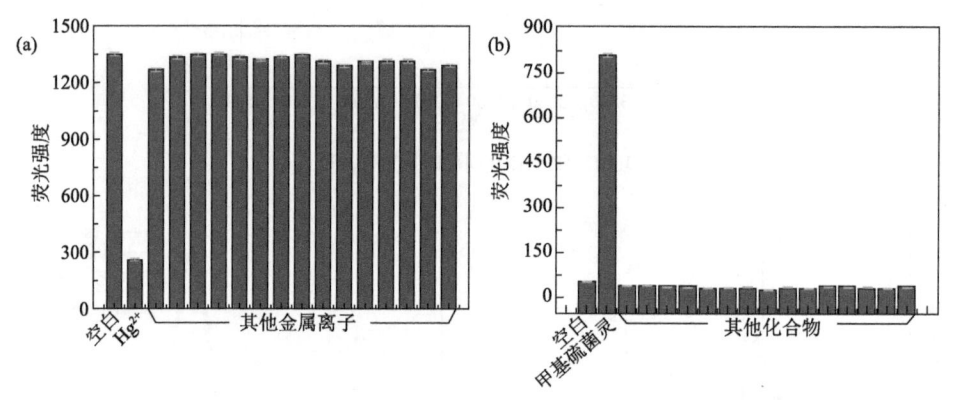

图 4.22 SCQD 对 Hg^{2+} 和其他金属离子的（a）选择性和（b）可逆化荧光"关-开"传感对甲基硫菌灵的选择性

Hg^{2+} 和其他金属离子（从左到右依次为 Ag^+、Cu^{2+}、Cd^{2+}、Pb^{2+}、Sn^{2+}、Mn^{2+}、Mg^{2+}、Ni^{2+}、Zn^{2+}、Co^{2+}、Al^{3+}、Ba^{2+}、Fe^{3+}、K^+和Na^+）的浓度分别为 5 μmol/L 和 100 μmol/L；甲基硫菌灵和其他化合物的浓度（从左到右是百草枯、苄嘧磺隆、虫酰肼、敌百虫、多菌灵、二氯喹啉酸、三氟氯氰菊酯、高效氯氰菊酯、甲萘威、克百威、氰戊菊酯、溴氰菊酯、杀虫单、杀螟丹、异丙威）浓度分别为 5 μmol/L 和 100 μmol/L

同时，考虑了其他化合物对 SCQD 可逆化荧光"关-开"传感的响应，如甲基硫菌灵及其衍生物、含硫活性化合物、含硫农药和其他常见农药。如图 4.22（b）所示，只有加入甲基硫菌灵后，SCQD/Hg^{2+} 体系的荧光强度才能恢复至 SCQD 的初始水平，而其他化合物即使在 20 倍浓度条件下，依然不与 SCQD/Hg^{2+} 体系发生反应并产生荧光"关-开"。这可能是因为 Hg^{2+} 与甲基硫菌灵上的两个巯基具有很强的亲和力，从而形成甲基硫菌灵-Hg 络合物，因此该可逆化荧光"关-开"传感对甲基硫菌灵具有较高的选择性。

此外，如图 4.23 所示，以不加入 DL-硫辛酸的 CQD 作为对照材料，该材料构建的荧光传感对 Hg^{2+} 具有较好的响应，可产生明显的荧光"关"，但向其中继续加入甲基硫菌灵后，无法实现可逆化荧光"关-开"。这可能是由于碳量子点的电子转移效应一般是由氧元素介导的，而氧原子的半径小于硫原子，与 Hg^{2+} 形成的 O—Hg 键比 S—Hg 键更稳定，不易与甲基硫菌灵反应并失去 Hg^{2+}。因此，在 SCQD 的合成过程中使用 DL-硫辛酸作为硫源对可逆化荧光"关-开"传感的构建是至关重要的。进一步研究了高活性巯基化合物 L-半胱氨酸（100 μmol/L）对可逆化荧光"关-开"传感的影响，与本案例的预期相反，仅有高浓度的 L-半胱氨酸对 SCQD/Hg^{2+} 体系具有较为明显的反应。这可能是由于在中性和弱碱性的溶液环境中，L-半胱氨酸的体外活性较弱，易被溶液中的空气氧化为胱氨酸，因此本案例没有使用 L-半胱氨酸进行可逆化荧光"关-开"传感的实验。

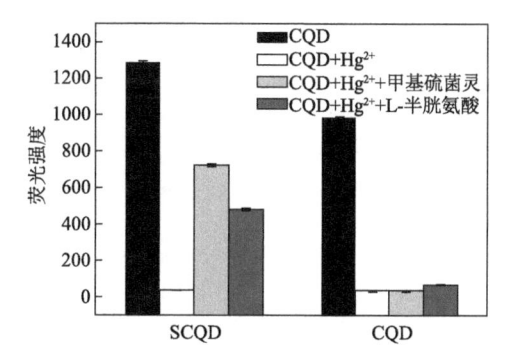

图 4.23 SCQD 和 CQD 的可逆化荧光传感"关-开"比较结果

SCQD 用去离子水稀释 1000 倍，CQD 用低氘水稀释 50 倍；Hg^{2+} 和甲基硫菌灵浓度均为 10 μmol/L，L-半胱氨酸的浓度为 100 μmol/L

4）SCQD 可逆化荧光传感方法构建

在上述最优条件下，对 SCQD 与梯度浓度 Hg^{2+} 反应前后的荧光强度进行测定，以 Hg^{2+} 的浓度 C 为横坐标，以反应前后荧光强度的比值 F_1/F_0 为纵坐标，构建对应的标准曲线。如图 4.24（a）所示，随着 Hg^{2+} 的浓度升高，SCQD 在 438 nm 处的荧光强度被逐渐猝灭，说明 Hg^{2+} 能够有效地猝灭 SCQD 的荧光。F_1/F_0 与 Hg^{2+} 浓度在 0.05~5.80 μmol/L 呈良好的线性关系，LOD 为 0.033 μmol/L，决定系数为 0.9996，用 Stern-Volmer（斯顿-伏尔莫）方程拟合的线性回归方程可表示为如下公式：

$$F_1/F_0 = 0.1483 C_{Hg^{2+}} + 0.9802$$

同样，用上述方法测定了 SCQD/Hg^{2+} 与梯度浓度甲基硫菌灵反应后的荧光强度，以甲基硫菌灵的浓度 C 为横坐标，以反应前后荧光强度的比值 F_1/F_0 为纵坐标，构建了相应的标准曲线。如图 4.24（b）所示，甲基硫菌灵能够有效地恢复 SCQD 的荧光，且在 0.05~2.00 μmol/L 和 2.00~5.00 μmol/L 范围内呈良好的线性关系，LOD 为 0.007 μmol/L，决定系数分别为 0.9998 和 0.9983，线性回归方程可分别表示为公式如下：

$$F_1/F_0 = 0.6027 C_{甲基硫菌灵} + 1.0630$$

$$F_1/F_0 = 0.2684 C_{甲基硫菌灵} + 1.7285$$

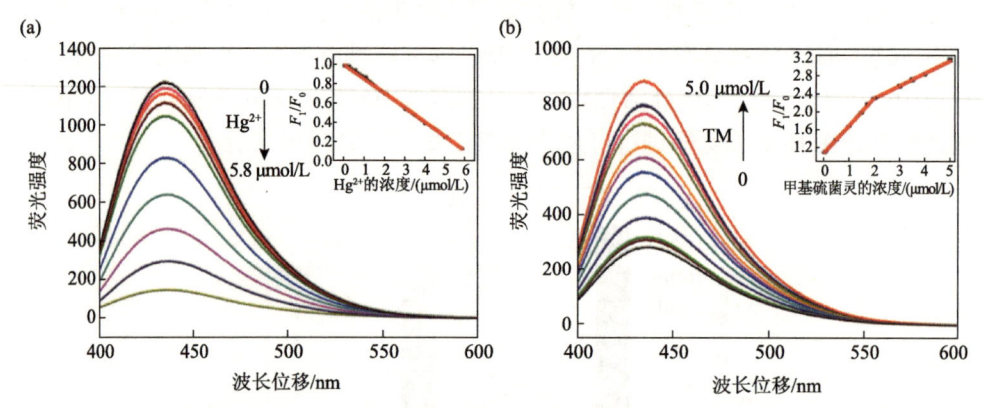

图 4.24 （a）在最佳条件下 SCQD 与不同浓度 Hg^{2+}（0.00～5.80 μmol/L）反应后的荧光光谱，插图为 F_1/F_0 与 Hg^{2+} 浓度之间的线性拟合方程；（b）SCQD/Hg^{2+} 与不同浓度甲基硫菌灵（0.00～5.00 μmol/L）反应后的可逆化荧光光谱，插图是 F_1/F_0 与甲基硫菌灵浓度之间的线性拟合方程

为评估该方法检测 Hg^{2+} 的优越性，将该方法的检测结果与其他文献已报道的 Hg^{2+} 荧光传感方法进行了比较。如表 4.3 所示，本方法的线性范围和 LOD 具有明显优势。虽然基于 SCQD 的荧光传感方法最初是为检测 Hg^{2+} 而开发的，但在实验过程中发现即使是低浓度的甲基硫菌灵也可以有效地与 Hg^{2+} 结合，并使 SCQD 的荧光恢复。且在开发了这种基于 S—Hg 键的可逆化荧光传感方法后，进一步发现甲基硫菌灵也可以与 Hg^{2+} 通过 S—Hg 键形成可沉淀的甲基硫菌灵-Hg 络合物，进而达到同时检测并去除 Hg^{2+} 的目的，这为 Hg^{2+} 的监控及去除提供了新的思路。

表 4.3 该方法与其他文献已报道的 Hg^{2+} 荧光传感方法进行比较

荧光探针类型	线性范围/（μmol/L）	LOD/（μmol/L）	参考文献
罗丹明 B	0.110～200.000	0.110	Kan et al.，2019
苯酚衍生物	0.250～8.000	0.103	Zhang et al.，2018
聚合物点	0.075～10.000	0.075	Wang et al.，2017
碳量子点	6.000～80.000	1.600	Wang et al.，2016
上转化纳米材料@金纳米颗粒	0.200～20.000	0.060	Liu et al.，2018
硫掺杂碳量子点	0.050～5.800	0.033	本案例

5）真实样品检测

SCQD 荧光传感通过 S—Hg 键检测实际样品中 Hg^{2+} 的回收率为 96.67%～105.75%，RSD 为 0.22%～5.46%（n=3）；此外在引入甲基硫菌灵后，SCQD 可逆化荧光"关-开"模式可对其产生较好的线性荧光恢复，实现甲基硫菌灵的检测（图4.24）。更有趣的是，在此过程中产生了不溶性的甲基硫菌灵-Hg 络合物，并可通过静置或离心将其去除，从而达到检测 Hg^{2+} 并去除的目的。

3. 总结

在本案例中，通过水热法成功地合成了粒径均匀且表面钝化的 SCQD。这些精心合成的 SCQD 可实现 Hg^{2+} 的高灵敏性、高特异性识别，其检测限低至 33.3 nmol/L。为了进一步验证该方法的实用性和可靠性，对自来水、陈皮和葡萄汁中的 Hg^{2+} 进行了检测，回收率为 96.67%～105.75%，RSD≤5.46，这充分表明该方法能够有效地应用于食品复杂基质中 Hg^{2+} 的快速识别。在深入探究 Hg^{2+} 特异性识别的机制过程中，发现这种特异性识别是基于 S—Hg 键实现的。在可逆化荧光"关-开"传感过程中，聚合并生成了肉眼可见的甲基硫菌灵-Hg 络合物。基于这一独特的现象，不仅能够实现 Hg^{2+} 的快速检测，还能达到去除 Hg^{2+} 的目的。综上所述，该方法为 Hg^{2+} 的同时检测与去除提供了一种新的策略，具有广阔的应用前景和重要的现实意义。

4.2.2 可视化传感多重检测重金属

近百年来全球工业发展极为迅猛，在重金属的开采、冶炼和加工过程中，难以避免地对大气、水质和土壤造成了严重污染（Guo C B et al., 2020），其中镉、铅和汞在食品中的污染日益严峻，已被社会广泛关注（Vleeschouwer et al., 2020）。镉、铅和汞极易在人体器官中蓄积，并与体内多种生物酶结合，极易造成严重的消化系统紊乱、泌尿系统失调和神经机能损伤等症状，严重影响生命健康。因此，针对食品中多种重金属的污染，开发一种灵敏度高、选择性好的快速检测方法是符合民生需求的。

针对镉、铅和汞等多种重金属检测的难题，研究者开发了一系列仪器方法对不同基质中的多种重金属污染进行了检测。例如，基于 ICP-MS 检测环境水中 Cd^{2+}、Pb^{2+} 和 Hg^{2+}，基于离子液体处理的石墨炉原子吸收光谱法测定干农产品中 Cd^{2+}、Pb^{2+}（Ling et al., 2021），这类使用大型仪器的方法具有重复性高、特异性好等优点，同时操作难、成本高、响应慢也是这类方法的缺点。近几年，利用电化学分析检测多种重金属的方法越来越多，如使用固相合成的壳聚糖-铁铝酸盐（$FeAl_2O_4$）纳米颗粒的阳极溶出分析法同时检测土壤中 Cd^{2+}、Pb^{2+} 和 Hg^{2+}

（Sengupta et al., 2021）；使用聚邻苯二酚络合膜修饰电极同时检测 Cd^{2+}、Pb^{2+}（Jayadevimanoranjitham and Narayanan, 2019）；氧化锌（ZnO）-石墨烯的纳米复合电极用于 Cd^{2+}、Pb^{2+} 的检测（Yukird et al., 2018）。电化学分析的设备成本低廉且操作简单，具有较低的检测限和较宽的检测范围，但同时存在选择性低和重复性较差等缺点，且易受复杂基质干扰，难以实现重金属的检测并去除。

据此，本案例以 Cd^{2+}、Pb^{2+} 和 Hg^{2+} 为分析对象，构建了一种基于纳米效应的多通道可视化荧光阵列传感。通过 Au NC 的 AIEF，NCQD 的 ET 和 Au NC@NCQD 间的 FRET 效应，借助反应前后的荧光色变，并结合化学计量学 PLS-DA 和 PLSR 算法，实现食品中多种重金属的精准识别。同时利用可调节的荧光光谱逻辑装置满足重金属不同限量的判定需求。尤为有趣的是，在 Au NC 识别 Cd^{2+} 和 Pb^{2+} 的过程中，产生了明显的丁铎尔效应，借助这一效应，通过简单的离心或静置，可达到去除 Cd^{2+} 和 Pb^{2+} 的目的（图4.25）。

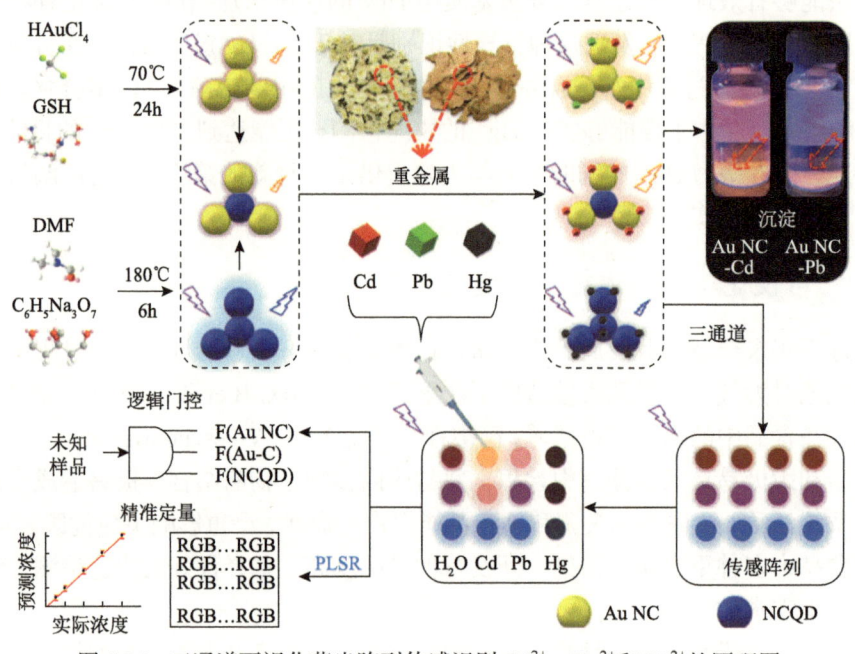

图 4.25 三通道可视化荧光阵列传感识别 Cd^{2+}、Hg^{2+} 和 Pb^{2+} 的原理图

1. 实验方法

1）纳米材料合成及三通道可视化荧光阵列传感方法构建

在文献已报道的合成 Au NC 的方法（Luo et al., 2012）的基础上进行相应改进。首先，在 92 mL 的超纯水溶液中加入 0.092 g 还原型谷胱甘肽，然后在强烈

搅拌下逐滴加入 8 mL 新鲜制备的 1%氯金酸,用浓度为 0.1 mol/L 的氢氧化钠溶液调节 pH 为 5 左右。将反应混合物加热至 70℃,封口避光,以 1000 r/min 轻轻搅拌 20 h,得到黄色澄清溶液。将溶液离心(8000 r/min,10 min),取上清液用 0.22 μm 的微孔滤膜过滤,去除大颗粒和不溶性杂质。最后,使用透析膜(500~1000 Da)去除未反应的原料和小分子杂质,得到纯的 Au NC 溶液,发橙色荧光。

通过水热法一步合成了氮元素掺杂的碳量子点 NCQD。首先将 1.0 g 柠檬酸和 10 mg 氢氧化钠搅拌并溶解于 20 mL 的超纯水中,向超纯水中加入 20 mL DMF,混合超声 2 min,然后将混合溶液加入聚四氟乙烯反应釜中,使用烘箱 180℃加热 6 h,最后在 8000 r/min 条件下离心 15 min,取上清液用 0.22 μm 的微孔滤膜过滤去除杂质,得到无色发蓝色荧光的 NCQD。

将合成的 Au NC 和 NCQD 以一定的体积比相互混合,通过 FRET 效应形成 Au NC@NCQD 复合纳米材料,96 孔板上的三通道可视化荧光阵列传感对应的纳米材料分别为 Au NC、Au NC@NCQD 和 NCQD。

2)三通道可视化荧光阵列传感识别多种重金属

所有荧光数据的采集都是在室温和常压下进行的。具体操作为:向 1.5 mL 的石英比色皿中加入 250 μL 纳米材料或其复合物溶液,500 μL 三羟甲基氨基甲烷(Tris-HCl)缓冲溶液或氢氧化钠溶液和 175 μL 超纯水,混合均匀后加入 75 μL 不同浓度的 Cd^{2+}、Pb^{2+} 和 Hg^{2+} 等金属离子溶液,使溶液总体积保持在 1 mL,反应 3 min 后采集荧光数据。Em 设置为 345 nm,采集光谱范围为 400~650 nm,电压为 400 V,狭缝宽度为 10 nm。

在三通道可视化荧光阵列传感中,三个通道分别为 Au NC、Au NC@NCQD 和 NCQD。按上述比例,向 96 孔板中加入总体积为 400 μL 的反应溶液,反应 3 min 后,使用智能手机拍摄纳米材料反应前后的荧光色变图像,将获得的相片由 PS 软件提取 RGB 值。简单地说,就是基于三个荧光色变反应通道,将每个通道裁剪成 10 px×10 px 的 1 张图片,每张图片对应有 100 个像素点即 100 组 RGB 值,据此每个通道的图片包含 300 个变量(像素×RGB,即 10×10×3)。

进一步,使用自来水、菊花、百合、白术和陈皮作为加标回收基质,探究该方法在食品样品中的稳定性和适用性。使用 0.22 μm 微孔滤膜除去自来水中的大颗粒杂质;将 0.1 g 菊花、百合、白术、陈皮粉末(50 目)加入 100 mL 沸水中浸泡 15 min,并使用 0.22 μm 微孔滤膜过滤后在 4℃下冷藏,待下一步使用。所有的样品都不需要继续处理,以自来水、菊花水、百合水、白术水、陈皮水为溶剂,制备出不同种类和浓度的金属离子溶液,重复上述操作步骤并结合 PLS-DA 和 PLSR 算法,对该实验中纳米材料的荧光色变进行分析,从而达到食品样品中多种重金属的精准检测。

3）化学计量学数据解析

使用 Matlab R2016a 对 PS 处理得到的 RGB 数据进行多元散射校正预处理，并结合 PLS-DA 和 PLSR 进行快速识别。所有的数据预处理和化学计量学分析都基于本实验室编写的内部计算编码脚本。

2. 结果与讨论

1）Au NC 和 NCQD 可视化荧光法识别多种重金属机理研究

关于 Au NC 的 AIEF 已被相关研究人员发现（Luo et al., 2012），但有关重金属诱导 Au NC 产生 AIEF 的具体形式还未见文献报道。本案例通过 X 射线光电子能谱、中红外光谱、荧光寿命和可视化结果对重金属识别机理进行探究。如图 4.26 (a)~(c) 的 XPS 表征结果所示，Au NC 与 Cd^{2+} 和 Pb^{2+} 反应后，分别在 405.4 eV 和 406.1 eV 处出现了新峰，这两个峰分别归属于 N—Cd 键和 N—Pb 键，说明 Cd^{2+} 和 Pb^{2+} 与 Au NC 表面含氮官能团进行了键合并产生阳离子介导的聚集诱导荧光增强效应。

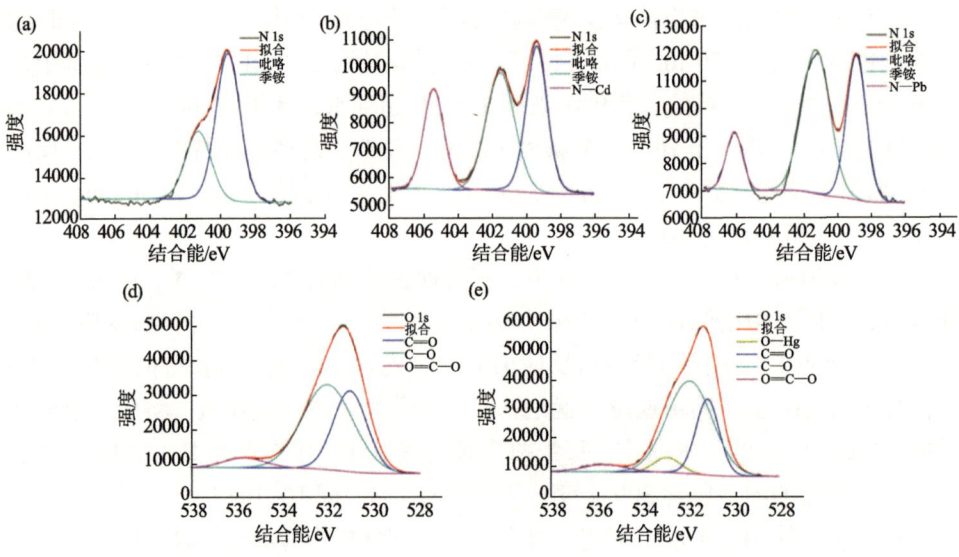

图 4.26　反应前后 Au NC 的 N 1s 和 NCQD 的 O 1s 高分辨率 XPS 图
(a) Au NC；(b) Au NC+Cd^{2+}；(c) Au NC+Pb^{2+}；(d) NCQD；(e) NCQD+Hg^{2+}

此外，中红外光谱[图 4.27(a)]也佐证了这一观点，在本属于羟基（—OH）、仲胺（—NH）和伯胺（—NH_2）伸缩振动的叠加宽峰波数区间（3000~3500 cm^{-1}），仲胺的伸缩振动（3190 cm^{-1} 处尖峰）吸收加强，说明 Au NC 与 Cd^{2+} 和 Pb^{2+} 反应后产生了较多的 N—H 键；同时，伯胺的弯曲振动（1648.27 cm^{-1} 和 1529.24 cm^{-1}

处的双峰）的消失和仲胺的弯曲振动的出现（1584 cm^{-1}处的单峰）也说明 Au NC 与 Cd^{2+} 和 Pb^{2+} 反应后，含氮官能团中 H—N—H 键的减少和 N—H 键的增加可能是 N—Cd 键和 N—Pb 键导致的。

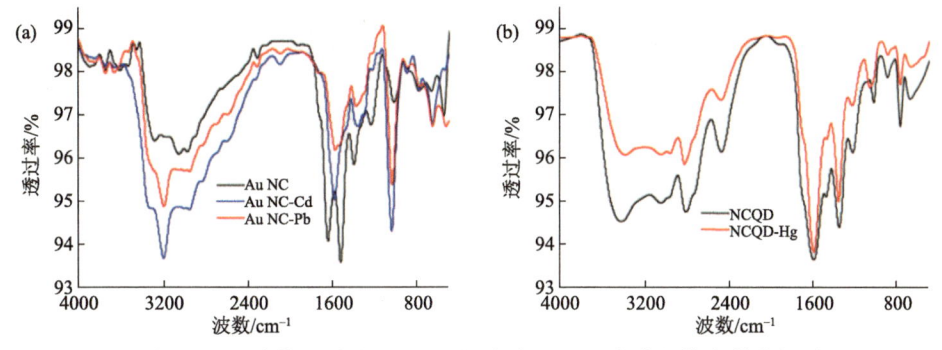

图 4.27　反应前后（a）Au NC 和（b）NCQD 的中红外光谱表征图

为进一步阐明 Cd^{2+} 和 Pb^{2+} 诱导 Au NC 产生荧光增强的具体形式，对 Au NC 与 Cd^{2+} 和 Pb^{2+} 反应前后的荧光寿命进行测定[图 4.28（a）]，反应前 Au NC 的平均荧光寿命为 6.90 μs，反应后的平均荧光寿命随荧光强度的增加而分别增加到 9.91 μs 和 10.14 μs，说明该聚集诱导荧光增强是动态的。为探究 NCQD 识别 Hg^{2+} 的主要机理，对 NCQD 与 Hg^{2+} 反应前后的 XPS 结果进行表征。如图 4.26（d）、（e）所示，反应后在 532.9 eV 处出现了一个新峰，这个新峰归属于 O—Hg 键，这说明 Hg^{2+} 与 NCQD 表面含氧官能团进行了键合，为电子转移效应提供了条件。同时，荧光寿命测定结果[图 4.28（b）]显示加入 Hg^{2+} 后，荧光寿命的拟合函数由单指数衰减变为双指数衰减，说明此时 NCQD 中存在导带到表面缺陷的电子跃迁，使 NCQD 和 Hg^{2+} 之间的电子转移更容易发生。进一步，利用中红外光谱的表征结果验证电子转移效应的发生，如图 4.27（b）所示，在 Hg^{2+} 的存在下，O—H 的伸缩振动在 3425 cm^{-1} 处的峰红移到 3381 cm^{-1}，振动的频率和相应的波数减低，说明 O—H 电子云的密度减小，NCQD 表面官能团上电子趋向于 Hg^{2+}，从而佐证了 Hg^{2+} 与 NCQD 表面含氧官能团的相互作用是通过电子转移进行的。

综上所述，本案例中重金属的主要识别机理是 Cd^{2+} 和 Pb^{2+} 与 Au NC 中的 N 结合，形成 N—Cd 键和 N—Pb 键，诱导 Au NC 发生聚集沉降并造成动态荧光增强，即 AIEF；Hg^{2+} 通过与 NCQD 中的 O 进行结合，形成 O—Hg 键，诱导 O 上的孤对电子向 Hg^{2+} 转移，发生电子转移效应，使 NCQD 的荧光发生静态猝灭。

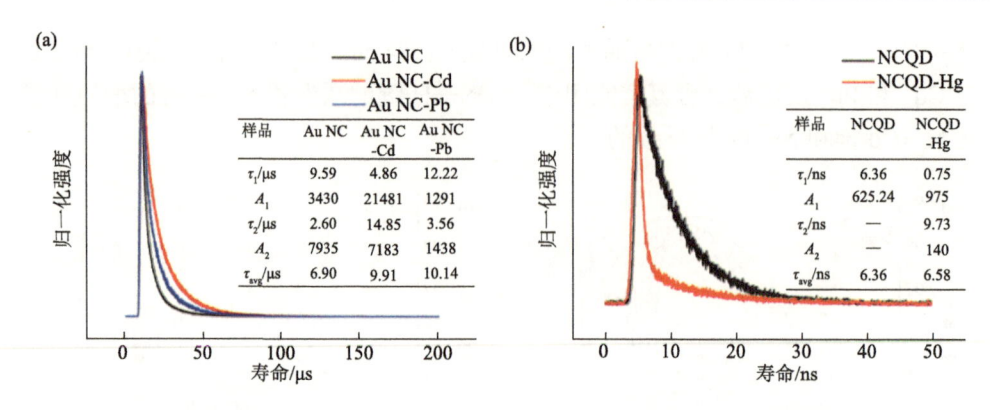

图4.28 反应前后（a）Au NC 和（b）NCQD 的荧光寿命结果

更重要的是，该方法在检测 Cd^{2+} 和 Pb^{2+} 的同时也可达到吸附和去除。如图4.29 TEM 的表征图所示，Au NC 和 NCQD 的粒径在 2.0 nm 左右，过小的粒径使其水溶液在光束的透射下无变化，但向 Au NC 中加入 Cd^{2+} 和 Pb^{2+} 后，由于 Cd^{2+} 和 Pb^{2+} 与 Au NC 通过 N—Cd 和 N—Pb 键合并诱导其产生聚集，发生了非常明显的丁铎尔效应[图4.30（a）]，利用这一效应，通过简单的离心（4000 r/min，3 min）或短时间（5~10 min）的静置，即可产生荧光增强的 Au NC-Cd 和 Au NC-Pb 的沉积物[图4.30（b）]，从而达到吸附并去除 Cd^{2+} 和 Pb^{2+} 的目的。

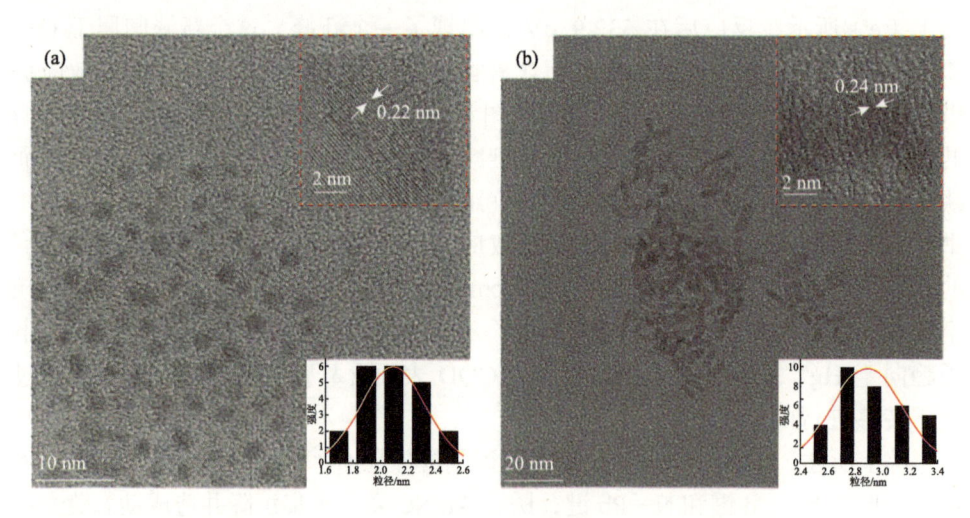

图4.29 （a）Au NC 和（b）NCQD 的 TEM 表征图
插图为相应的粒径分布图

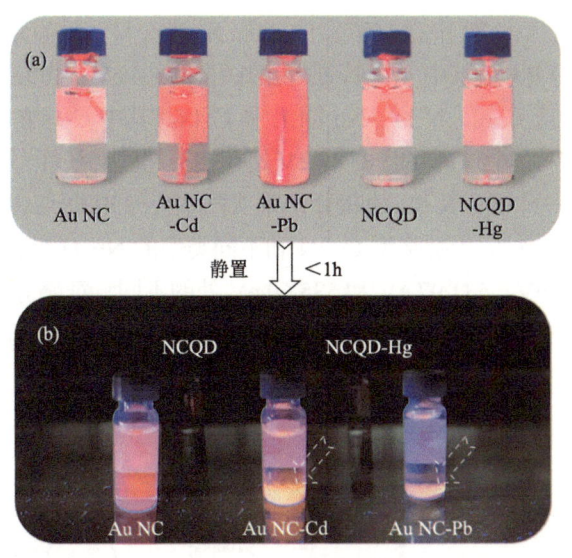

图 4.30 （a）Au NC 与 Cd²⁺ 和 Pb²⁺ 反应前后，NCQD 与 Hg²⁺ 反应前后的丁铎尔效应图，光束从瓶底向瓶口透射；（b）Au NC 与 Cd²⁺ 和 Pb²⁺ 反应前后的聚集吸附效果图

2）Au NC、NCQD 和 Au NC@NCQD 表征

通过高分辨率透射电子显微镜、荧光寿命和 X 射线光电子能谱对 Au NC 和 NCQD 的形貌、粒径、荧光性质和各元素结合形式进行了表征。如图 4.29 所示，Au NC 和 NCQD 的形貌分别呈球状和椭球状，在 1.69～2.59 nm 和 2.51～3.34 nm 范围内呈正态分布，且平均粒径分别为 2.11 nm 和 2.51 nm。其中，Au NC 的晶格为 0.22 nm，对应金的（111）面；NCQD 的晶格为 0.24 nm，对应石墨烯碳的（100）面。如图 4.28 所示，NCQD 的荧光寿命是纳秒级的，而 Au NC 的荧光寿命是微秒级的，文献证明微秒级荧光寿命的 Au(Ⅰ)-S 配合物在聚集诱导的光致发光中是具有极大优势的（Luo et al.，2012）。

通过 XPS 表征了 Au NC 和 NCQD 中各元素的存在形式。如图 4.31 所示，在 Au NC 的 XPS 结果中 7 个特征峰集中于 85.0 eV、164.0 eV、229.0 eV、285.0 eV、334.0～353.0 eV、400.0 eV 和 531.8 eV，分别对应 Au 4f、S 2p、S 2s、C 1s、Au 4d、N 1s 和 O 1s。其中 Au 4f 的高分辨率 XPS 在 84.08 eV 和 87.63 eV 的特征峰代表 Au 4f$_{5/2}$ 和 Au 4f$_{7/2}$；S 2p 的高分辨率 XPS 在 162.31 eV 和 163.46 eV 的特征峰代表 C—S 2p$_{3/2}$ 和 C—S 2p$_{1/2}$ 键；C 1s 的高分辨率 XPS 结果表明在 284.62 eV、285.96 eV 和 287.87 eV 处存在不同的特征峰，分别对应于 C—C/C=C、C—O 和 C—N 键；N 1s 的高分辨率 XPS 结果表明在 399.58 eV 和 401.28 eV 处存在不同的特征峰，分别对应于吡咯型 C—N 和不同类型的 N—H 键；O 1s 的高分辨率 XPS 结果表明在 531.12 eV 和 532.74 eV 处存在不同的特征峰，分别对应于 C=O 和 C—O 键；

这些结果说明，在 Au NC 中存在丰富的 Au、S、C、N、O 等元素。如图 4.32 所示，在 NCQD 的 XPS 结果中 4 个特征峰集中于 285.0 eV、400.0 eV、497.0 eV 和 531.8 eV，分别对应 C 1s、N 1s、Na KLL 和 O 1s。其中 C 1s 的高分辨率 XPS 结果表明在 284.35 eV、285.34 eV 和 288.14 eV 处存在不同的特征峰，分别对应于 C=C、C=O 和 C—C/C—N 键；N 1s 的高分辨率 XPS 中，399.68 eV 和 401.26 eV 处存在不同的特征峰分别对应于吡咯型 C—N 和不同类型的 N—H 键；O 1s 的高分辨率 XPS 中，在 531.00 eV、531.97 eV 和 535.60 eV 处的不同特征峰分别对应于 C=O、C—O 和 O=C—O 键，因此 NCQD 中存在丰富的 C、N、O 等元素。

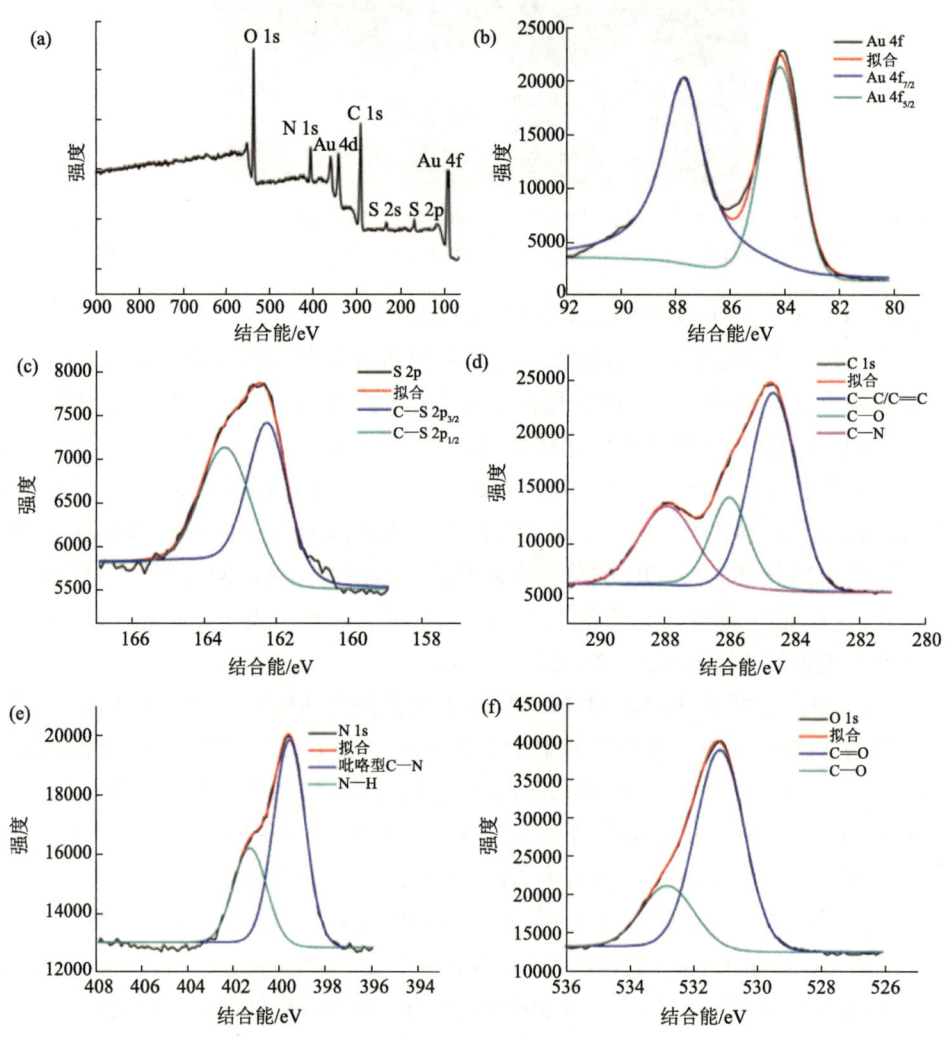

图 4.31　Au NC 的（a）XPS 表征图以及（b）Au 4f、（c）S 2p、（d）C 1s、（e）N 1s 和（f）O 1s 的高分辨率 XPS 表征图

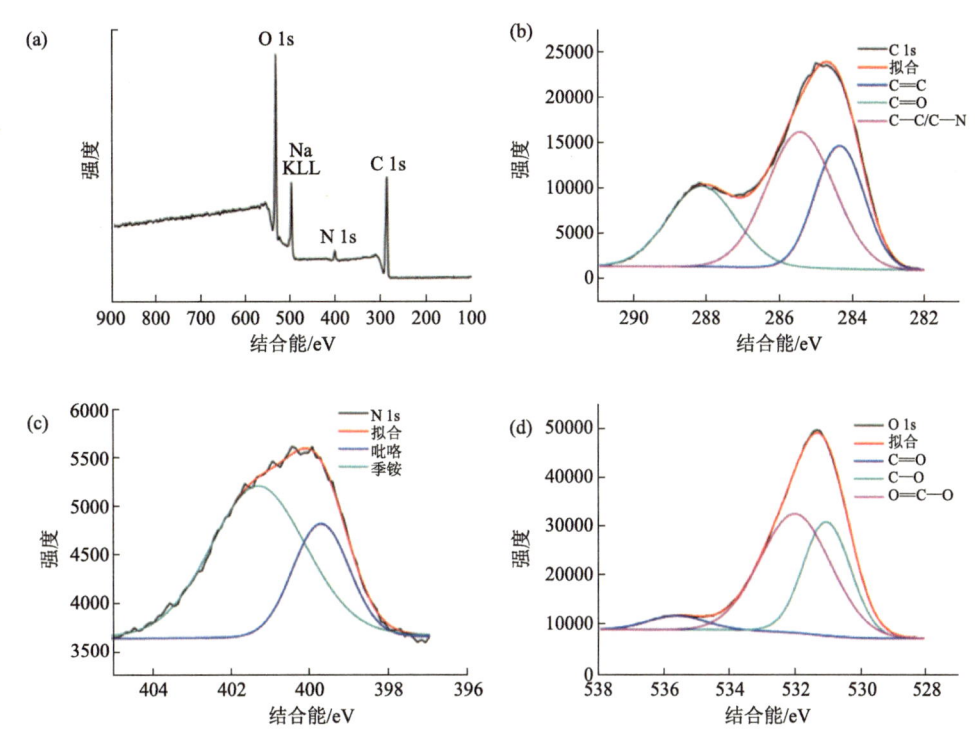

图 4.32 NCQD 的（a）XPS 表征图以及（b）C 1s、（c）N 1s、（d）O 1s 的高分辨率 XPS 表征图

进一步，为了探究 Au NC 和 NCQD 的相互作用形式，通过对比 Au NC 和 NCQD 的特征光谱，发现 Au NC 的紫外-可见光谱和 NCQD 的荧光光谱存在部分重叠[图 4.33（a）]。

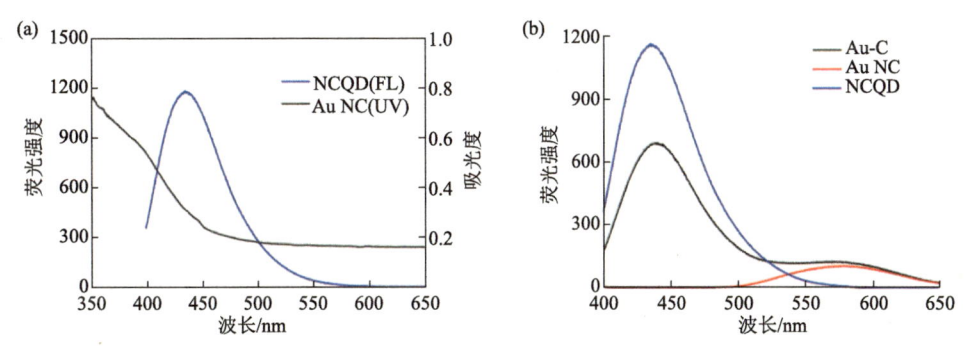

图 4.33 （a）Au NC 的荧光发射光谱和 NCQD 的紫外-可见光谱；（b）金纳米簇和碳量子点的复合物（Au-C）、Au NC 和 NCQD 混合前后的荧光光谱图

当 Au NC 和 NCQD 混合后，NCQD 的荧光被明显猝灭，而 Au NC 的荧光强度略微增强[图 4.33（b）]，说明 Au NC 之间存在明显的 FRET 效应。同时，利用 ζ 电势表征佐证了 Au NC 和 NCQD 之间的 FRET 效应，如图 4.34 所示，发现 Au NC 的表面带负电荷，而 NCQD 的表面带正电荷，Au NC 和 NCQD 通过静电相互作用结合使其表面带负电荷，说明 Au NC 和 NCQD 之间的 FRET 效应是通过 Au NC 包覆 NCQD 的静电相互作用实现的。

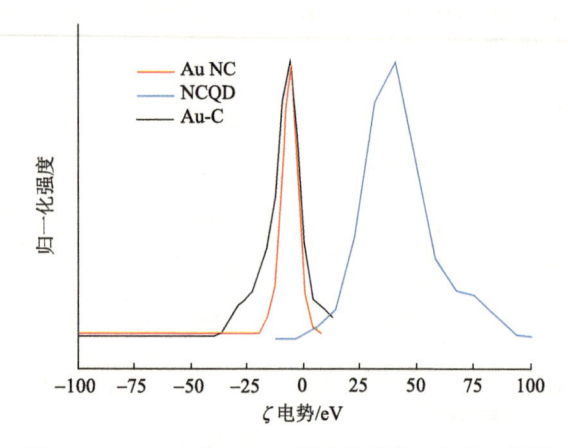

图 4.34　Au NC 和 NCQD 混合前后的 ζ 电势表征图

3）纳米效应荧光传感的选择性

通过不同纳米材料与多种金属离子（Cd^{2+}、Pb^{2+}、Al^{3+}、Ag^+、Ca^{2+}、Cr^{3+}、Cu^{2+}、Fe^{3+}、Hg^{2+}、K^+、Mg^{2+}、Mn^{2+}、Ni^{2+}、Sn^{2+} 和 Na^+）的反应，评估该方法的选择性，由图 4.35（a）可知 Au NC 对 Cd^{2+} 和 Pb^{2+} 具有较好的荧光增强响应，而对 Cu^{2+}、Hg^{2+} 和 Ni^{2+} 具有较好的荧光猝灭效应，且对其他重金属基本无响应，说明 Au NC 对 Cd^{2+} 和 Pb^{2+} 具有良好的选择性；由图 4.35(b)可知 Au NC@NCQD 仅对 Cd^{2+} 具有较好的荧光增强响应，而对 Cr^{3+}、Cu^{2+}、Hg^{2+} 和 Ni^{2+} 具有较好的荧光猝灭效应，说明 Au NC@NCQD 对 Cd^{2+} 具有良好的选择性；由图 4.35（c）可知 NCQD 仅对 Hg^{2+} 具有较好的荧光猝灭响应；如图 4.35（d）的可视化结果所示，从左到右按 Au NC、NCQD 和 Au NC@NCQD 排列并构建"1×3"的三通道可视化荧光阵列传感，Cd^{2+} 和 Pb^{2+} 造成的荧光增强和 Hg^{2+} 造成的荧光猝灭可与其他金属离子有效地区别，因此通过该传感方法识别 Cd^{2+}、Pb^{2+} 和 Hg^{2+} 是可行的。

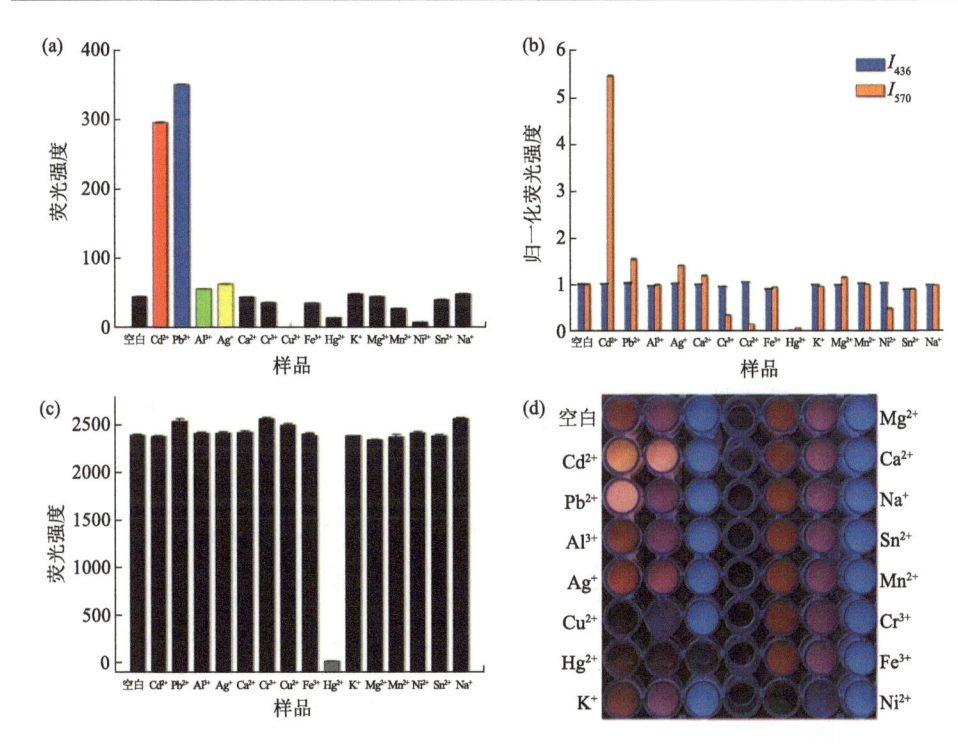

图 4.35 （a）Au NC 对不同种类金属离子的响应结果图，Cd^{2+} 和 Pb^{2+} 的浓度为 75 μmol/L，Al^{3+} 和 Ag^+ 的浓度为 150 μmol/L，其他金属离子的浓度为 750 μmol/L；（b）Au NC@NCQD 对不同种类金属离子的响应结果图，Cd^{2+} 的浓度为 75 μmol/L，Pb^{2+}、Al^{3+} 和 Ag^+ 的浓度为 150 μmol/L，其他金属离子的浓度为 750 μmol/L；（c）NCQD 对不同种类金属离子的响应结果图，Hg^{2+} 的浓度为 5 μmol/L，其他金属离子的浓度为 100 μmol/L；（d）三通道可视化荧光阵列传感识别不同种类金属离子的可视化结果图，Cd^{2+}、Pb^{2+} 和 Hg^{2+} 的浓度为 75 μmol/L，其他金属离子的浓度为 150 μmol/L

4）纳米效应荧光传感定量分析多种重金属

在上述最优条件下，通过测定 Au NC 与梯度浓度 Cd^{2+} 和 Pb^{2+}，Au NC@NCQD 与梯度浓度 Cd^{2+} 以及 NCQD 与梯度浓度 Hg^{2+} 反应后的溶液荧光强度，以重金属的浓度 C 为横坐标，以反应前后荧光强度的比值 F_1/F_0 为纵坐标，构建对应的标准曲线。

如图 4.36（a）、（b）和图 4.37（a）、（b）所示，与梯度浓度 Cd^{2+} 反应后，Au NC 和 Au NC@NCQD 的荧光强度逐渐增强，并分别在 0~337.5 μmol/L 和 0~225 μmol/L 间呈良好线性关系，通过三倍噪声法（$3\sigma/K_{SV}$，$n=3$）算得 LOD 分别为 0.15 μmol/L 和 0.29 μmol/L。

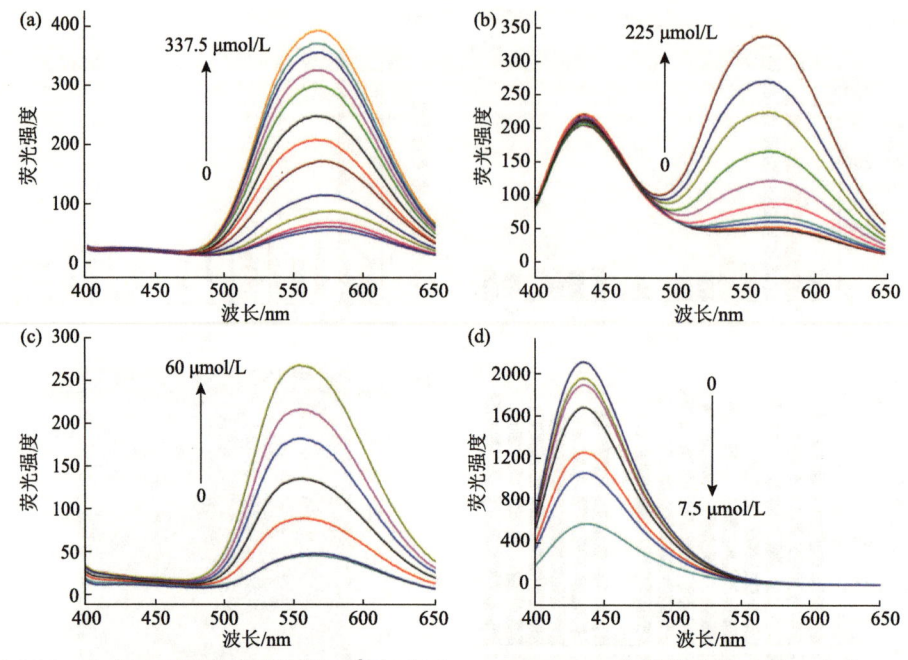

图 4.36 （a）Au NC 与梯度浓度 Cd^{2+}和（b）Au NC@NCQD 与梯度浓度 Cd^{2+}，（c）Au NC 与梯度浓度 Pb^{2+}以及（d）NCQD 与梯度浓度 Hg^{2+}反应后的荧光光谱图

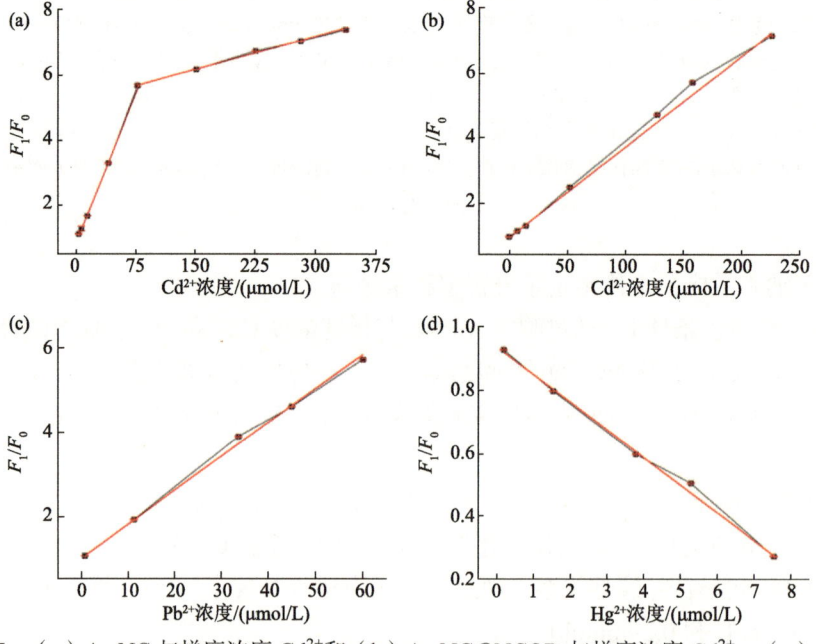

图 4.37 （a）Au NC 与梯度浓度 Cd^{2+}和（b）Au NC@NCQD 与梯度浓度 Cd^{2+}，（c）Au NC 与梯度浓度 Pb^{2+}以及（d）NCQD 与梯度浓度 Hg^{2+}反应后的线性拟合图

根据 Stern-Volmer 方程拟合的线性回归方程可分别表示为如下公式：

$$F_1/F_0 = 5.906 \times 10^{-2} C_{Cd^{2+}} + 0.909$$

$$F_1/F_0 = 6.474 \times 10^{-3} C_{Cd^{2+}} + 4.950$$

$$F_1/F_0 = 2.759 \times 10^{-2} C_{Cd^{2+}} + 1.011$$

如图 4.36（c）和图 4.37（c）所示，与梯度浓度的 Pb^{2+} 反应后，Au NC 的荧光强度逐渐增强，并在 0~60μmol/L 间呈良好线性关系，LOD 为 0.20 μmol/L，拟合的线性回归方程可表述为如下公式：

$$F_1/F_0 = 8.093 \times 10^{-2} C_{Pb^{2+}} + 0.989$$

如图 4.36（d）和图 4.37（d）所示，与梯度浓度的 Hg^{2+} 反应后，NCQD 的荧光强度逐渐猝灭，并在 0~7.5 μmol/L 间呈良好线关系，LOD 为 0.09 μmol/L，拟合的线性回归方程可表述为如下公式：

$$F_1/F_0 = -8.738 \times 10^{-2} C_{Hg^{2+}} + 0.934$$

如表 4.4 所示，本方法相较于其他已报道荧光传感方法对 Cd^{2+}、Pb^{2+} 和 Hg^{2+} 具有较宽的检测范围和相当低的检测限。

表 4.4　本方法与其他已报道荧光传感方法性能对比

荧光探针	目标分析物	线性范围/（μmol/L）	检测限/（μmol/L）	参考文献
碳量子点	Hg^{2+}	6.00~80.00	1.60	Wang et al., 2016
罗丹明 B	Hg^{2+}	0.11~200.00	0.11	Kan et al., 2019
水-DMSO	Hg^{2+}	—	0.51	Kumar and Elango, 2020
	Cd^{2+}	3.40~110.00	3.40	
上转化纳米材料@金纳米颗粒	Cd^{2+}	0.10~4.00	0.06	Sun et al., 2020
香豆素	Cd^{2+}	0.12~70.00	0.12	Tang et al., 2019
铜纳米簇	Pb^{2+}	200.00~700.00	106	Han et al., 2017
有机燃料	Pb^{2+}	4.00~400.00	1.00	Wang et al., 2015
喹啉香豆素	Pb^{2+}	—	0.50	Meng et al., 2018
Au NC@NCQD	Hg^{2+}	0.15~7.50	0.09	本案例
	Cd^{2+}	0.38~338.00	0.15	
	Pb^{2+}	0.75~60.00	0.20	

5）纳米效应荧光传感定量检测实际样品中多种重金属

通过检测自来水、菊花、白术、百合和陈皮中的 Cd^{2+}、Pb^{2+} 和 Hg^{2+}，进而考察该传感方法在实际样品中的适用性。该传感方法检测食品样品中 Cd^{2+}、Pb^{2+} 和 Hg^{2+} 的回收率为 90%~110%，且相对标准偏差不超过 8.2%，说明该纳米效应荧光传感检测 Cd^{2+}、Pb^{2+} 和 Hg^{2+} 方法不受自来水、菊花、百合、白术和陈皮中复杂基质的干扰，获得的识别和定量结果令人满意。

6）基于纳米效应荧光光谱的逻辑装置限量判定多种重金属

在通过荧光光谱快速识别多种重金属的基础上，为满足实际应用中不同检测目的下重金属超标判定需求，设计了一种逻辑装置（logic device）。该装置的原理是将纳米效应荧光光谱的荧光强度信号转变为数字信号，将超过阈值（threshold value）的荧光强度信号判别为"1"，否则为"0"，针对不同的限量需求设置不同的阈值，达到不同的检测目的下 Cd^{2+}、Pb^{2+} 和 Hg^{2+} 的超标判定。基于纳米效应荧光光谱的逻辑装置识别 Cd^{2+}、Pb^{2+} 和 Hg^{2+} 的示意图见图 4.38，将 Au NC、Au NC@NCQD 和 NCQD 检测 Cd^{2+}、Pb^{2+} 和 Hg^{2+} 的阈值分别设置为其原始荧光的 1.2 倍、1.2 倍和 1.1 倍，分别以 F_1/F_0、F_1/F_0 和 F_0/F_1 代表其荧光强度变化，结合对应的线性拟合方程，得到不同阈值调节下不同重金属的阈值浓度。在该条件下，Au NC 荧光传感检测浓度大于 4.9 μmol/L 的 Cd^{2+} 和大于 2.9 μmol/L 的 Pb^{2+} 会被判别为"1"；Au NC@NCQD 荧光传感检测浓度大于 6.5 μmol/L 的 Cd^{2+} 会被判别为"1"；NCQD 荧光传感检测浓度大于 0.28 μmol/L 的 Hg^{2+} 会被判别为"1"；其他金属离子均被判别为"0"。因此，纳米效应荧光光谱对空白组和超过限量浓度的其他金属离子的判定结果为"000"；对超过限量的 Cd^{2+}、Pb^{2+} 和 Hg^{2+} 判定结果分别为"110""100"和"001"。

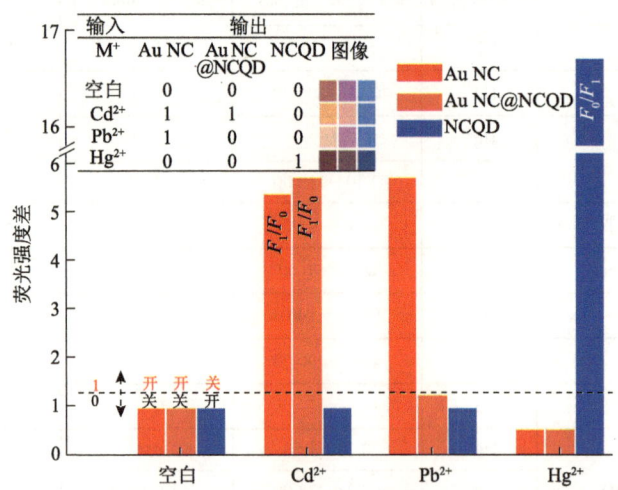

图 4.38 基于纳米效应荧光光谱的逻辑装置识别 Cd^{2+}、Pb^{2+} 和 Hg^{2+} 的示意图

插图为 75 μmol/L 的 Cd^{2+}、Pb^{2+} 和 Hg^{2+} 在逻辑装置中的响应结果图

7）三通道可视化荧光阵列传感可视化检测实际样品中多种重金属

为提高纳米效应荧光传感的便携性并实现可视化快速判别多种重金属的目的，本案例进一步开发了一种基于三通道的可视化荧光阵列传感，并对其检测实际样品中多种重金属的适用性进行了探究。将分别含有不同浓度 Cd^{2+}（0.00 μmol/L、0.75 μmol/L、3.75 μmol/L、7.50 μmol/L、15.00 μmol/L、30.00 μmol/L、52.50 μmol/L 和 75.00 μmol/L），Pb^{2+}（0.00 μmol/L、3.75 μmol/L、15.00 μmol/L、30.00 μmol/L、37.50 μmol/L、45.00 μmol/L、60.00 μmol/L 和 75.00 μmol/L）以及 Hg^{2+}（0.00 μmol/L、0.75μmol/L、7.50 μmol/L、15.00 μmol/L、22.50 μmol/L、30.00 μmol/L、45.00 μmol/L 和 75.00 μmol/L）的实际样品（超纯水、自来水、菊花、白术、百合和陈皮）与纳米材料进行反应。如图 4.39 所示，在水溶液中，随着 Cd^{2+} 浓度的逐步升高，Au NC 和 Au NC@NCQD 产生了明显的荧光色变；随着 Pb^{2+} 浓度的逐步升高，Au NC 产生了明显的荧光色变；随着 Hg^{2+} 浓度的逐步升高，Au NC@NCQD 和 NCQD 产生了明显的荧光色变，说明该三通道可视化荧光阵列传感可与水溶液中梯度浓度的 Cd^{2+}、Pb^{2+} 和 Hg^{2+} 产生良好荧光色变响应，且存在一定规律。

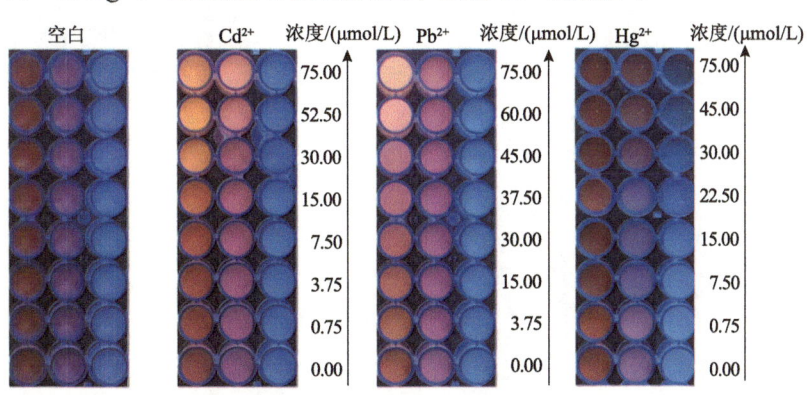

图 4.39 三通道可视化荧光阵列传感识别超纯水中梯度浓度 Cd^{2+}、Pb^{2+} 和 Hg^{2+} 的可视化结果

如图 4.40 所示，以超纯水中荧光纳米材料与梯度浓度的重金属溶液反应后的荧光色变作为标准比色板，可发现不同实际样品中相同浓度重金属的色变效果与标准比色板的色变效果几乎一致，说明该三通道可视化荧光阵列传感基本不受不同复杂实际样品基质干扰，具有强选择性，可实现对实际样品中多种重金属的可视化识别和半定量。

为了进一步实现精准定量，通过 PS 软件对可视化色变信号的 RGB 进行提取，结合化学计量学的图片预处理功能将 RBG 图片中每个像素点转换为相应的数据阵列，再采用 PLS-DA 和 PLSR 进行分析。在超纯水、自来水、菊花、白术、百合和陈皮实际样品中每种重金属有 6 个浓度，每个浓度有 3 个样本，即每种重金属有 108 个样品。上述研究已证明，该三通道可视化荧光阵列传感对不同实际样品中重金属的检测结果不受复杂基质的干扰,因此直接将该可视化传感对不同重金属在多种实际样品中的浓度进行分组,并随机划分为训练集和预测集(表4.5)。

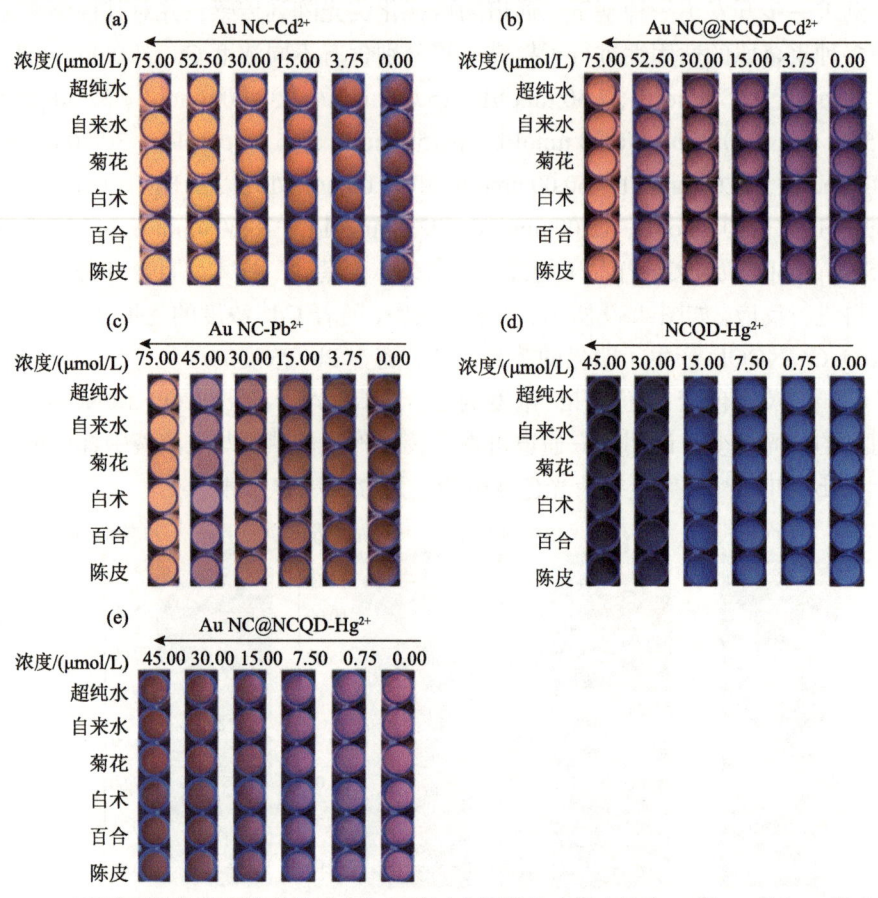

图 4.40 三通道可视化荧光阵列传感中各通道对实际样品中梯度浓度 Cd^{2+}、Pb^{2+} 和 Hg^{2+} 响应的部分可视化结果

表 4.5 实际样品中不同浓度重金属样品的训练集和预测集划分结果

分组	训练集		预测集	
	数量	样本序号	数量	样本序号
f1	14	1~14	4	1~4
f2	14	15~28	4	5~8
f3	13	29~41	5	9~13
f4	13	42~54	5	14~18
f5	15	55~69	3	19~21
f6	15	70~84	3	22~24

基于 PLS-DA 的 RGB 数据对超纯水不同浓度 Cd^{2+}、Pb^{2+} 和 Hg^{2+} 的判别结果如表 4.6 所示，在实际样品中，三通道可视化荧光阵列传感对 Cd^{2+}、Pb^{2+} 和 Hg^{2+} 的准确率都可达到 100%，且灵敏度和特异性都为 1，说明本方法可用于判别不同实际样品中 Cd^{2+}、Pb^{2+} 和 Hg^{2+} 的浓度。进一步，利用 PLSR 将纳米材料的荧光色变 RGB 与 Cd^{2+}、Pb^{2+} 和 Hg^{2+} 的浓度相关联，采用八倍交叉验证确定模型的最佳隐变量（LV）均为 6，利用 RMSEC 和 RMSEP 评估校正模型的准确度，通过 R_c^2 和 R_p^2 分别评估训练集中实际浓度和预测集中预测浓度的决定系数。

表 4.6　基于 **PLS-DA** 的 **RGB** 数据对超纯水不同浓度 Cd^{2+}、Pb^{2+}和 Hg^{2+} 的判别结果

金属离子	LV	错误号 训练集	错误号 预测集	准确率 训练集/%	准确率 预测集/%
Cd^{2+}	6	0	0	100	100
Pb^{2+}	6	0	0	100	100
Hg^{2+}	6	0	0	100	100

基于 PLSR 的 RGB 数据对实际样品中不同浓度 Cd^{2+}、Pb^{2+} 和 Hg^{2+} 的判别结果如表 4.7 所示，RSMEP 均小于等于 1.3300，实际浓度和预测浓度决定系数都大于 0.9987。同时，基于 PLSR 的 RGB 数据不同实际样品中 Cd^{2+}、Pb^{2+} 和 Hg^{2+} 的实际浓度与预测浓度的相关曲线如图 4.41 所示，在实际样品中 Cd^{2+}、Pb^{2+} 和 Hg^{2+} 的预测浓度和实际浓度可呈良好的线性关系，且基本无偏离。

表 4.7　基于 **PLSR** 的 **RGB** 数据对实际样品中不同浓度 Cd^{2+}、Pb^{2+}和 Hg^{2+} 的判别结果

金属离子	R_c^2	RSMEC	R_p^2	RSMEP
Cd^{2+}	0.9997	0.7064	0.9991	1.1290
Pb^{2+}	0.9998	0.5479	0.9987	1.3300
Hg^{2+}	1.0000	0.1619	0.9999	0.2691

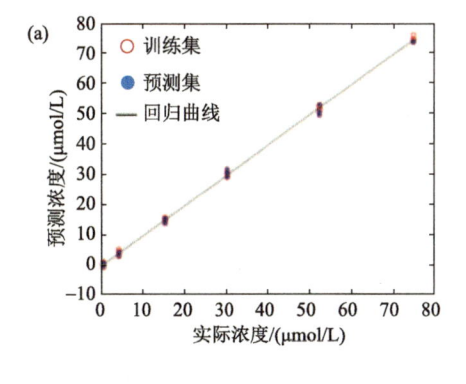

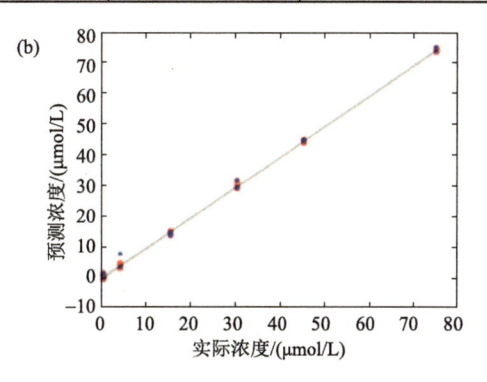

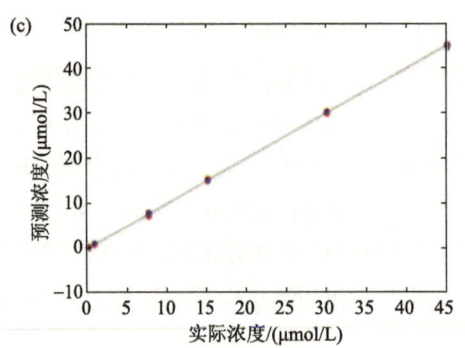

图 4.41　基于 PLSR 的 RGB 数据不同实际样品中（a）Cd^{2+}、（b）Pb^{2+} 和（c）Hg^{2+} 的实际浓度与预测浓度的相关曲线

上述结果说明，本案例提出的纳米材料荧光色变 RGB 数据结合 PLS-DA 和 PLSR 模型可精准识别不同复杂食品实际样品中不同浓度的 Cd^{2+}、Pb^{2+} 和 Hg^{2+}，并提供了准确可靠的定量结果。

3. 总结

本案例通过水热法一步合成了 Au NC 和 NCQD，并利用二者的 FRET 效应获得了 Au NC@NCQD 复合物，首先构建了一种基于 Au NC@NCQD 的纳米效应荧光传感方法，用于食品中 Cd^{2+}、Pb^{2+} 和 Hg^{2+} 的精准检测，检测限分别为 0.15 μmol/L、0.20 μmol/L 和 0.09 μmol/L，均满足国标（GB 2762—2017）要求，且在实际样品中的加标回收结果理想。同时设计了基于该纳米效应荧光光谱的逻辑装置，在不同阈值调节下可满足重金属不同限量的判定需求。最后设计和建立了一种三通道可视化荧光阵列传感器，可达到对实际样品中 Cd^{2+}、Pb^{2+} 和 Hg^{2+} 的可视化快速识别和半定量，并结合 PLS-DA 和 PLSR 验证可视化信号的表征效果，实现了对其的精准识别和准确定量。有趣的是，在 Au NC 识别 Cd^{2+} 和 Pb^{2+} 的过程中，产生了可发生丁铎尔效应的络合物，通过简单的离心或静置即可沉淀并去除。该方法可满足 Cd^{2+}、Pb^{2+} 和 Hg^{2+} 的可视化免仪器快速识别，也具备去除 Cd^{2+} 和 Pb^{2+} 的潜力，为食品中多种重金属的检测与去除提供了一种新策略。这种创新的检测与去除方法有望在食品质量安全监测领域得到更广泛的应用，通过不断优化和改进，为保障食品安全和人类健康发挥更大的作用。

4.3　食品中其他风险因子检测

4.3.1　食品中四环素抗生素检测

四环素类抗生素是广泛生产和使用的抗生素，因其抗菌性能好、成本低、副作用少、治疗效果好而应用于医疗、畜牧业和水产养殖业（Lanjwani et al., 2023）；然而，四环素类抗生素因其结构稳定而难以降解，可能在土壤、水和肉、蛋、奶等食品中积累，通过食物链和生态循环进一步危害人类健康和生态环境（Oluwole and Olatunji, 2022）。四环素类抗生素包括 TC、OTC、CTC 和多西环素（DOX），它们具有相似的结构，但残留量存在明显的区域和环境分布差异。因此，研发一种有效检测多种四环素类抗生素的探针对于提高食品安全和保护人类免受抗生素污染具有重要意义。

近年来出现了多种检测方法，如高效液相色谱-质谱法（HPLC-MS）（Pang et al., 2021）、毛细管电泳（CE）和 ELISA 等不断发展并用于 TC 的灵敏检测。但是，这些方法通常需要高成本的仪器，预处理复杂且耗时，并且需要经验丰富的技术人员。另外，荧光方法，特别是基于 QD 的荧光探针，由于其高灵敏度和潜在的可视化应用而引起了广泛的关注（Fan et al., 2022）。但是，对于四环素类抗生素等结构高度相似的分析物的识别，传统的荧光探针只有单一特征峰，很难达到同时检测的理想效果，易受到其他因素的干扰（Fan et al., 2020）。针对上述问题，具有更丰富光谱和良好自校正能力的比率荧光探针是高选择性检测多种四环素类抗生素的合理选择（Yang et al., 2022）。基于量子点的比率荧光探针已广泛应用于多种分析物的检测，包括金属离子、酪氨酸酶（Qu et al., 2019）、RNA（Li et al., 2018）、小生物分子（Mi et al., 2021）和真实食品样本（Xu et al., 2019），可以显著提高灵敏度和选择性。

CQD 具有合成简单和表面基团修饰丰富的优点，而 CdTeQD 具有优异的光电特性和高量子产率（Chen et al., 2019）。通过修饰 CQD 表面的—SH 和—NH$_2$ 形成 N/S 掺杂 CQD（N/S-CQD），—SH 可以直接结合到 CdTeQD 表面，而—NH$_2$ 可以与 CdTeQD 表面 TGA 中的—COOH 结合。采用两个量子点的稳定组合构建了一种新型复合比率荧光探针，其与四环素类抗生素的结合能力和敏化效果比单个量子点更强。因此，所制备的比率荧光探针具有更丰富的光谱信息和更高的灵敏度，是检测食品中多种四环素类抗生素的理想工具。

在本案例中，构建了一种基于 N/SCQD 和 TGA-CdTeQD 的新型比率荧光探针，具有敏化和自校准功能，可用于检测食品中的多种四环素类抗生素。该复合探针不仅具备两种量子点的特性，而且与单个量子点相比，对四环素类抗生素的灵敏度提高了十倍以上。此外，该探针还可以对食物和尿液基质中的 TC、OTC、CTC 和 DOX 四种常见四环素类抗生素进行准确定量分析，具有明显的可视化效果。通过与 LDA 模型相结合，复合探针可以准确识别不同的四环素类抗生素和混合样品。比率荧光探针的构建为探针的设计和效率提升提供了新的研究基础，对其开发和应用具有指导意义。

1. 实验方法

1）基于 N/S-CQD 和 TGA-CdTeQD 的复合比率荧光探针制备

N/S-CQD 的制备：根据 Fan（2022）报道的方法，将 0.2101 g 柠檬酸和 0.7683 g 还原性谷胱甘肽溶解于 30 mL 超纯水中，在 200℃下加热 6 h。将溶液冷却至室温，并通过 0.22 μm 微孔膜进一步过滤。将制备的 N/S-CQD 转移到 3500 Da 透析袋中，在超纯水中避光保存 24 h。每隔 6 h 换一次超纯水，得到纯净的 N/S-CQD。最后，将得到的 N/S-CQD 用纯净水稀释 1000 倍，保存在 4℃的冰箱中。TGA-CdTeQD 的制备：该方法改进了 TGA-CdTeQD 的传统制备方法（Fan et al.，2020）。将 0.2291 g 氯化镉和 0.1152 g 巯基乙酸溶解于 100 mL 超纯水中，搅拌 15 min，调节 pH 为 11.0，在冰浴中用氮气吹扫 20 min。然后，向溶液中加入 0.0554 g Na$_2$TeO$_3$，连续搅拌 15 min。最后，向溶液中加入 0.0284g NaBH$_4$，搅拌 15 min，后将溶液置于反应釜中，在 180℃下水热反应 50 min，得到的 TGA-CdTeQD 溶液进一步用 0.22 μm 微孔膜过滤。然后将溶液转移到 3500 Da 透析袋中，在超纯水中黑暗保存 24 h。超纯水每 6 h 换一次，得到纯 TGA-CdTeQD。最后将制备的 TGA-CdTeQD 溶液用纯净水作为原液稀释 100 倍，保存在 4℃的冰箱中。基于 N/S-CQD 和 TGA-CdTeQD 的复合比率荧光探针制备：将合成的 N/S-CQD 与 TGA-CdTeQD 按 1∶1.5 的体积比混合 20 min，得到复合比率荧光探针，保存在 4℃的冰箱中。

2）荧光检测四环素类抗生素

在 340 nm 激发波长下，基于 N/S-CQD 和 TGA-CdTeQD 的比率荧光探针的荧光发射峰为 414 nm 和 580 nm。激发和发射狭缝宽度均设置为 10 nm。四环素类抗生素的荧光测定方法如下：将 100 μL 比率荧光探针储备液加入 800 μL NaAC-HAC 缓冲液（50 mmol/L，pH=7.0）中，然后与 100 μL 不同浓度的四环素类抗生素混合 10 min。荧光光谱的测定使用 F-7000 荧光分光光度计进行。记录激发波长 340 nm 下 360～670 nm 的荧光光谱数据。每种四环素类抗生素设置 10 个不同浓度进行定量分析，每个浓度平行测试 3 次。

3）四环素类抗生素选择性评价

将 100 μL 比率荧光探针储备液、800 μL NaAC-HAC 缓冲溶液（50 mmol/L，pH=7.00）和 100 μL 抗生素在黑暗中混合在一起 10 min。选择性研究中使用的四环素类抗生素包括 TC、OTC、CTC 和 DOX，浓度为 1.20×10^{-5} mol/L（分别为 5.33 mg/L、5.53 mg/L、5.75 mg/L 和 5.33 mg/L），其他抗生素浓度为 1.0×10^{-4} mol/L。

4）实际样品分析

牛奶样品的制备方法如下：首先，将 5 mL 含不同浓度四环素类抗生素的纯牛奶与 20 mL 含 20 mmol/L 乙二胺四乙酸（EDTA）的 McIlvaine 缓冲液（pH=5.00）

混合。然后加入 2 mL 三氯乙酸脱脂，4000 r/min 离心 30 min，加入 NaOH 调整溶液 pH 至 7.20。最后，用 0.22 μm 微孔膜过滤牛奶样品。

蜂蜜样品的制备方法如下：首先，用 25 mL PBS-EDTA（pH=7.20）预处理 5 g 蜂蜜，去除 Ca^{2+} 和 Zn^{2+} 等金属离子。然后，将不同浓度的四环素类抗生素加入蜂蜜溶液中进一步使用。尿液样本通过微孔膜过滤，并加入不同浓度的四环素类抗生素。在实际食品分析中，每种四环素类抗生素设置 3 种不同的浓度，每种浓度平行检测 3 次。

5）t 检验分析

为验证复合比率荧光探针检测结果在实际样品中的可靠性，采用 Excel 软件提供的 t 检验方法得到的统计 P 值，分析荧光探针分析结果与 HPLC 分析结果的差异。因此，定义 P>0.05 为两组数据无显著性差异。

2. 结果与讨论

1）基于 N/S-CQD 和 TGA-CdTeQD 的复合比率荧光探针表征

用 TEM 对 N/S-CQD、TGA-CdTeQD 和复合比率荧光探针的形貌和粒径进行了表征。如图 4.42（a）～（c）所示，N/S-CQD 和 TGA-CdTeQD 具有良好的分

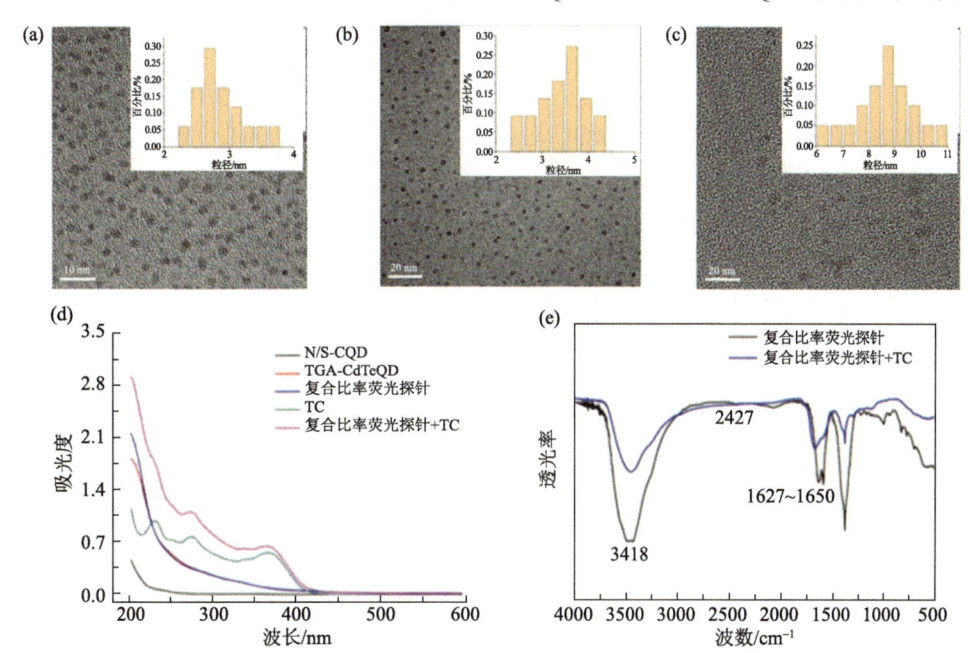

图 4.42 （a）N/S-CQD 的 TEM 表征；（b）TGA-CdTeQD 的 TEM 表征；（c）复合比率荧光探针的 TEM 表征；（d）添加 TC 前后 N/S-CQD、TGA-CdTeQD 和复合比率荧光探针的紫外-可见光谱；（e）添加 TC 前后复合比率荧光探针的 FTIR

散性和球形形貌，粒径为 3 nm。然而，基于 N/S-CQD 和 TGACdTeQD 的比率荧光探针，两个量子点表现出明显的结合，复合粒径显著增加到 8 nm。如图 4.42（d）所示的紫外-可见光谱显示两个量子点混合后没有出现明显的峰移和新的吸收峰，说明没有形成新的共轭体系。为了探索复合比率荧光探针的表面基团，使用 FTIR 表征[图 4.42（e）]，FTIR 分析表明，复合比率荧光探针表面主要含有丰富的羧基和氨基官能团。此外，加入 TC 后，复合比率荧光探针的特征强度峰明显降低，约 2427 cm^{-1} 处的峰值消失，说明上述官能团都参与了与 TC 的结合。

2）四环素类抗生素荧光响应

通过研究 N/S-CQD、TGA-CdTeQD 和复合比率荧光探针对 TC 的荧光响应，发现 N/S-CQD 和 TGA-CdTeQD 混合前后的荧光光谱没有明显变化，表明复合比率荧光探针仍然保留了两种 QD 的荧光特性。在复合比率荧光探针中添加四环素类抗生素[总浓度为 3.00×10^{-6} mol/L：（OTC 1.38 mg/L、TC 1.33 mg/L、CTC 1.45 mg/L 和 DOX 1.33 mg/L）]后，属于 N/S-CQD 的位于 410 nm 处的荧光峰保留了对四环素类抗生素的原始响应性能，而属于 TGA-CdTeQD 的位于 615 nm 处的荧光峰则表现出十倍以上的增强。这可能是由于 N/S-CQD 的荧光猝灭机制不同，荧光通过内部过滤效应被四环素类抗生素猝灭，因此不会受到两个 QD 组合的影响（Fan et al.，2022）。TGA-CdTeQD 的荧光猝灭主要取决于电子转移，这可能很大程度上受到引入更多官能团（包括—SH、—NH$_2$ 和—COOH）的影响。这些官能团会进一步增强 TGA-CdTeQD 对四环素类抗生素的静电结合效应，从而导致更明显的变化和更高的荧光灵敏度。

3）复合比率荧光探针灵敏度测定

为了探讨复合比率荧光探针的灵敏度，在相同条件下添加不同浓度的四环素类抗生素，记录复合比率荧光探针的荧光光谱。如图 4.43（a）～（d）所示，随着四环素类抗生素浓度的增加，I_{414}/I_{615} 的值也逐渐增加。四环素类抗生素的浓度与 I_{414}/I_{615} 存在良好的线性关系，通过相应的线性相关方程计算得到 OTC 检测限为 3.20×10^{-8} mol/L（1.47×10^{-2} mg/L）、TC 检测限为 3.70×10^{-8} mol/L（1.64×10^{-2} mg/L）、CTC 检测限为 3.80×10^{-8} mol/L（1.72×10^{-2} mg/L）、DOX 检测限为 4.00×10^{-8} mol/L（1.78×10^{-2} mg/L）。复合比率荧光探针的荧光可视化特性也非常明显，可以实现对四环素类抗生素的明显可视化检测。如图 4.43（e）所示，探针在 365 nm 紫外灯照射下呈鲜红色。添加 0.00～2.00×10^{-5} mol/L 不同浓度的四环素类抗生素（OTC 9.21 mg/L、TC 8.89 mg/L、CTC 9.58 mg/L 和 DOX 8.89 mg/L）后，复合比率荧光探针呈现出从亮红色到深红色的可视化效果，并且荧光强度降低。

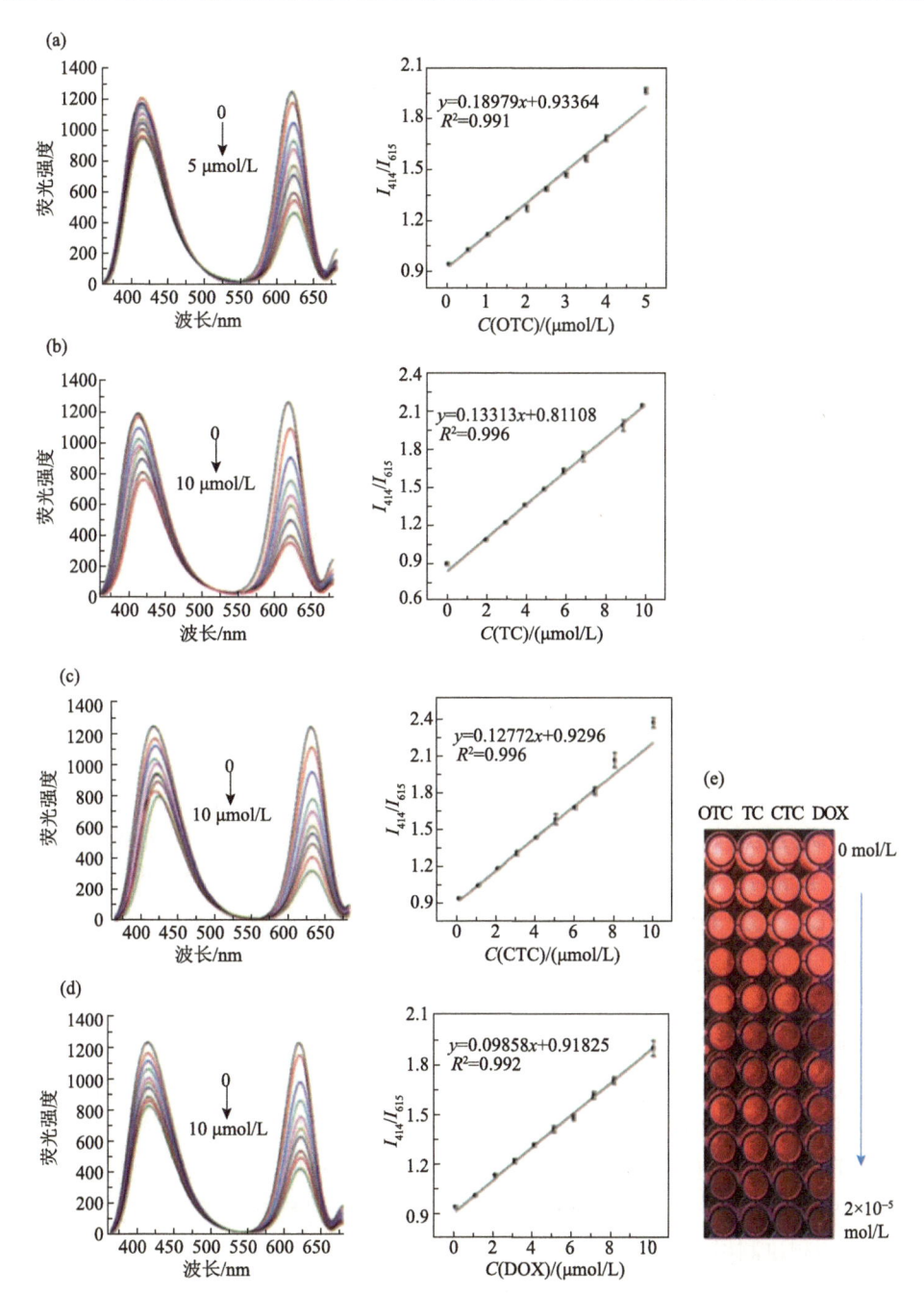

图 4.43 复合比率荧光探针在不同浓度（a）OTC、（b）TC、（c）CTC 和（d）DOX 存在下的荧光光谱；（e）添加四环素类抗生素（0.00～2.00×10⁻⁵ mol/L）后，复合比率荧光探针在 365 nm 紫外灯下的荧光颜色

插图：I_{414}/I_{615} 和 OTC、TC、CTC 和 DOX 浓度的校准曲线

传统传感器始终面临着识别多个四环素类抗生素，尤其是混合四环素类抗生素的挑战。为了评价基于 N/S-CQD 和 TGA-CdTeQD 的复合比率荧光探针识别各种四环素类抗生素的能力，对包括单个、两种和三种四环素类抗生素混合的样品进行了测试。如图 4.44（a）所示，借助 LDA 模型，每个样品，甚至是两种或三种四环素类抗生素的混合物，都可以清晰地彼此分离，没有明显的重叠，进一步表明了该探针可用于分析复杂混合样品。

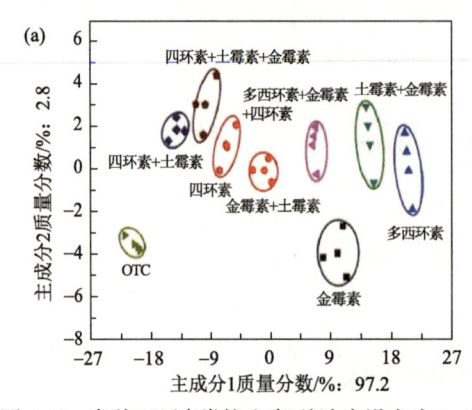

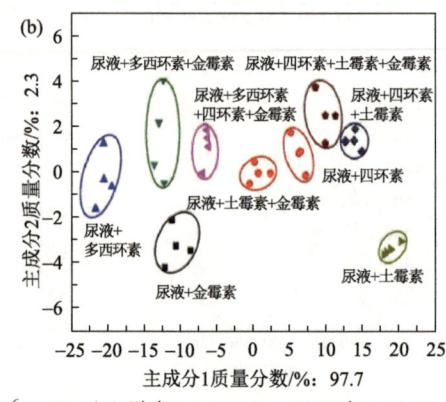

图 4.44 多种四环素类抗生素[总浓度设定为 3×10^{-6} mol/L（土霉素 1.38 mg/L、四环素 1.33 mg/L、金霉素 1.45 mg/L 和多西环素 1.33 mg/L）]荧光响应判别结果

（a）混合物中的四环素类抗生素以等浓度混合；（b）实际应用

4）复合比率荧光探针特异性和选择性评价

为了研究复合比率荧光探针对四环素类抗生素的特异性，在相同条件下测试了常用抗生素对探针的猝灭作用。四环素类抗生素浓度设定为 1.20×10^{-5} mol/L（5.33 mg/L、5.53 mg/L、5.75 mg/L 和 5.33 mg/L），其他抗生素浓度设定为 1.00×10^{-4} mol/L。如图 4.45（a）所示，I_{414}/I_{615} 仅在添加四环素类抗生素后才显著增加。尽管其他抗生素的浓度比四环素类抗生素高约 10 倍，但并未对探针造成明显的变化，表明该探针对 TC 的检测具有较强的特异性。

为了探索复合比率荧光探针的选择性，添加常见金属离子和生物小分子来观察其变化。如图 4.45（b）所示，无论是探针本身的荧光特性还是添加 TC 后，在高浓度干扰物[1.00×10^{-3} mol/L，比 TC（1.20×10^{-5} mol/L）高约 100 倍]下，并未对探针造成明显的变化，显示出该探针具有良好的选择性和抗干扰能力。

5）检测机制探究

测试了添加四环素类抗生素后基于 N/S-CQD 和 TGA-CdTeQD 的复合比率荧光探针的荧光寿命和 ζ 电势，复合比率荧光探针的原始荧光寿命为 21.75 ns，加入 3.00×10^{-6} mol/L 四环素类抗生素（OTC 1.38 mg/L、TC 1.33 mg/L、CTC 1.45 mg/L 和 DOX 1.33 mg/L）后，由于动态猝灭的影响，荧光寿命降至 8.65 ns。复合比率荧光探针的表面带有负电荷,添加四环素类抗生素后,ζ 电势从–18.30 mV 变为 34.00 mV,进一步说明复合比率荧光探针与ζ之间的反应主要依靠电子转移。

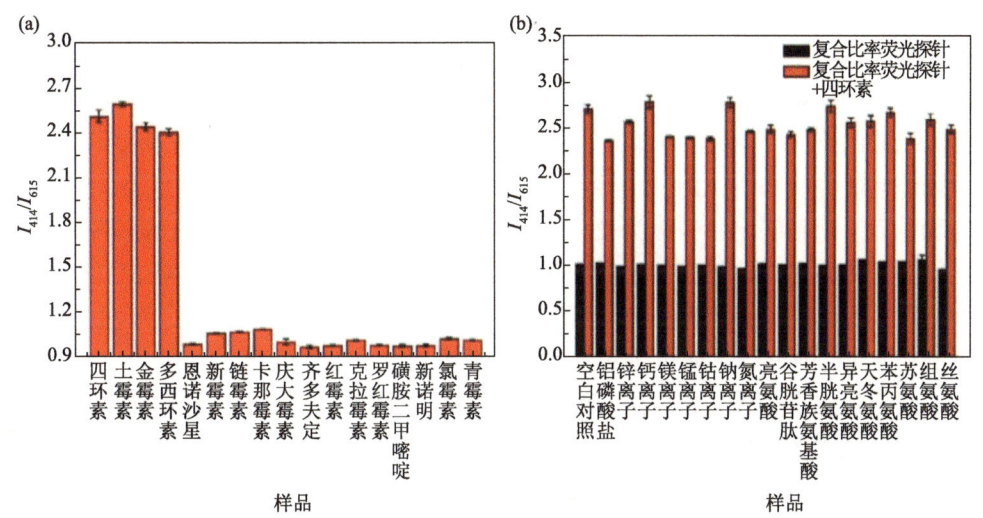

图 4.45 （a）复合比率荧光探针对不同种类抗生素的特异性（1.00×10^{-4} mol/L）；（b）复合比率荧光探针对常见金属离子和生物小分子（1.00×10^{-3} mol/L）的选择性

3. 总结

在本案例中,构建了一种基于 N/S-CQD 和 TGA-CdTeQD 的复合比率荧光探针,用于多种四环素类抗生素的高灵敏度检测。与单个 QD 相比,复合比率荧光探针对四环素类抗生素的敏感性提高了十倍。该探针还可通过明显的颜色变化实现四种常见四环素类抗生素的定量分析。复合比率荧光探针具有良好的选择性,使其具有广泛的实际应用,如食品和尿液基质中的四环素类抗生素检测。此外,由于两个量子点提供了丰富的指纹光谱信息,该探针可以准确识别不同的单四环素类抗生素和混合样品,包括两种和三种四环素类抗生素,在实际样品中,结合 LDA 模型,为复合比率荧光探针的设计和效率提高及其应用提供了新的指导。此外,该探针不仅具备两种量子点的特性,而且与单个量子点相比,大大提高了检测的灵敏度,该方法在其他富含四环素类抗生素食品的鉴别方面具有良好的应用价值。然而,纳米荧光探针在抗生素检测方面还存在一些挑战和问题,需要进一步地研究和改进。例如,提高纳米荧光探针的稳定性以及特异性。可尝试采用多模式或多信号的策略,实现对不同类型或不同浓度的抗生素残留的同时检测或分级检测。

4.3.2 食品中氨基甲酸乙酯检测

日常食品中存在许多微量的天然致癌物,如食品在发酵过程以及发酵食品储存过程中产生的氨基甲酸乙酯（EC）。经常食用这种物质会增加癌症的发病率。发酵食品中 EC 的生成途径主要由焦碳酸二乙酯与氨反应或氰化物与乙醇反应形成，此外，氨基甲酰类化合物与乙醇反应也可生成 EC。氨基甲酰类化合物主要有尿素、瓜氨酸、氨基甲酰磷酸和天冬氨酸等。发酵食品中精氨酸的分解往往会产生大量的尿素，形成的 EC 远远超过氨基甲酰磷酸。因此，EC 的主要来源是尿素和乙醇的反应。特别是近年来，因其对人体的潜在毒性而受到越来越多的关注。国际癌症研究机构（IARC）曾将 EC 列为潜在人类致癌物，最初评估为 2B 类致癌物，后来重新确定并升级为 2A 类致癌物。中国、韩国、日本、巴西等国家已经制定了 EC 对人体健康的法定限量标准。越来越多的研究证据证明 EC 的致癌性，EC 是一种多位点致癌物，可导致肺癌、血管癌和肝癌。因此，开发一种准确的检测 EC 的方法保证食品安全和人体健康是十分必要的。

目前建立了多种分析方法，包括气相色谱-质谱法、高效液相色谱法、傅里叶变换红外光谱法、拉曼光谱法、比率荧光酶联免疫吸附法和其他类型的生物方法等，都具有较高的特异性和灵敏度。但气相-三重四极杆质谱（GC-MS/MS）、HPLC 等方法设备昂贵，操作程序复杂，技术要求高，检测时间长，FTIR 和拉曼光谱特异性较差，ELISA 通常价格昂贵，操作复杂。因此，建立一种方便、有效、快速的方法来准确检测 EC 非常重要。

QD 是目前最具代表性的光致发光材料之一，在分析化学中得到了广泛的应用（Dehghani et al.，2020）。根据量子点优异的光致发光性能被目标物体猝灭的现象，开发了一种用于 Pb^{2+}、氨基甲酸酯类农药和茶叶检测的简单"关闭"模式，探索简单量子点的应用。这些方法虽然灵敏、快速，但仅通过"荧光猝灭"，传感器检测特异性较差，容易受到干扰。这些方法结合能特异性识别目标组分并具有量子点荧光猝灭能力的化合物的"荧光开启"检测模式，可提高特异性和抗干扰能力，被成功应用于细胞成像（Wang et al.，2019）、医学诊断（Wang X D et al.，2020）、重金属离子检测（Huang et al.，2018）、农药（Du et al.，2019）和食品鉴定（Chen et al.，2019）等领域。卟啉是具备猝灭量子点能力的化合物之一，具有优异的光电性能，在电子光学器件、化学传感器、生物传感器、催化等方面具有广泛的应用前景（Percastegui and Jancik，2020）。近年来，基于卟啉的新型纳米结构的设计往往表现出独特的光电性能及光学稳定性（Tian and Zhang，2019）。这些性质赋予了卟啉复合体系独特的相互作用，使其具有各种潜在的分析能力，适用于化学、生物和光敏传感器技术领域（Cui et al.，2018）。基于自组装卟啉的轴向配位、表面电子效应、独特的空间堆叠结构特征以及 EC 表面的负电荷，证明表面活性剂修饰的自组装卟啉可以通过与量子点相互作用来检测 EC。因此，研究者利用量子点和自组装纳米卟啉构建了一种新的检测模式，用于食品中 EC 的灵敏检测。

本案例提出了一种高灵敏度和选择性的 EC"开-关-开"型荧光传感器，该传感器采用新设计的 CdTeQD 和表面活性功能化纳米-5, 10, 15, 20-四(4-甲氧基苯基)-卟啉（纳米 TPP-OCH$_3$）。与先前报道的方法相比，该传感器减少了环境干扰，放大了响应信号，提高了灵敏度，降低了检测限。"开-关-开"荧光探针的传感响应原理如图 4.46 所示。

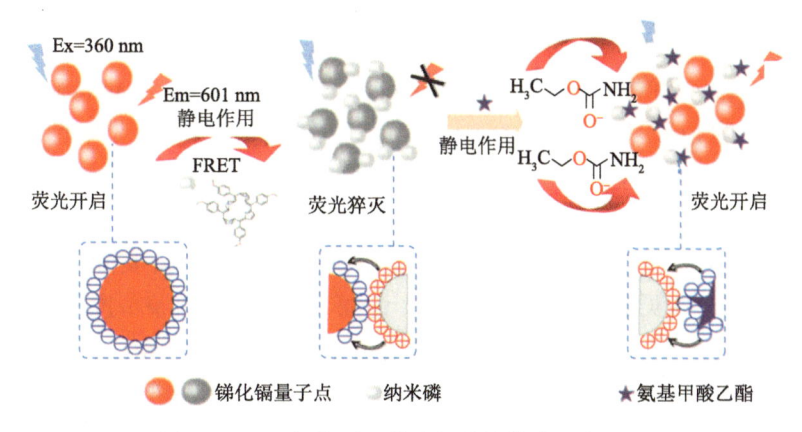

图 4.46 "开-关-开"荧光探针的传感响应原理

1. 实验方法

1）CdTeQD 及纳米 TPP-OCH$_3$ 合成

Yang 等（2015）描述了 N-乙酰-L-半胱氨酸（NAC）包覆 CdTeQD 的一般过程。简而言之，用 1.00 mol/L NaOH 将 Cd^{2+}- NAC 溶液调整到 pH 约为 10.10。然后将新制备的 NaHTe 溶液注入先前的溶液中。Cd^{2+}/Te^{2-}/NAC 的物质的量比为 1.0∶0.2∶1.2。最后，将溶液在 100℃下回流 50 min。自然冷却后，收集反应产物。水分散 CdTeQD 的荧光发射峰在 601 nm 处。由经验方程计算得到 CdTeQD 的粒径和浓度分别为 2.85 nm 和 3.60×10^{-6} mol/L。

本实验室采用自组装法合成了纳米 TPP-OCH$_3$ 并进行了一些优化。通常将 500 μL 的 6×10^{-6} mol/L 纳米 TPP-OCH$_3$ 溶液分散在 DMF 中，然后在搅拌状态下缓慢加入 50 mL 浓度为 3×10^{-3} mol/L 的 CTAB 水溶液中。继续搅拌 15 min，得到透明的绿色溶液。利用 TEM 和紫外-可见光谱对纳米 TPP-OCH$_3$（6×10^{-7} mol/L）进行表征。

2）EC 测定

利用纳米 TPP-OCH$_3$ 猝灭 CdTeQD 的发射荧光恢复来测定 EC。首先，将 100 μL 的 3.60×10^{-7} mol/L CdTeQD 与 50 μL 的 6.00×10^{-8} mol/L 纳米 TPP-OCH$_3$ 溶液混合

在 Tris-HCl 缓冲液中，以猝灭 CdTeQD 的荧光。然后，随着 EC 浓度的增加（10～1000 μg/L），CdTeQD 在 601 nm 处的荧光被连续恢复。实验仪器设置如下：发射和激发狭缝设置为 10 nm，步长为 0.20 nm，扫描频率为 1200 nm/min。利用激发波长为 360 nm、发射波长为 601 nm 的 CdTeQD 进行荧光强度分析。每种溶液平行测试三次。

3）选择性

在与 EC（5 mg/L）相同的检测条件下，将 CdTeQD（3.60×10^{-7} mol/L）和纳米 TPP-OCH$_3$（6.00×10^{-8} mol/L）混合在 pH=8.00 的 Tris-HCl 缓冲溶液中。随后，将 500 mg/L 的 Lys、尿素、甘氨酸（Gly）、丙氨酸（Ala）和天冬氨酸（Asp）分别添加到先前的溶液中，并测量它们的荧光变化以确定选择性。

4）实际样品分析

为了验证 CdTeQD 与纳米 TPP-OCH$_3$ 构建的荧光传感器在实际应用中的有效性，对从市场上购买的实际样品（黄酒、酱油、白酒、普洱茶）进行了测试。简单地说，将 5 mL 酱油加入 10 mL 乙酸乙酯中，剧烈摇晃 1 min，然后静置分层。将 1.00 g 普洱茶用 10 mL 沸水浸泡 10 min，将两种浓缩上清液分别用甲醇稀释至 1 mL。将两个样品（酱油和普洱茶）以及黄酒、白酒的甲醇溶液以 10000 r/min 离心 10 min，用 0.22 μm 膜过滤器过滤上清液。随后，根据标准加入方法，将不同浓度的 EC 加入过滤溶液中。得到 100 μg/L 3.60×10^{-7} mol/L CdTeQD 和 6.00×10^{-8} mol/L 纳米 TPP-OCH$_3$ 与浓度为 100 μg/L、500 μg/L、1000 μg/L 的 EC 混合用于进一步分析。

2. 结果与讨论

1）CdTeQD 和纳米 TPP-OCH$_3$ 表征

利用荧光光谱、紫外-可见光谱和 TEM 观察了所制备的 CdTeQD 和纳米 TPP-OCH$_3$ 的光谱吸收、形貌和粒径。图 4.47（a）显示了 CdTeQD 的荧光光谱和紫外-可见光谱。从图 4.47（a）可以看出，CdTeQD 的荧光光谱在 601 nm 处有一个尖锐的发射峰，CdTeQD 的紫外-可见光谱在 522 nm 处有强吸收。使用 TEM 研究了 CdTeQD 的形貌和粒径，如图 4.47（c）所示，发现 CdTeQD 几乎呈单分散的球形形貌，分布相对均匀，平均直径约为 2.85 nm。结果表明，CdTeQD 成功合成。TPP-OCH$_3$ 和纳米 TPP-OCH$_3$ 的紫外-可见光谱如图 4.47（b）所示。在 423 nm 处观察到纳米 TPP-OCH$_3$ 谱线。与 TPP-OCH$_3$ 相比，纳米 TPP-OCH$_3$ 在 423 nm 处的峰值更高、更清晰，这与文献报道的结果相似。图 4.47（d）为纳米 TPP-OCH$_3$ 的 TEM 图像。从照片中可以看出，该纳米颗粒的正常粒径约为 38.50 nm，形状为不规则圆形，分散良好。这表明纳米 TPP-OCH$_3$ 已成功合成。

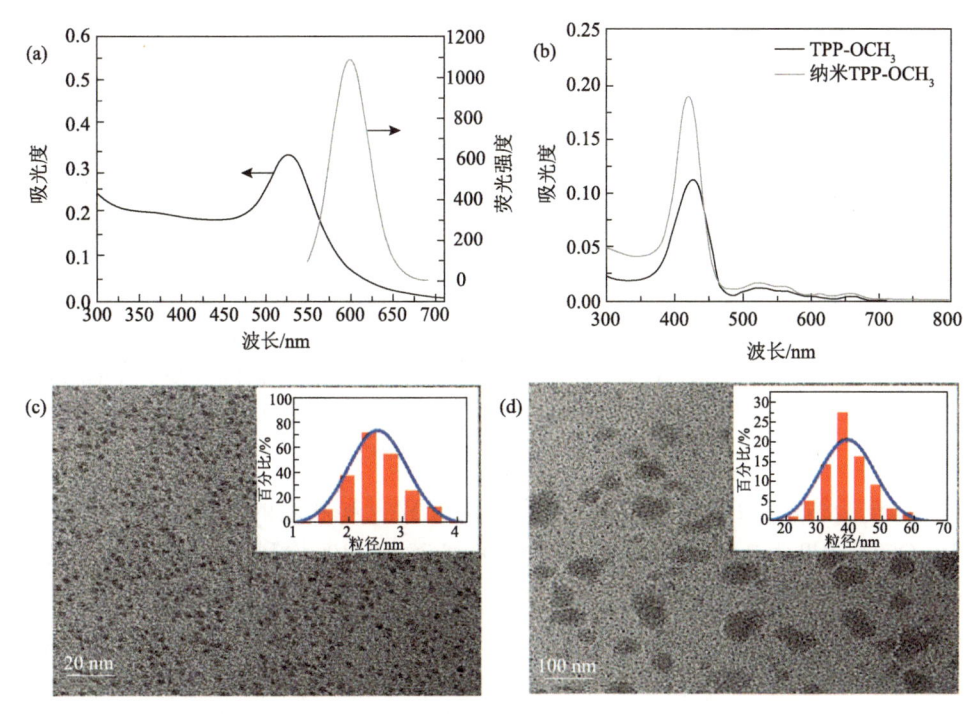

图 4.47 （a）CdTeQD 的紫外-可见光谱和荧光光谱；（b）TPP-OCH$_3$ 和纳米 TPP-OCH$_3$ 的紫外-可见光谱；（c）CdTeQD 的 TEM 表征；（d）纳米 TPP-OCH$_3$ 的 TEM 表征

2）CdTeQD/纳米 TPP-OCH$_3$ 检测 EC

检测过程受到 pH、物质的量比和时间等因素的影响。为了确保 CdTeQD/纳米 TPP-OCH$_3$ 在检测 EC 时具有最佳的荧光性能传感条件，进行了优化研究。研究了在 4℃、25℃、37℃和 50℃条件下加入 EC 前后的传感器系统变化。在这些温度下，荧光强度略有变化，结果表明，温度对传感器检测到的 EC 无显著影响，最终选择室温作为反应温度。猝灭剂的选择是决定灵敏度的主要因素。纳米 TPP-OCH$_3$ 的设计使其与 QD 和猝灭剂的检测目标获得更好的适应性，从而使检测方法更加灵敏。采用不同的表面活性剂[CTAB、CTAC、DTAB 和十二烷基苯磺酸钠（SDBS）]自组装制备了不同的纳米 TPP-OCH$_3$。用这四种 CdTeQD/纳米 TPP-OCH$_3$ 传感器检测 EC，发现 CTAB 自组装得到的纳米 TPP-OCH$_3$ 效果最好[图 4.48（a）]。在 EC 存在下，测试了 CdTeQD/纳米 TPP-OCH$_3$ 在不同 pH（5.00～10.00）Tris-HCl 下的荧光强度。如图 4.48（b）所示，向 Tris-HCl（pH=8.00）溶液中加入 EC 后，荧光明显增强。考虑到其在实际样品中的潜在应用，选择 pH 为 8.00 进行后续研究。因此，选择 Tris-HCl 溶液（pH=8.00）作为后续的测试体系。

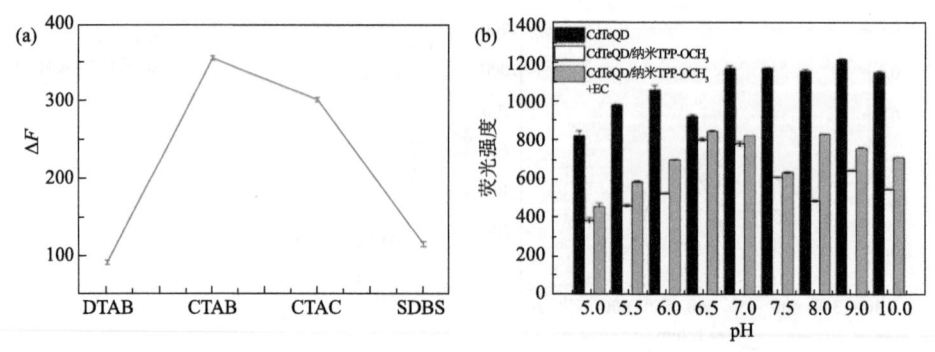

图 4.48 （a）分别使用表面活性剂 CTAB、CTAC、DTAB 和 SDBS 四种自组装 CdTeQD/纳米 TPP-OCH$_3$ 检测 EC，ΔF 为 QD 和猝灭剂荧光值的差；（b）不同 pH 下 CdTeQD/纳米 TPP-OCH$_3$ 传感器猝灭和恢复的荧光强度

此外，纳米 TPP-OCH$_3$ 浓度是影响荧光猝灭和恢复的实验变量。当纳米 TPP-OCH$_3$ 浓度为 2.00 μmol/L 时，在 1.00~5.00 μmol/L 检测到的 EC 荧光强度差异相对较大[图 4.49（a）]。为了制备 CdTeQD/纳米 TPP-OCH$_3$ 传感器，研究了不同浓度纳米 TPP-OCH$_3$ 溶液对 CdTeQD 荧光强度的影响。从图 4.49（a）中可以看出，随着纳米 TPP-OCH$_3$ 浓度的增加，CdTeQD 溶液的荧光强度逐渐降低，荧光发射峰会略有红移。图 4.49（b）显示了荧光强度（F_0/F_1）与纳米 TPP-OCH$_3$ 浓度在 4.00~8.00 μmol/L 的线性关系，决定系数 R^2=0.9999。从图 4.49（c）可以看出，CdTeQD 的荧光强度随着 EC 浓度的增加而逐渐恢复，荧光发射峰会略有蓝移。图 4.49（a）、（c）中光谱图的发射峰发生偏移的现象可能是由于 CdTeQD 的发射波长随其粒径的增加或减小而左右移动。这种移动可能是 CdTeQD 的聚集或消失引起的。同时，加入纳米 TPP-OCH$_3$ 后，CdTeQD 传感系统的颜色由红粉色变为深紫色。加入不同浓度的 EC 后，颜色逐渐由深紫色恢复为红粉色。（F_2-F_0）/F_0 荧光回收率与 EC 浓度在 10~1000 μg/L 的线性关系如图 4.49（d）所示。回归方程为 y=0.1932x+362.3（R^2=0.9903），其中 y 和 x 分别表示（F_2-F_0）/F_0 和 EC 的浓度。该传感器的 LOD 低至 7.14 μg/L。因此，可以得出结论，CdTeQD/纳米 TPP-OCH$_3$ 可以通过高灵敏度的荧光切换过程选择性地检测 EC。

3）选择性评价

为了考察其选择性，在相同条件下，采用 CdTeQD/纳米 TPP-OCH$_3$ 荧光法对 Lys、尿素、Gly、Ala、Asp、氨基甲酸酯（MC）和混合物进行了荧光检测。不同对比样品的荧光回收率结果如图 4.50 所示，MC 对传感器的荧光恢复有一定的影响。但 MC 对 EC 测定的影响可以忽略不计，因为食品中 MC 的含量极低，不到 EC 的 1/100。其他结构类似的样品，如赖氨酸、尿素等，虽然没有引起明显的荧光恢复效果，但只有 EC 荧光恢复有明显的响应。前期实验结果表明，该体系对 EC 检测具有良好的选择性。

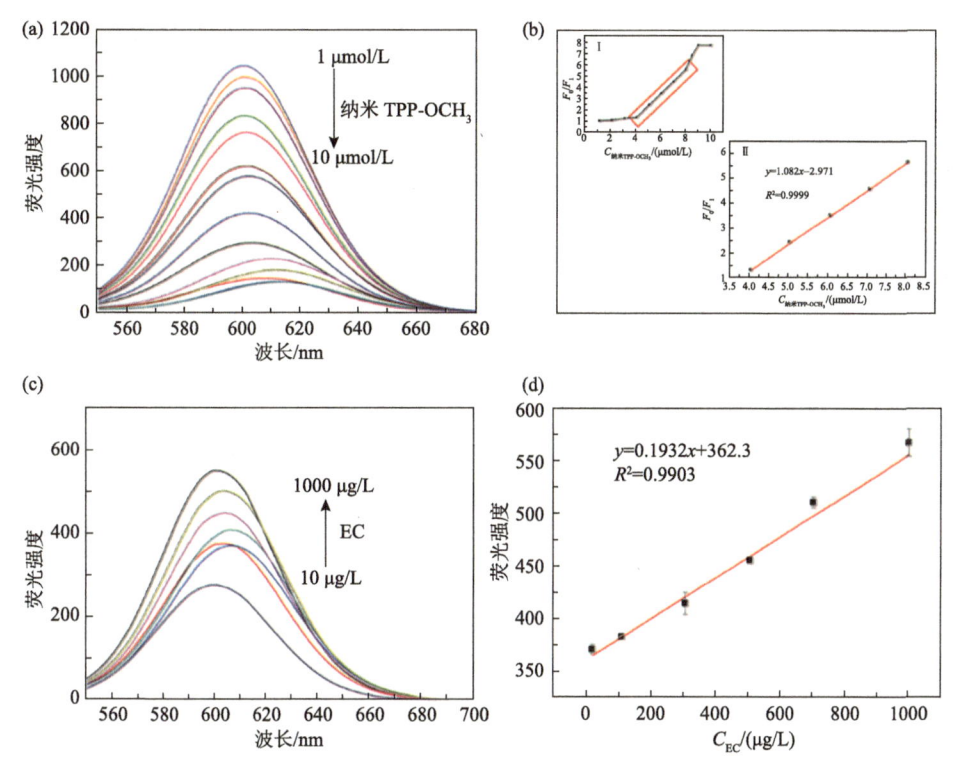

图 4.49 （a）纳米 TPP-OCH₃ 浓度为 1～10 μmol/L 的 CdTeQD 溶液的荧光光谱；（b）荧光强度（F_0/F_1）与纳米 TPP-OCH₃ 浓度在 4.00～8.00 μmol/L 的线性关系；（c）不同浓度 EC 对 CdTeQD/纳米 TPP-OCH₃ 的荧光恢复；（d）荧光强度与 EC 浓度之间的线性关系

F_0 和 F_1 分别为 CdTeQD 和 CdTeQD/纳米 TPP-OCH₃ 的荧光强度；F_2 和 F_0 分别指 CdTeQD/纳米 TPP-OCH₃ 与 EC 和 CdTeQD/纳米 TPP-OCH₃ 的荧光强度

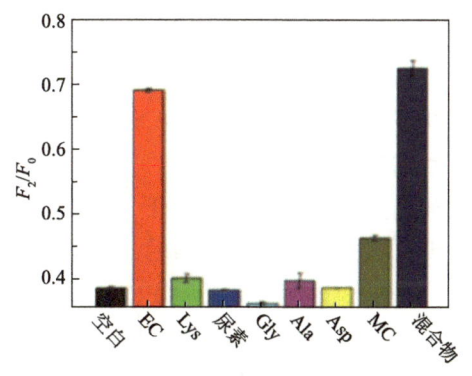

图 4.50 不同对比样品（EC、Lys、尿素、Gly、Ala、Asp、MC 和混合物）的荧光回收率的影响

4）EC 检测机理探究

在这项工作中，所有的荧光变化都可以被描述为"开-关-开"的过程。CdTeQD 最初发出强烈的荧光，意味着"开启"。加入纳米 TPP-OCH$_3$ 后，CdTeQD 的荧光减弱。然后通过连续加入 EC，荧光再次恢复，这一步称为"开启"。据报道，纳米 TPP-OCH$_3$ 表面带有正电荷，由于 NAC 修饰的 CdTeQD 表面带负电荷，因此可以通过静电相互作用和光诱导电子转移来猝灭 CdTeQD 的荧光。其次，由于 CdTeQD 的斯托克斯位移（75 nm）较小，聚集后容易发生 FRET，因此 CdTeQD 的发射光被自身吸收。随着纳米 TPP-OCH$_3$ 浓度的增加，CdTeQD 荧光强度的降低导致严重的聚集，为 FRET 提供了良好的条件。此外，纳米 TPP-OCH$_3$ 是高度球形的，这使它可以在 CdTeQD 表面结合，并且比 TMPyP 或其他普通卟啉具有更好的灵敏度和结合能力。纳米 TPP-OCH$_3$ 与 EC 的结合能力比 CdTeQD 和 EC 强，纳米 TPP-OCH$_3$ 离开 CdTeQD 表面可以使荧光恢复。由于添加的 EC 中的酰胺键是带负电的官能团，因此与带正电的阳离子 CTAB 包覆的纳米 TPP-OCH$_3$ 产生静电效应。这也与之前的报道一致（Chen H Y et al.，2020），纳米 TPP-OCH$_3$ 可以通过结合氨基甲酸酯的静电力形成稳定的配合物。

因此，通过位阻和静电相互作用，EC 可以抢夺与 CdTeQD 结合的纳米卟啉，阻断 CdTeQD 与卟啉之间由光致电子转移引起的 CdTeQD 荧光的"关闭"，形成"关-开"模式。据此，我们报道了一种基于 CdTeQD 的传感器，用于 EC 测定，该传感器使用纳米 TPP-OCH$_3$ 作为 QD 的猝灭剂和 EC 的受体。所提出的用于 EC 检测的可逆荧光"关-开"模型传感器简单快速，在室温下仅需 3 min 即可达到平衡。由 CdTeQD 和纳米 TPP-OCH$_3$ 构建的传感器从亮变暗，然后变亮。基于纳米材料的信号放大效应，可以减少类似物的干扰，提高特异性。设计现场检测试剂盒是可行的，是一种很有前景的快速测定发酵样品的方法。

3. 总结

本案例开发了一种新型 CdTeQD/纳米 TPP-OCH$_3$ 荧光传感器，用于食品中 EC 的检测。利用 CdTeQD 和纳米 TPP-OCH$_3$ 设计的"关-开"传感器对 EC 的特异性检测具有较高的灵敏度和选择性。在 EC 存在下，CdTeQD 因与纳米 TPP-OCH$_3$ 的光致电子转移效应呈现出"关闭"状态。随后，纳米 TPP-OCH$_3$ 与 EC 之间的静电力使 CdTeQD 的荧光恢复，这使传感器对 EC（10～1000 μg/L）检测具有良好的线性，检测限较低（7.14 μg/L）。在发酵食品（黄酒、酱油、白酒、普洱茶）样品中获得了较好的回收率，表明该方法在实际食品安全中的应用前景广阔。EC 是潜在有毒致癌物质，许多国家对其在食品中的含量设定了阈值，灵敏、快速、准确地检测 EC 对于保证发酵食品的质量具有重要意义，该传感器为发酵食品发酵过程中 EC 的现场监测和可视化分析提供了新的途径。

4.3.3 食品中亚硝酸盐检测

近年来，我国经济稳步发展，国民生活质量不断提高，人们不仅在食品均衡营养、食用方便等方面有了更高的要求，对安全卫生也更加关注。食品安全不仅可以保障人们的健康，更是国家长久发展的关键。在食品生产、加工、运输、储存过程中，人们为了追求食品的口感、色泽、延长保质期等，通常加入食品添加剂。食品添加剂是指为了改善食品的色、香、味等品质，以及防腐、保鲜和加工工艺而添加到食品中的人工合成或天然物质（Ravichandran et al., 2021）。食品添加剂使食品具有更好的色、香、味，在食品加工中不可或缺，然而食品添加剂过量使用或添加有害的添加剂会直接造成食品安全问题，使人体机能受损，甚至会对人类的健康和生命造成危害。而食品添加剂所带来的食品安全问题，大多是人为不当、违规使用引起的（Chen Y Y et al., 2020）。亚硝酸盐是人们熟知的食品添加剂，又称为工业食盐，属于自然存在的离子化合物，广泛存在于食品、水和环境中。它可以改善肉类食物的风味，保持食物良好的外观，起到防腐作用等（Lim et al., 2022）。然而，食物或水中过量的亚硝酸盐是对人体有害的，特别是对孕妇和婴儿。它可能会干扰人体的氧气递送生物组织，降低血红蛋白携带氧的能力。并且，致癌的 N-亚硝胺是由亚硝酸盐与胺的相互作用产生的，其可能会导致食管癌和胃癌（Annalakshmi et al., 2020）。因此，开发准确、灵敏、环保、快速地检测食品样品中亚硝酸盐的方法具有重要意义。

现在已经报道了大量的检测亚硝酸盐的分析方法，如电化学法（Chen Y F et al., 2022）、色谱法和分光光度法等。但这些方法存在操作复杂、成本高和检测系统不稳定等局限性。而荧光探针法具有结构可修饰、荧光团选择范围广、发射波长可控、灵敏度高、选择性高、操作简便、能实时监控等优点，已经被广泛应用于多领域的检测分析（Xie et al., 2022）。众多有机荧光染料中，萘酰亚胺荧光团具有较大的斯托克斯位移以及刚性平面结构和大 π 键共轭体系，具有背景干扰低、光学和化学性能稳定等优点。通过对其进行修饰，可改善探针性质。本案例以萘酰亚胺为荧光团，以邻苯二胺为识别基团，在萘酰亚胺上修饰烷基链，设计了探针 ND-1 来检测食品中的亚硝酸盐。探针 ND-1 与亚硝酸盐发生特异性反应后生成稳定的苯并三唑衍生物，该分子结构能发出蓝色荧光，从而实现对亚硝酸的准确识别。此外，探针 ND-1 负载的纸基装置可实现可视化检测，并可对炒制绿叶菜中的亚硝酸盐含量进行实时监测。

1. 实验方法

1）探针合成

探针 ND-1 的合成：将化合物 1（1.00 g，3 mmol）、邻苯二胺（1.62 g，15 mmol）、碳酸钾（1.66 g，12 mmol）和乙酸钯（1.35 g，6 mmol）放入烧瓶中。在氮气的保护下向烧瓶中加入 60 mL 无水 DMF，搅拌回流 12 h。真空蒸发混合物的溶剂后，用水稀释并用二氯甲烷萃取，然后用无水硫酸钠干燥。真空旋干有机溶剂，以乙酸乙酯：石油醚=1∶6（体积比）为洗脱剂，通过层析柱得到深黄色固体探针 ND-1（0.30 g，产率 27.86%）。

2）光谱法检测探针

将探针 ND-1 溶解在无水乙醇中制备探针母液（1 mmol/L）。取 30 μL 探针母液置于试管中，加入盐酸溶液（pH=1），再加入适量的待测物，最后进行测试。所有的紫外吸收光谱和荧光光谱测量都在 EtOH/HCl 溶液（体积比为 1∶99，pH=1）体系中进行测试，激发波长为 355 nm，发射波长为 440 nm。

以去离子水为溶剂，配制了不同干扰物质母液（10 mmol/L），这些干扰物质包括：Al^{3+}、Ca^{2+}、Cu^{2+}、Fe^{2+}、Hg^{2+}、Zn^{2+}、I^-、NO_3^-、SO_4^{2-}、$S_2O_3^{2-}$、HSO_3^-、HS^-、HCO_3^-、H_2O_2、乙酸（CH_3COOH）、丙酸（C_2H_5COOH）、Cys、GSH、同型半胱氨酸（Hcy）、叔丁基过氧化氢（TBHP）。所有紫外和荧光测试均重复进行三次。

2. 结果与讨论

1）探针设计与合成

许多用于亚硝酸盐检测的荧光探针已经被设计和合成。现有的检测 NO_2^- 的方法包括使用邻苯二胺（OPD），OPD 可以与 NO_2^- 反应形成稳定的荧光苯并三唑，为了利用这种反应性，开发了一种新的比色和荧光探针 ND-1。在该探针中，荧光高效的 PET 过程使从 OPD 官能团到相邻的荧光团萘酰亚胺部分被猝灭。在与 NO_2^- 特异反应生成苯并三唑后，由于 PET 机制的干扰，强荧光恢复。通过萘酰亚胺衍生物与 1,2-苯二胺反应合成探针 ND-1（图 4.51）。

2）探针光谱响应

在 EtOH/HCl 溶液（体积比为 1∶99，pH=1）体系中评估了探针 ND-1（10 μmol/L）对亚硝酸盐的检测性能。从紫外吸收光谱图 4.52（a）中可以看到，探针 ND-1 在 425 nm 处有最大吸收峰，随着亚硝酸盐含量的逐渐增加，在 425 nm 处的吸光度逐渐减小，在 360 nm 处逐渐出现了一个新的吸收峰。同时，在荧光光谱图 4.52（b）中，当加入 10 当量的亚硝酸盐于探针溶液后，在 440 nm 处的荧光强度明显增强。在荧光测试中，探针 ND-1 的与亚硝酸盐在 0～35 μmol/L 呈现出良好的线性关系（R^2=0.9982），检测限低至 $4.72×10^{-8}$ mol/L，此方法的检测限远低于食品中亚硝酸盐的允许使用阈值。同时，研究了探针 ND-1 与亚硝酸盐之间的反应动力学，加入亚硝酸盐后，探针 ND-1 的荧光强度快速增加，大约在 7 min 达到饱和状态，并且在此之后的十几分钟内都保持稳定。以上这些结果表明，该探针能够灵敏、定量地检测亚硝酸盐。

图 4.51 探针 ND-1 的合成路线

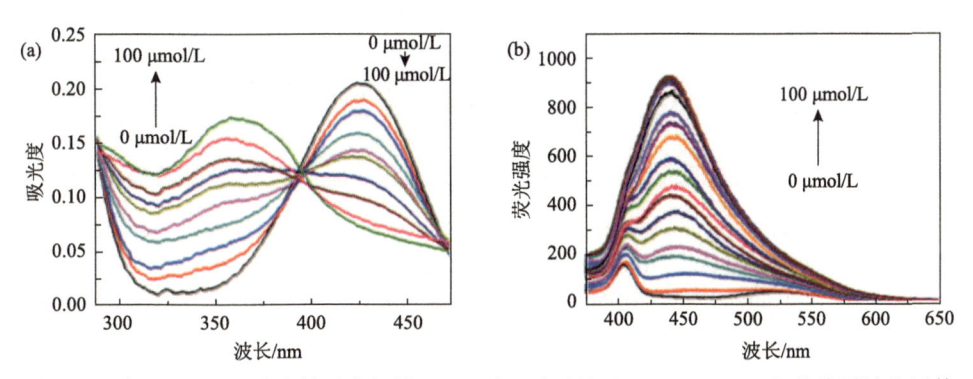

图 4.52 在 EtOH/HCl 溶液体系中探针 ND-1 对亚硝酸盐（0～100 μmol/L）的检测性能评估
（a）紫外吸收光谱图；（b）荧光光谱图

3）探针对亚硝酸盐的选择性测试

选择性是决定探针在食品中准确检测的关键因素。为了研究选择性，测试了探针 ND-1 对亚硝酸盐和其他潜在干扰物质（Al^{3+}、Ca^{2+}、Cu^{2+}、Fe^{2+}、Hg^{2+}、Zn^{2+}、I^-、NO_3^-、SO_4^{2-}、$S_2O_3^{2-}$、HSO_3^-、HS^-、HCO_3^-、H_2O_2、CH_3COOH、C_2H_5COOH、Cys、GSH）的紫外吸收光谱和荧光光谱。如图 4.53（a）～（d）所示，只有 NO_2^- 能使探针 ND-1 的紫外吸收峰发生蓝移，并且荧光发射峰显著增强，而探针 ND-1 对其他干扰物质几乎没有响应。此外，含 NO_2^- 的探针 ND-1 溶液的颜色在可见光下由黄色变为无色，而含有其他干扰物的溶液则保持黄色[图 4.53（c）]。在紫外灯下（365 nm）也可以看到，只有 NO_2^- 使探针发出蓝色荧光[图 4.53（d）]。此外，还评估了探针 ND-1 在其他物质共存的情况下，准确识别亚硝酸盐的抗干扰能力，探针 ND-1 对亚硝酸盐表现出良好的抗干扰能力。这些结果表明，探针 ND-1 具有较高的选择性和抗干扰能力，适用于在复杂的真实食品样品中的亚硝酸盐检测。

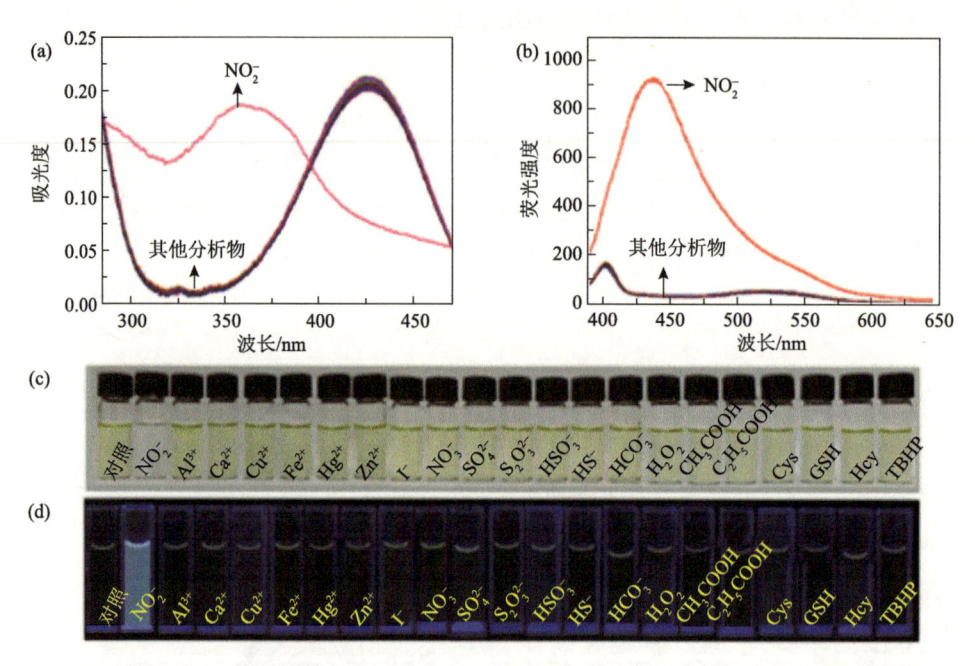

图 4.53 探针 ND-1（10 μmol/L）在 EtOH/HCl 溶液（体积比为 1∶99，pH=1）中对亚硝酸盐（100 μmol/L）和其他分析物（100 μmol/L）检测的（a）紫外吸收光谱图和（b）荧光光谱图，探针 ND-1（10 μmol/L）检测不同分析物（100 μmol/L）的（c）颜色和（d）荧光图像

4）检测机理探究

探针 ND-1 和 ND-1-NO_2^- 在 DMSO-d6 中的部分氢谱图如图 4.54 所示，具体来说，探针 ND-1 中的 OPD 基团与亚硝酸盐发生特异性反应，生成稳定的苯并三唑衍生物。为了验证所提出的检测机制，对 ND-1-NO_2^- 进行了核磁共振氢谱（^{1}H NMR）表征。如图 4.54 所示，探针 ND-1 与亚硝酸盐反应后氨基上的氢（H5 和 H6）消失了。此外，与探针 ND-1 中的 OPD 的氢（H1、H2、H3、H4）相比，ND-1-NO_2^- 中的氢（H1′、H2′、H3′、H4′）信号峰出现在更低场的位置，结果表明探针 ND-1 与亚硝酸盐反应后形成了吸电子的苯并三唑衍生物，上述表征结果与预测的产物和机理一致。

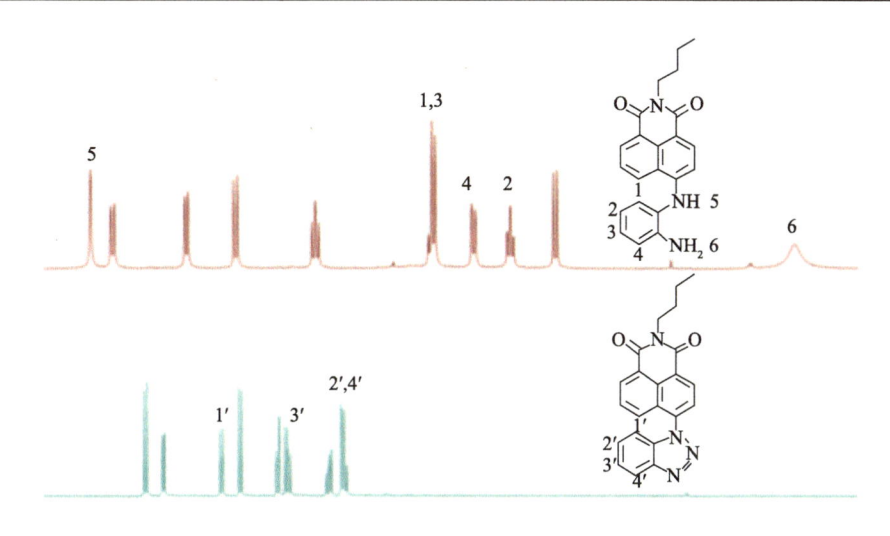

图 4.54 探针 ND-1 和 ND-1-NO$_2$在 DMSO-d6 中的部分氢谱图

5）密度泛函理论计算

为了进一步解释反应机理，对探针 ND-1 和 ND-1-NO$_2$进行了密度泛函理论（DFT）计算。所有计算均采用 B3LYP 函数和 6-311G（d）基组（图 4.55）。由于荧光团受到光激发，电子从其最高占据分子轨道（HOMO）转移到最低未占分子轨道（LUMO），从而在 HOMO 中产生一个空穴。而电子供体（邻苯二胺）的 HOMO 能级（-4.6719 eV）明显高于萘酰亚胺（-6.6957 eV），电子会从邻苯二胺的 HOMO 转移到萘酰亚胺的 HOMO。因此，萘酰亚胺在 HOMO 中产生的空穴将被占据，而在 LUMO 上被激发的电子将不再能够返回其基态，即发生 PET 效应，导致荧光猝灭。相反地，探针 ND-1 与亚硝酸盐反应产生的苯并三唑衍生物的 HOMO 能级（-6.8046 eV）低于萘酰亚胺（-6.6957 eV），PET 过程受到抑制使荧光开启。上述理论计算结果与实验中的荧光开关现象相一致。

6）纸基可视化装置检测炒制绿叶菜中亚硝酸盐

为了使探针 ND-1 能便携式检测，将探针 ND-1 负载于纸基装置。如图 4.56（a）所示，在紫外灯下，观察到随亚硝酸盐浓度增加，纸基的荧光强度逐渐增加。此外，国标中亚硝酸盐在酸菜中最大限量（20 mg/kg 即 2.90×10^{-4} mol/L）、在肉肠类食品中最大限量（30 mg/kg 即 4.35×10^{-4} mol/L）和在肉罐头类食品中最大限量（50 mg/kg 即 7.25×10^{-4} mol/L）都在纸基装置的可视化检测范围内。以上实验结果表明，探针 ND-1 负载的纸基装置可用于亚硝酸盐的定量检测。

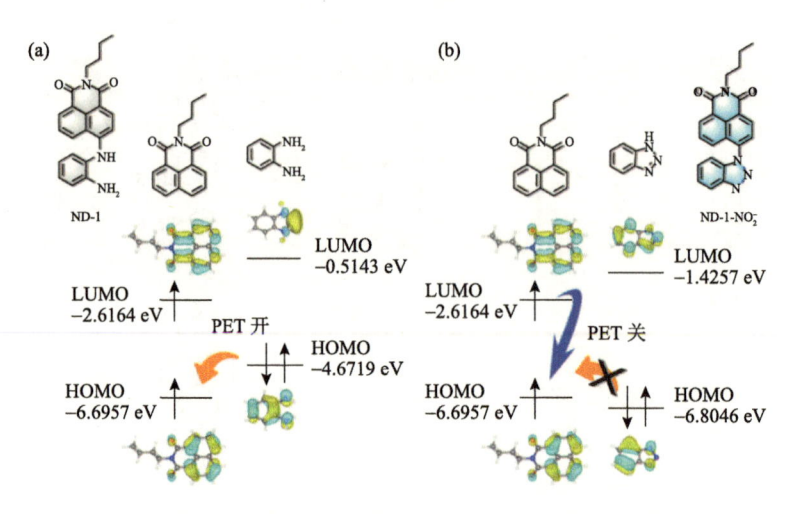

图 4.55　（a）探针 ND-1 和（b）ND-1-NO$_2^-$的 DFT 研究

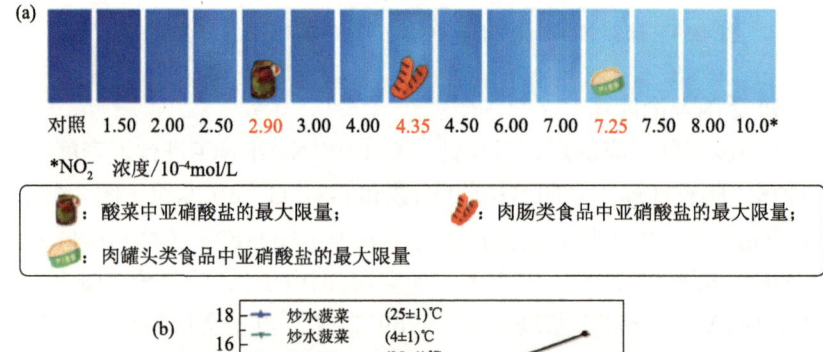

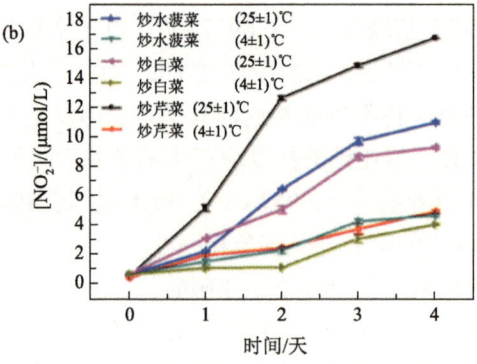

图 4.56　（a）探针 ND-1 负载的纸基装置加入不同浓度的亚硝酸盐后的荧光响应；（b）在冷藏和室温环境下探针 ND-1 检测炒制绿叶菜中亚硝酸盐浓度随时间变化

炒菜，特别是炒制绿叶菜类食品长久放置很容易产生亚硝酸盐。使用探针 ND-1 对不同品种的炒制绿叶菜（炒芹菜、炒水菠菜、炒白菜）在不同储存温度和时间下的亚硝酸盐含量进行实时监测。从图 4.56（b）的折线图中可以看出，在冰箱中冷藏[（4±1）℃]4 天的炒制绿叶菜的亚硝酸盐含量略有变化，低于最大残留量（20 mg/kg）。相比之下，在室温[（25±1）℃]条件下储存的炒制绿叶菜仅存放 1 天亚硝酸盐含量就开始显著增加，这说明冷藏菜肴是防止亚硝酸盐产生的有效方法。如图 4.57 所示，通过观察菜肴的外观很难区分亚硝酸盐含量的变化，而使用探针 ND-1 负载的纸基装置，可以通过观察纸基的颜色变化来判断亚硝酸盐含量。可以清楚地观察到，在（25±1）℃和（4±1）℃条件下，仅储存 1 天的炒芹菜样品的纸基荧光颜色就发生了显著变化，这说明在此期间开始产生亚硝酸盐。对于所有炒制绿叶菜随时间的推进，在（25±1）℃条件下储存的菜的纸基逐渐发出蓝色荧光，（4±1）℃条件下的纸基颜色变化不明显，这表明亚硝酸盐在较高温度下快速生成。肉眼观察到的纸基装置的亚硝酸盐变化与荧光法检测出的亚硝酸盐含量结果相似。上述结果表明，探针 ND-1 负载的纸基装置具有便携性和高效性，在可视化监测炒蔬菜新鲜度方面具有很广的应用前景。

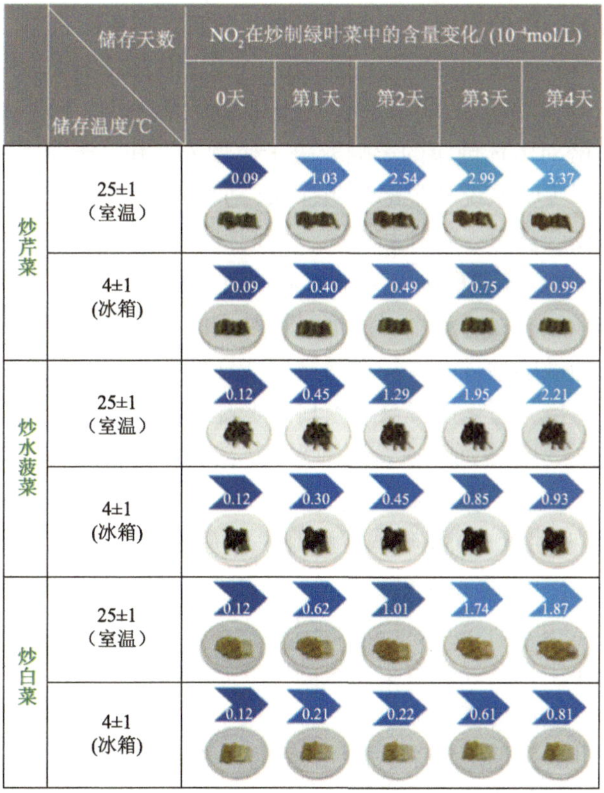

储存温度/℃ \ 储存天数		0天	第1天	第2天	第3天	第4天
炒芹菜	25±1（室温）	0.09	1.03	2.54	2.99	3.37
	4±1（冰箱）	0.09	0.40	0.49	0.75	0.99
炒水菠菜	25±1（室温）	0.12	0.45	1.29	1.95	2.21
	4±1（冰箱）	0.12	0.30	0.45	0.85	0.93
炒白菜	25±1（室温）	0.12	0.62	1.01	1.74	1.87
	4±1（冰箱）	0.12	0.21	0.22	0.61	0.81

NO$_2^-$在炒制绿叶菜中的含量变化/ (10^{-4} mol/L)

图 4.57 使用探针 ND-1 负载的纸基装置监测 NO$_2^-$ 在炒制绿叶菜中的含量变化

3. 总结

综上所述，本案例设计了一种基于 PET 效应的新型比色荧光探针 ND-1，用于食品中亚硝酸盐的实时监测。该探针通过邻苯二胺位点对亚硝酸盐的特异性识别，而具有高度的选择性和敏感性。光谱数据表明，探针 ND-1 具有检测快速（7 min）、检测限低（$4.72×10^{-8}$ mol/L）、线性响应范围宽（0～35 μmol/L）等良好的检测性能。此外，探针 ND-1 已应用于腌菜、腌肉制品等许多食品样品中亚硝酸盐的定量测定。为了实现可视化和便携式检测，开发了探针 ND-1 负载的纸基装置，并成功应用于炒制绿叶菜中亚硝酸盐含量的实时监测。结果表明，ND-1 探针在食品中亚硝酸盐含量的实时监测和食品安全领域方面具有广阔的应用前景。

4.3.4 食品中甲醛检测

甲醛是一种无色、有刺激性气味的气体，常温下，甲醛一般以水溶液的形态存在，其 37%～40%（体积分数）的水溶液被称为福尔马林。一直以来，甲醛都在日常生活中有着广泛的用途，如合成树脂、塑料、橡胶、皮革、纸张、染料、药品、杀虫剂、摄影胶片和材料等。我国明令禁止向食品中添加甲醛，然而因其具有防腐、保鲜、漂白等功效，仍有许多不法商贩将甲醛添加到食品中（Promsuwan et al., 2021）。甲醛对人体健康的影响取决于接触浓度和暴露时间。短期暴露于高浓度甲醛中会引起呼吸系统和眼部刺激症状，如咳嗽、喉咙痛、流泪等。皮肤接触甲醛可能导致皮肤瘙痒、红肿和皮疹。长期接触甲醛则会增加患呼吸系统疾病和癌症的风险。IARC 将甲醛列为人类可能的致癌物（1 类），长期暴露于高浓度甲醛环境中与鼻咽癌、喉癌和白血病等恶性肿瘤的发生有显著相关性。此外，儿童和孕妇对甲醛的敏感性较高，长期暴露可能导致儿童患呼吸系统疾病和胎儿出生体重低等问题。摄入过量甲醛会导致口、喉咙和消化道的腐蚀性烧伤，刺激肠黏膜，导致肺水肿、肝肾充血、血管周围水肿，甚至癌症（Padmalaya et al., 2022）。若甲醛在体内堆积，会导致哮喘、慢性肝病、心脏病和阿尔茨海默病（Ge et al., 2021）。鉴于其危害性 WHO 及美国环境保护署（EPA）已确定甲醛的最大日参考剂量（RfD）为 0.15～0.2 mg/（kg·天）。因此，有必要对食品中的甲醛含量进行检测（Wang et al., 2023；Nele et al., 2016）。

在过去的几年中，已经报道了大量的甲醛分析方法，如色谱法、分光光度法和电化学方法等。上述传统检测甲醛的方法成本高、耗时长、需要衍生化且操作复杂，难以满足快速、灵敏检测食品中甲醛的目的。荧光探针法具有响应速度快、灵敏度高等优点，近年来被越来越多地应用于食品检测。众多有机荧光染料中，芘是一种多苯环芳香类化合物，分子内有 10 个氢原子，有多个易发生亲电取代的位点，可以通过调节取代基的位置和个数来对其进行化学修饰。调节芘分子的空间位置取向，能够实现芘单体与激基缔合物间的发光转换。芘及其衍生物的荧光探针由于荧光强度高、测试的灵敏度高、识别快速、特异性强、荧光寿命长等优点，被广泛应用于化学检测、生物等领域。本案例构建了一种以芘为荧光团的新型比率荧光探针 PN。探针本身发射蓝色荧光，与甲醛（FA）发生 2-aza-Cope 重排反应后，单体峰显著增强的同时激基缔合物峰减弱，产生比率型变化，使探针呈现紫色荧光。该探针具有良好的选择性、较高的灵敏度与较快的响应速度（约 100 s）。将该探针负载在纸基与凝胶上，实现了水溶液中及空气中的甲醛的便携检测。将这两种便携装置应用于实时无损检测香菇和冻鱿鱼在储存过程中释放的甲醛含量，也得到了较好的结果。此外，HeLa 细胞成像结果证明 PN 探针具有检测 HeLa 细胞中外源性甲醛的能力。

1. 实验方法

1）PN 探针的合成

PN 探针的合成路线如图 4.58 所示。按照已报道的路线合成了化合物 P3，再由 P3 经过一步合成得到 PN，PN 探针的具体合成步骤如下：首先，在 N_2 气氛中，将烯丙基三氟硼酸钾（6 mmol，888 mg）和 NH_3 溶液（112 mmol，7.00 mL 溶于 MeOH）加入 100 mL 三颈烧瓶中，0℃下搅拌 20 min。搅拌完成后，待溶液恢复至室温，将溶解在 NH_3 溶液中的 P3（2 mmol，500 mg）注入烧瓶中，继续搅拌 10 h。最后，用饱和 $NaHCO_3$ 溶液（120 mL）猝灭反应，并用 CH_2Cl_2（60 mL×3）萃取三次，收集有机相，用无水 $MgSO_4$ 干燥，减压浓缩。所得残渣用硅胶柱层析（正己烷/乙酸乙酯体积比=4/1）纯化，得到白色固体 PN（355 mg，产率 62%）。

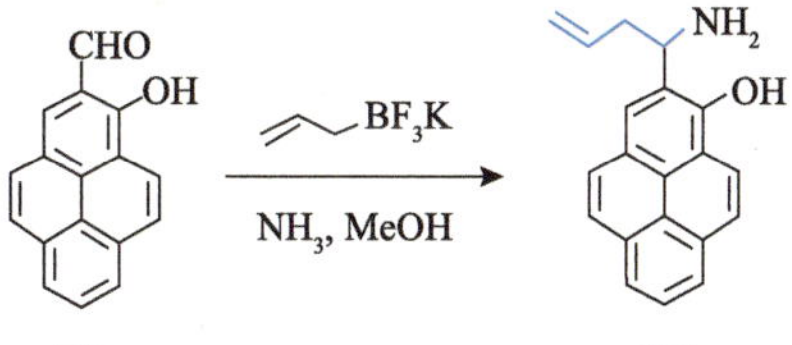

图 4.58 PN 探针的合成路线

2）光谱测试

PN 探针的母液在乙腈（ACN）中制备，浓度为 1 mmol/L。实验所用干扰物 Ca^{2+}、Cl^-、Mg^{2+}、NO_3^-、L-Cys、L-Gly、L-精氨酸(L-Arg)、L-Lys、L-亮氨酸(L-Leu)、NAC、丙酮酸钠和丙酮醛溶于去离子水中，浓度为 100 mmol/L。苯甲醛、乙醛和甲醛溶液用乙腈溶解，浓度也为 100 mmol/L。取 30 μL 待测物溶液于比色皿中，加入适量甲醛溶液，用 HEPES 缓冲液（10 mmol/L HEPES，pH=7.40）和 10% ACN 定容至 3 mL，配制成待测液。激发波长为 345 nm，激发和发射狭缝宽度均为 2.50 nm。除特殊说明，所有测量数值均来自三次重复实验。

2. 结果与讨论

1）PN 探针设计与合成

为了开发一种高选择性、高灵敏度的比率荧光传感器检测 FA，将烯丙基氨基官能团作为选择性识别位点，与 FA 进行特异性的 2-aza-Cope 重排和水解反应，生成醛类产物，产生明显的荧光响应。随后，由于其信息丰富的单体准分子发射和定量跟踪能力，选择芘作为比率荧光团。基于上述设计考虑，将化合物 P3 与烯丙基三氟硼酸钾和 NH_3 化合成传感器 PN，产率为 62%（图 4.58）。

2）探针对甲醛的光谱响应

室温下，在 ACN/HEPES（10 mmol/L，pH=7.40，1:9，体积比）中测试了 PN 探针的光谱特性。如图 4.59（a）所示，PN 在 345 nm 和 400 nm 处有两个最大吸收峰。经甲醛处理后，345 nm 处的吸收峰强度逐渐增强，而 400 nm 处的吸收峰显著下降，最终选择 345 nm 作为激发波长进行后续荧光测试。从图 4.59（b）荧光光谱中可以看出，PN 探针在 446 nm 处有较强的激基缔合物发射峰，在 390 nm 处有较弱的单体发射峰，加入甲醛后发生了 2-aza-Cope 重排，诱导了探针产生剧烈的荧光变化，表现为激基缔合物发射峰显著减弱，单体发射急剧增强，在 425 nm 处有一个明显的等发射点。结果验证了该过程中发生了甲醛诱导的烯丙基氨基转化为醛基的过程。此外，PN 探针的单体峰和激基缔合物峰的荧光强度比（I_{390}/I_{446}）增加了近 10 倍，与甲醛浓度的变化具有良好的线性关系，检测限低至 18.70 μmol/L。

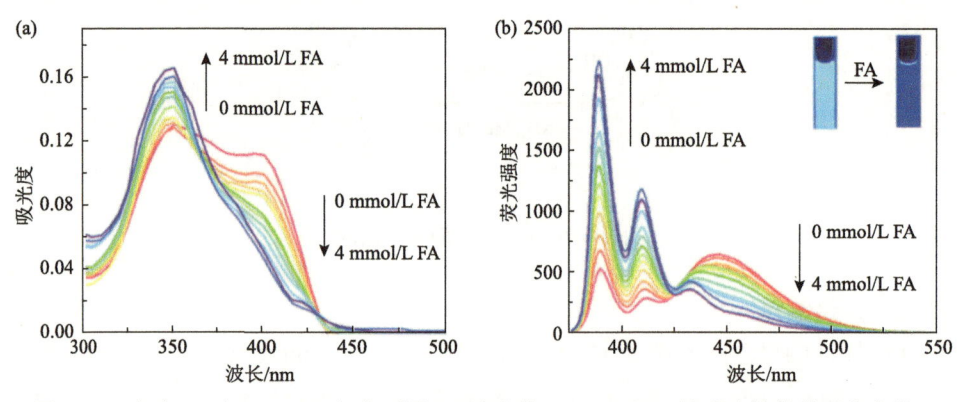

图 4.59 （a）PN（10 μmol/L）在不同 FA 浓度的 ACN/HEPES 溶液中的紫外吸收光谱；（b）PN（10 μmol/L）在不同 FA 浓度的 ACN/HEPES 溶液中 345 nm 激发下的荧光光谱

3) 探针选择性和灵敏度评价

为了考察 PN 探针的选择性，加入各种潜在相关的分析物（FA、Ca^{2+}、Cl^-、Mg^{2+}、NO_3^-、L-Cys、L-Gly、L-Arg、L-Lys、L-Leu、NAC、苯甲醛、丙酮醛、乙醛、丙酮酸钠），观察 PN 探针发射光谱的变化。如图 4.60 所示，与可能存在的物质干扰相比，PN 对 FA 具有特异性响应。与此一致，只有加入 FA 的 PN 探针溶液的荧光颜色由蓝色变为紫色，其他干扰物质的加入并不会使探针溶液荧光颜色发生改变。因此，在其他相关干扰物存在的情况下，进行了 PN 对 FA 的竞争实验。上述实验结果表明，比率荧光探针 PN 是一种有前途的甲醛荧光探针。

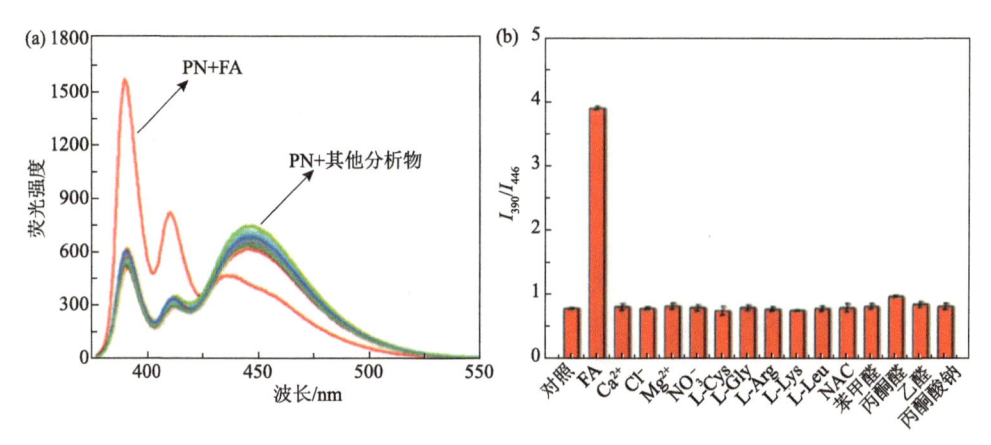

图 4.60　（a）PN（10 μmol/L）在 ACN/HEPES 溶液中加入 FA 和其他分析物（1 mmol/L）的荧光光谱；（b）PN（10 μmol/L）对 FA 和其他分析物（1 mmol/L）的荧光强度比 I_{390}/I_{446} 柱状图

4) 机理探究

含有烯丙基氨基基团的探针与甲醛通过 2-aza-Cope 重排并水解，最终烯丙基氨基转化为醛基，使化合物的荧光产生变化以达到检测目的（图 4.61）。

5) 便携装置检测气态及液态甲醛

为了进一步拓展 PN 探针的实际应用，构建了基于纸基和海藻酸钠凝胶的新型便携式装置用于 FA 的可视化检测（图 4.62）。首先，用 PN 纸基对液态甲醛进行检测，向纸基表面滴加不同浓度（0~1 mmol/L）的 FA 标准溶液，结果如图 4.62（a）所示。在紫外灯下，很容易观察到纸基荧光发生了从蓝色到紫色的显著颜色变化，且 FA 的最低检测浓度低至 1 μmol/L。同样，当纸基暴露于不同浓度的 FA 气体中时（由不同浓度的 FA 溶液在微热下挥发产生），荧光颜色由蓝色逐渐变为紫色，与反应溶液的荧光颜色一致。

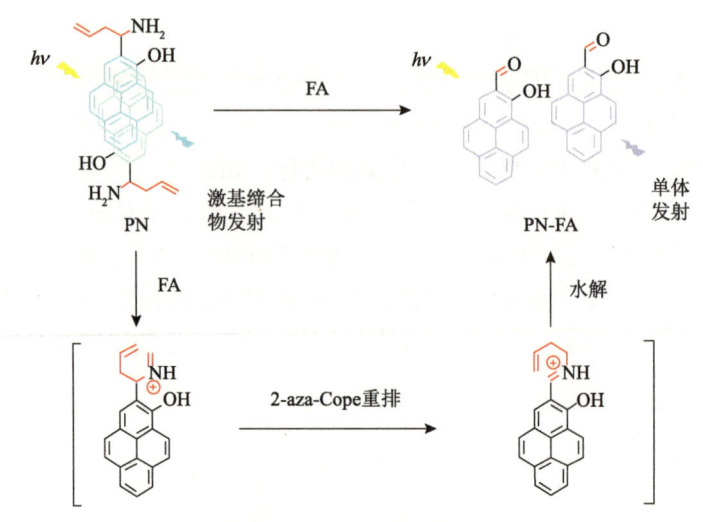

图 4.61　PN 探针检测机理

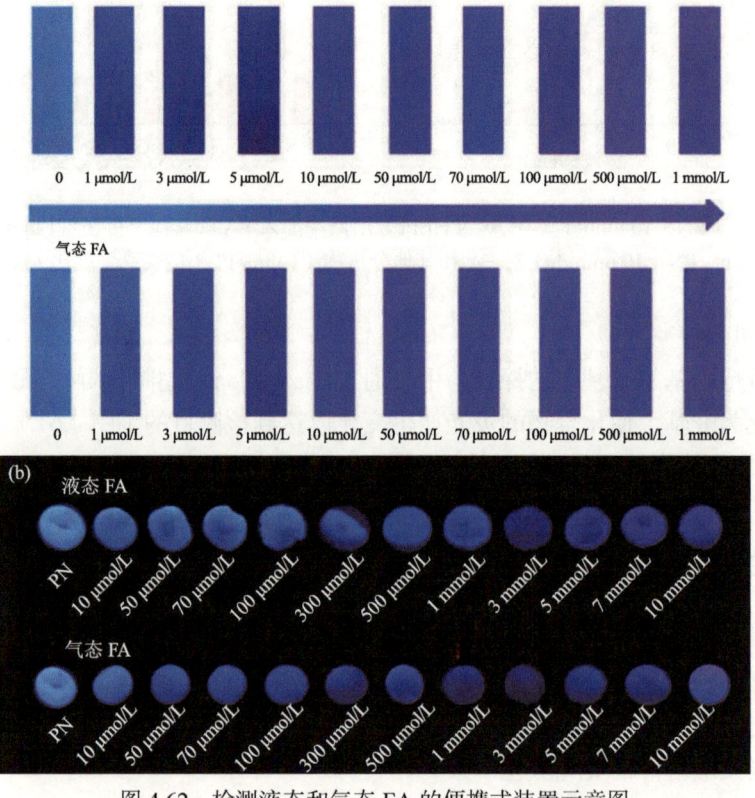

图 4.62　检测液态和气态 FA 的便携式装置示意图
(a) PN 纸基和 (b) PN 凝胶对不同浓度的液态和气态 FA 的荧光颜色变化

由于食品包装内具有一定的湿度，纸基的稳定性和灵敏度可能因吸湿性差而下降，相比之下，海藻酸钠凝胶具有高水渗透性和亲水性，非常适合开发应用于食品包装检测的装置。因此，通过将 PN 凝胶前体溶液滴入 $CaCl_2$ 溶液中制备了 PN 凝胶，并应用于液态和气态 FA 的检测[图 4.62（b）]。如图 4.62（b）所示，随着 FA 浓度的增加（0~10 mmol/L），PN 凝胶的荧光颜色逐渐由蓝色变为紫色，与 PN 探针纸基的变化结果相似。但其最低检测浓度（10 μmol/L）比纸基略高，可能是因为海藻酸钠凝胶通过吸附 FA 变色，因此在相同条件下，表面荧光颜色变化没有纸基明显，凝胶的变色原理又预示着它具有高效去除痕量 FA 的巨大潜力，可用于食品中甲醛的检测及吸附去除。

6）便携装置检测实际样品中气态及液态甲醛

在验证了便携式装置对气态 FA 的优异传感性能后，将所开发的装置应用于实际食品样品储存过程中挥发性 FA 的无损监测。众所周知，水产品和香菇可以通过后续的催化过程产生内源性 FA。因此，对食品中内源性 FA 含量的无损监测十分重要，实验选择冻鱿鱼和香菇作为检测对象。将同一批食品切成大小相同的小块，分别在不同温度下（4℃和 25℃）储存 6 天，并用 PN 纸基和 PN 凝胶监测，结果如图 4.63 与图 4.64 所示。

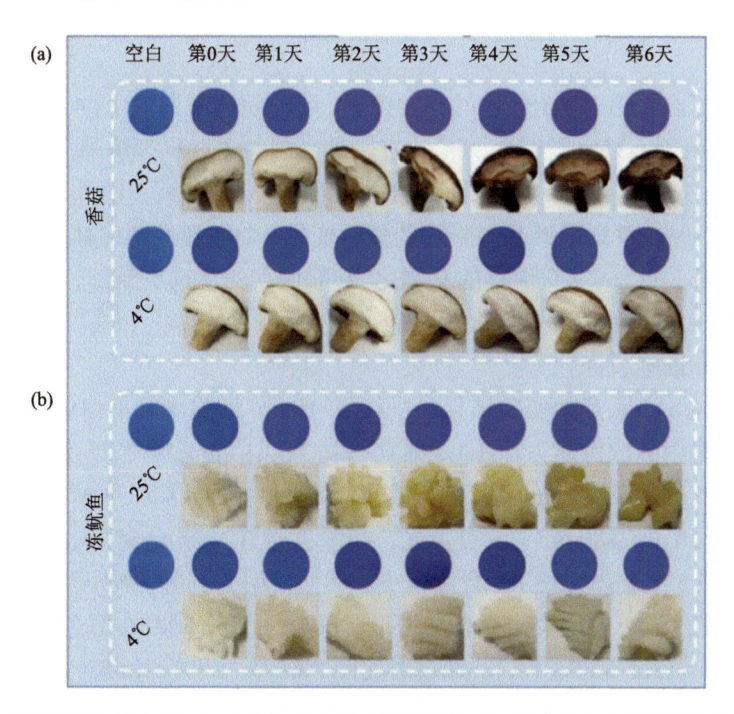

图 4.63　不同温度下储存的（a）香菇和（b）冻鱿鱼中 FA 含量的 PN 纸基（100 μmol/L）的荧光颜色变化

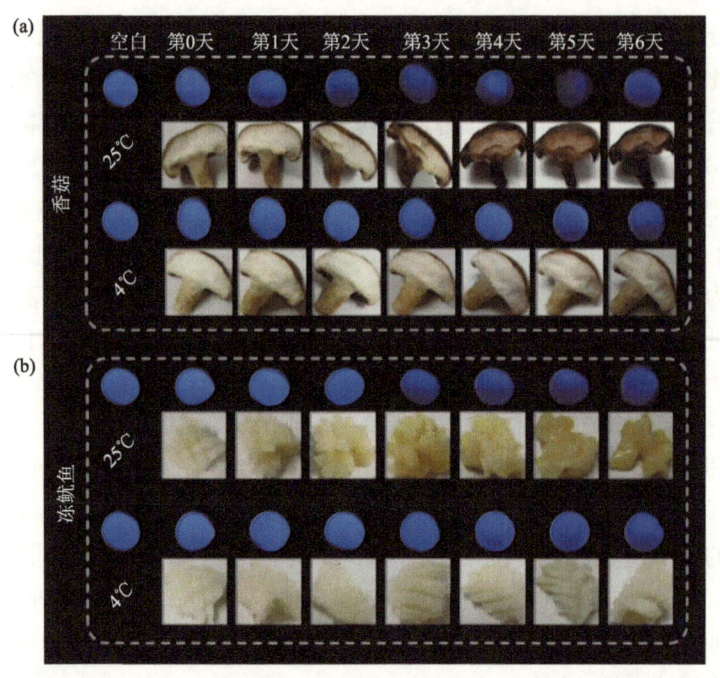

图 4.64　不同储存条件下（a）香菇和（b）冻鱿鱼中挥发性 FA 的 PN 凝胶（100 μmol/L）的荧光颜色变化

从图中可以看出，香菇释放的挥发性 FA 随时间逐渐增加[图 4.63（a），图 4.64（a）]，这是由于 γ-谷氨酰转肽酶（γ-GT）和半胱氨酰亚砜裂解酶（C-S 裂解酶）的酶促反应。同样，在 4℃下储存 3 天时，仅通过辨别冻鱿鱼的外观很难区分 FA 含量的变化，但通过观察纸基与凝胶的颜色变化，则很容易发现其 FA 含量比第 0 天时显著上升。此外，4℃保存的食物比 25℃保存的食物更新鲜，表明较低的温度有利于延缓内源性 FA 的产生。

7）HeLa 细胞成像

鉴于上述令人满意的实验结果，进行了 HeLa 细胞实验来评估比率荧光 PN 探针在活细胞中的成像能力。HeLa 细胞与 PN（2.50 μmol/L）孵育 20 min，然后用波长为 405 nm 和 488 nm 激发进行成像。如图 4.65（a）、（b）所示，HeLa 细胞在蓝色通道（420～480 nm）没有荧光，在绿色通道（490～550 nm）有较强的荧光，表明 HeLa 细胞内源性 FA 含量较少。然而，用 FA 进行预处理后的细胞再与 PN 孵育，蓝色通道中的荧光显著增强[图 4.65（e）]，同时在绿色通道中只能观察到微弱的荧光[图 4.65（f）]。通过对比图 4.65（c）和图 4.65（g）发现，比率荧光信号（$I_{蓝}/I_{绿}$）发生明显变化。这些结果表明，比率荧光 PN 探针能够监测细胞中的 FA 水平，并具有良好的生物成像分析能力。

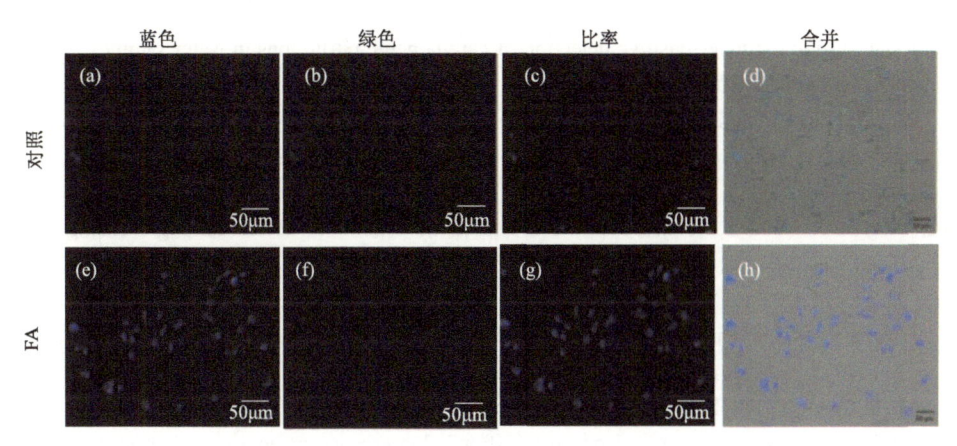

图4.65 （a）～（d）PN探针（2.50 μmol/L）孵育20 min的HeLa细胞成像；（e）～（h）用PN（2.50 μmol/L）孵育20 min，再加入FA（100 μmol/L），刺激20 min的HeLa细胞比率成像；（a）、（e）蓝色通道（420～480 nm）；（b）、（f）绿色通道（490～550 nm）；（c）、（g）分别为蓝绿通道的比率图像；（d）、（h）分别为蓝色通道和绿色通道在明场中的融合图像，Ex=405nm、488nm，比例尺为50 μm

3. 总结

综上所述，本案例开发了一种新型芘基比率荧光PN探针，用于食品和活细胞中FA的可视化检测和现场监测。探针本身激基缔合物峰较强，能发射蓝色荧光，加入FA后发生特异性的2-aza-Cope重排，单体峰显著增强，激基缔合物峰下降，发生比率荧光变化，呈现紫色荧光。且两个发射峰强度的比值（I_{390}/I_{446}）显著增加，最高可达10倍。PN探针具有选择性好、灵敏度高和响应速度快等优点，实现了实际食品样品中FA的测定。此外，还构建了基于纸基和海藻酸钠凝胶基的FA便携式检测装置，用于液态和气态FA的可视化检测，并进一步应用于食品储存过程中挥发性FA变化的无损监测，成功实现了便携式设备对FA的定量测定。此外，PN还成功用于HeLa细胞中内源与外源性FA的荧光成像。该案例引入了一种新型的比率荧光探针，能够有效检测食品中的甲醛。不仅提高了检测的敏感性和准确性，还为食品安全监测提供了新的可能性。这一创新性研究为食品安全领域的进一步探索和发展打下了基础。

参 考 文 献

Ahn S, Lee J Y, Kim B. 2021. Accurate determination of carbaryl, carbofuran and carbendazim in vegetables by isotope dilution liquid chromatography/tandem mass spectrometry. Chromatographia, 2021, 84: 27-35.

Annalakshmi M, Kumaravel S, Chen S M, et al. 2020. A straightforward ultrasonic-assisted synthesis of zinc sulfide for supersensitive detection of carcinogenic nitrite ions in water samples. Sensors and Actuators B: Chemical, 305 : 127387.

Berisha L, Arsim M, Majlinda H, et al. 2020. Voltammetric determination of nitritesin meat products after reaction with ranitidine producing 2-methylfuran cation. Microchemical Journal, 159: 105403.

Chen B, Liu J, Yang T, et al. 2019. Development of a portable device for Ag^+ sensing using CdTeQDs as fluorescence probe via an electron transfer process. Talanta, 191: 357-363.

Chen H Y, Hu O, Fan Y, et al. 2020. Fluorescence paper-based sensor for visual detection of carbamate pesticides in food based on CdTe quantum dot and nano ZnTPyP. Food Chemistry, 327: 127075.

Chen H Y, Wang S, Fu H Y, et al. 2019. A colorimetric sensor array for recognition of 32 Chinese traditional cereal vinegars based on "turn-off/on" fluorescence of acid-sensitive quantum dots. Spectrochimica Acta Part A: Molecular and Biomolecular Spectroscopy, 227: 117683.

Chen Y F, Qiao X G, Sun Y F, et al. 2022. Sensitive analytical detection of nitrite using an electrochemical sensor with STAB-functionalized Nb_2C@MWCNTs for signal amplification. Food Chemistry, 372: 131356.

Chen Y Y, Zhao C X, Yue G Z, et al. 2020. A highly selective chromogenic probe for the detection of nitrite in food samples. Food Chemistry, 317: 126361.

Chen Z J, Wu H L, Shen Y D, et al. 2022. Phosphate-triggered ratiometric fluoroimmunoassay based on nanobody-alkaline phosphatase fusion for sensitive detection of 1-naphthol for the exposure assessment of pesticide carbaryl. Journal of Hazardous Materials, 424: 127411.

Chow T H, Li N, Bai X, et al. 2019. Gold nanobipyramids: An emerging and versatile type of plasmonic nanoparticles. Accounts of Chemical Research, 52: 2136-2146.

Cui C, Wang Q B, Liu Q Y, et al. 2018. Porphyrin-based porous organic framework: An efficient and stable peroxidasemimicking nanozyme for detection of H_2O_2 and evaluation of antioxidant. Sensor and Actuators B: Chemical, 277: 86-94.

Dehghani Z, Mohammadnejad J, Hosseini M, et al. 2020. Whole cell FRET immunosensor based on graphene oxide and graphene dot for campylobacter jejuni detection. Food Chemistry, 309: 125690.

Du F Y, Sun L S, Zen Q L, et al. 2019. A highly sensitive and selective "on-off-on" fluorescent sensor based on nitrogen doped graphene quantum dots for the detection of Hg^{2+} and paraquat. Sensors and Actuators B: Chemical, 288: 96-103.

Fan Y, Liu L, Sun D L, et al. 2016. "Turn-off" fluorescent data array sensor based on double quantum dots coupled with chemometrics for highly sensitive and selective detection of multicomponent pesticides. Analytica Chimica Acta, 916: 84-91.

Fan Y, Qiao W, Long W, et al. 2022. Detection of tetracycline antibiotics using fluorescent "Turn-off" sensor based on S, N-doped carbon quantum dots. Spectrochimica Acta Part A: Molecular and Biomolecular Spectroscopy, 274: 121033.

Fan Y, Zhang L, Jia J, et al. 2020. Development of a triple channel colorimetric paper sensor array based on quantum dots: A robust tool for process monitoring and quality control of basic liquors of Baijiu. Sensors and Actuators B: Chemical, 319: 128260.

Ge K, Yi L, Wu Q, et al. 2021. Detection of formaldehyde by surfaceenhanced raman spectroscopy based on PbBiO$_2$Br/Au$_4$Ag$_4$ nanospheres. ACS Applied Nano Materials, 4: 10218-10227.

Guo C B, Chen Y S, Xia W T, et al. 2020. Eutrophication and heavy metal pollution patterns in the water suppling lakes of China's south-to-north water diversion project. Science of the Total Environment, 711: 134543.

Guo J, Wong J X H, Cui C, et al. 2015. A smartphone-readable barcode assay for the detection and quantitation of pesticide residues. Analyst, 140: 5518-5525.

Guo L, Li Z, Chen H, et al. 2017. Colorimetric biosensor for the assay of paraoxon in environmental water samples based on the iodine-starch color reaction. Analytica Chimica Acta, 967: 59-63.

Guo Z, Kang Y, Liang S, et al. 2020. Detection of Hg(II) in adsorption experiment by a lateral flow biosensor based on streptavidin-biotinylated DNA probes modified gold nanoparticles and smartphone reader. Environmental Pollution, 266: 115389.

Han B Y, Hou X F, Xiang R C, et al. 2017. Detection of lead ion based on aggregation-induced emission of copper nanoclusters. Chinese Journal of Analytical Chemistry, 45: 23-27.

Huang L N, Chen F, Zong X, et al. 2021. Near-infrared light excited UCNP-DNAzyme nanosensor for selective detection of Pb^{2+} and *in vivo* imaging. Talanta, 227: 122156.

Huang Q T, Li Q, Chen Y F, et al. 2018. High quantum yield nitrogen-doped carbon dots: Green synthesis and application as "off-on" fluorescent sensors for the determination of Fe^{3+} and adenosine triphosphate in biological samples. Sensors and Actuators B: Chemical, 276: 82-88.

Jayadevimanoranjitham J, Narayanan S S. 2019. A mercury free electrode based on poly O-cresophthalein complexone film matrixed MWCNTs modified electrode for simultaneous detection of Pb(II) and Cd(II). Microchemical Journal, 148: 92-101.

Jia Y, Cheng Z, Wang G, et al. 2023. Nitrogen doped biomass derived carbon dots as a fluorescence dual-mode sensing platform for detection of tetracyclines in biological and food samples. Food Chemistry, 402: 134245.

Kan C, Shao X T, Song F, et al. 2019. Bioimaging of a fluorescence rhodamine-based probe for reversible detection of Hg(II) and its application in real water environment. Microchemical Journal, 150: 104142-104150.

Kumar P S, Elango K P. 2020. A simple organic probe for ratiometric fluorescent detection of Zn(II), Cd(II) and Hg(II) ions in aqueous solution via varying emission colours to distinguish one another. Spectrochimica Acta Part A: Molecular and Biomolecular Spectroscopy, 241: 118610.

Lanjwani M F, Altunay N, Tuzen M, 2023. Preparation of fatty acid-based ternary deep eutectic solvents: Application for determination of tetracycline residue in water, honey and milk samples by using vortex-assisted microextraction. Food Chemistry, 400: 134085.

Lee H S, Rahman M M, Chung H S, et al. 2018. An effective methodology for simultaneous quantification of thiophanate-methyl, and its metabolite carbendazim in pear, using LC-MS/MS. Journal of Chromatography B, 1095: 1-7.

Lee M G, Patil V, Na Y C, et al. 2018. Highly stable, rapid colorimetric detection of carbaryl pesticides by azo coupling reaction with chemical pre-treatment. Sensors and Actuators B: Chemical, 261: 489-496.

Li G, Liu Y, Niu J, et al. 2018. A ratiometric fluorescent composite nanomaterial for RNA detection based on graphene quantum dots and molecular probes. Journal of Materials Chemistry B, 6(26): 4380-4384.

Li Y, Pan T, Miao D, et al. 2015. Sorption-desorption of typical tetracyclines on different soils: Environment hazards analysis with partition coefficients and hysteresis index. Environmental Engineering Science, 32(10): 865-871.

Li Z J. 2018. Health risk characterization of maximum legal exposures for persistent organic pollutant (POP) pesticides in residential soil: an analysis. Journal of Environmental Management, 205: 163-173.

Lim H S, Choi E, Lee S J, et al. 2022. Improved spectrophotometric method for nitrite determination in processed foods and dietary exposure assessment for Korean children and adolescents. Food Chemistry, 367: 130628.

Lin S L, Hsu J W, Fuh M R. 2019. Simultaneous determination of nitrate and nitrite in vegetables by poly(vinylimidazole-co-ethylene dimethacrylate) monolithic capillary liquid chromatography with UV detection. Talanta, 205: 120082.

Ling Y T, Luo F, Zhu S D. 2021. A simple and fast sample preparation method based on ionic liquid treatment for determination of Cd and Pb in dried solid agricultural products by graphite furnace atomic absorption spectrometry. LWT, 142: 111077.

Liu P, Li X, Xu X, et al. 2021. Analyte-triggered oxidase-mimetic activity loss of Ag_3PO_4/UiO-66 enables colorimetric detection of malathion completely free from bioenzymes. Sensors and Actuators B: Chemical, 338: 129866.

Liu Y, Qin O Y, Li H H, et al. 2018. Turn-on fluoresence sensor for Hg^{2+} in food based on FRET between aptamers-functionalized upconversion nanoparticles and gold nanoparticles. Journal of Agricultural and Food Chemistry, 66(24): 6188-6195.

Luo L, Song Y, Zhu C Z, et al. 2018. Fluorescent silicon nanoparticles-based ratiometric fluorescence immunoassay for sensitive detection of ethyl carbamate in red wine. Sensors and Actuators B: Chemical, 255: 2742-2749.

Luo Z T, Yuan X, Yu Y, et al. 2012. From aggregation-induced emission of Au(I)-thiolate complexes to ultrabright Au(0)@Au(I)-thiolate core-shell nanoclusters. Journal of the American Chemical Society, 134: 16662-16670.

Meng X J, Cao D L, Hu Z Y, et al. 2018. A highly sensitive and selective chemosensor for Pb^{2+} based on quinoline-coumarin. RSC Advances, 8: 33947.

Mi G, Yang M, Wang C, et al. 2021. A simple "turn off-on" ratio fluorescent probe for sensitive detection of dopamine and lysine/arginine. Spectrochimica Acta Part A: Molecular and Biomolecular Spectroscopy, 253: 119555.

Nele V, Peng N, Hu D, et al. 2016. Superabsorbent cellulose−clay nanocomposite hydrogels for highly efficient removal of dye in water. ACS Sustainable Chemistry & Engineering, 4: 7217-7224.

Oluwole A O, Olatunji O S. 2022. Photocatalytic degradation of tetracycline in aqueous systems under visible light irridiation using needle-like SnO$_2$ nanoparticles anchored on exfoliated g-C$_3$N$_4$. Environmental Sciences Europe, 34(1): 5.

Padmalaya G, Vardhan K H, Kumar P S, et al. 2022. A disposable modified screen-printed electrode using egg white/ZnO rice structured composite as practical tool electrochemical sensor for formaldehyde detection and its comparative electrochemical study with chitosan/ZnO nanocomposite. Chemosphere, 288: 132560.

Pang Y H, Lv Z Y, Sun J C, et al. 2021. Collaborative compounding of metal-organic frameworks for dispersive solid-phase extraction HPLC-MS/MS determination of tetracyclines in honey. Food Chemistry, 355: 129411.

Pannek C, Vetter T, Oppmann M, et al. 2020. Highly sensitive reflection based colorimetric gas sensor to detect CO in realistic fire scenarios. Sensors and Actuators B: Chemical, 306: 127572.

Percastegui E G, Jancik V. 2020. Coordination-driven assemblies based on meso-substituted porphyrins: Metal-organic cages and a new type of meso-metallaporphyrin macrocycles. Coordination Chemistry Reviews, 407: 213165.

Pohanka M. 2016. Electrochemical biosensors based on acetylcholinesterase and butyrylcholinesterase. A review. International Journal of Electrochemical Science, 11: 7440-7452.

Promsuwan K, Saichanapan J, Soleh A, et al. 2021. Portable flow injection amperometric sensor consisting of Pd nanochains, graphene nanoflakes, and WS$_2$ nanosheets for formaldehyde detection. ACS Applied Nano Materials, 4: 12429-12441.

Qi H, Teng M, Liu M, et al. 2019. Biomass-derived nitrogen-doped carbon quantum dots: Highly selective fluorescent probe for detecting Fe^{3+} ions and tetracyclines. Journal of Colloid and Interface Science, 539: 332-341.

Qu Z, Yu T, Bi L. 2019. A dual-channel ratiometric fluorescent probe for determination of the activity of tyrosinase using nitrogen-doped graphene quantum dots and dopamine-modified CdTe quantum dots. Microchimica Acta, 186(9): 635.

Ravichandran G, Dinesh K L, Abirami A, et al. 2021. Foodobesogens as emerging metabolic disruptors: A toxicological insight. The Journal of Steroidbiochemistry and Molecular Biology, 217: 106042.

Sánchez-Iglesias A, Winckelmans N, Bals S, et al. 2017. High-yield seeded growth of monodisperse pentatwinned gold nanoparticles through thermally induced seed twinning. Journal of the American Chemical Society, 139: 107-110.

Saquib Q, Siddiqui M A, Ansari S M, et al. 2021. Cytotoxicity and genotoxicity of methomyl, carbaryl, metalaxyl, and pendimethalin in human umbilical vein endothelial cells. Journal of Applied Toxicology, 41: 832-846.

Sengupta P, Pramanik K, Sarkar P. 2021. Simultaneous detection of trace Pb(II), Cd(II) and Hg(II) by anodic stripping analyses with glassy carbon electrode modified by solid phase synthesized iron-aluminate nano particles. Sensors and Actuators B: Chemical, 2021, 329: 129052.

Shahdost-Fard F, Fahimi-Kashani N, Hormozi-Nezhad M R. 2021. A ratiometric fluorescence nanoprobe using CdTe QDs for fast detection of carbaryl insecticide in apple. Talanta, 221: 121467.

Sun L L, Wang T, Sun Y Z, et al. 2020. Fluorescence resonance energy transfer between NH_2-$NaYF_4$: Yb, Er/$NaYF_4$@SiO_2 upconversion nanoparticles and gold nanoparticles for the detection of glutathione and cadmium ions. Talanta, 207: 120294.

Tang Y F, Huang Y, Chen Y H, et al. 2019. A coumarin derivative as a "turn-on" fluorescence probe toward Cd^{2+} in live cells. Spectrochimica Acta Part A: Molecular and Biomolecular Spectroscopy, 218: 359-365.

Tian J, Zhang W A. 2019. Synthesis, self-assembly and applications of functional polymers based on porphyrins. Progress in Polymer Science, 95: 65-117.

Vleeschouwer F, Baron S, Cloy J M, et al. 2020. Comment on: "A novel approach to peatlands as archives of total cumulative spatial pollution loads from atmospheric deposition of airborne elements complementary to EMEP data: Priority pollutants (Pb, Cd, Hg)" by Ewa Miszczak, Sebastian Stefaniak, Adam Michczyński, Eiliv Steinnes and Irena Twardowska. Science of the Total Environment, 737: 138699.

Wang C, Wang C, Xu P, et al. 2016. Synthesis of cellulosederived carbon dots using acidic ionic liquid as a catalyst and its application for detection of Hg^{2+}. Journal of Materials Science, 51: 861-867.

Wang H, Zhang P, Chen J, et al. 2017. Polymer nanoparticle-based ratiometric fluorescent probe for imaging Hg^{2+} ions in living cells. Sensors and Actuators B: Chemical, 242: 818-824.

Wang J, Li D Q, Ye Y X, et al. 2021. A fluorescent metal-organic framework for food realtime visual monitoring. Advanced Materials, 2021: 2008020.

Wang M W, Wang F, Wang Y, et al. 2015. Polydiacetylene-based sensor for highly sensitive and selective Pb^{2+} detection. Dyes and Pigments, 120: 307-313.

Wang W, Zhao X, Ye L. 2023. Self-assembled construction of robust and super elastic graphene aerogel for high-efficient formaldehyde removal and multifunctional application. Small, 19: 2300234.

Wang X, Li L, Jiang H, et al. 2022. Highly selective and sensitive fluorescence detection of tetracyclines based on novel tungsten oxide quantum dots. Food Chemistry, 374: 131774.

Wang X D, Liu Z Q, Gao P F, et al. 2020. Quantum dots mediated fluorescent "turn-off-on" sensor for highly sensitive and selective sensing of protein. Colloids and Surfaces B: Biointerfaces, 185: 110599.

Wang Y H, Weng W Y, Xu H, et al. 2019. Negatively charged molybdate mediated nitrogen-doped graphene quantum dots as a fluorescence turn on probe for phosphate ion in aqueous media and living cells. Analytica Chimica Acta, 1080: 196-205.

Wang Z, Chen Q, Zhong Y, et al. 2020. A multicolor immunosensor for sensitive visual detection of breast cancer biomarker based on sensitive nadh-ascorbic-acid-mediated growth of gold nanobipyramids. Analytica Chemistry, 92: 1534-1540.

Wojciechowski J P, Armstrong J P K, Stevens M M. 2020. Tailoring gelation mechanisms for advanced hydrogel applications. Advanced Functional Materials, 30: 2002759.

Wu S, Li D, Wang J, et al. 2017. Gold nanoparticles dissolution based colorimetric method for highly sensitive detection of organophosphate pesticides. Sensors Actuators B: Chemical, 238: 427-433.

Wu S, Yang C, Lin Y, et al. 2022. Efficient degradation of tetracycline by singlet oxygen-dominated peroxymonosulfate activation with magnetic nitrogendoped porous carbon. Journal of Environmental Sciences, 115: 330-340.

Xie L, Zheng R L, Li L C. 2022. A multifunctional fluorescent probe based on octupolar conjugated merocyanine dyes for the rapid and sensitive detection of copper(II) and nitrite in aquaculture water and food samples. Dyes and Pigments, 203: 110374.

Xu L, Lu D, Shi Q, et al. 2019. ZnCdSe-CdTe quantum dots: A "turn-off" fluorescent probe for the detection of multiple adulterants in an herbal honey. Spectrochimica Acta Part A: Molecular and Biomolecular Spectroscopy, 221: 117212.

Yan X, Kong D, Jin R, et al. 2019. Fluorometric and colorimetric analysis of carbamate pesticide via enzyme-triggered decomposition of gold nanoclusters-anchored MnO_2 nanocomposite. Sensors and Actuators B: Chemical, 290: 640-647.

Yang H, Peng C, Han J, et al. 2020. Three-dimensional macroporous carbon/Zr 2-, 5-dimercaptoterephthalic acid metal-organic frameworks nanocomposites for removal and detection of Hg(II). Sensors and Actuators B: Chemical, 320: 128447.

Yang K, Jia P, Hou J, et al. 2022. An ingenious turn-on ratiometric fluorescence sensor for sensitive and visual detection of tetracyclines. Food Chemistry, 396: 133693.

Yang N, Wang P, Xue C Y, et al. 2018. A portable detection method for organophosphorus and carbamates pesticide residues based on multilayer paper chip. Journal of Food Process Engineering, 41: 1-10.

Yang X P, Lin J, Liao X L, et al. 2015. Interactions between N-acetyl-L-cysteine protected CdTe quantum dots and doxorubicin through spectroscopic method. Materials Research Bulletin, 66: 169-175.

Yukird J, Kongsittikul P, Qin J Q, et al. 2018. ZnO@graphene nanocomposite modified electrode for sensitive and simultaneous detection of Cd(II) and Pb(II). Synthetic Metals, 245: 251-259.

Zhang X, Guo X, Yuan H, et al. 2018. One-pot synthesis of a natural phenol derived fluorescence sensor for Cu(II) and Hg(II) detection. Dyes and Pigments, 155: 100-106.

Zhao L, Wang C W, Gu H Y, et al. 2018. Market incentive, government regulation and the behavior of pesticide application of vegetable farmers in China. Food Control, 85: 308-317.

Zhu H, She J, Zhou M, et al. 2019. Rapid and sensitive detection of formaldehyde using portable 2-dimensional gas chromatography equipped with photoionization detectors. Sensors and Actuators B: Chemical, 283: 182-187.

第 5 章 食品真实性溯源案例分析

5.1 AntDAS 色质谱智能分析软件用于真实性标志物筛查

5.1.1 AntDAS 色质谱智能分析软件概述

随着色谱、质谱技术的发展，如气相色谱-质谱（GC-MS）和超高效液相色谱-高分辨质谱（UHPLC-HRMS），靶向和非靶向代谢组学分析已在食品等多个研究领域得到广泛应用（Cai et al., 2023；Wang et al., 2023；Gauglitz et al., 2022；）。色谱、质谱联用技术兼具色谱的分离能力和质谱的定性功能，使其成为当前非靶向研究的"金标准"（Fraisier-Vannier et al., 2020）。相比于靶向代谢组学，非靶向代谢组学的非歧视性使其具有广泛的化合物覆盖度，并且无需复杂的预处理过程，采用的高分辨质谱以其较高的分辨率在化合物鉴定中更具优势。典型的基于色质谱联用的非靶向代谢组学分析流程主要包括：实验设计、样品采集、预处理、数据获取、数据处理以及分析（包括定性和定量分析），最终达到生物学解释的目的（Zhou et al., 2012）。由于食品基质复杂，单个样品数据采集将获得数十兆至数千兆的质谱数据。针对具有如此复杂、庞大的内部结构的代谢组学数据集，如何实现对这些数据的准确分析成为当前非靶向代谢组学在食品研究中的瓶颈问题。

数据解析作为代谢组学研究的初始化步骤，用于从复杂代谢组学数据中提取化合物信息，在整个代谢组学研究流程中起着至关重要的作用，因为该阶段的错误会导致化合物的丢失和代谢组学的错误解释（Gorrochategui et al., 2016）。此外，仪器的可变性，如压力和温度以及样品基质效应均会通过引入假阳性结果而加剧复杂性。伴随着高通量代谢组学数据复杂性和体量的急剧增加，数据解析变得更加具有挑战性。因而，准确、高效的代谢组学数据解析方法是当前代谢组学研究中极度依赖的。目前，研究人员基于色质谱联用的代谢组学研究已经开发了许多数据解析方法。然而，仍然缺乏该环节公认的标准化方法和工具。这些已经提出的数据解析策略中，数据分析算法的差异导致各方法解析结果具有较差的一致性，这使数据解析仍然是基于色质谱联用的代谢组学研究中一项关键性的难题（Asakura et al.，2018）。因此，为对从非靶向代谢组学等研究中获得的数据集进行综合分析，本课题组自主开发了色质谱智能分析软件 AntDAS，用于实现色质谱数据的精准解析。AntDAS 针对色质联用典型的数据解析流程均自主开发了性能优越的新算法，如基于极小值策略实现基线校正、自适应实现噪声估计；开发了多种算法来准确实现离子色谱图提取以及色谱峰提取；并且还开发了碎片离子识别算法以识别源内碎片，极大程度保证化合物识别的准确性。对比当前广泛使用的其他方法，如 XCMS（美国）、MZmine（美国）和 MS-DIAL（日本），AntDAS 具有更优异的组分信息提取和化合物准确识别能力，有效解决了假阳性和假阴性问题。目前，该软件已用于茶和酒等数十种食品原料物质构成的高通量精准解析。

5.1.2 AntDAS 色质谱解析策略

AntDAS 软件包含两个主要模块，分别针对不同类型的色质谱数据分析。①AntDAS-GCMS：专门用于处理 GC-MS 数据，优化了挥发性和半挥发性成分的分析流程。该模块通过自动化的数据处理和化合物鉴定算法，提高了分析的通量和可靠性。②AntDAS-LCHRMS：针对 UHPLC-HRMS 数据分析设计，专注于难挥发性成分的检测和定量。该模块利用先进的数据处理技术，确保了对复杂样品中化合物的精确分析。

1. GC-MS 数据解析策略

针对基于 GC-MS 的非靶向代谢组学数据集的解析，本课题组基于 Matlab 2018b 平台开发了用于解析 GC-MS 数据的智能化数据解析模块 AntDAS-GCMS，其数据解析流程如图 5.1 所示，可实现 GC-MS 数据的预处理，包括总离子流色谱图（total ion chromatogram，TIC）峰解卷积、保留时间对齐、化合物信息注册，以获得化合物信息列表。此外，AntDAS-GCMS 中还提供了化学计量学分析模块，可以进行差异性化合物的筛选。软件自带化合物数据库可导出与 NIST 库兼容的文件用于化合物鉴定，高通量分析样品中的化合物信息，有利于寻找代谢过程中重要的标志性化合物。

目前，该软件支持非靶向分析中 Full Scan、SIM+SCAN 和靶向分析中 GC-选择离子检测（SIM）采集模式中的数据，已在安捷伦、赛默飞等仪器平台完成了多种食品样品代谢组学应用工作的分析，结果证明该软件具有广泛的适用性。AntDAS-GCMS 软件的主界面如图 5.2 所示。界面主要展示了样品名称、样品 TIC 峰、质谱图等信息。

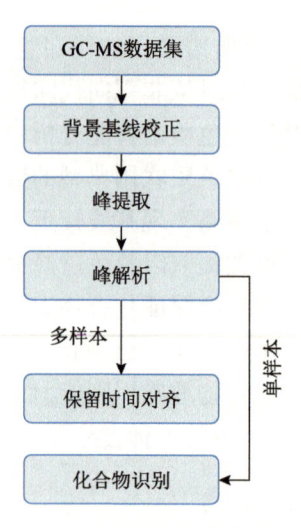

· 158 ·　　　　　　　　　食品安全检测与真实性溯源方法及应用

图 5.1　AntDAS-GCMS 数据解析流程

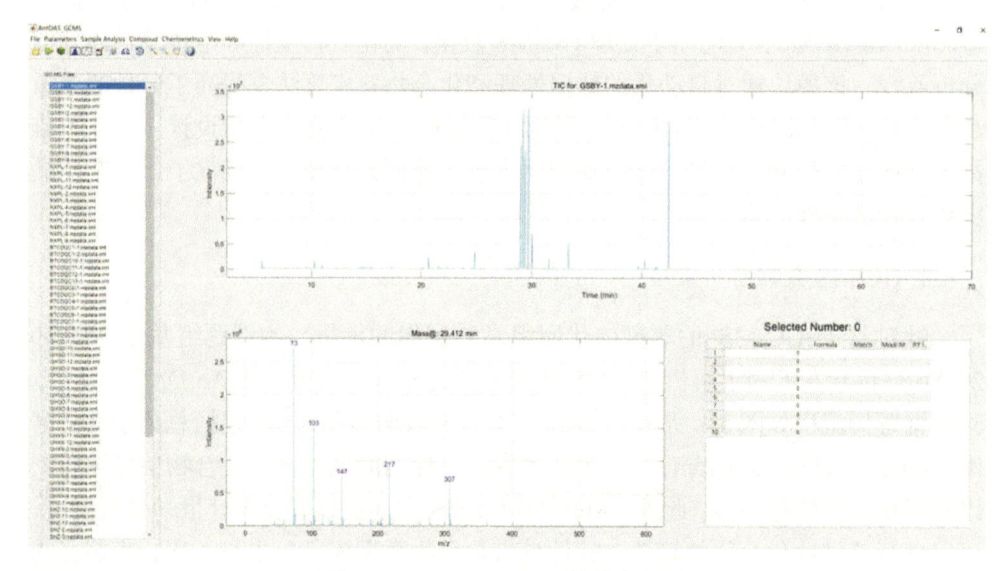

图 5.2　AntDAS-GCMS 软件主界面

通过该软件，可实现单样品和多样品的数据分析，图 5.3 和图 5.4 分别为单样品和多样品数据分析界面。其中，单样品数据分析界面中包括已解析化合物的名称、保留时间、分子式、质谱图与内部数据库匹配结果等信息；多样品数据分析界面中展示了样品间化合物色谱峰的对齐情况以及不同样品中化合物的含量分布情况。

第 5 章 食品真实性溯源案例分析

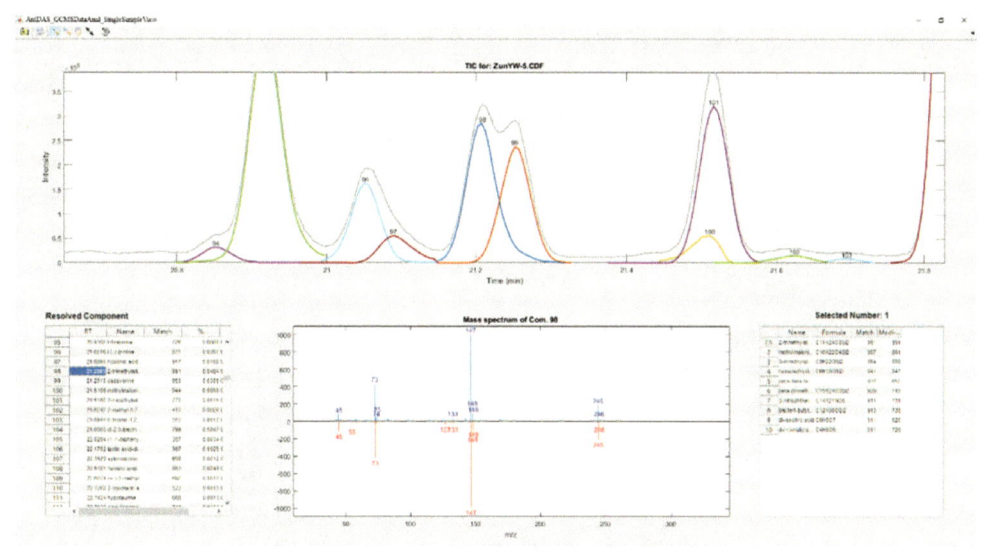

图 5.3 AntDAS-GCMS 单样品数据分析界面

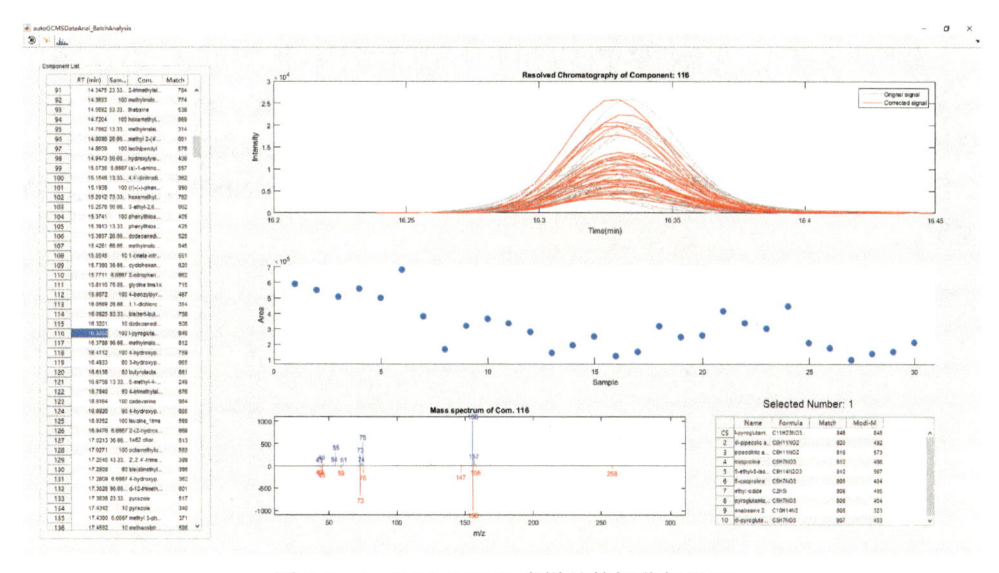

图 5.4 AntDAS-GCMS 多样品数据分析界面

在完成上述数据分析后，还可利用软件中化学计量学分析模块进行 HCA+PCA、PLS-DA、Fisher 判别，界面如图 5.5 所示。根据实际需求，用户可自主设置数据归一化方式、p 值、FC（倍数变化）值、样品标签等参数，同时可根据数据处理结果进行适当调整。PCA 和 HCA 界面可展示层次聚类分析的结果以及 PCA 的得分图和主要变量的贡献率。PLS-DA 界面可展示 PLS-DA 的得分图和载荷图以及变量重要性投影（VIP）图。Fisher 判别界面可展示其数据分析结果。

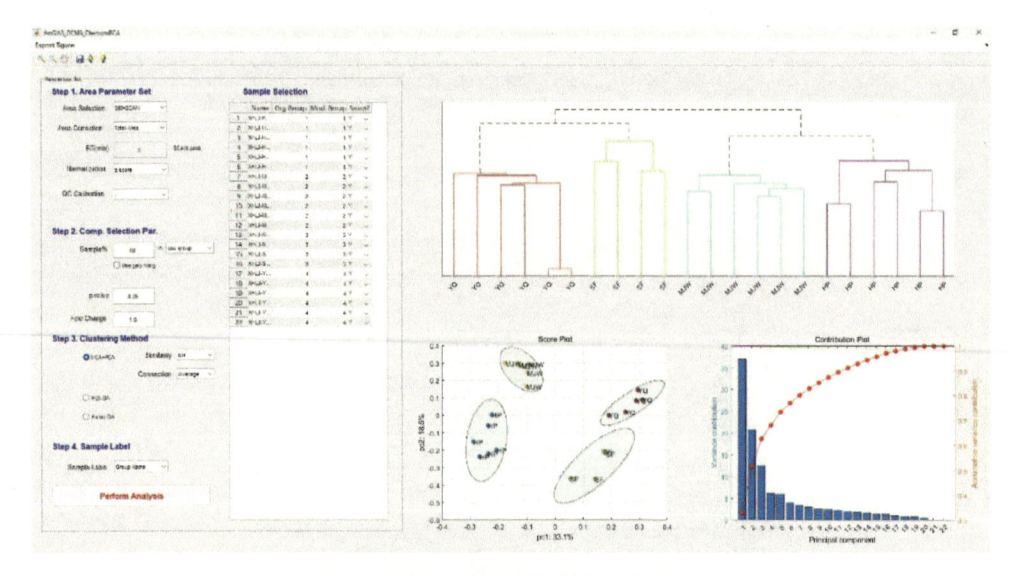

图 5.5　AntDAS-GCMS 化学计量学分析界面

软件中还提供了化合物鉴定模块用于对筛选的差异性化合物进行鉴定。通过将解析获得的化合物质谱图与软件自带的标准品库进行对比，最终给出化合物谱图匹配结果、已解析的化合物列表、候选化合物列表、化合物结构式等信息，如图 5.6 所示。此外，软件还可提供 MSP 文件，可直接导入 NIST 库进行化合物鉴定。

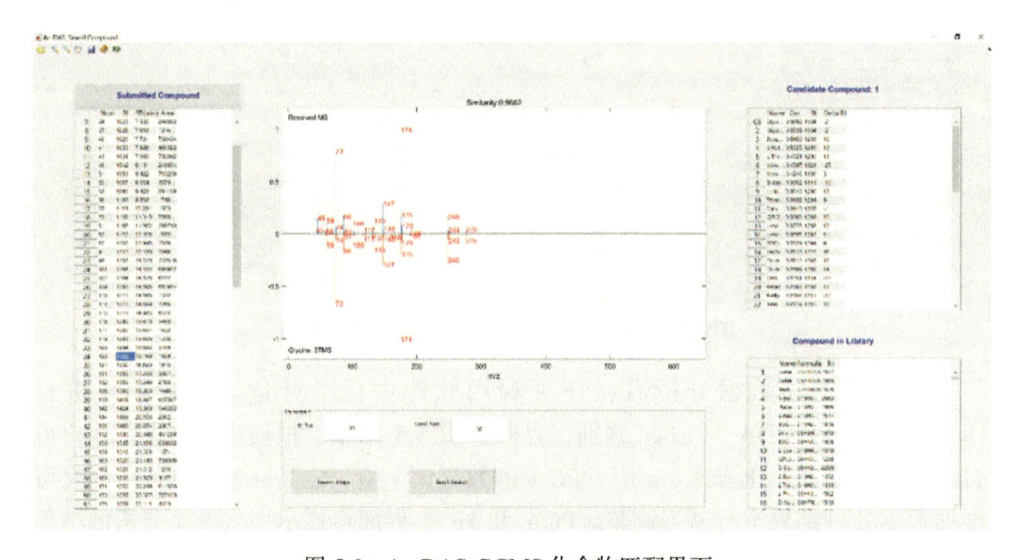

图 5.6　AntDAS-GCMS 化合物匹配界面

2. UHPLC-HRMS 数据解析策略

相较于基于 GC-MS 非靶向代谢组学数据，基于 LC-MS 非靶向代谢组学的数据复杂性更强，因此处理难度相对也会更大。针对 UHPLC-HRMS 采集获得的原始数据的解析，课题组开发了 AntDAS-LCHRMS 模块，该模块的数据解析流程如图 5.7 所示，主要包括以下步骤：提取离子色谱图（extracted ion chromatogram，EIC）构建、峰提取、MS/MS 谱图构建、离子注释、碎片离子识别、MS^1 谱图构建、保留时间对齐以及化合物识别。此外，软件还支持化学计量学分析以筛选差异性化合物，以及化合物鉴定用于化合物的识别。

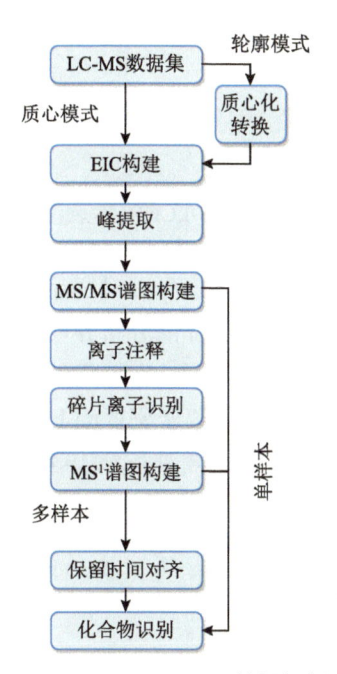

图 5.7 AntDAS-LCHRMS 数据解析流程

目前，AntDAS-LCHRMS 模块支持 Full scan、DDA、DIA、按顺序窗口采集所有理论质谱（sequential window acquisition of all theoretical mass spectra，SWATH）、MS^E（Thermo）采集模式下数据的处理分析，并在安捷伦、沃特世、赛默飞、SCIEX（SWATH Variable Window Calculator V1.1.xls）等仪器平台完成多个真实植物样品代谢组学应用体系的分析，结果证明该平台具有广泛的适用性。图 5.8 展示了 AntDAS-LCHRMS 软件的主界面。通过主界面可以查看各样品的 TIC 和一、二级质谱信息。当前，软件支持安捷伦、沃特世、赛默飞、SCIEX 等仪器平台原始数据的直接导入，同时还支持 mzML 格式数据。

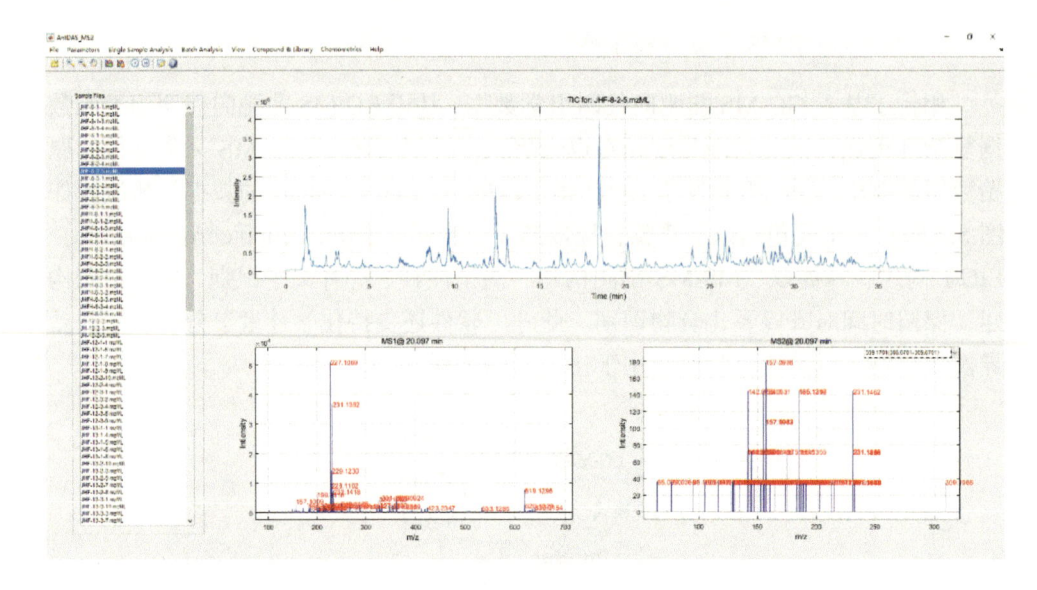

图 5.8 AntDAS-LCHRMS 软件主界面

利用软件的单样品分析功能，用户可以对样品进行单独预处理分析，以获取其中的化合物信息。图 5.9 展示了单样品分析界面。通过该界面，用户可以查看峰提取结果，以及对应的色谱和质谱图。在开发的软件中，植入了多个由课题组自主开发的数据分析新算法，如基于离子密度的 EIC 构建算法、基于多尺度高斯平滑的峰提取算法、基于动态规划的峰对齐算法等。

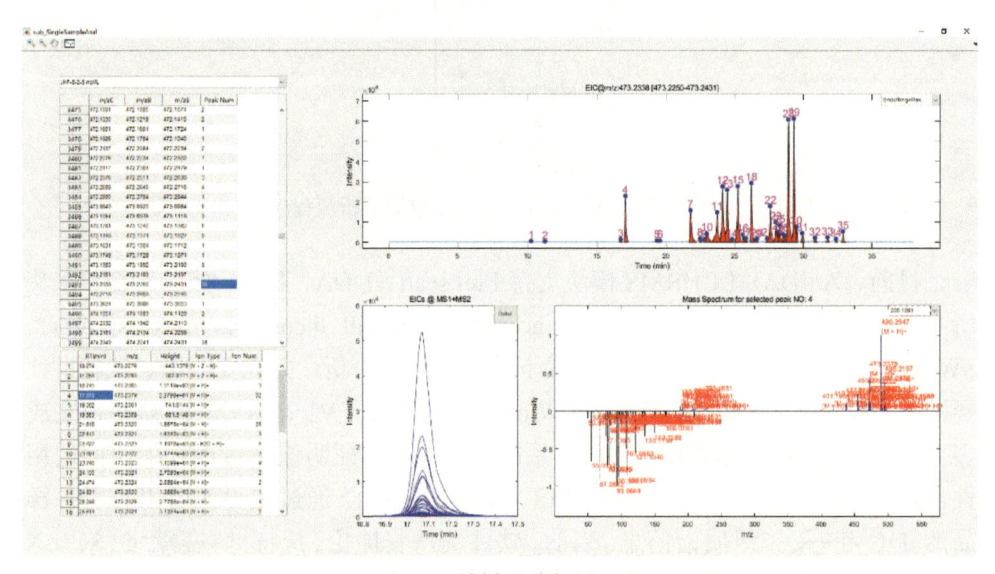

图 5.9 单样品分析界面

第 5 章　食品真实性溯源案例分析

软件还支持多样品分析。在完成多样品分析后，软件将给出化合物信息列表中的色谱峰对齐结果，以及不同组间的对应化合物的含量分布。图 5.10 展示了多样品分析结果的界面，图中不同样品间的色谱峰被很好地对齐。

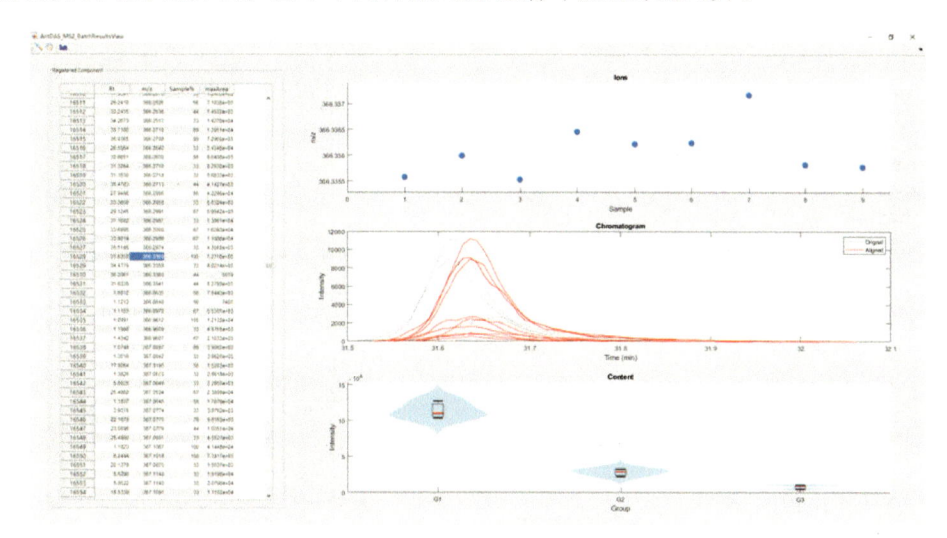

图 5.10　多样品分析结果界面

借助软件提供的化学计量学分析模块，用户可根据自己的需求选择合适的化学计量学分析方法对样品进行有效的区分，并筛选得到差异性化合物信息。目前，软件支持 PCA、HCA、PLS-DA 分析以及 Fisher 判别分析。图 5.11 展示了 3 个不同产地菊花的 PCA 和 HCA 分析结果，结果表明 3 个产地的菊花样品得到了很好的区分。

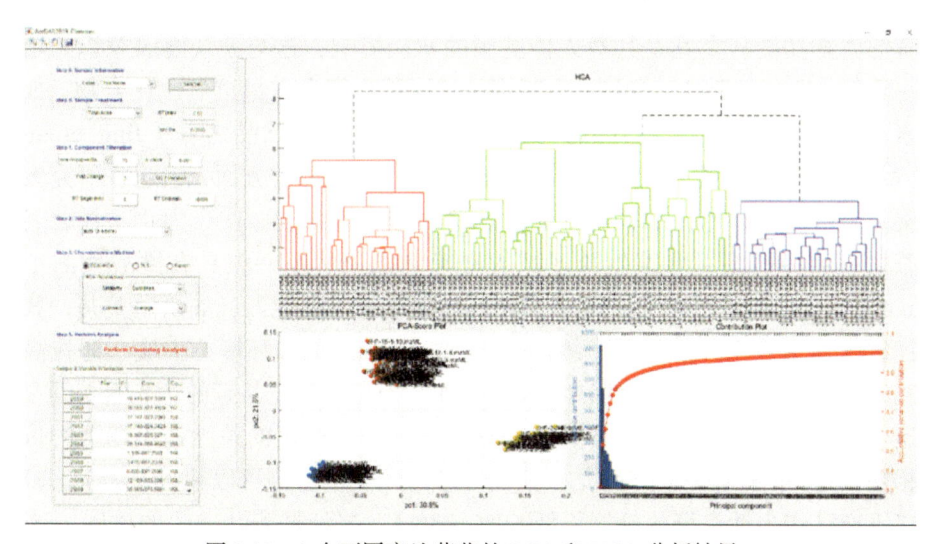

图 5.11　3 个不同产地菊花的 PCA 和 HCA 分析结果

为实现对样品中所含化合物的鉴定，软件为用户提供了化合物鉴定功能。当前，软件支持使用公共数据库（如 MassBank、GNPS、NIST 等）和用户自建数据库。图 5.12 展示了 AntDAS-LCHRMS 中的化合物鉴定界面。

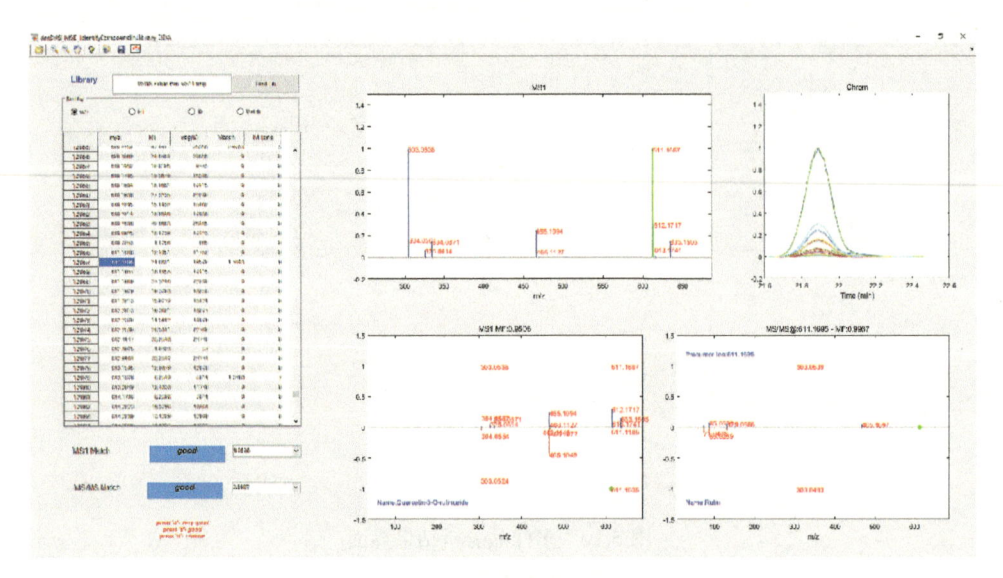

图 5.12　化合物鉴定界面

5.1.3　AntDAS 用于茶叶真实性标志物筛查

近年来，我国乃至世界对茶叶的消费需求迅速增长，这主要归因于茶叶所具有的生物功能，尤其是其对人体健康的积极影响，这与公众健康意识的增强是一致的（Huang et al., 2018a）。特别是，绿茶中富含大量抗氧化化合物，如儿茶素和黄酮类化合物，使其成为我国最受欢迎的日常饮品之一（Jing et al., 2017）。尽管已有许多论文研究了绿茶的地理来源等多个方面，但这些研究大多汇集了来自广泛种植区的茶叶样品，这些区域相距甚远。迄今为止，最著名的绿茶之一——西湖龙井茶生长区域的准确判别仍然是一项具有挑战性的工作（Hu et al., 2018）。传统上，龙井茶种植在较小的局部地区，如西湖龙井，我国浙江省杭州市是龙井茶的第一级产区，独一无二的地理环境（土壤、海拔高达 200 m）和气候（日照、温度和降水）条件对于高品质龙井茶的生长至关重要。在这个种植区只有两个等级的产区。然而，这两个产区的茶叶在市场上的价格却相差甚远。例如，一级产区龙井茶在当地市场上的价格可以超过 2 万元/公斤，而二级产区在当地市场的价格要低 60%~80%。差价是茶叶造假的诱因，这将带来食品安全问题，严重损害茶叶市场的诚信。在此背景下，制定可靠的西湖龙井茶认证与溯源策略无疑是一项紧迫而有价值的工作。

事实上，借助先进的分析方法，已经开展了许多对茶叶样品进行鉴定的研究，如茶叶等级、品种和地理来源（Jing et al.，2017；Baba and Kumazawa，2014）。此外，已经有许多工作通过使用 GC-MS 对茶叶中的化合物进行分析，以评估茶叶质量，这些工作充分利用了茶叶中芳香化合物的特性（Fu H Y et al.，2017a；Yu and Wang，2007）。虽然稳定同位素、多元素分析等方法已被报道用于西湖龙井茶的产地鉴别（Zhu et al.，2016；Shi et al.，2013；Yu and Wang，2007），但现有的工具仍难以准确实现对不同产地西湖龙井茶的鉴别。由于产地气候几乎相同，不同等级/产地西湖龙井茶的代谢产物成分和外观几乎一致，这就使西湖龙井茶的产地鉴别成为一项极具挑战性的工作。

因此，本案例提出了一种基于超高效液相色谱-四极杆飞行时间质谱（UHPLC-QTOF-MS）的非靶向代谢组学与化学计量学联用的综合分析策略。引入自动化非靶向数据分析策略，筛选不同区域间表达显著的代谢产物。可以自动、高效地提取和对齐化合物的色谱图。同时，通过对样品进行统计分析和含量测定，筛选出对产地鉴别有价值的化合物。将筛选的特征导入 METLIN（Cho et al.，2014）和包含 504 种植物代谢产物的自建化合物数据库中，验证了约 20 种代谢产物，并在此基础上建立了双向编码 PLS-DA 模型，用于地理来源预测。蒙特卡罗（Monte Carlo）模拟结果表明，预测精度在 99%以上。

1. 实验方法

1）西湖龙井茶叶样品

西湖龙井茶叶样品2012年4月从浙江省杭州市西湖龙井的一级产区和二级产区茶园收集，共采集了 120 个茶叶样品。粉碎提取后利用安捷伦 1290-6545 UPLC-QTOF 进行检测。

2）化合物筛查和鉴定

采用 t 检验、PCA 和 HCA 等统计分析方法，对西湖龙井茶地理来源的潜在标志物进行筛选。为降低常规分析中假阳性结果的风险，提高工作效率，采用 p 值结合峰面积筛选化合物。此外，在本案例中，通过在相同的 UHPLC-QTOF-MS 仪器上使用质量控制（quality control，QC）样品，在 20 eV 的碰撞能量下获得 MS/MS 信息。值得注意的是，MS/MS 是在非靶向离子选择模式下获得的，即所有离子同时注入碰撞室，以在每个扫描点下产生前体离子对应的谱图。每个筛选的峰的鉴定如下：①将[M+H]$^+$导入化合物数据库，如 METLIN 或自建化合物数据库（包含超过500种化合物），以在库中找到候选化合物；②将每个候选化合物的MS/MS与获得的MS/MS进行比较，以准确确定每个峰的化合物。通过标准化合物数据库对鉴定的化合物进行进一步的证实。

3）地理来源预测模型

采用PLS-DA方法建立产地预测模型。采用双向编码策略对西湖龙井茶不同等级产地的样品进行分类。标记样品的[1 0]和[0 1]向量分别表示一级和二级产区。样品的PLS-DA模型的输出是具有两个元素的向量，较大的一个将被设置为1，另一个被设置为0。最后，可以基于元素1的位置来预测地理来源。采用蒙特卡罗模拟，通过将样品随机分为校正集和预测集（样品数量比为7∶3）来验证双向编码PLS-DA模型。该随机划分过程重复10000次，以验证地理来源预测模型的稳定性。所有数据分析均在Matlab软件中进行。Matlab代码包括AntDAS、化合物筛选（t检验、PCA和HCA）和PLS-DA算法，可从http://www.pmdb.org.cn获得。

2. 结果与讨论

1）UHPLC-QTOF-MS数据分析

将采集获得的一级、二级产区样品及QC样品原始数据转换成mzdata.xml格式用于后续非靶向代谢组学物质成分解析。数据在AntDAS中经过基线校正和峰提取处理后，每个样品获得2000多个特征峰。通过峰对齐和峰注释，最终获得了一个2310×134的峰列表，其中2310代表注册的化合物数量，134代表120个一级、二级产区样品和14个QC样品数量之和。

由于茶叶样品种植于杭州市气候相似的小区域范围内，因此可以合理地假定，除强度存在差异外，这些样品的化合物基本一致。如果80%的样品检测不到某个峰则可合理地将该化合物注册峰从注册列表中移除，最终注册峰列表中化合物数量降至1029个。

由于样品预处理或仪器状态不同而引起化合物响应发生较大波动，这些响应波动较大的化合物数据应该从目标化合物筛选过程中移除，以保证筛选结果的可靠性。变异系数（CV）是利用QC样品监测UHPLC-QTOF-MS稳定性的一种选择方法。图5.13是QC样品注册峰的变异系数分布图。变异系数小于20%的峰数量占总峰数量的90%以上，表明获取的数据集可用于化合物筛选分析。在这项研究中，移除变异系数超过20%的注册峰，最终得到一个包含943个化合物的注册峰列表可用于后续化合物筛选。

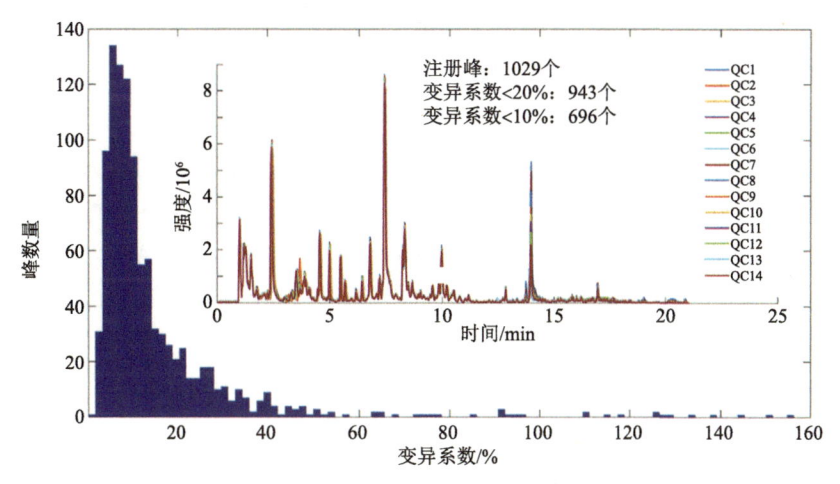

图 5.13 QC 样品注册峰的变异系数分布图

2）化合物筛选和鉴定

在移除 20%样品中不包含的峰或变异系数大于 20%的峰后，注册峰数量大大减少，从 2310 个缩减到 943 个。为研究移除过程对样品间聚类的影响，采用 HCA、PCA 等无监督方法对其进行评定。对于每个变量（注册峰）采用自动缩放的数据处理方式使所有注册峰权重相等。图 5.14（a）结果表明西湖龙井一级、二级产区样品在有无化合物移除情况下皆可被成功聚类。此外，图 5.14（b）中也观察到类似的分类结果。经过移除操作之后，前两个主成分的得分由原来的 46.1%变成 43.8%，说明在化合物移除过程中保留了大量对分类有价值的信息。为减少假阳性结果，本案例采用含 943 个化合物的注册峰列表进行化合物筛选。

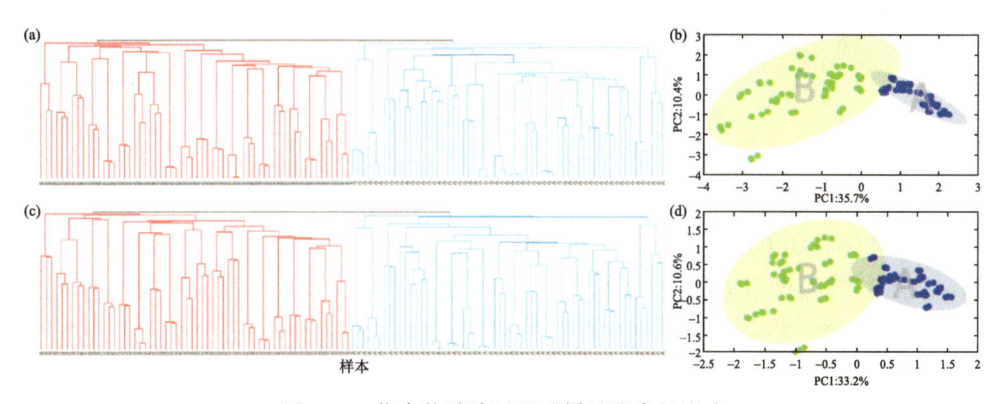

图 5.14 化合物移除过程对样品聚类的影响

（a）使用注册的 2310 个峰时样品的 HCA；（b）使用注册的 2310 个峰时样品的 PCA 结果；（c）经过移除操作对剩余的 943 个注册峰进行分析得到的样品 HCA 结果；（d）经过移除操作对剩余的 943 个注册峰进行分析得到的样品 PCA 结果，其中 A 代表一级产区样品，B 代表二级产区样品根据化合物含量信息，采用方差分析（analysis of variance，ANOVA）对产地判别有价值的峰进行筛选。本案例将 p 值设定为 0.0001，最后共筛选出 49 个峰。在化合物判别过程中将来自同一化合物的碎片离子峰注册在一起是一项具有挑战性的工作。如图 5.15 所示，3 个注册峰彼此显著不同，其离子均被 AntDAS 注册为[M+H]$^+$。然而，进一步研究表明这 3 个离子色谱峰均来自 D-色氨酸（图 5.15）。目前大多数的数据分析软件，包括 MassHunter、XCMS、AntDAS 等均不能完成复杂的碎片离子注释，如中性丢失。筛选出的碎片离子峰均需要进行手动验证以合并来自同一化合物的峰。在本案例中，基于保留时间相同、色谱峰形一致原则，通过手动检查对所筛选出来的峰进行聚类，最终发现筛选出的 28 个碎片离子峰来自 20 个化合物。

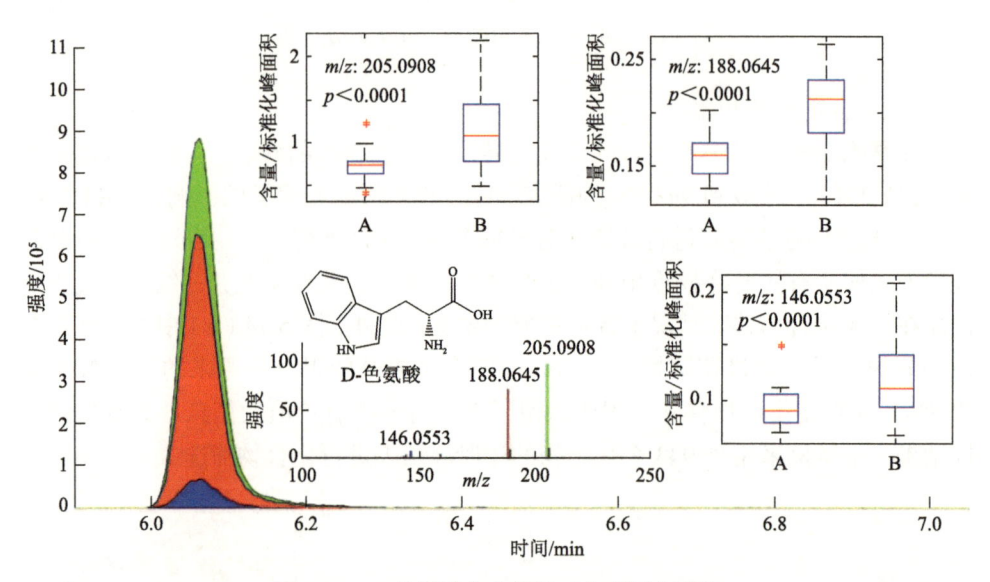

图 5.15　D-色氨酸化合物的三个离子色谱峰

图 5.16 是化合物鉴定过程示意图。图 5.16（a）是提取出的几个 EIC。[M+H]$^+$ 为 291.0866 Da 的碎片离子峰，在西湖龙井一级、二级产区间含量差异明显（$p<0.0001$）。将搜索质量误差设为 0.0200 Da，在 METLIN 数据库中搜索得到几个候选化合物。将从原始数据中获取的 MS/MS 与 METLIN 中搜索到的几个候选化合物质谱图进行比较发现匹配度最好的是表儿茶素，其皮尔逊相关系数高达 0.9989[图 5.16（b）]。进一步通过标准品获得化合物的保留时间确定了该候选化合物。

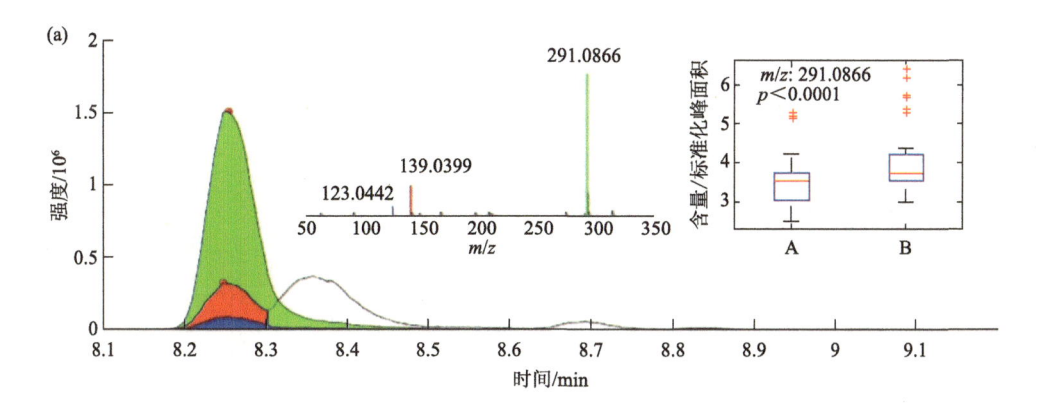

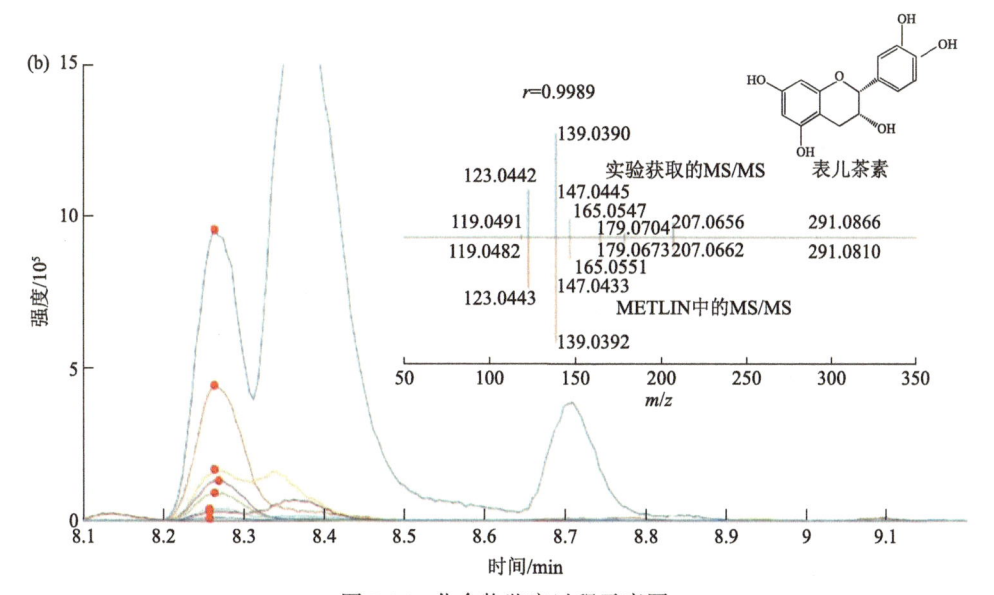

图 5.16　化合物鉴定过程示意图

（a）提取的 EIC；（b）从原始数据中获取的 MS/MS 与 METLIN 中搜索到的候选化合物质谱图比较

图 5.17 则展示了 20 个差异性化合物在一级、二级产区间的含量分布情况。通过比较可知，筛选出的化合物大部分在二级产区表达含量更高，这与实际情况一致，因为二级产区茶叶的采摘时间稍晚于一级产区的采摘时间。例如，咖啡因会随生长期不断累积，因此在二级产区表达含量更高。由图 5.17 可知，一级、二级产区所筛选出的差异性化合物彼此含量接近，造成这种结果的可能原因是这些茶叶样品均采自杭州市，其生长过程中日照、降雨量、温度等气候条件基本一致。

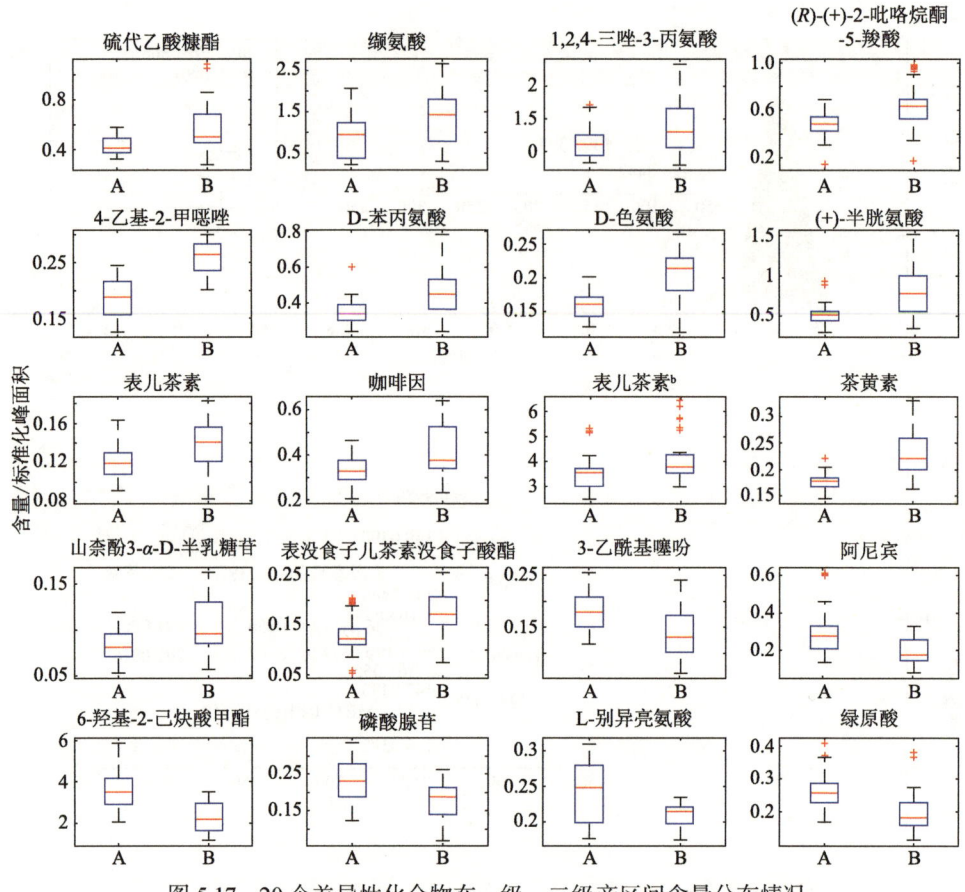

图 5.17　20 个差异性化合物在一级、二级产区间含量分布情况

A 和 B 分别为一级产区和二级产区样品；表儿茶素 b 为表儿茶素的同分异构体

3）产地判别模型

在组间显示具有显著差异的化合物对于判别通常是有价值的。但这并不意味着使用基于筛选出的化合物的无监督方法能够准确判别来自不同产地的样品。在本案例中，研究了基于筛选出的 28 个峰的产地判别模型。图 5.18（a）是基于 28 个筛选出的差异性碎片离子峰无监督的 HCA 分析结果。由图 5.18（a）可知，一级、二级产区样品间分离效果不理想，置信区间为95%的重叠椭圆意味着不能采用基于无监督模型（如 PCA、K 均值聚类）的产地判别模型。因而在本案例中引入基于 PLS-DA 的监督判别模型。图 5.18（b）是将筛选出的 20 个化合物的 28 个峰导入 PLS-DA 的产区判别结果。由图 5.18（b）可知，PLS-DA 判别模型可成功分离不同产区样品。

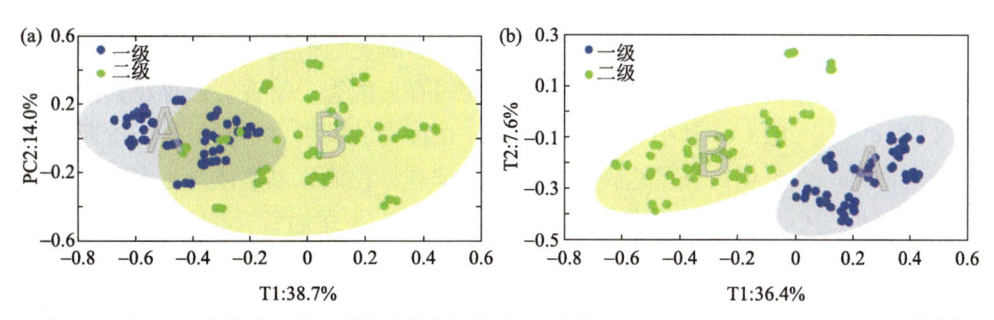

图 5.18 基于 28 个筛选出的差异性碎片离子峰（a）无监督 HCA、（b）PLS-DA 产区判别结果

A 和 B 分别代表一级产区和二级产区样品

基于蒙特卡罗模拟研究了基于 PLS-DA 的产区判别模型。每次运行都将样品随机分成测试组和预测组，对应样品量比例为 7∶3。在每次运行过程中，都会基于随机选择的校准组构建 PLS-DA 模型，以预测其余 30%样品的产区。采用留一法评估每次运行中 PLS-DA 模型的潜在变量数。在本案例中共进行了 10000 次重复，PLS-DA 模型的预测准确率高达 99.6%±1.4%。这种方法的预测准确率相对于校准样品量的减少是稳定的。例如，选择 50%样品作为校准样品时预测准确率为 99.2%±1.6%。上述结果表明，二维编码 PLS-DA 判别模型具有基于筛选化合物判别西湖龙井产区的潜在能力。

3. 总结

本案例证明了基于 UHPLC-QTOF-MS 的非靶向代谢组学可用于快速筛选对不同产区西湖龙井有判别价值的化合物。化合物的相关信息能够合理地被 AntDAS 检测出来，并在 AntDAS 的帮助下自动完成峰注释、峰对齐以及峰注册，这将极大有益于接下来如 ANOVA、HCA、PCA、PLS 等数据分析方法的使用。在该实验中，根据 p 值和样品中的含量筛选出 49 个峰，结合 METLIN 和自建数据库以及标准品验证最终确定了来自 20 个化合物的 28 个碎片离子峰。蒙特卡罗模拟研究表明，二维编码 PLS-DA 模型可以基于这些化合物对来自不同产区的茶叶样品进行有效判别。综上所述，本案例中引入的 AntDAS 和二维编码 PLS-DA 等化学计量学数据分析算法与基于 UHPLC-QTOF-MS 的非靶向代谢组学相结合，可用于不同产区间的差异性化合物筛选，实现产区判别目的。

5.1.4 AntDAS 用于白酒真实性标志物筛查

中国白酒是世界上最古老的蒸馏酒之一，在我国历史和文化方面占有重要地位。由于不同产地的白酒在原料、发酵工艺、地理、环境、勾兑技术等方面存在差异，会产生不同的化合物。目前已有超过 1870 种易挥发性化合物在白酒中被鉴定，这些化合物包括醇类、酸类、酯类、醛类、酮类、酚类、含氮化合物和含硫化合物等。根据其风味特征，中国白酒分为酱香、浓香、清香、米香及其衍生香型（Liu et al.，2018）。其中，浓香型白酒，也称为泸型酒，是我国最受欢迎的传统蒸馏酒之一，市场占有量达到70%以上。浓香型白酒以高粱或与玉米、大米、小麦、豌豆、小米等谷物混合作为原料经过复杂的发酵过程蒸馏而成（Liu M K et al.，2017）。地域生态环境的差异，会产生不同的微生物群体，导致白酒中微量风味成分差异，最终体现在白酒酒体特征上。此外，同一产地浓香型白酒微量物质相似，但是不同品牌白酒由于制酒过程中使用的工艺、原料以及不同品牌酒企所产白酒的各项指标存在较大差异，其微量成分也有所差异。不同品牌、产地浓香型白酒有各自的特点，为了深入了解不同产地、品牌浓香型白酒的差异，本案例使用吹扫捕集-气质联用结合化学计量学对其进行鉴别。

白酒所含成分极其复杂，单一或少数指标往往无法对不同种类白酒的整体特征进行表征，GC-MS是最常用的成分分析方法。目前，GC-MS主要用来鉴定白酒中的化合物，用于白酒品种和产地鉴别的报道较少。吹扫捕集（P&T）和顶空固相微萃取（HS-SPME）都属于顶空法，P&T为动态顶空，HS-SPME为静态顶空。两种方法均具有操作简便、无溶剂萃取、与气相色谱-质谱联用可实现自动进样的优点。HS-SPME在白酒挥发性成分的预处理中应用非常广泛，但目前吹扫捕集自动进样装置在白酒风味研究上应用非常少，只有个别文章有报道。P&T是利用惰性气体将样品中的挥发性成分吹扫出来，使气体连续通过样品，将其中的挥发组分萃取后在吸附剂或冷阱中捕集，再进行分析测定，是一种非平衡态的连续萃取。这种方法产生的挥发性气体比静态顶空方法更接近于闻到的结果（Escudero et al.，2014）。P&T适于从液体样品中萃取低沸点物质。P&T对样品的预处理不使用有机溶剂，对环境无污染，具有富集效率高、取样量少、受基体干扰小、易实现在线检测等优点。P&T与GC-MS联用，可以消除与目标化合物保留时间接近的其他化合物的干扰，省去样品转移，提高分析效率（Huang et al.，2019）。因此，吹扫捕集也可用于白酒挥发性成分提取，进行探索性研究，为白酒指纹图谱的构建增加一种可供选择的方法。

本案例通过吹扫捕集-气质联用技术对浓香型白酒的产地和品牌进行快速鉴别。基于浓香型白酒的挥发性成分差异性，通过OPLS-DA对其产地和品牌进行准确区分，且预测能力指数Q^2Y值均大于0.5，具备较好的预测能力。通过VIP分析，分别筛选出辛酸乙酯、乙酸异丙烯酯等8种与产地密切相关，以及异戊酸乙酯、二糠基醚、2-甲基戊烷等6种与品牌密切相关的挥发性成分。这些产地和品牌标志性成分的确定可为白酒的快速鉴别奠定良好的理论基础。

1. 实验方法

白酒样品经预处理后，利用 GC-MS 采集白酒提取物的数据，使用 AntDAS 软件全自动解析 GC-MS 数据，识别其中的化合物。将分析得到的数据通过 SIMCA 14.1 统计软件分析并比较所有白酒样品，包括来自江淮系浓香型白酒的 60 个观测值（20 个样品，重复 3 次）、来自川系浓香型白酒的 66 个观测值（22 个样品，重复 3 次）和来自北方系浓香型白酒的 27 个观测值（9 个样品，重复 3 次）。排除了少于 40% 的样品中存在的化合物，对数据进行 OPLS-DA 处理，以建立模型并识别潜在标记。R^2Y 表示 OPLS-DA 分类模型能够解释的 Y 矩阵信息的百分比，Q^2Y 则为通过交叉验证计算得出的，用以评价 OPLS-DA 模型的预测能力，$Q^2Y>0.5$ 表明模型预测效果较好。

2. 结果与讨论

1）不同产地白酒鉴别

本案例通过 GC-MS 分析浓香型白酒中的挥发物以区分不同产地的浓香型白酒。对 153 个观测值（51 个白酒样品，重复 3 次）进行色谱分析，共鉴定出 105 种挥发物。用 OPLS-DA 模型对 153 个白酒观测值按 3 个不同产地进行统计分析，如图 5.19（a）所示。最终得出 R^2Y 和 Q^2Y 分别为 0.801 和 0.683，表明该模型拟合数据效果良好。不同产地的 3 种派系白酒样品在 OPLS-DA 得分图中明显分开。

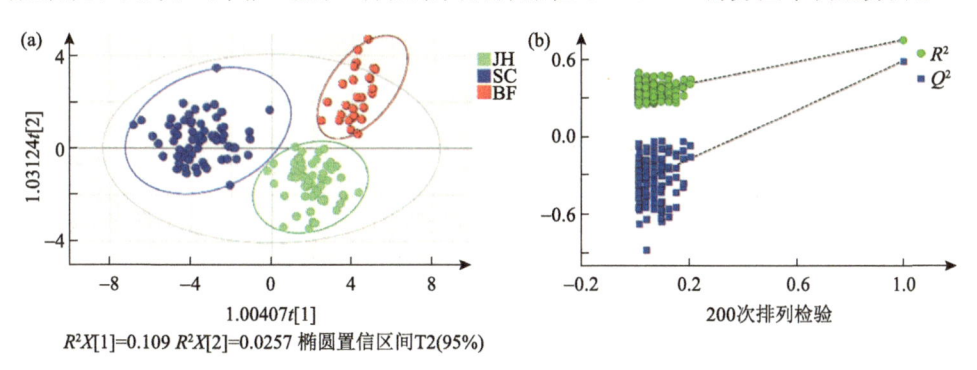

图 5.19　3 种不同产地白酒样品的（a）OPLS-DA 图和（b）OPLS-DA 模型 200 次排列检验

此外，进行了排列检验（$n=200$）以评估判别模型是否过度拟合了数据。排列检验通过更改分类变量（Y）的顺序来随机重新排列实验，并随机分配 Q^2Y 多达 200 次。当 $Q^2<0.05$ 时表明该模型良好拟合。该模型排列检验的 R^2 截距为 0.323，Q^2 为 –0.356，这表明模型并未过度拟合数据。排列检验的 R^2 和 Q^2 值表明，初始模型的性能优于随机置换的模型，如图 5.19（b）所示。

由于产地气候、微生物种类及生产工艺上的差异，不同产地白酒微量物质含量存在明显差异，其酒体特征差别较大。不同派系浓香型白酒的总酸含量：江淮系最高，其次是北方系，最后是川系；总酯：江淮系、北方系、川系含量逐渐递减；而酒中的醛类，乙醛和乙缩醛含量：川系、北方系、江淮系呈逐次递减的趋势。正是这些风味成分的差异，尤其是酸和酯含量的差别及其在白酒中所起的呈香呈味作用，使不同派系的浓香型白酒香味、口味不同。江淮系白酒中酸、酯含量高，使其香气幽雅细腻、醇甜感好；川系酸、酯含量相对低，香气浓郁，入口喷香明显，醇厚感和陈厚感明显，香气释放好；北方系酸、酯含量介于两者之间，使其具有窖香优雅、绵甜甘爽的特点。

2）不同产地白酒差异化合物筛选

通过 VIP 分析，VIP 值大于 1 表示"重要"变量，40 种挥发性化合物被定位为潜在的差异化合物，其中包括 7 种醇、23 种酯、2 种酸、2 种醛、2 种醚以及 3,5-二叔丁基苯酚、1-戊烯、1,3-二甲氧基丁烷、苯乙醛二甲基乙缩醛。其中，辛酸乙酯 VIP 最高（1.6400），其他潜在标记的 VIP 在 1.0100~1.5600（图 5.20 和表 5.1）。

图 5.20　40 种差异化合物的 VIP 值

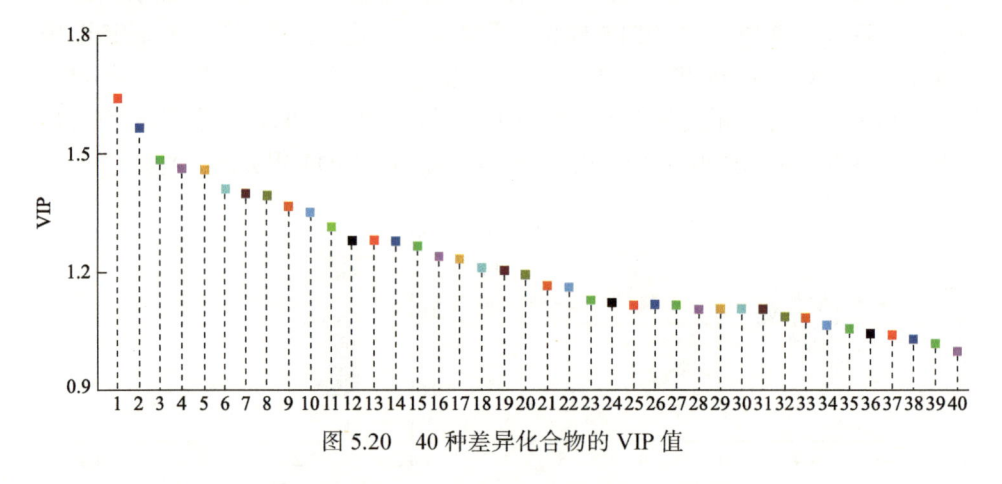

表 5.1　40 种差异化合物信息

	编号	风味物质	分子式	保留时间/min	VIP
酯	1	辛酸乙酯	$C_{10}H_{20}O_2$	28.1800	1.6400
	5	己酸己酯	$C_{12}H_{24}O_2$	34.8600	1.4600
	8	己酸异戊酯	$C_{11}H_{22}O_2$	29.1900	1.3900
	10	3-苯基丙酸甲酯	$C_{10}H_{12}O_2$	41.1000	1.3500
	11	己酸异丁酯	$C_{10}H_{20}O_2$	24.3800	1.3100
	13	乳酸乙酯	$C_5H_{10}O_3$	24.1200	1.2800
	14	乙酸异丙烯酯	$C_5H_8O_2$	3.0300	1.2800

续表

	编号	风味物质	分子式	保留时间/min	VIP
酯	16	苯甲酸乙酯	$C_9H_{10}O_2$	36.2400	1.2400
	17	3-氧代十六烷酸甲酯	$C_{17}H_{32}O_3$	34.4500	1.2300
	18	癸酸乙酯	$C_{12}H_{24}O_2$	23.5000	1.2100
	19	异戊酸乙酯	$C_7H_{14}O_2$	12.7000	1.2000
	25	月桂酸乙酯	$C_{14}H_{28}O_2$	40.3300	1.1200
	26	己酸戊酯	$C_{11}H_{22}O_2$	31.4100	1.1200
	28	琥珀酸二乙酯	$C_8H_{14}O_4$	36.6900	1.1100
	30	异戊酸正辛酯	$C_{13}H_{26}O_2$	36.6300	1.1100
	32	丁酸乙酯	$C_6H_{12}O_2$	27.4900	1.0900
	33	4-甲基戊酸乙酯	$C_8H_{16}O_2$	15.9200	1.0800
	34	己酸丙酯	$C_9H_{18}O_2$	22.7100	1.0700
	35	十一酸乙酯	$C_{13}H_{26}O_2$	21.1100	1.0600
	37	己酸丁酯	$C_{10}H_{20}O_2$	27.1400	1.0400
	38	异戊酸己酯	$C_{11}H_{22}O_2$	31.4400	1.0300
	39	乙二醇二丁酸酯	$C_{10}H_{18}O_4$	34.0800	1.0200
	40	戊酸丁酯	$C_9H_{18}O_2$	22.5100	1.0100
醇	9	1-己醇	$C_6H_{14}O$	24.6800	1.3700
	21	1-辛醇	$C_8H_{18}O$	33.2700	1.1700
	24	2-甲基-2-丁醇	$C_5H_{12}O$	7.1200	1.1200
	27	3-甲基-2-丁醇	$C_5H_{12}O$	13.3900	1.1200
	29	5-壬醇	$C_9H_{20}O$	32.7200	1.1100
	31	3-甲基-1-丁醇	$C_5H_{12}O$	17.6600	1.1000
	36	2-壬醇	$C_9H_{20}O$	31.9200	1.0500
酸	2	2-苯基丁酸	$C_{10}H_{12}O_2$	39.1300	1.5600
	15	己酸	$C_6H_{12}O_2$	29.1900	1.2600
醛	47	糠醛	$C_5H_4O_2$	29.4800	1.4600
		苯甲醛	C_7H_6O	1.6300	1.4000
醚	6	二糠基醚	$C_{10}H_{10}O_3$	21.4000	1.4100
	20	三乙二醇二甲醚	$C_8H_{18}O_4$	3.2500	1.1900
酚	3	3,5-二叔丁基苯酚	$C_{14}H_{22}O$	47.2300	1.4800
烷烯烃	12	1-戊烯	C_5H_{10}	19.6900	1.2800
	22	1,3-二甲氧基丁烷	$C_6H_{14}O_2$	7.1800	1.1400
缩醛	23	苯乙醛二甲基乙缩醛	$C_{10}H_{14}O_2$	37.6000	1.1300

表 5.1 列出了每一种差异化合物的保留时间及 VIP 值，可以看出，不同产地白酒辛酸乙酯、己酸己酯、己酸异戊酯、乙酸异丙烯酯、异戊酸乙酯、丁酸乙酯、己酸丙酯、己酸丁酯、1-己醇、3-甲基-2-丁醇、3-甲基-1-丁醇、二糠基醚、1,3-二甲氧基丁烷含量差别较大。已有文献报道辛酸乙酯、异戊酸乙酯、丁酸乙酯等是浓香型白酒的重要风味物质，微量的辛酸乙酯、异戊酸乙酯、丁酸乙酯在白酒中呈水果香，含量适当时能较好地促进白酒酒体的复合香，含量过高时则会抑制酒体中其他微量成分的香味。1-己醇也是白酒中的重要物质，适量醇能赋予白酒特殊的香气，并衬托酯类香味，使酒体香气更加饱满。3 种派系浓香型白酒的挥发性成分基本相同，但它们之间的显著差异可能归因于己酸己酯、己酸异戊酯、乙酸异丙烯酯、己酸丙酯、己酸丁酯、3-甲基-2-丁醇、3-甲基-1-丁醇、二糠基醚、1,3-二甲氧基丁烷含量上的差别。

3）同产地不同品牌白酒鉴别

同产地不同品牌酒企生产白酒的各项指标存在较大差异，导致不同品牌白酒的风味成分种类和含量不同，并具有独特的风格。为了进一步验证该方法对白酒的区分能力，用 OPLS-DA 模型对相同产地不同品牌白酒进行统计分析，对江淮系、川系、北方系不同品牌判别的 OPLS-DA 模型的 R^2Y 分别为 0.955、0.832、0.985，Q^2Y 分别为 0.899、0.584、0.930，表明 OPLS-DA 模型拟合数据效果良好。分析结果如图 5.21（a）所示，古井贡（GJ）、宋河（SH）、洋河（YH）江淮系白酒风味物质含量存在明显差异，因此这 3 种品牌白酒样品在 OPLS-DA 得分图中明显分开。图 5.21（c）和图 5.21（e）分别为川系和北方系白酒样品不同品牌分类的 OPLS-DA 图，可以看到，不同品牌都能明显区分开。表明该方法对不同品牌白酒有良好的区分效果。此外，对 3 个 OPLS-DA 模型进行了排列检验（n=200），如图 5.21（b）、（d）、（f）所示，江淮系、川系、北方系不同品牌判别的 OPLS-DA 模型置换检验的 R^2 截距分别为 0.522、0.478、0.827，Q^2 分别为 –0.435、–0.410、–0.465，表明这 3 个模型并未过度拟合数据，结果较为可靠。

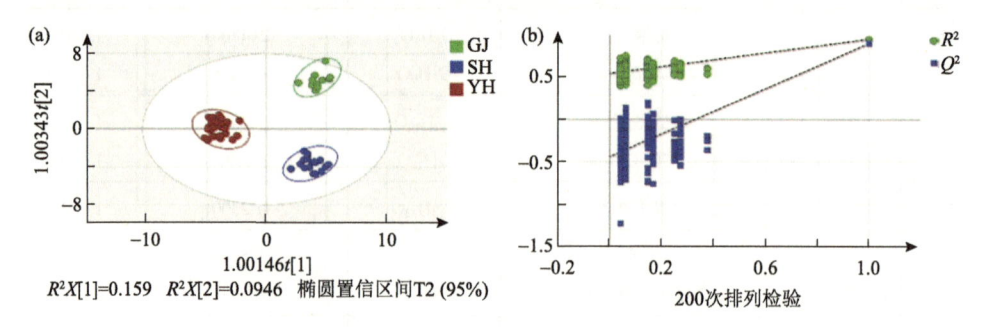

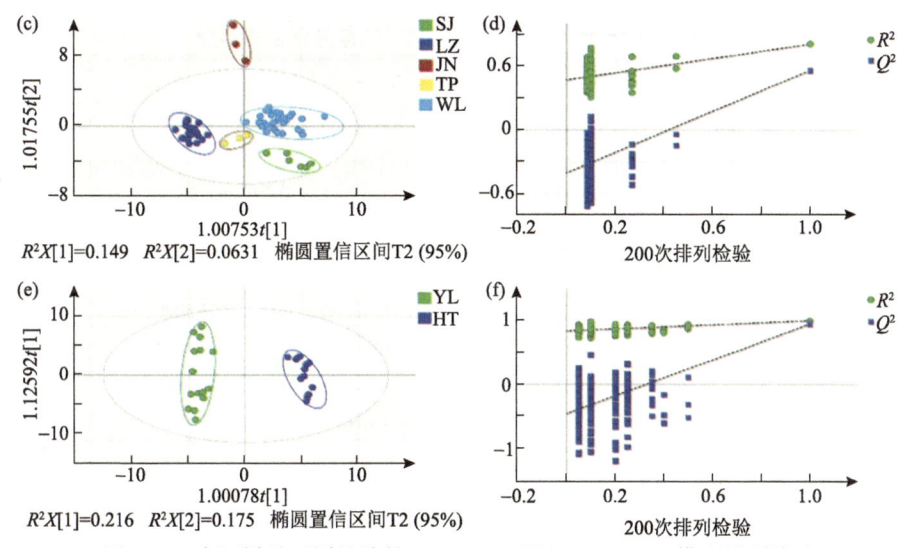

图 5.21 白酒样品不同品牌的 OPLS-DA 图和 OPLS-DA 模型排列检验

（a）和（b）分别为江淮系不同品牌的 OPLS-DA 图和 OPLS-DA 模型 200 次排列检验；（c）和（d）分别为川系不同品牌的 OPLS-DA 图和 OPLS-DA 模型 200 次排列检验，SJ；（e）和（f）分别为北方系不同品牌的 OPLS-DA 图和 OPLS-DA 模型 200 次排列检验；SJ：水井坊；LZ：泸州老窖；JN：剑南春；TP：沱牌；WL：五粮液；YL：伊力特；HT：河套王

4）同产地不同品牌白酒差异化合物筛选

通过 VIP 分析，取 VIP 值大于 1.4 确定潜在的差异化合物，最终对江淮系不同品牌进行判别，12 种挥发性化合物被定位为潜在的差异化合物，如图 5.22（a）和表 5.2 所示，分别为 9 种酯，2 种醇和 1 种酸。对北方系不同品牌进行判别，同样有 12 种挥发性化合物被定位为潜在的差异化合物，如图 5.22（c）和表 5.2 所示，分别为 4 种酯、3 种醇、2 种酸、1 种醚、1 种酮和 1 种烷烃。而对川系不同品牌进行判别，只有 4 种挥发性化合物被定位为潜在的差异化合物，如图 5.22（b）和表 5.2 所示，分别为 3-苯基丙酸甲酯、5-壬醇、1-辛醇、二糠基醚。从上述分析可得出，苯甲酸乙酯、乳酸乙酯、琥珀酸二乙酯、己酸丁酯、己酸异戊酯 5 种挥发性化合物为江淮系不同品牌白酒判别的差异化合物，异戊酸己酯、3-甲基-1-丁醇、庚酸、2-壬酮、2-甲基戊烷 5 种挥发性化合物为北方系不同品牌白酒判别的差异化合物，1-辛醇为川系不同品牌白酒判别的差异化合物。

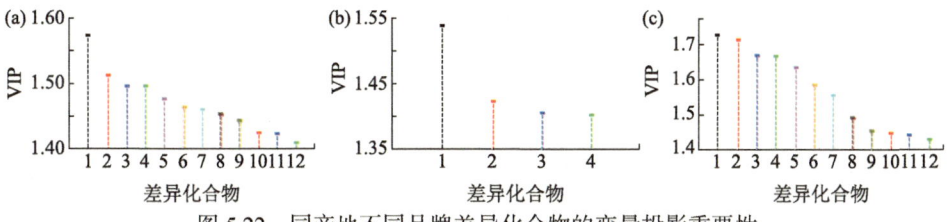

图 5.22 同产地不同品牌差异化合物的变量投影重要性

（a）江淮系 12 种差异化合物；（b）川系 4 种差异化合物；（c）北方系 12 种差异化合物

表 5.2　同产地不同品牌白酒判别的差异化合物信息

派系		编号	差异化合物	分子式	保留时间/min	VIP
江淮系	酯	1	3-苯基丙酸甲酯	$C_{10}H_{12}O_2$	41.0990	1.5740
		2	苯甲酸乙酯	$C_9H_{10}O_2$	36.2390	1.5140
		3	乳酸乙酯	$C_5H_{10}O_3$	24.1200	1.4970
		4	异戊酸乙酯	$C_7H_{14}O_2$	12.7040	1.4960
		6	琥珀酸二乙酯	$C_8H_{14}O_4$	36.6850	1.4650
		8	癸酸乙酯	$C_{12}H_{24}O_2$	23.5020	1.4540
		9	己酸丁酯	$C_{10}H_{20}O_2$	27.1440	1.4440
		10	己酸异戊酯	$C_{11}H_{22}O_2$	29.1900	1.4250
		11	己酸己酯	$C_{12}H_{24}O_2$	34.8610	1.4230
	醇	5	2-庚醇	$C_7H_{16}O$	23.1700	1.4770
		7	5-壬醇	$C_9H_{20}O$	32.7210	1.4610
	酸	12	己酸	$C_6H_{12}O_2$	29.1900	1.4090
川系	酯	1	3-苯基丙酸甲酯	$C_{10}H_{12}O_2$	41.0990	1.5390
	醇	2	5-壬醇	$C_9H_{20}O$	32.7210	1.4250
		3	1-辛醇	$C_8H_{18}O$	33.2680	1.4010
	醚	4	二糠基醚	$C_{10}H_{10}O_3$	21.3900	1.4000
北方系	酯	4	癸酸乙酯	$C_{12}H_{24}O_2$	23.5020	1.6680
		6	异戊酸乙酯	$C_7H_{14}O_2$	12.7040	1.5880
		9	己酸己酯	$C_{12}H_{24}O_2$	34.8610	1.4520
		10	异戊酸己酯	$C_{11}H_{22}O_2$	31.4440	1.4490
	醇	1	2-庚醇	$C_7H_{16}O$	23.1700	1.7290
		5	3-甲基-1-丁醇	$C_5H_{12}O$	17.6570	1.6370
		8	5-壬醇	$C_9H_{20}O$	32.7210	1.4920
	酸	7	己酸	$C_6H_{12}O_2$	29.1900	1.5540
		12	庚酸	$C_7H_{14}O_2$	44.3050	1.4290
	醚	11	二糠基醚	$C_{10}H_{10}O_3$	21.3900	1.4410
	酮	2	2-壬酮	$C_9H_{18}O$	25.9940	1.7150
	烷烃	3	2-甲基戊烷	C_6H_{14}	11.7030	1.6710

通过比较不同产地与不同品牌确定的潜在差异化合物，8 种化合物最终被确定为不同产地白酒的差异化合物，分别为辛酸乙酯、乙酸异丙烯酯、丁酸乙酯、己酸丙酯、1-己醇、3-甲基-2-丁醇、3-甲基-1-丁醇、1,3-二甲氧基丁烷。这两种分类确定出的潜在差异化合物的种类大不相同，除了白酒酿酒原料及生产工艺的差异性，地理环境及空气中栖息的微生物的差异是导致产生上述结果的另一重要因

素。不论是按产地区分还是按品牌区分，酯类都是一类重要的潜在差异化合物。

5）基于不同产地和品牌白酒差异化合物的判别分析

为了进一步验证筛选不同产地和品牌白酒的差异化合物，基于上述筛选的化合物对白酒的产地和品牌进行进一步的判别分析。结果如图 5.23 所示，对不同产地，以及江淮系、川系和北方系 3 个产地的不同品牌的（Q^2Y 分别为：0.596、0.841、0.322、0.874，除川系中不同品牌的预测能力较差外，其他都能起到较好的预测效果；与基于所有挥发性成分的预测能力（0.683、0.955、0.832、0.985）相比，除川系中的不同品牌预测外，其他的判别分析的预测能力均下降不多，这可能和川系白酒具有较多的种类有关。

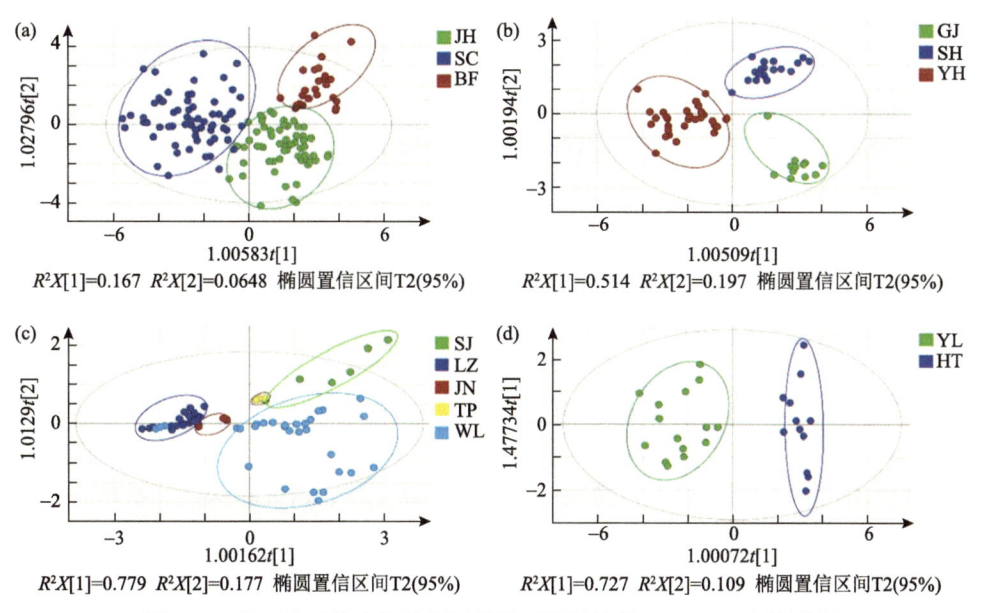

图 5.23 基于差异化合物的白酒样品不同品牌的 OPLS-DA 判别分析

（a）江淮系、川系和北方系；（b）江淮系；（c）川系；（d）北方系；JH：江淮系；SC：川系；BF：北方系；GJ：古井贡；SH：宋河；YH：洋河；SJ：水井坊；LZ：泸州老窖；JN：剑南春；TP：沱牌；WL：五粮液；YL：伊力特；HT：河套王

3. 总结

本案例使用吹扫捕集-气质联用方法鉴别不同产地、品牌浓香型白酒。基于浓香型白酒的挥发性成分的差异，通过 OPLS-DA 对其产地进行准确区分，且 R^2Y 和 Q^2Y 分别为 0.801 和 0.683，并进行了排列检验评估判别该模型拟合数据效果良好。通过 VIP 分析筛选出辛酸乙酯、己酸己酯等 40 种潜在差异化合物，通过计算差异化合物的含量发现辛酸乙酯、异戊酸乙酯、丁酸乙酯、1-己醇在 3 个不同产地浓香型白酒中含量较高，差别也较大，对不同产地浓香型白酒酒体特征及口

感的差异起重要作用；不同产地浓香型白酒中挥发性成分基本相似，己酸己酯、乙酸异丙烯酯、3-甲基-2-丁醇、二糠基醚、1, 3-二甲氧基丁烷等非主要化合物导致其差异较大。同样地，在不同品牌白酒中分别筛选出 3-苯基丙酸甲酯、苯甲酸乙酯等 12 种区分江淮系不同品牌潜在差异化合物；3-苯基丙酸甲酯、1-辛醇等 4 种区分川系不同品牌潜在差异性化合物，癸酸乙酯、异戊酸己酯等 12 种区分北方系不同品牌潜在差异性化合物。再通过计算对比筛选出的差异性化合物的含量，最终分别筛选出辛酸乙酯、乙酸异丙烯酯等 8 种与产地密切相关，以及异戊酸乙酯、二糠基醚、2-甲基戊烷等 6 种与品牌密切相关的挥发性成分。对上述差异化合物经过 OPLS-DA 判别分析验证发现，除川系的不同品牌白酒，其他产地和品牌的白酒都能起到较好的预测能力，这可能和川系白酒具有较多的种类有关。该方法受基体干扰小、对环境友好、准确性高，可以为白酒真实性、地理来源和质量监测提供一种快速、准确和实用的工具。此外，该方法在其他富含香气成分食品的鉴别和质量控制方面具有较好的潜在应用价值。

5.2 茶叶真实性溯源

5.2.1 色质谱鉴定茶叶真实性

青砖茶又称为湖北老青茶，原产地在湖北省赤壁市赵李桥羊楼洞古镇，距今已有 600 多年历史，是一种湖北特色黑茶。黑茶风味独具一格，具有"越陈越香"的特点。随着陈化时间延长，黑茶内含成分不断变化，苦涩味降低、滋味醇化、陈香显露，茶汤亮度增加，市场价格也会增高（Zhang H et al., 2021）。然而，由于陈化黑茶蕴含着丰富的商业价值，市场上存在谎称储藏年份的欺诈行为。鉴于此，发展能准确预测其储藏年份的方法非常必要。本课题组以青砖茶为研究对象，采用基于 UHPLC-QTOF-MS 的非靶向代谢组学方法，深入研究了不同储藏年份（0～9 年）青砖茶中的非挥发性化合物的变化规律，挖掘年份鉴别的差异化合物，并基于此构建青砖茶年份的判别与预测模型，旨在为青砖茶的年份鉴别和品质评价提供参考。

1. 实验方法

1）实验材料

青砖茶（Qingzhuan tea，QZT）样品采集于我国湖北省赤壁市。直至进行样品分析时，这些茶叶样品分别在自然环境条件下储藏了 0～9 年（共 10 个年份），命名为 S1～S10。这些储藏的 QZT 样品保持完整的包装和原始标签，并标有详细的样品信息。所有样品均来自同一产地，原料采收时间相近，采用相同的加工工艺生产。

2) 样品制备与分析条件

(1) 样品制备：将青砖茶砖块分散均匀后磨粉过 60 目筛。称取 100 mg 茶粉于 5 mL 离心管中，加入 3 mL 70%甲醇水溶液，在 (25±5)℃条件下超声提取 15 min，冷却后离心 15 min，吸取上清液于 10 mL 离心管中。重复上述操作提取三次，取上清液合并得到茶样提取液。将上清液经 0.22 μm 聚四氟乙烯膜过滤于进样瓶中，并置于 4℃冰箱中保存待测，每个样品一式三份。为了验证非靶向代谢组学分析方法的稳定性，同时制备 QC 样品，在样品序列中每 6 个样品插入一个 QC 进行分析。

(2) 非靶向代谢组学分析：非靶向代谢组学分析采用 Kinetex F5 液相色谱柱 (2.6 μm，内径 100 mm×2.1 mm，飞诺美) 进行分离。流动相由含 0.1%甲酸水溶液 (A) 和乙腈 (B) 组成，以 0.3 mL/min 的流速进行洗脱。梯度洗脱条件如下：0～0.5 min, 5% B；0.5～3 min, 5%～40% B；3～9 min, 40%～95% B；9～12 min, 95% B；12～12.1 min, 95% B；12.1～15 min, 5% B。进样量为 1 μL，柱温为 30℃，自动进样器温度为 4℃。

在负离子模式下采集质荷比 (m/z) 范围 100～1000 Da 的质谱数据。对于采集到的飞行时间质谱 (TOF-MS) 数据，使用 SCIEX 软件计算 SWATH-MS 的隔离窗口 (结果见表 5.3)。由于化合物在质量范围内分布不均匀，采用可变 Q1 SWATH 窗口进行 MS^2 扫描。详细的参数设置见文献 (Li et al., 2023)。采用校准输送系统 (CDS) 每 6 个样品进行一次校准，以保证采集的质谱数据的质量准确性。

表 5.3　SWATH-MS 的隔离窗口

SWATH 窗口序号	窗口 m/z 范围 开始	窗口 m/z 范围 结束	窗口宽度/Da	碰撞能量分散 CES
窗口 1	98.50	165.30	66.80	
窗口 2	164.30	203.50	39.20	
窗口 3	202.50	240.00	37.50	
窗口 4	239.00	276.40	37.40	
窗口 5	275.40	307.00	31.60	15.00
窗口 6	306.00	343.90	37.90	
窗口 7	342.90	404.20	61.30	
窗口 8	403.20	442.90	39.70	
窗口 9	441.90	470.80	28.90	

续表

SWATH 窗口序号	窗口 m/z 范围 开始	窗口 m/z 范围 结束	窗口宽度/Da	碰撞能量分散 CES
窗口 10	469.80	501.90	32.10	
窗口 11	500.90	538.30	37.40	
窗口 12	537.30	567.60	30.30	
窗口 13	566.60	596.80	30.20	
窗口 14	595.80	640.50	44.70	
窗口 15	639.50	701.30	61.80	15.00
窗口 16	700.30	749.00	48.70	
窗口 17	748.00	794.90	46.90	
窗口 18	793.90	838.50	44.60	
窗口 19	837.50	899.70	62.20	
窗口 20	898.70	1000.50	101.80	

3）数据处理

非靶向代谢组学数据处理：质谱原始数据文件通过 MarkerView（AB SCIEX）软件提取峰列表，其中包含样品中各特征离子的 m/z、保留时间（RT）和质谱强度信息。峰提取条件参考文献（Li et al., 2023）。数据进一步分析前进行总面积归一化处理。

经过归一化的数据进行 PCA、HCA 和 OPLS-DA 处理。利用 VIP 值、p 值和 FC 筛选差异化合物，筛选条件：VIP>1、$p<0.05$、FC>2 或 FC<0.5。采用 R^2X，R^2Y 和 Q^2 评估模型的质量，其中 R^2X 和 R^2Y 分别表示对 X 矩阵以及 Y 矩阵方差的解释能力，Q^2 表示对模型的预测能力。理论上，三个指标 R^2X、R^2Y 和 $Q^2>0.5$ 且接近 1 说明该模型是可靠的。采用置换检验来评估模型的有效性。

2. 结果与讨论

1）不同储藏年份青砖茶非靶向代谢组学分析

首先，通过 TOF-MS 模式采集的数据信息，得到茶样的 TIC，并根据离子的质荷比分布来划分 SWATH 窗口。由图 5.24（a）可知，MS^1 特征离子沿质荷比范围的分布是不均匀的。为了获得更精确的 MS^2 信息，应用可变的 Q1 SWATH 窗口对 $m/z=100\sim1000$ 的离子进行 MS^2 信息采集。如图 5.24（b）所示，直线表示不同质荷比离子的密度分布情况，虚线表示动态窗口的计算结果。可以看出，离子密度越大的 m/z 范围内，其相应设置的窗口宽度越窄；反之，离子密度较小的 m/z

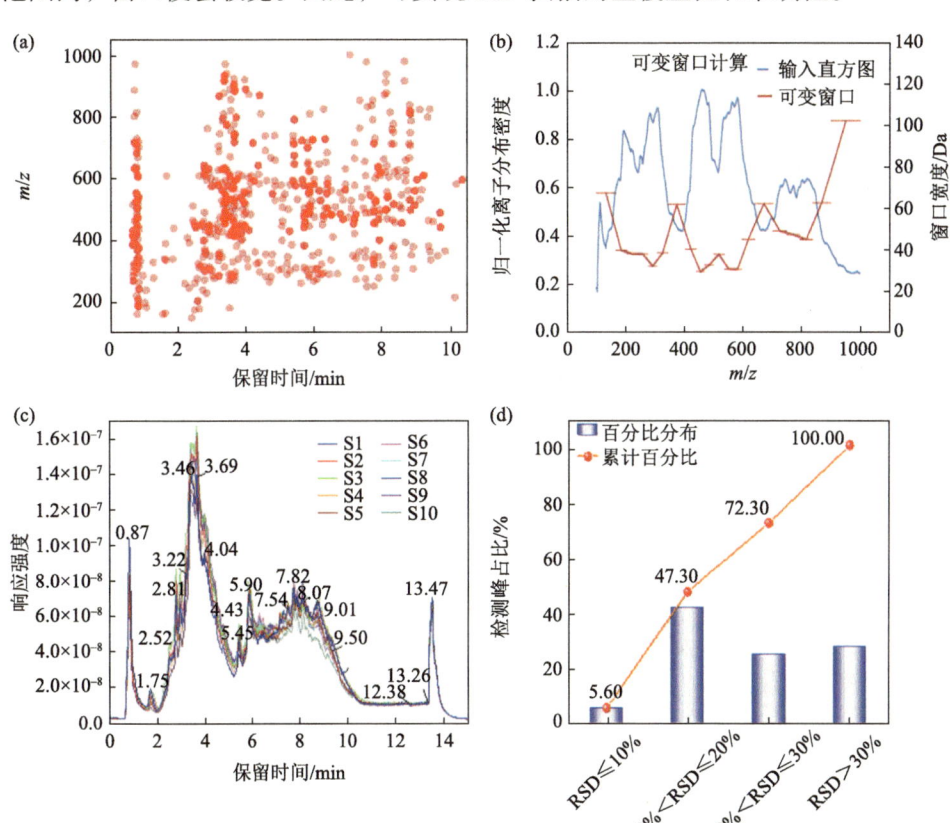

范围内，窗口便会较宽。因此，可实现 MS^2 扫描的全覆盖性和准确性。

图 5.24 （a）SWATH-MS 检测到的 MS^1 特征散点图；（b）Q1 SWATH 计算器计算的 SWATH 窗口；（c）不同储藏年份的青砖茶样品的 TIC；（d）QC 样品中检测峰占比和特征离子的 RSD 分布

储藏 0~9 年的 QZT TIC 如图 5.24（c）所示。在负离子模式下获得了 QZT 中丰富的化学信息，S1~S10 的 TIC 的保留时间基本一致，表明 UHPLC-QTOF-MS 方法的有效性和稳定性。通过代谢指纹图谱的宏观比较，难以区分 QZT 样品的储藏年份。因此，对于代谢指纹图谱，进一步的数据挖掘步骤是必要的。首先，采用 QC 样品评估该案例提出的非靶向代谢组学分析方法的稳定性和可重复性。一般来说，QC 样品中超过 70% 的特征离子的 RSD 小于 30%，说明该数据可用于进一步的非靶向代谢组学分析。本文通过特征离子的峰面积计算其在 QC 样品中的 RSD。由图 5.24（d）可知，QC 样品中 72.3% 特征离子的 RSD 小于 30%。范围为 10%<RSD≤20% 所占的比例最大，占 41.7%。该结果证实了分析系统和方法的稳

定性及所获数据的可靠性。

2）QZT 样品非靶向代谢组学数据化学计量学分析

为了探讨以 QZT 内含化学成分为特征的不同储藏年份样品间的关系，采用无监督 PCA 模型初步探讨了储藏 0～9 年的 QZT 样品的聚类特征。如图 5.25（a）所示，第一、第二主成分解释了总方差的 72.5%（分别为 60.1% 和 12.4%）。在 PCA 得分图中 QZT 样品被分为两组：S1～S6 组和 S7～S10 组。从图中可以看出 S1～S6 组间存在一定的组内差异，说明 QZT 在储藏前 5 年发生的化学变化更为显著。相反，S7～S10 的 QZT 样品紧密聚集在一起，表明经过 5 年的储藏后它们的化学特征逐渐趋于相似。模型参数 R^2X 和 Q^2 分别为 0.956 和 0.755，均大于 0.5，表明所建立的 PCA 模型具有良好的解释和预测能力。这些结果表明，随着青砖茶储藏年份的增加，其内含的化学物质发生了明显的变化。

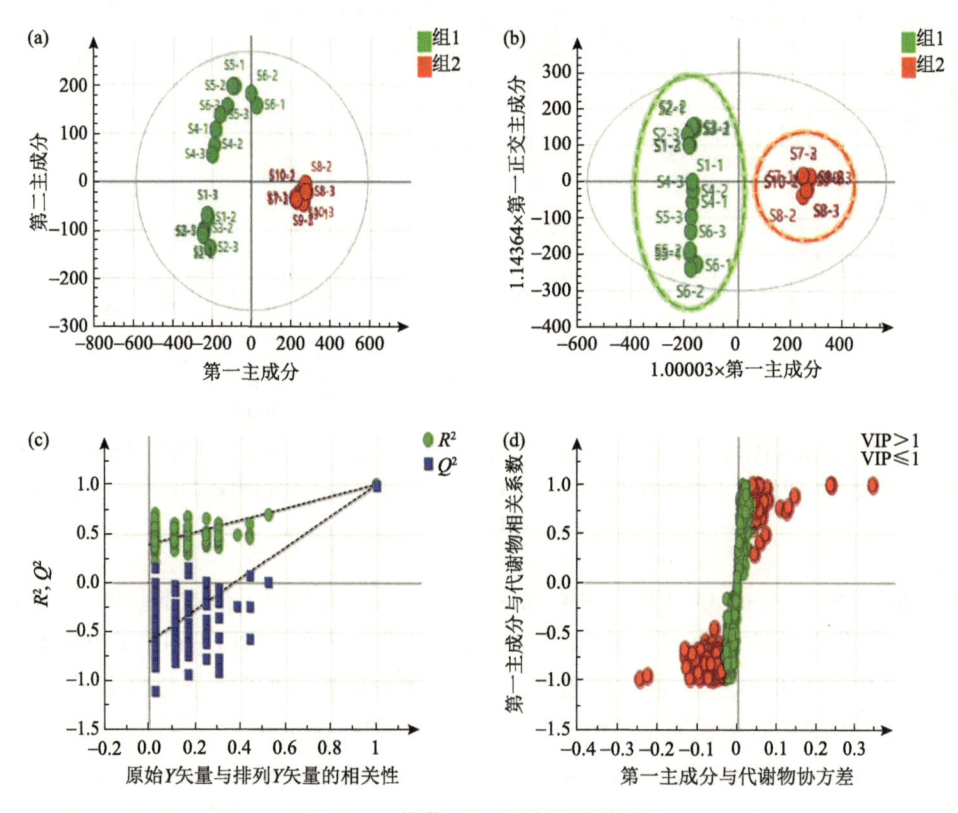

图 5.25　储藏 QZT 的多元统计分析

（a）PCA 得分图：R^2X=0.956，Q^2=0.755；（b）OPLS-DA 得分图：R^2X=0.759，R^2Y=1，Q^2=0.993；（c）OPLS-DA 模型的置换检验图，截距 R^2=0.368，Q^2=−0.69；（d）OPLS-DA 的 S-plot 图（S-plot 图左下方和右上方的关键化合物用方块标记）

根据 PCA 的结果，进一步建立了有监督的 OPLS-DA 模型，对 QZT 样品的储藏年份进行分类，并筛选与储藏年份分类相关的关键差异化合物。在图 5.25(b) 的 OPLS-DA 得分图中，所有的 QZT 样品被清晰地分成两类：S1~S6 和 S7~S10。OPLS-DA 模型的 R^2X、R^2Y 和 Q^2 分别为 0.759、1.000 和 0.993，表明建立的模型结果可靠。此外，置换检验（100 次）的 R^2 和 Q^2 截距分别为 0.368 和 –0.69，表明 OPLS-DA 模型具有良好的可预测性和拟合度[图 5.25（c）]。基于 OPLS-DA 模型的 VIP 值初步筛选差异化合物。如图 5.25（d）所示，有 109 个特征的 VIP 值>1.0（方块表示）。然后利用 p 值和 FC 值进一步筛选差异化合物。最后，共筛选出 18 种差异化合物，包括 5 种儿茶素、8 种黄酮&黄酮类苷、1 种酚酸、1 种酚类、1 种脂肪酸类、1 种萜类和 1 种 N-乙基-2-吡咯烷酮取代的黄烷-3-醇类（EPSF）（表 5.4）。

表 5.4　不同储藏年份青砖茶中鉴定的 18 种差异化合物列表

编号	保留时间/min	加合离子	m/z（测量值）	分子式	VIP 值	鉴定的化合物	FC**值	类别
1	3.69	[M-H]⁻	441.0819	C₂₂H₁₈O₁₀	4.50	表儿茶素没食子酸酯*	0.400	儿茶素类
2	3.56	[M-H]⁻	609.1463	C₂₇H₃₀O₁₆	2.70	槲皮素 3-O-洋槐糖苷	2.800	黄酮&黄酮苷类
3	3.38	[M-H]⁻	915.1644	C₄₄H₃₆O₂₂	3.60	阿萨姆苷 A	0.100	儿茶素类
4	3.57	[M-H]⁻	755.2047	C₃₃H₄₀O₂₀	3.10	山奈酚 3-半乳糖-(1→3)-鼠李糖-(1→6)-葡萄糖苷	0.100	黄酮&黄酮苷类
5	3.32	[M-H]⁻	563.1400	C₂₆H₂₈O₁₄	3.40	异夏佛塔苷	4.100	黄酮&黄酮苷类
6	3.50	[M-H]⁻	479.0836	C₂₁H₂₀O₁₃	2.80	杨梅素 3-O-半乳糖苷*	5.900	黄酮&黄酮苷类
7	3.66	[M-H]⁻	463.0872	C₂₁H₂₀O₁₂	2.70	杨梅苷*	1511.800	黄酮&黄酮苷类
8	7.23	[M-H]⁻	277.2171	C₁₈H₃₀O₂	2.20	α-亚麻酸	0.400	脂肪酸类
9	3.03	[M-H]⁻	577.1348	C₃₀H₂₆O₁₂	2.00	原花青素 B2*	0.004	儿茶素类
10	3.62	[M-H]⁻	568.1462	C₂₈H₂₇NO₁₂	1.60	8-C-N-乙基-2-吡咯烷酮取代的 EGCG	+∞	N-乙基-2-吡咯烷酮取代的黄烷-3-醇类
11	0.89	[M-H]⁻	191.0559	C₇H₁₂O₆	2.00	奎宁酸*	0.400	酚酸类
12	3.82	[M-H]⁻	447.0923	C₂₁H₂₀O₁₁	1.90	紫云英苷	1869.100	黄酮&黄酮苷类
13	3.59	[M-H]⁻	431.0976	C₂₁H₂₀O₁₀	1.70	牡荆素*	3.800	黄酮&黄酮苷类
14	3.61	[M-H]⁻	568.1469	C₂₈H₂₇NO₁₂	2.00	5″-R-乙基-吡咯烷基-表没食子儿茶素没食子酸酯	0.001	儿茶素类

续表

编号	保留时间/min	加合离子	m/z（测量值）	分子式	VIP值	鉴定的化合物	FC值	类别
15	7.09	[M-H]⁻	503.3371	$C_{30}H_{48}O_6$	1.40	山茶皂苷元E	6.600	萜类
16	3.13	[M-H]⁻	593.1513	$C_{27}H_{30}O_{15}$	1.70	维采宁2	2.600	黄酮&黄酮苷类
17	2.92	[M-H]⁻	633.0742	$C_{27}H_{22}O_{18}$	1.40	木麻黄素	0.000	酚类
18	3.61	[M-H]⁻	471.0927	$C_{23}H_{20}O_{11}$	1.00	表没食子儿茶素3-(3-O-甲基)没食子酸酯	3.600	儿茶素类

注：*经标准品验证；**FC指S7～S10与S1～S6的比值。

3）不同储藏年份青砖茶化合物差异分析

为了直观地显示青砖茶各储藏年份化合物的差异，基于差异化合物的一级质谱峰面积，采用可视化聚类热图对其化学变化进行了分析。如图5.26所示，QZT样品按储藏年份被划分为两类：S1～S6和S7～S10。大部分儿茶素类物质，如表儿茶素没食子酸酯（epicatechin gallate，ECG）、阿萨姆苷A和原花青素B2（procyanidin B2）随着储藏年份的延长含量整体下降，这种下降可能是它们在QZT储藏过程中的降解和氧化聚合引起的（Zhu et al.，2020）。甲基化儿茶素，如EGC 3-(3-OMe)-没食子酸酯[EGC 3-(3-OMe)-gallate]的含量增加。这些甲基化的儿茶素可能由ECG和表没食子儿茶素没食子酸酯（epigallocatechin gallate，EGCG）通过微生物甲基化作用产生（Lv et al.，2012）。牡荆素（vitexin）、紫云英苷（kaempferol 3-glucoside）、异夏佛塔苷（isoschaftoside）、维采宁2（vicenin 2）、杨梅素3-O-半乳糖苷（myricetin 3-O-galactoside）、杨梅苷（myricitrin）、槲皮素3-O-洋槐糖苷（quercetin 3-O-robinobioside）等黄酮苷的含量增加。山奈酚3-半乳糖-(1→3)-鼠李糖-(1→6)-葡萄糖苷[kaempferol 3-gal-(1→3)-rha-(1→6)-glucoside]在QZT储藏0～9年含量明显减少。茶叶储藏过程中黄酮类化合物与黄酮类化合物糖基化的双向转化途径复杂（Zhao et al.，2022）。一些研究推测这些过程可能与美拉德反应或微生物催化有关。同时，胞外微生物酶，如葡聚糖酶和纤维素酶，可以催化黄酮类化合物的糖基化过程（Li et al.，2021）。α-亚麻酸的含量经储藏后降低了60%，这可能是由于QZT储藏过程中不饱和脂肪酸的氧化和降解。EPSF类化合物8-C-N-乙基-2-吡咯烷酮取代的EGCG（8-C-N-ethyl-2-pyrrolidinone-substituted EGCG）的含量随储藏时间增加而显著增加。一些最近的研究表明，EPSF化合物具有多种生物活性，如抗氧化活性和抗炎活性（Meng et al.，2018），以及抑制由高血糖诱导的细胞衰老。在未来，对EPSF化合物生物活性的更多研究有望揭示黑茶健康益处的奥秘。

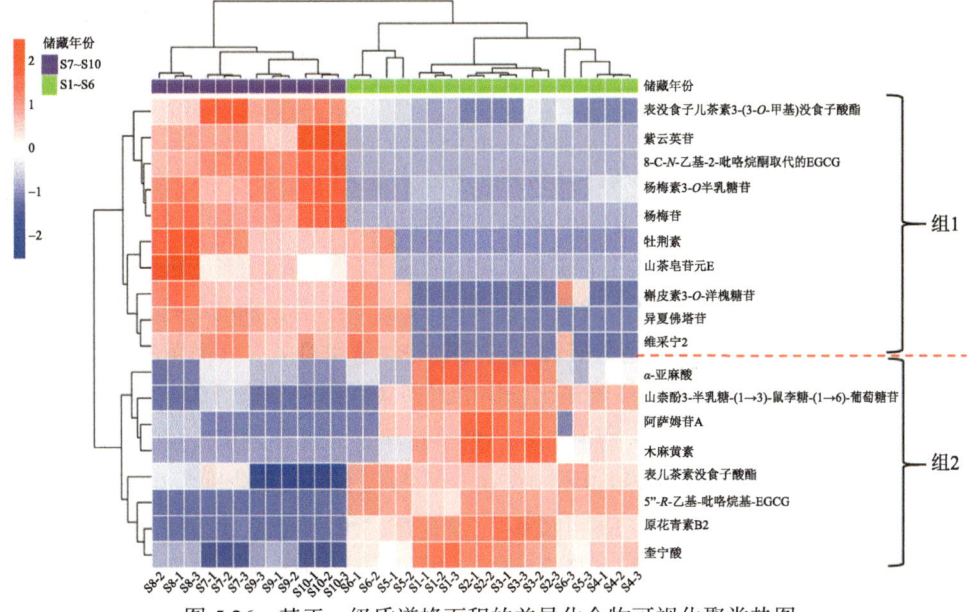

图 5.26 基于一级质谱峰面积的差异化合物可视化聚类热图

4）基于差异化合物的青砖茶储藏年份预测模型

进一步利用这些差异化合物建立了 QZT 的储藏年份预测模型，从总样品中随机选择 80% 作为校正集，剩余的 20% 作为预测集。校正集用于构建 PLS 回归模型，输入变量 X 为差异化合物 MS^1 和 MS^2 的离子峰面积。采用 RMSEP 和 R^2 评估模型的性能。基于 MS^1 离子峰面积的 PLS 回归模型得到的预测值与实际值的相关系数 R^2 为 0.9080，RMSEP 为 0.85 [图 5.27（a）]。同时，基于 MS^2 离子峰面积的 PLS

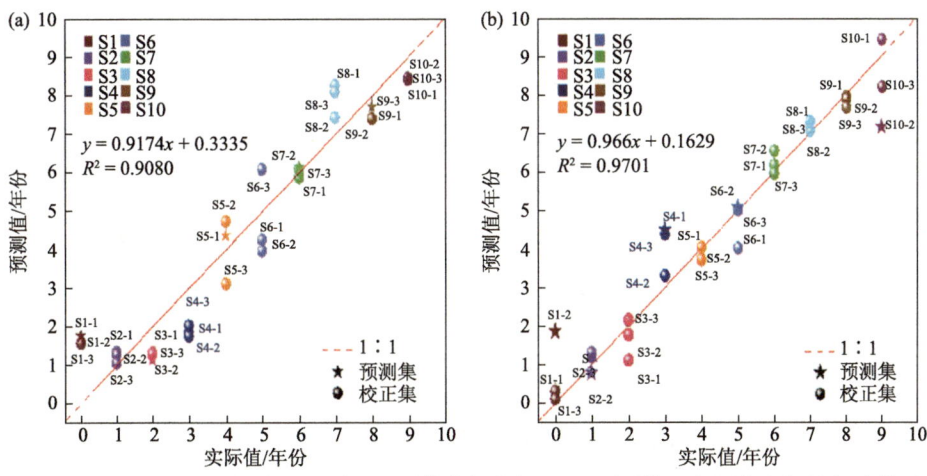

图 5.27 通过 PLS 回归模型得到的不同储藏年份的 QZT 预测值和实际值之间的相关关系
（a）基于 MS^1 离子峰面积；（b）基于 MS^2 离子峰面积

回归模型得到的预测值与实际值的相关系数 R^2 为 0.9701, RMSEP 为 1.24[图 5.27 (b)]。这些结果表明，这 18 种差异化合物具有预测 QZT 储藏年份的潜力。

3. 总结

该案例通过使用基于 SWATH-MS 的非靶向代谢组学结合化学计量学方法，经无监督的 PCA 分析发现储藏 0～9 年的 QZT 样品可分为两组，S1～S6（0～5 年）和 S7～S10（6～9 年）。借助有监督的 OPLS-DA 模型和统计分析揭示了两组不同储藏年份的青砖茶的化学差异，发现了 18 种 QZT 储藏年份鉴别的关键差异化合物。在这些化合物中，儿茶素、脂肪酸和一些酚酸的含量明显减少，而黄酮&黄酮苷、萜类和 EPSF 的含量增加。这些差异化合物可以用来鉴别和预测青砖茶的储藏年份。其中，根据这些特征离子的一级和二级质谱信息建立的青砖茶年份预测 PLS 回归模型的相关系数 R^2 分别为 0.9080 和 0.9701，预测均方根误差分别为 0.85 和 1.24，预测效果良好。该案例揭示了不同储藏年份的青砖茶的化学差异，建立了 QZT 储藏年份的鉴别和预测方法，可为储藏青砖茶的品质真实性鉴别提供理论依据。

5.2.2　纳米效应多元光谱鉴别绿茶真实性

绿茶的质量很大程度上取决于多种因素，包括品种、等级、产地和不同的加工程序等，从而影响其感官品质和商业价值。目前，用于鉴别茶叶的方法主要有色谱-质谱法（Zhao et al.，2014；Araya-Farias et al.，2014），光谱法（Diniz et al.，2016；Dymerski et al.，2016）等，其中光谱法具有简单快速的优势。然而，不同绿茶在不同光谱中存在严重的峰重叠问题，使特征峰的精确分配相当困难。因此，需要用化学计量学方法提取特征信息进行样品识别。

QD，可作为"开-关"的荧光探针，由于其在检测金属离子、抗癌药物、氨基酸、硝胺、农药、硫化氢等物质的灵敏性高，一直是研究人员关注的焦点。前期，本课题组利用单量子点与化学计量学相结合的方法，对 29 种名优绿茶进行了高度敏感和特异性的同时识别，在对样品进行 LCNC 时被证明是一种有效的方法（Fan et al.，2016）。然而，结果显示在预测集中有两个样品被错误分类。在此基础上，进一步开发了一种基于双量子点的"开-关"荧光传感器，用于快速地、灵敏地识别 53 种不同绿茶。

在该案例中，本课题组开发了一种双量子点荧光"开-关"传感器，并结合化学计量学对 53 种不同绿茶进行高度敏感和特异性识别（Hu et al.，2018）。为获得更多可用的光谱信息，同时使用硒镉锌（ZnCdSe）和碲化镉（CdTe）量子点并结合经典 PLS-DA 对绿茶进行定性分析。双量子点荧光传感器可以成功区分所有的绿茶，并达到了 100% 的识别率。该案例可作为一种通用的方法，在其他物质 LCNC

的实际应用中具有很大前景。其中,单量子和双量子点系统对绿茶的传感示意图和识别结果如图 5.28 所示。

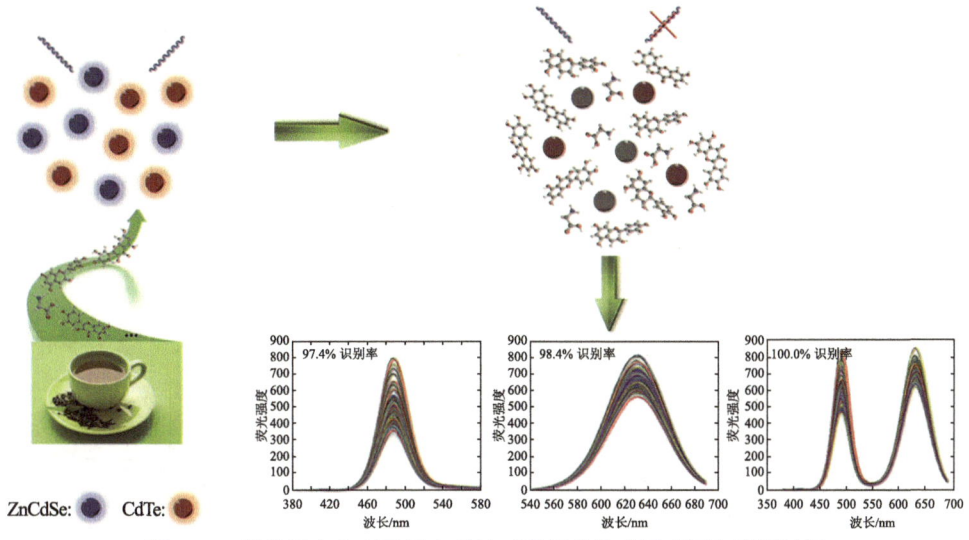

图 5.28 单量子点和双量子点系统对绿茶的传感示意图和识别结果

1. 实验方法

1）茶叶样品的收集与标记

龙井茶从产地不同的茶叶中收集,其他绿茶从不同的超市购买。所有绿茶样品都是向 9 mL 蒸馏水中加入 0.08 g 不同的茶叶制备的,将每种样品标记为 f1~f53,且每种样品分别由 10 个绿茶样品组成。随机抽取每组样品的所有绿茶样品并重新分配到训练集和预测集中。样品组的详细信息见本课题组已发表文章（Hu et al., 2018）。

2）数据处理方法

所有光谱分析只采用原始荧光光谱,不作任何其他光谱预处理。用 PLS-DA 的监督模式识别进行建模。本实验采用了"一对多法（OVR）",假设有 k 个类别需要区分,对于 OVR,开发了 k 个一对（k–1）分类器来区分每个类别和其余（k–1）个类别。一个未知对象由上述 k 个一对（k–1）分类器预测,最终被分配给具有最高预测响应值的那类。Matlab 软件被广泛地应用于解决复杂的数据建模和优化。在该案例中,所有化学计量分析均由本课题组在 Matlab 7.10.0（R2010a）平台上编写的内部计算编码脚本进行。

2. 结果与讨论

1）量子点荧光传感法鉴别 53 种绿茶

测试 NAC 修饰的不同的量子点[硒镉锌（ZnCdSe）、碲化镉（CdTe）和碲化镉-硒镉锌（CdTe-ZnCdSe）]与绿茶之间的相互作用来研究荧光传感过程。ZnCdSe和 CdTe 分别在 487 nm[图 5.29（a）]和 629 nm[图 5.29（d）]处具有强烈的荧光发射峰。如图 5.29（b）所示，由于不同绿茶的荧光光谱非常相似而在 411 nm 附近发生严重峰重叠，且低浓度的不同绿茶荧光强度极弱，因此它们的准确鉴别变得非常困难。然而，从图 5.29（c）和 5.29（e）可以看出，被不同绿茶溶液猝灭的两个量子点在峰位置和峰强度上存在细微差异，这可能是绿茶中的成分与两个量子点相互作用导致的。此外，量子点的高荧光效率和稳定性使其对绿茶的检测成为可能并且效果理想。

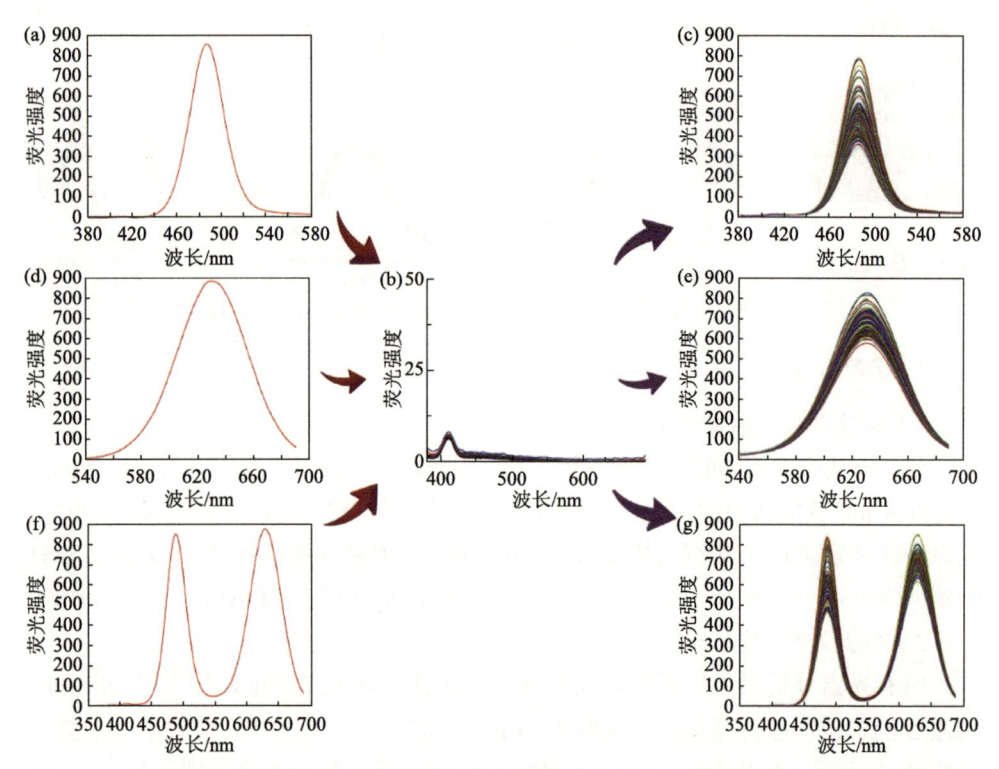

图 5.29 （a）NAC 修饰的 ZnCdSe 量子点荧光光谱图；（b）53 种绿茶的原始荧光光谱图；（c）加入绿茶水的 ZnCdSe 量子点荧光猝灭光谱图；（d）NAC 修饰的 CdTe 量子点荧光光谱图；（e）加入绿茶水的 CdTe 量子点荧光猝灭光谱图；（f）NAC 修饰的 ZnCdSe-CdTe 量子点荧光光谱图；（g）加入绿茶水的 ZnCdSe-CdTe 量子点荧光猝灭光谱图

据文献报道，类黄酮、儿茶素、槲皮素和氨基酸等茶叶中的成分可以通过 PET 有效猝灭 CdTe 量子点的荧光。因此，上述荧光猝灭现象可能是 QD 与绿茶中的各种成分如类黄酮、儿茶素、氨基酸等相互作用的结果。同时，ZnCdSe 量子点也可以被绿茶中的几种化合物成分猝灭。因此，这种双量子点荧光"开-关"模式的机制可能是绿茶中的各种如类黄酮、儿茶素、氨基酸等化合物引起的动态猝灭。加入不同绿茶后，NAC 修饰的 ZnCdSe-CdTe 量子点的荧光被显著地和不同程度地猝灭，从而形成 NAC 修饰的量子点与不同化合物的分子探针。NAC 修饰的 ZnCdSe-CdTe 双量子点系统对绿茶的传感检测示意图如图 5.30 所示。

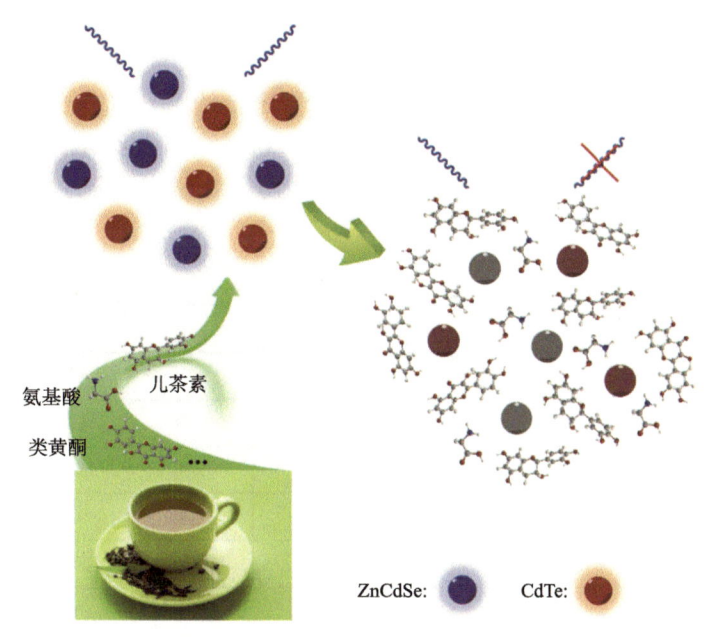

图 5.30　NAC 修饰的 ZnCdSe-CdTe 双量子点系统对绿茶的传感检测示意图

2）结合化学计量学模型对绿茶进行鉴别

本案例中，用 PLS-DA 对 53 种不同绿茶建立识别模型。其中，虚拟向量被编码以表征不同类，第 j 个元素编码的虚拟向量 f_j 为 1，其他元素代表 j 类为 0。类特征矩阵的每一行是一个样品的分类向量，类特征矩阵的每一列可以通过 PLS-DA 与光谱训练矩阵相关联。通过 6 倍交叉验证计算 LV 值。训练集分为六个子集，其中五个子集每个含有 56 个样品，剩下一个含有 57 个样品。

选择单量子点（ZnCdSe 和 CdTe）的"开-关"荧光传感器与传统的荧光方法进行比较。传统荧光方法的识别率很低，仅为 66.8%，说明该方法难以对不同绿茶进行准确分类，如表 5.5 所示。而 ZnCdSe 和 CdTe 量子点荧光传感器相对于传统荧光方法识别率均有提高。ZnCdSe 量子点"开-关"荧光传感器的训练集和预测集的识别率分别为 98.50% 和 97.40%，并且其原始荧光数据不需要再进行其他光谱预处理。同时，还使用 CdTe 量子点"开-关"荧光传感器与 PLS-DA 模型结合来鉴别不同绿茶，虽然结果比传统荧光方法和 ZnCdSe 量子点"开-关"荧光传感器更好，但仍然不能达到 100.00%的识别率。图 5.31 和图 5.32 显示了 NAC 修饰的 CdTe 量子点对绿茶响应的原始荧光光谱在 PLS-DA 模型中训练集和预测集的虚拟矢量编码归属图。结果显示，两个训练集样品由第 38 类被错误地分到第 4 类，并且三个预测集样品也由第 38 类被错误地分到第 4 类。这可能意味着品位级和一级的四川竹叶青与杭州龙井村龙井具有相似的成分和质量。因此，对于识别 53 种不同的绿茶，单量子点"开-关"荧光传感器并不是一个识别率达到 100.00%的理想方法。而如表 5.5 所示，ZnCdSe-CdTe 双量子点"开-关"荧光传感器，在训练集和预测集中的识别率均可以达到 100.00%。综上所述，NAC 修饰的 ZnCdSe-CdTe 双量子点荧光"开-关"模型与化学计量学相结合方法是 LCNC 系统中一种准确有效的识别策略。

表 5.5 传统荧光法、单量子点和双量子点"开-关"荧光传感器结合 PLS-DA 模型对绿茶的判别结果统计表

模型	LV	训练错误数	预测错误数	训练识别率	预测识别率
传统荧光	9.00	14.00	68.00	95.90%	66.80%
单量子点 ZnCdSe "开-关" 荧光传感器	10.00	5.00	5.00	98.50%	97.40%
单量子点 CdTe "开-关" 荧光传感器	8.00	2.00	3.00	99.40%	98.50%
双量子点 "开-关" 荧光传感器	8.00	0.00	0.00	100.00%	100.00%

根据原始荧光光谱进一步评估了双量子点"开-关"荧光传感器鉴别 53 种不同绿茶的能力。该模型的灵敏度和特异性是通过将某一类别表示为"阳性"而其余类别表示为"阴性"计算的。识别 53 种名优绿茶的灵敏度和特异性都可以达到 1。这些结果表明，该案例根据原始双量子点荧光光谱所建立的 PLS-DA 模型足以对 53 种不同名优绿茶进行分类，并且具有较高的灵敏度和特异性。

3. 总结

根据该案例研究结果可知，由 NAC 修饰的 ZnCdSe-CdTe 双量子点"开-关"荧光传感器结合化学计量学方法被证明是一种可用于鉴别 53 种不同种类绿茶的高效快速、准确灵敏的方法。NAC 修饰的 ZnCdSe-CdTe 双量子点"开-关"荧光传感器在对不同绿茶进行大类数分类时，表现出的分类精确度、灵敏度和特异性均优于传统荧光方法和 NAC 修饰的单量子点"开-关"荧光传感器。该方法即使在 LCNC 系统中也具有 100%的识别率。这种优越的识别性能来自量子点表面的修饰基团与绿茶中黄酮类、儿茶素类等特征成分之间的相互作用，并且这种相互作用信号被量子点放大，从而实现高灵敏响应。因此，量子点表面修

第 5 章 食品真实性溯源案例分析

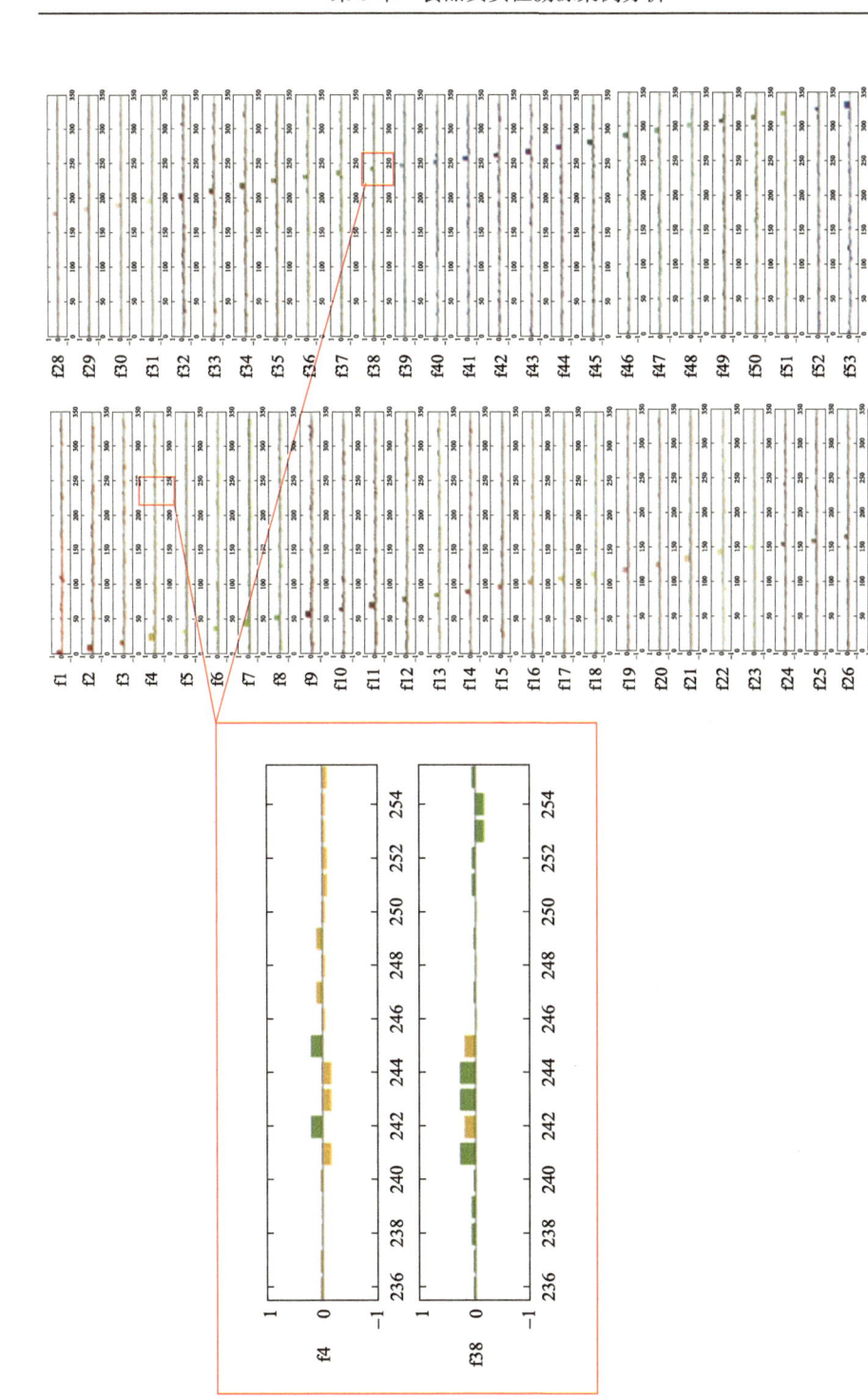

图5.31 NAC修饰的CdTe对绿茶响应的原始荧光光谱在PLS-DA模型中训练集的虚拟矢量编码归属图
训练集样本

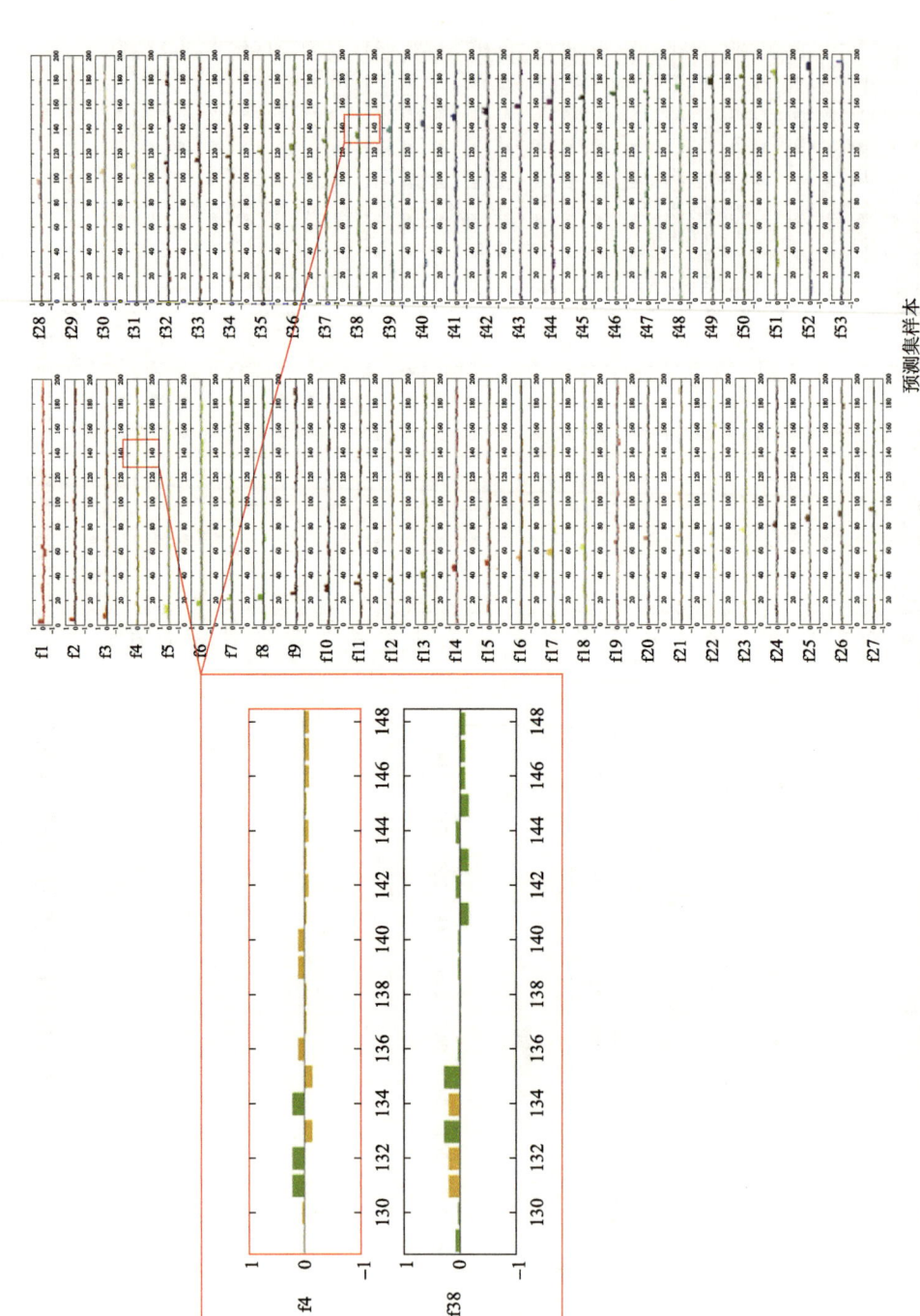

图5.32 NAC修饰的CdTe对绿茶光响应的原始荧光光谱在PLS-DA模型中预测集的虚拟矢量编码归属图

饰基团还可根据绿茶中其他特征成分变化，以实现多重信号放大以及更优异的绿茶鉴别效率。此外，这种方法在其他复杂的 LCNC 系统中（包括其他草药、食品、生物识别和药物质量控制）也具有潜在的应用前景，以实现更高的识别率和更高的特异性。

5.2.3 可视化传感方法鉴别茶叶真实性

绿茶由于加工方式的差异，比其他茶含有更多的儿茶素，其含量也受到茶叶产地、生长条件、茶叶处理方式、冲泡温度等条件的影响。这些因素使不同品种和品牌绿茶的儿茶素含量存在巨大的差异（Reygaert，2018）。与"关闭"模式相比，"关-开"模式更可取，它可以减少检测过程中荧光团因其他因素猝灭的可能性。荧光"关-开"感应系统具有更好的选择性与灵敏度，且有利于环境干扰的排除和实际样品的检测。

本案例构建了双通道硒镉锌（ZnCdSe）量子点荧光传感器以实现对不同绿茶的识别（Fan et al.，2022）。绿茶中富含茶多酚、氨基酸等活性物质，考虑到绿茶中成分的强抗氧化作用，本案例以高锰酸钾为猝灭剂，向量子点中加入少量高锰酸钾后量子点荧光处于"关闭"状态，待猝灭后荧光强度稳定，再加入一定量的绿茶。绿茶中丰富的还原性物质与高锰酸钾发生作用，量子点荧光被恢复。以此设计荧光传感器的一个通道（"关-开"通道）。借助 LDA 模型实现了对不同品类、产地与等级绿茶的区分。然后对绿茶中 18 种代表性成分与荧光传感器指纹响应图谱进行分析确定绿茶中氨基酸与儿茶素分别是引起"关闭"与"关-开"通道响应的主要物质。最后对儿茶素化合物进行有效的定性与定量分析，不同浓度下不同儿茶素显示出对传感器差异性荧光响应信号，进一步验证了该传感策略对绿茶响应识别的规律。双通道硒镉锌（ZnCdSe）量子点荧光传感器用于绿茶鉴别的研究思路如图 5.33 所示。

1. 实验方法

1）茶叶样品信息

本案例中所用的茶叶样品见本课题组已发表文章（Fan et al.，2022）。

2）绿茶茶水的提取

为了最大程度提取绿茶中成分，称取 3 g 干燥的绿茶于 20 mL 水中，选取冲泡温度为 80℃，冲泡时间为 10 min，而后用 0.2 μm 滤膜过滤得到绿茶样品，获得的茶汤用蒸馏水稀释 20 倍待用。

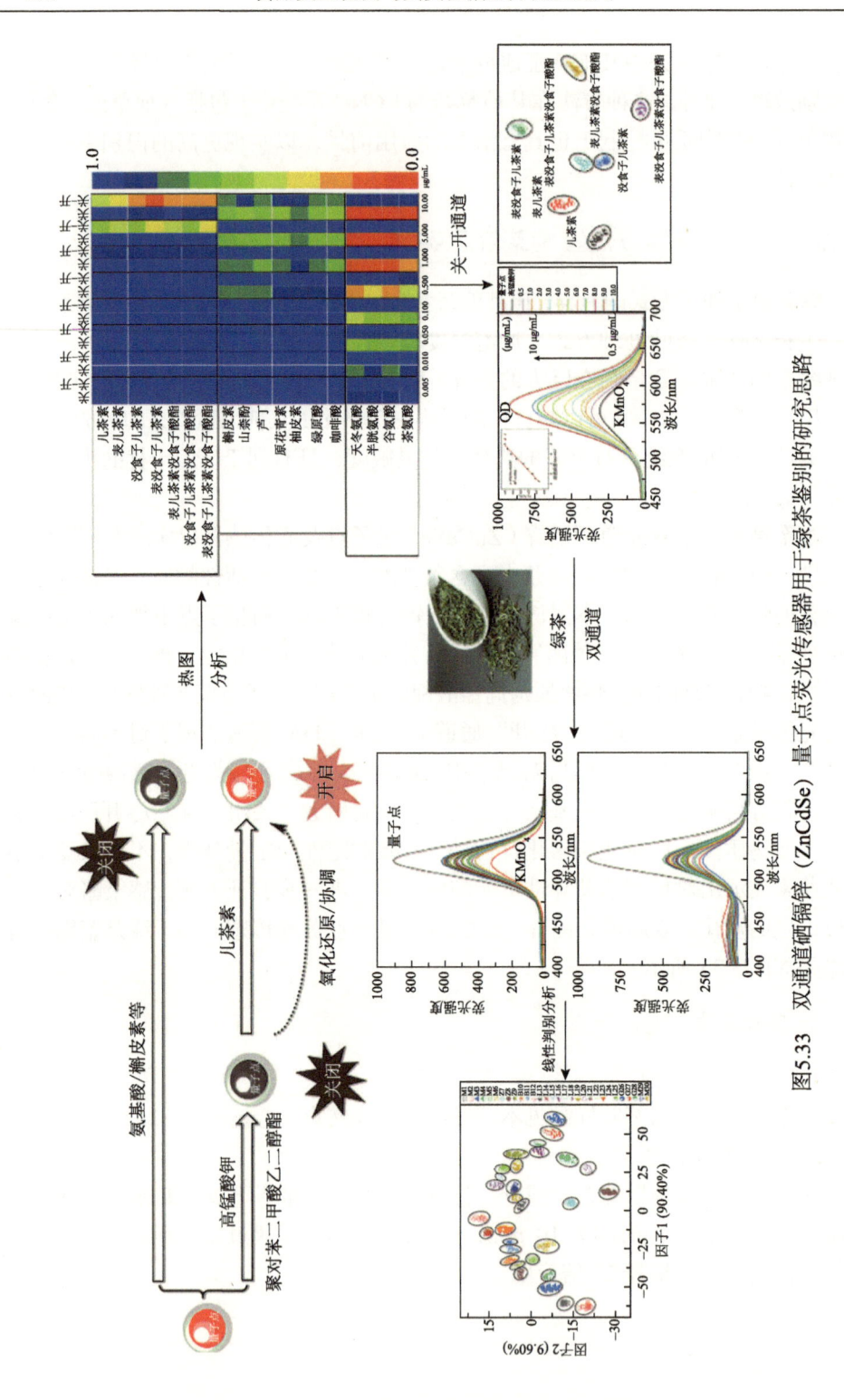

图5.33 双通道硒镉锌（ZnCdSe）量子点荧光传感器用于绿茶鉴别的研究思路

3) 双通道量子点荧光传感器设计

用超纯水配制得到绿茶样品，对于关闭通道的测量，在加入样品 10 min 后测试量子点溶液猝灭后的荧光强度。对于关-开通道的测量，量子点溶液用 Tris-HCl 缓冲溶液配制，在加入猝灭剂（KMnO$_4$）5 min 后再添加不同绿茶样品，待绿茶样品加入 5 min 后测试量子点溶液恢复后的荧光强度。每个样品平行测量 6 次，每次记录 3 个光谱图。

2. 结果与讨论

1）传感单元的甄选

为了优化荧光传感器传感材料，保证检测系统良好的灵敏度，同时有效简化传感器的传感单元，设计不同核与不同配体的量子点来研究其与绿茶响应的规律。以 NAC@CdTe、GSH@CdTe、巯基丙酸（MPA）@CdTe、NAC@CdSe、NAC@ZnCdSe、NAC@ZnSe 六种量子点为材料的测试对象，选取 10 种代表性绿茶为分析对象，综合比较量子点与不同茶叶的荧光响应灵敏度与差异性。

对于关闭通道，如图 5.34 所示，综合比较六种不同量子点对不同品种茶叶的响应信息发现，每种茶叶对 NAC@CdTe 量子点的猝灭程度均大于其他量子点，这能很好地说明 NAC@CdTe 量子点对不同的茶叶具有最佳的响应灵敏度。对于关-开通道，同一浓度的 KMnO$_4$ 对 NAC@CdSe、NAC@ZnSe 两种量子点的猝灭

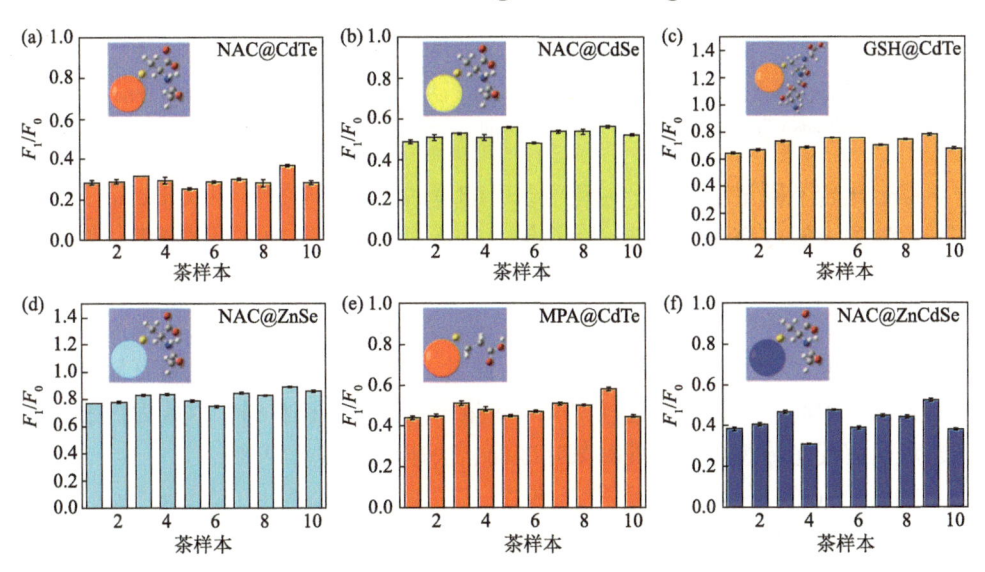

图 5.34　六种量子点对不同绿茶响应差异比较图

（a）NAC@CdTe 量子点；（b）NAC@CdSe 量子点；（c）GSH@CdTe 量子点；（d）NAC@ZnSe 量子点；（e）MPA@CdTe 量子点；（f）NAC@ZnCdSe 量子点

能力较弱，同时在绿茶加入后，绿茶对其荧光恢复效果也较差。如图5.35所示，对于NAC@CdTe和GSH@CdTe量子点，在KMnO$_4$有效猝灭荧光后，随着不同绿茶的加入，量子点的荧光恢复程度较小。KMnO$_4$对MPA@CdTe和NAC@ZnCdSe量子点具有较好的猝灭能力，同时绿茶对量子点荧光恢复的效果较好，并且对于不同品种的绿茶，两种量子点呈现出较好的差异性响应。

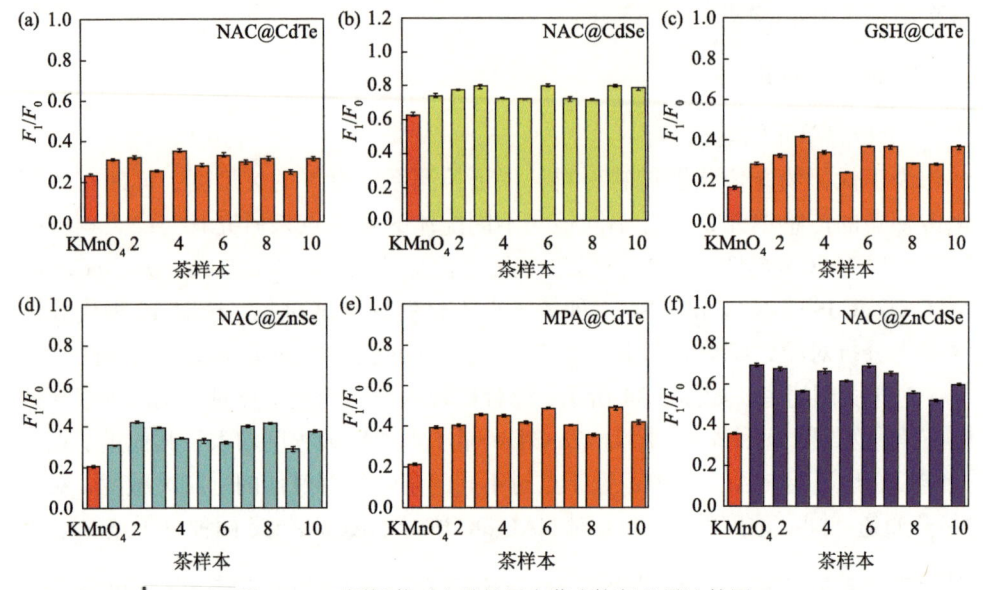

图5.35 不同绿茶对六种量子点荧光恢复差异比较图

（a）NAC@CdTe量子点；（b）NAC@CdSe量子点；（c）GSH@CdTe量子点；（d）NAC@ZnSe量子点；（e）MPA@CdTe量子点；（f）NAC@ZnCdSe量子点；橙色表示加入KMnO$_4$后量子点荧光强度

综合比较不同量子点各个通道对茶叶响应的灵敏度与特异性，CdTe量子点对茶叶检测的灵敏度高于ZnCdSe量子点，CdSe量子点的灵敏度最差。但从作用的特异性来看，ZnCdSe量子点优于CdTe量子点，ZnSe量子点对绿茶的响应差异性最小。对于三种配体修饰的CdTe量子点，NAC修饰的CdTe量子点具有最佳的反应灵敏度。对于NAC配体修饰的4种量子点，ZnCdSe量子点具有最佳的作用特异性。因此，本研究仅选择ZnCdSe量子点作为传感材料，以此为传感元件构建双通道荧光传感器来实现对茶叶准确、快速地识别。

2）量子点表征

利用FTIR对ZnCdSe量子点表面修饰的不同配体进行了鉴定。图5.36中，在3416 cm^{-1}、1625 cm^{-1}和1397 cm^{-1}处出现明显的吸收带，分别归属于O—H/N—H伸缩振动、C=O伸缩振动和C—N伸缩振动。

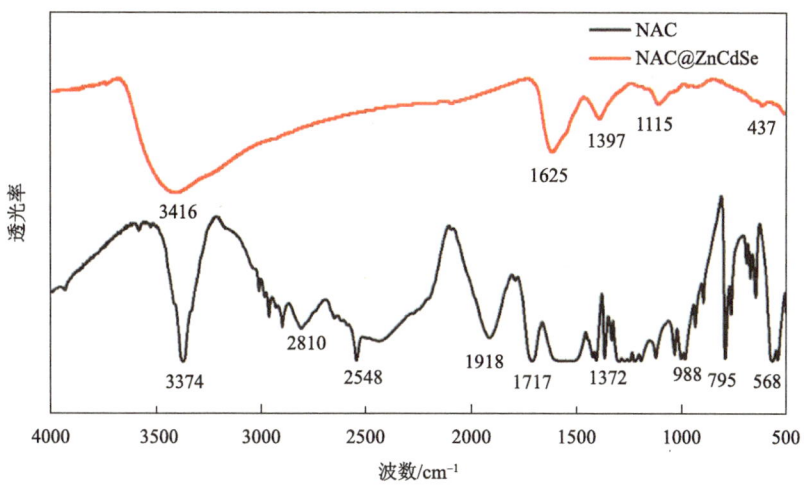

图 5.36　NAC@ZnCdSe 量子点的红外光谱

为了测试 ZnCdSe 量子点的形貌结构与分布特征，对量子点溶液做 TEM 表征，图 5.37 透射电镜结果显示，量子点尺寸与分布均匀，平均粒径约为 3 nm。

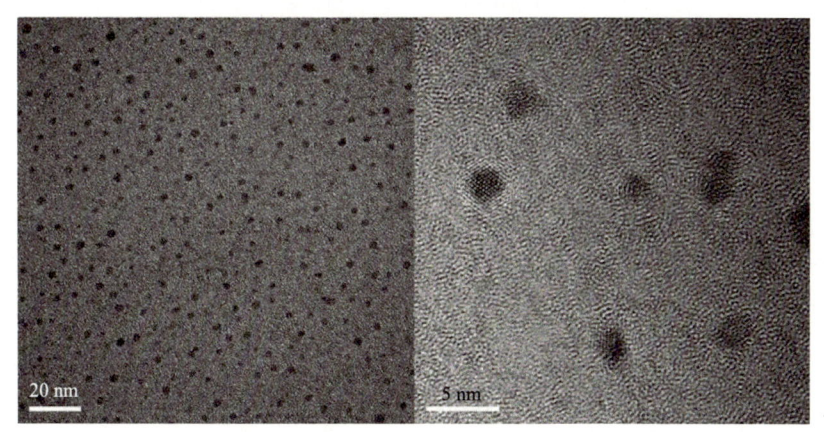

图 5.37　NAC@ZnCdSe 量子点的 TEM 表征

3）量子点稳定性探究

稳定性是评价量子点质量的重要指标，对量子点的荧光稳定性进行探究，图 5.38（a）显示 NAC@ZnCdSe 量子点荧光强度在 80 min 内保持稳定不猝灭。图 5.38（b）展示了在 pH=2～12，NAC@ZnCdSe 量子点的荧光稳定性。在 pH=2～9，该量子点的荧光强度处于平稳状态。用不同浓度的 NaCl 溶液测试其离子强度对其发光的影响，图 5.38（c）显示 NAC@ZnCdSe 量子点具有较强的离子强度耐受性。以上结果表明该量子点具有较强的稳定性，可作为理想的荧光材料。

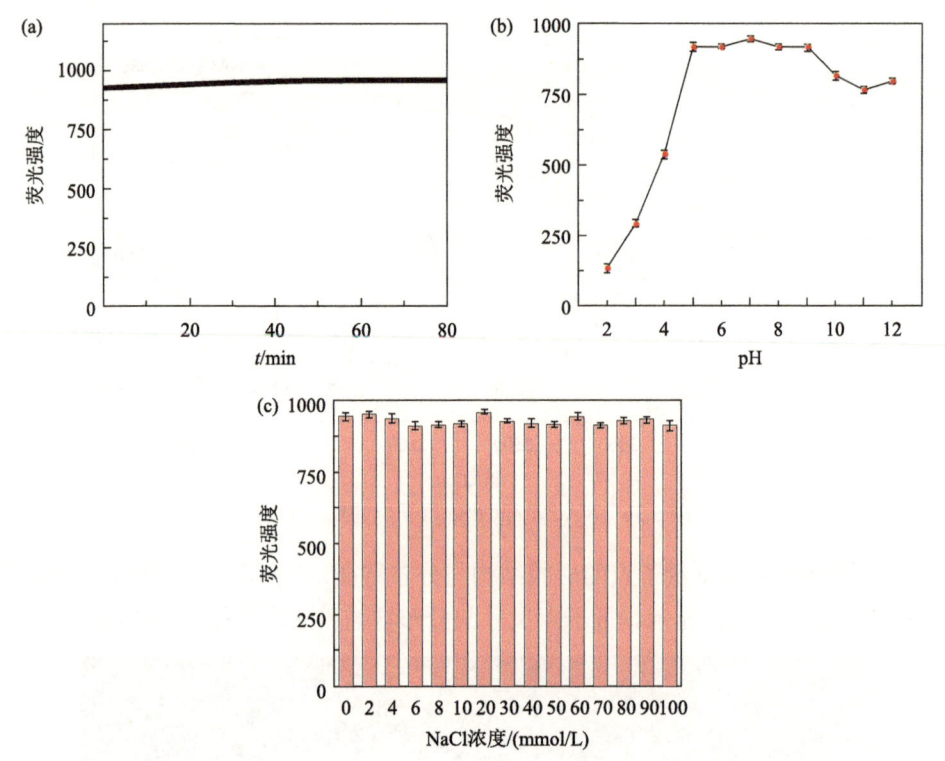

图 5.38　NAC@ZnCdSe 量子点的时间稳定性、pH 和 NaCl 浓度探究

4）绿茶检测影响因素探究

首先，探究了绿茶检测的时间，对于关闭通道，图 5.39（a）可以看出绿茶加入 6 min 后，溶液的荧光基本维持稳定，因此对于关闭通道选择 10 min 作为后续的反应时间。对于关-开通道，图 5.39（b）显示在加入 KMnO₄ 4 min 后，量子点的荧光猝灭至稳定。在加入绿茶后，量子点荧光得到一定程度的恢复，同样在 4 min 内基本达到稳定。因此，本研究选取 10 min 为测定时间（加入 KMnO₄ 5 min 后加入茶叶，等待 5 min 测量其荧光强度）。

反应体系的 pH 不仅影响量子点的原始荧光强度，而且对 KMnO₄ 的猝灭能力也有很大影响。从高锰酸钾对量子点的猝灭率和绿茶的回收率两个方面优化了反应体系的 pH。这里，Eff$_q$ 被设定为描述 QD 的荧光猝灭效率，而 Eff$_r$ 表示荧光恢复效率。Eff$_q$=($F_0 - F_1$)/F_0；Eff$_r$=($F_2 - F_1$)/F_0，其中 F_0 为 QD 的原始荧光强度，F_1 为添加 KMnO₄ 的 QD 的荧光强度，F_2 为添加绿茶的 QD 的荧光强度。如图 5.39（c）所示，KMnO₄ 的猝灭能力随着 pH 的增大先增大后减小，猝灭能力在 pH=6.6 时达到最大值。至于绿茶的荧光恢复能力，也随着 pH 的增大先增大后减小，在

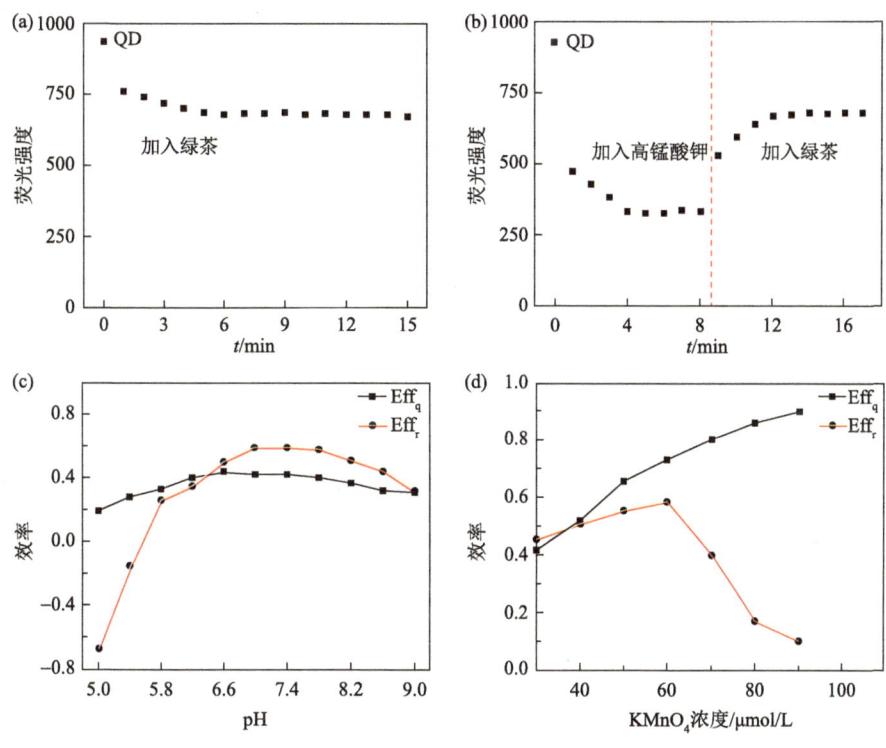

pH=6.8 时达到最大值。综合比较后，选择后续反应体系的 pH 为 6.8。

图 5.39　反应时间、pH 和猝灭剂浓度的探究

Eff_q 表示荧光猝灭效率；Eff_r 表示荧光恢复效率

最后，探究了猝灭剂浓度，从图 5.39（d）可以看出，随着 $KMnO_4$ 浓度的增加，猝灭剂的猝灭能力逐渐增强，但绿茶的荧光恢复能力先增大后减小，因此最终选择 60 μmol/L 作为猝灭剂的最佳浓度。

5）量子点荧光传感器对不同品类绿茶的鉴别

图 5.40（a）和图 5.40（b）为不同绿茶对两个通道的荧光响应光谱。关闭通道的检测通过直接在量子点水溶液中添加不同的绿茶茶汤来实现，关-开通道则使用 0.5 mol/L Tris-HCl 溶液来配制量子点溶液，在添加 $KMnO_4$ 5 min 后再加入不同的绿茶茶汤，等待 5 min 测试其荧光强度。图 5.40（c）直观地显示了不同绿茶对各通道的响应差异。对于关闭通道，毛尖茶（M1～M6）显示出最强的猝灭能力，六安瓜片茶（G26～G28）的猝灭能力最弱。对于关-开通道，毛尖茶具有最佳的荧光恢复能力，六安瓜片茶的荧光恢复能力最弱。

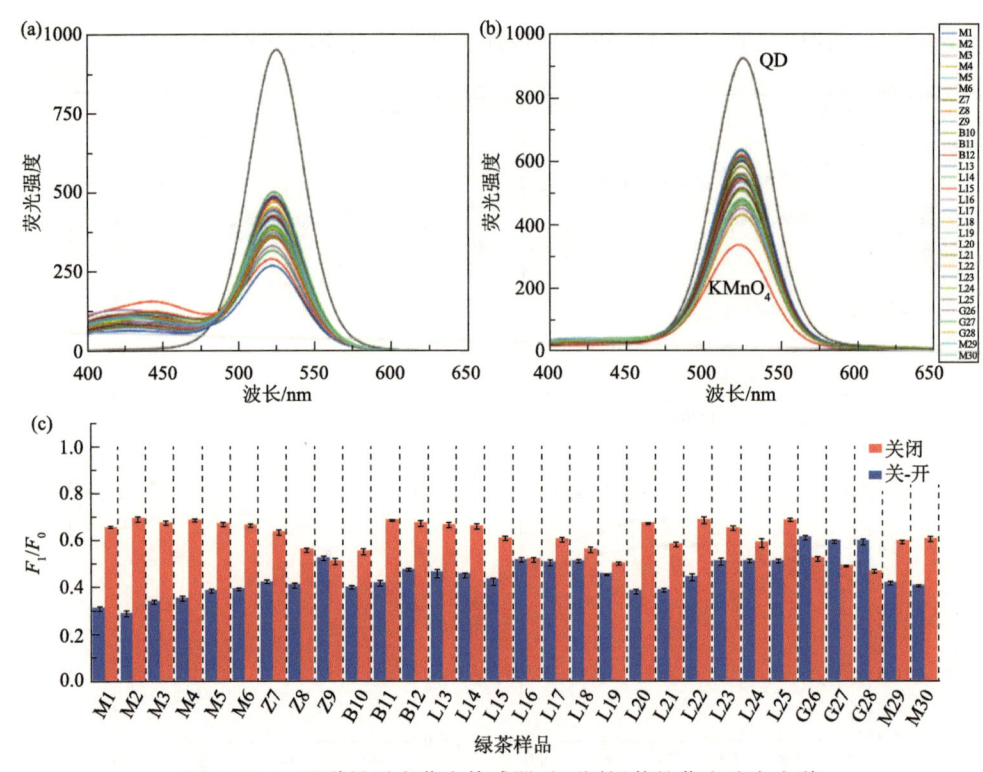

图 5.40 双通道量子点荧光传感器对不同绿茶的荧光响应光谱
（a）关闭通道；（b）关-开通道；（c）双通道量子点传感器对 30 个绿茶样品荧光响应模式；F_0 和 F_1 分别表示加入绿茶前和加入绿茶后量子点的荧光强度

为了测试荧光传感器绿茶样品的识别能力，借助 LDA 实现对荧光信号的提取与分析，以此对不同绿茶进行判别分析。图 5.41 说明该荧光传感器对不同品种的绿茶具有理想的区分能力，交叉验证的准确率为 100%。此外，在 LDA 得分图上，龙井茶、毛峰茶与六安瓜片这三种绿茶在分布上较为接近，碧螺春则与毛尖茶更接近。不同品种绿茶之间的差异较大，但针对同一品种，不同产地的绿茶之间的差异较小。

6）双通道量子点荧光传感器对不同等级毛尖茶的鉴别

该案例以毛尖茶为例，选取三个等级（珍品级、特级、一级）都匀毛尖与信阳毛尖为测试对象，探究荧光传感器在识别绿茶等级方面的可行性。图 5.42 量子点荧光传感器对不同等级毛尖茶的 LDA 得分图显示该传感器能成功将三种不同等级的毛尖茶区分开，判别准确率为 100%。

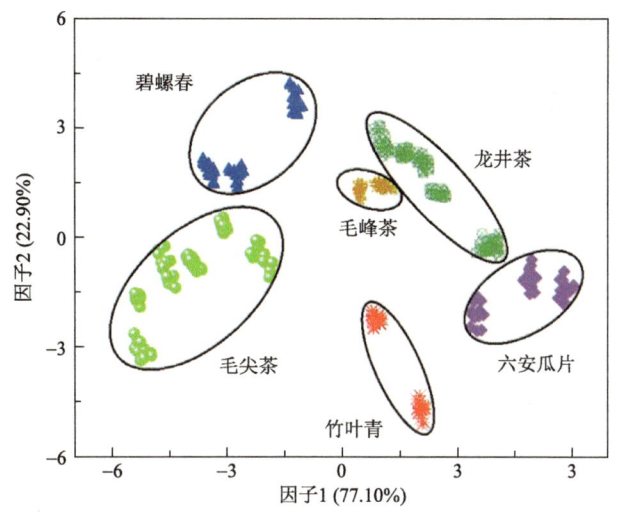

图 5.41 双通道量子点荧光传感器对不同绿茶的 LDA 得分图

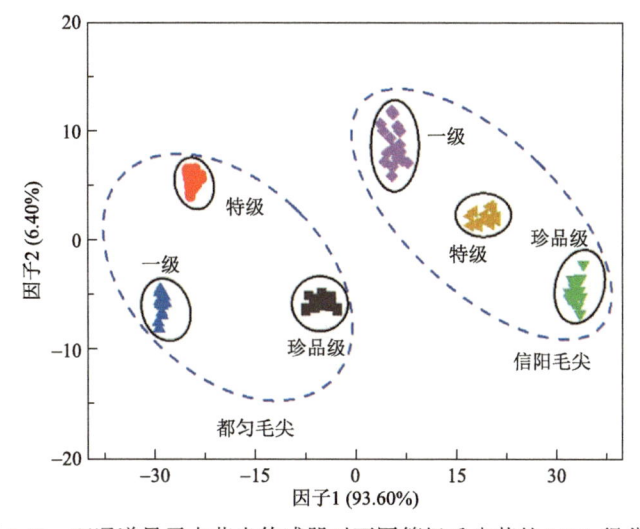

图 5.42 双通道量子点荧光传感器对不同等级毛尖茶的 LDA 得分图

7）双通道量子点荧光传感器对不同产地龙井茶的鉴别

龙井茶作为我国名优绿茶之一，其中风味成分的含量受绿茶产地的影响。为了进一步测试荧光传感器对来自不同产地龙井茶的识别能力，本案例选取龙井茶不同产地代表性样品作为测试对象，样品分别来自西湖产地（龙井村、翁家山、满觉陇）、钱塘产地（萧山、富阳、淳安）、越州产地（越州、磐安、嵊州）、建德、缙云共 11 个产地。如图 5.43 所示，该量子点荧光传感器对不同产地的龙井茶具有较强的区分能力，同时交叉验证的准确率为 100%。

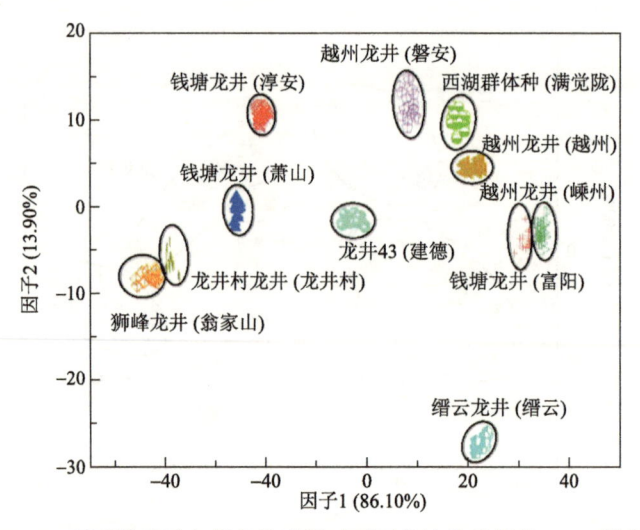

图 5.43　双通道量子点荧光传感器对不同产地龙井茶的 LDA 得分图

8）双通道量子点荧光传感器对 30 种绿茶样品的鉴别

为进一步验证该荧光传感器对多个绿茶样品的识别能力，将传感器用于对 30 个绿茶样品的鉴别。理想的结果是，当类别数较大时，构建的荧光传感器仍能将每个绿茶样品有效、快速地区分开，图 5.44 显示不同的绿茶在 LDA 得分图上都能被明显区分开，判别准确率为 100%。以上结果说明组建的双通道荧光传感器对绿茶这种多组分物质具有精准的识别能力，且传感器设计简单、检测速度快，满足对传感器的要求。

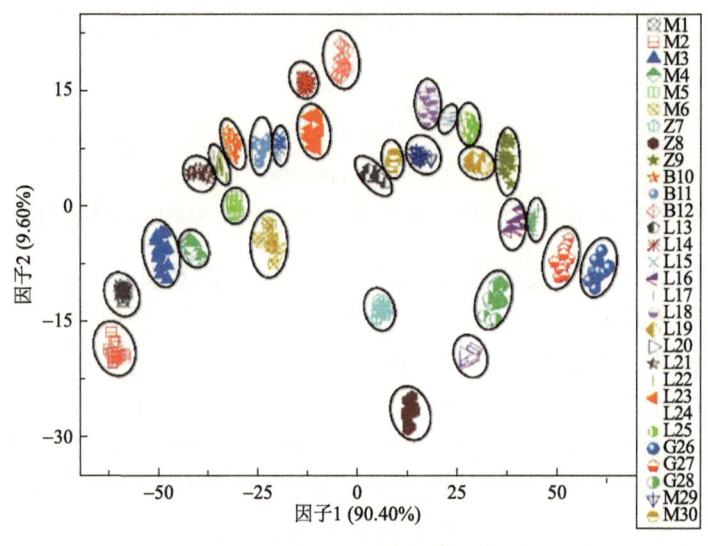

图 5.44　双通道量子点荧光传感器对 30 个绿茶样品荧光响应模式的 LDA 得分图

9）绿茶中代表性成分对双通道量子点荧光传感器的荧光响应性能探究

为了探究引起荧光传感器荧光响应的绿茶的主要成分，该案例选取了绿茶中18种代表性成分进行初步分析。基于获得的光谱信息，通过可视化聚类热图显示各个量子点对不同浓度的代表性成分的响应结果。

如图5.45所示，18种成分中，氨基酸在0.01 μg/mL低浓度时就能引起量子点的猝灭，显示出对量子点较强的猝灭能力，且随着氨基酸浓度的增加，量子点荧光猝灭率不断增加至荧光完全猝灭。茶多酚类物质在较高浓度条件下能引起量子点荧光的猝灭。有研究表明绿茶中氨基酸、儿茶素、黄酮类化合物能通过PET

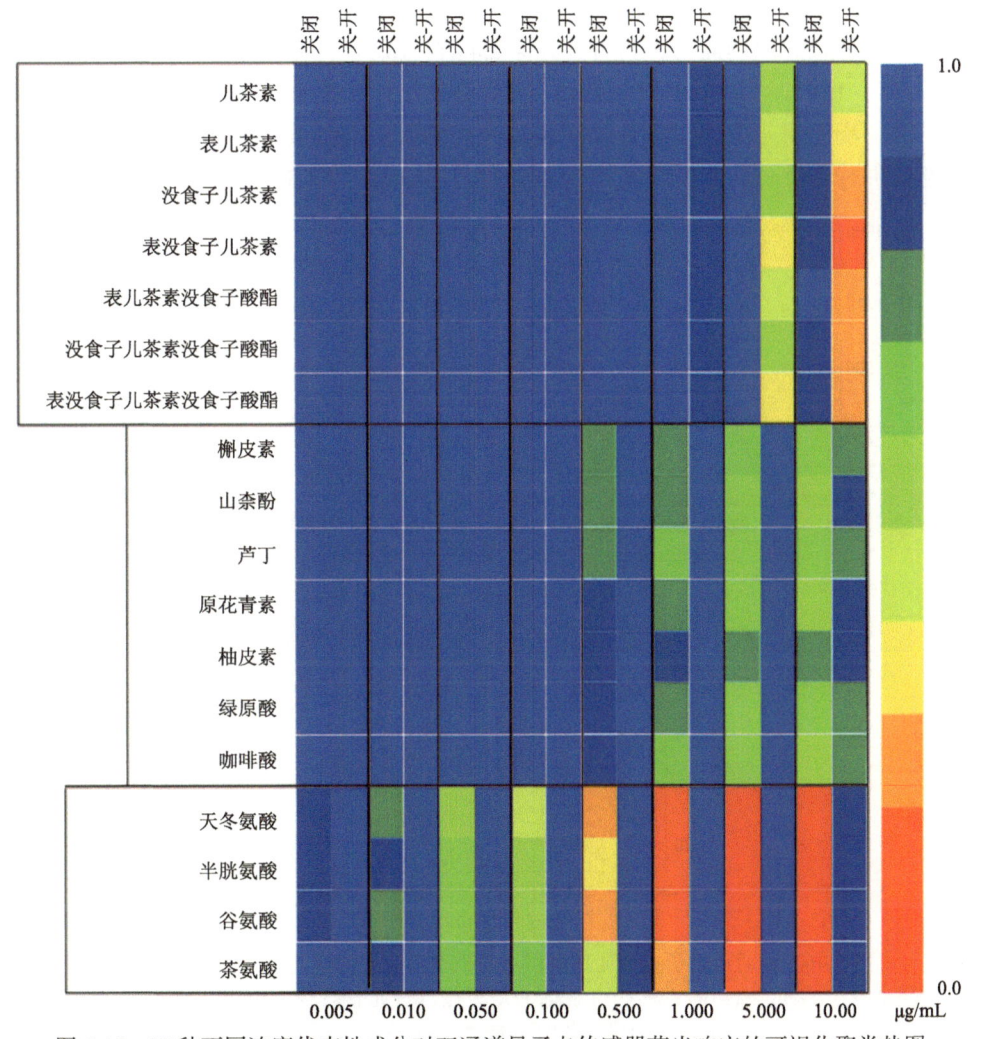

图5.45　18种不同浓度代表性成分对双通道量子点传感器荧光响应的可视化聚类热图

有效地猝灭量子点的荧光。但对于关-开通道，7种儿茶素化合物显示出较灵敏的荧光恢复效能，且表没食子儿茶素对关-开探针显示出最强的荧光恢复能力，儿茶素对量子点荧光恢复能力最弱。本案例发现儿茶素化合物对该传感器关-开通道具有灵敏的响应，同时在较高浓度时能猝灭量子点。鉴于上章已借助量子点荧光传感器对有机酸进行了定性与定量分析，因此本案例以儿茶素为代表性分析对象进一步对指纹响应图谱进行研究。

为了测试双通道量子点荧光传感器对不同儿茶素的识别能力，以 50 μg/mL 儿茶素为分析关闭通道对象，以5.0 μg/mL 儿茶素为关-开通道分析对象，通过LDA模型对不同儿茶素的光谱响应信号进行分析。图 5.46 表明该荧光传感器对目标儿茶素具有理想的识别能力，每种儿茶素都能在 LDA 得分图中聚集，交叉验证的准确率为 100%，说明构建的荧光传感器对这几种儿茶素具有较好的区分能力。为了进一步说明儿茶素含量差异在该荧光传感器识别绿茶中的重要作用，对 7 种儿茶素进行定量分析，定量范围为 0.5~10.0 μg/mL（图 5.47）。

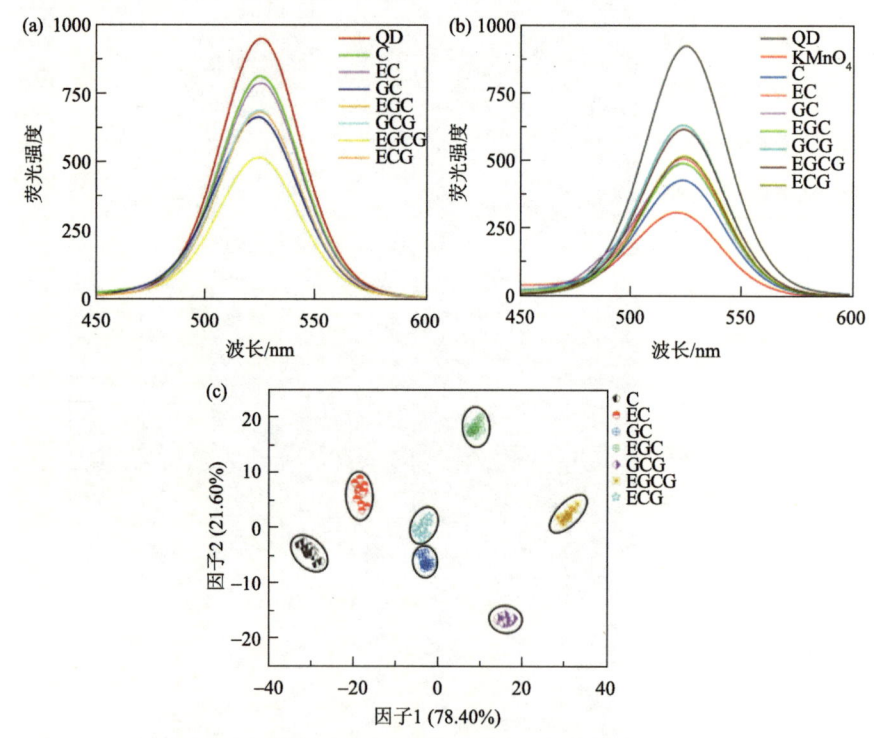

图 5.46　双通道量子点荧光传感器对儿茶素的荧光响应光谱与 LDA 得分图
C 为儿茶素；EC 为表儿茶素；GC 为没食子儿茶素；EGC 为表没食子儿茶素；GCG 为没食子儿茶素没食子酸酯；EGCG 为表没食子儿茶素没食子酸酯；ECG 为表儿茶素没食子酸酯

第 5 章　食品真实性溯源案例分析

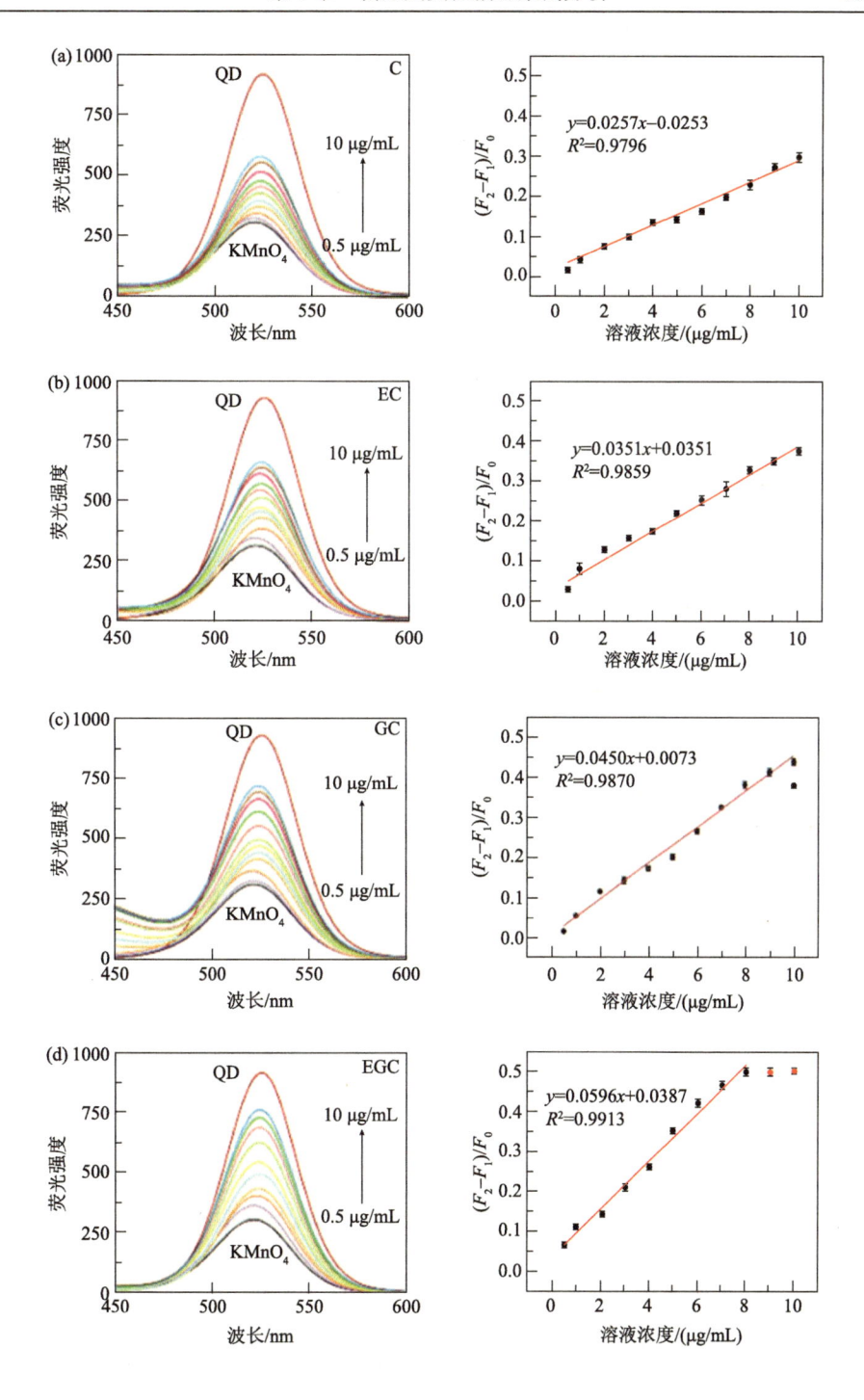

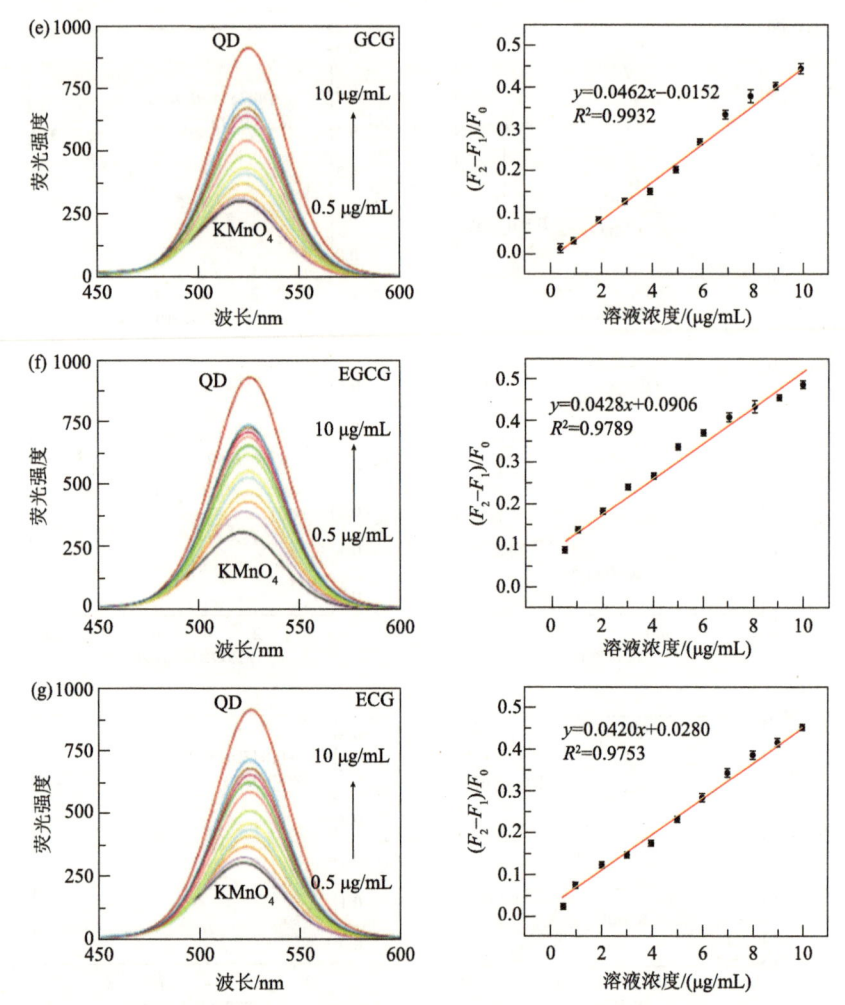

图 5.47 添加不同浓度的儿茶素后的荧光强度变化趋势图，右侧对应图片为相应的拟合曲线
纵坐标代表荧光恢复效率，F_0 代表 QD 的原始荧光强度，F_1 代表添加 $KMnO_4$ 的 QD 的荧光强度，F_2 代表添加绿茶的 QD 的荧光强度；（a）儿茶素；（b）表儿茶素；（c）没食子儿茶素；（d）表没食子儿茶素；（e）没食子儿茶素没食子酸酯；（f）表没食子儿茶素没食子酸酯；（g）表儿茶素没食子酸酯

另外对于除儿茶素外的其他 11 种成分，在高浓度时对探针具有较弱的荧光恢复能力，说明绿茶中其他多酚类物质对探针的荧光恢复贡献率较小。不同名优绿茶中代表性儿茶素的含量具有明显的差异（表 5.6），比较发现 5 类绿茶中，毛尖茶中儿茶素总含量最高，这与 5 种绿茶中毛尖茶关-开探针显示出最强的荧光恢复作用相对应。以上结果进一步验证了该传感器关-开通道是基于量子点对不同儿茶素荧光响应的差异性来实现对多种绿茶的识别这一响应规律。

表 5.6　不同名优绿茶中代表性儿茶素的含量

绿茶种类	儿茶素种类及含量/（mg/g）						
	C	EC	GC	EGC	ECG	GCG	EGCG
毛尖	7.71	24.84	14.40	14.13	23.06	1.78	57.66
碧螺春	12.00	20.12	1.45	15.23	17.36	9.28	45.32
龙井	15.62	16.07	5.69	27.38	18.93	5.09	54.14
六安瓜片	5.90	5.20	1.63	24.90	10.00	2.53	58.10
毛峰茶	2.94	23.11	9.09	23.67	23.11	3.79	40.02

3. 总结

该案例以 NAC@ZnCdSe 量子点为传感元件，利用荧光关闭与荧光关-开双通道荧光信号的差异特性构建了新型双通道量子点荧光传感器用于不同绿茶的区分。结合 LDA 模型实现了对不同品类、不同产地、不同等级以及不同品牌的绿茶的准确识别。结果表明，绿茶中氨基酸与儿茶素是引起绿茶与传感器关闭与关-开通道响应的主要成分。本方法相较于仪器检测法，传感器的设计简易，操作便捷，响应速度快。构建的双通道量子点荧光传感器在富含儿茶素的样品的在线识别监测方面有一定的应用价值。

5.3　白酒和葡萄酒真实性溯源

5.3.1　色质谱鉴别葡萄酒真实性

葡萄酒是一种非常受欢迎的酒精饮料，具有抗氧化作用的优点。葡萄酒的品质除了与酿酒技术有关外，在很大程度上与酿酒葡萄的品质有关。酿酒葡萄往往受环境的影响，呈现出不同的风味，特别是不同品种的酿酒葡萄有其独特的性质（Liang et al.，2014）。先前的研究已经证实，葡萄酒的香气和味道强烈依赖于品种，这增加了消费者对特定葡萄酒品种的偏好（Lockshin et al.，2017；Alvarez-Casas et al.，2016）。仅在我国就有数十个葡萄品种，如赤霞珠、品丽珠、梅洛、蛇龙珠、马瑟兰和黑皮诺。然而，市场上经常发生以利润为导向的葡萄酒欺诈行为，尤其是品种的虚假声明。因此，有必要针对品种这一问题进行研究，以期为葡萄酒真实性鉴别研究提供参考。在该案例中，开发了一种基于 UHPLC-QTOF-MS 的非靶向代谢组学方法，用于对我国四个品种（使用赤霞珠、梅洛、蛇龙珠和黑皮诺葡萄酿酒）葡萄酒进行化合物分析。采用 OPLS-DA 评估不同品种葡萄酒的化合物差异，基于揭示的差异化合物重建 OPLS-DA 模型，鉴别葡萄酒品种。该案例表明，基于 UHPLC-QTOF-MS 的非靶向代谢组学可以作为我国葡萄酒品种鉴定的有力工具。

1. 实验方法

1）实验材料

从我国宁夏（NX，样品数 n=58）、新疆（XJ，n=38）和河北（HB，n=23）的酿酒厂收集了来自四个葡萄品种的 119 瓶葡萄酒，包括赤霞珠（Sau，n=45）、梅洛（Mer，n=32）、蛇龙珠（Ger，n=29）和黑皮诺（Pin，n=13）。它们的真实性得到了国家葡萄酒产品质量检验检测中心（宁夏）的确认。为防止葡萄酒氧化，将每瓶葡萄酒在 N_2 环境下重新装入 50 mL 棕色玻璃瓶中，真空包装后储存在–18℃下。在 4℃解冻后，每个样品通过 0.22 μm 聚四氟乙烯（PTFE）针式过滤器过滤后进行 UHPLC-QTOF-MS 分析。为了评估仪器的稳定性，混合等体积的所有葡萄酒样品来制备 QC（n=18）样品，然后每隔 7 个葡萄酒样品进样一次 QC 样品。

2）UHPLC-QTOF-MS 分析条件

使用 Kinetex F5 色谱柱在 40℃下进行色谱分离，流动相由向蒸馏水中加入 5 mmol/L 乙酸铵和 0.1%甲酸（A 相），以及向甲醇中加入 5 mmol/L 乙酸铵和 0.1%甲酸（B 相）组成。梯度洗脱程序如下：0.0～1.0 min（5% B，流速 0.40 mL/min），1.0～11.0 min（5%～100% B，流速 0.55 mL/min），11.0～12.0 min（100% B，流速 0.60 mL/min），12.0～12.1 min（5%～100% B，流速 0.40 mL/min），12.1～14.0 min（5% B，流速 0.40 mL/min）。进样体积为 2 μL。使用 TripleTOF 质谱仪在正、负离子模式下分析葡萄酒，MS 母离子扫描范围为 100～1200 Da，MS/MS 子离子扫描范围为 50～1200 Da。采用信息依赖采集（information-dependent acquisition，IDA）模式获取 MS 和 MS^2 数据。Duo Suray™离子源参数设置详见文献（Yin et al., 2024）。每 20 个样品运行一次校准输送系统（APCI 校准溶液）以保证准确性。为了监测系统的稳定性并确保通过开发的方法获得的数据的准确性，每隔 10 个葡萄酒样品进一针 QC 样品。

3）数据处理

应用 MarkerView（AB SCIEX）软件对所得的代谢指纹数据进行预处理，设置 MarkerView 的算法参数，对 m/z 为 100～1200 Da，保留时间为 0.5～12.0 min 的离子进行初步筛选，将经数据分组后所得的峰列表导入 SIMCA 软件进行 PCA 和 OPLS-DA。在所有模型建模之前，数据都经 Par 归一化处理。通过 R^2 和 Q^2 评估建立模型的质量，其值大于 0.5 表示模型质量良好，接近 1 表示模型质量较好。根据 OPLS-DA 模型计算的 VIP>1、p<0.05 和 $\log_2 FC$ >1 的标准筛选潜在的差异化合物。

2. 结果与讨论

1）UHPLC-QTOF-MS 化合物轮廓分析

采用 UHPLC-QTOF-MS 在电喷雾电离正离子和负离子模式下获取了 119 个我

国葡萄酒样品的非靶向代谢指纹。图5.48显示了来自不同品种的葡萄酒样品在电喷雾电离正离子[图5.48（a）]和电喷雾电离负离子[图5.48（b）]模式下的TIC。在电喷雾电离负离子模式下检测到的化合物比在电喷雾电离正离子模式下更丰富，这可能归因于葡萄酒中常见的化合物，尤其是酚类化合物，在电喷雾电离负离子模式下通常反应更好。此外，四个品种的葡萄酒代谢谱大致相同，存在一些细微差异，仅通过对TIC进行宏观比较仍然很难区分四个品种的葡萄酒。为了获得尽可能全面的成分信息，还需要进一步对电喷雾电离正负离子两种情况下的代谢谱进行深入数据挖掘。

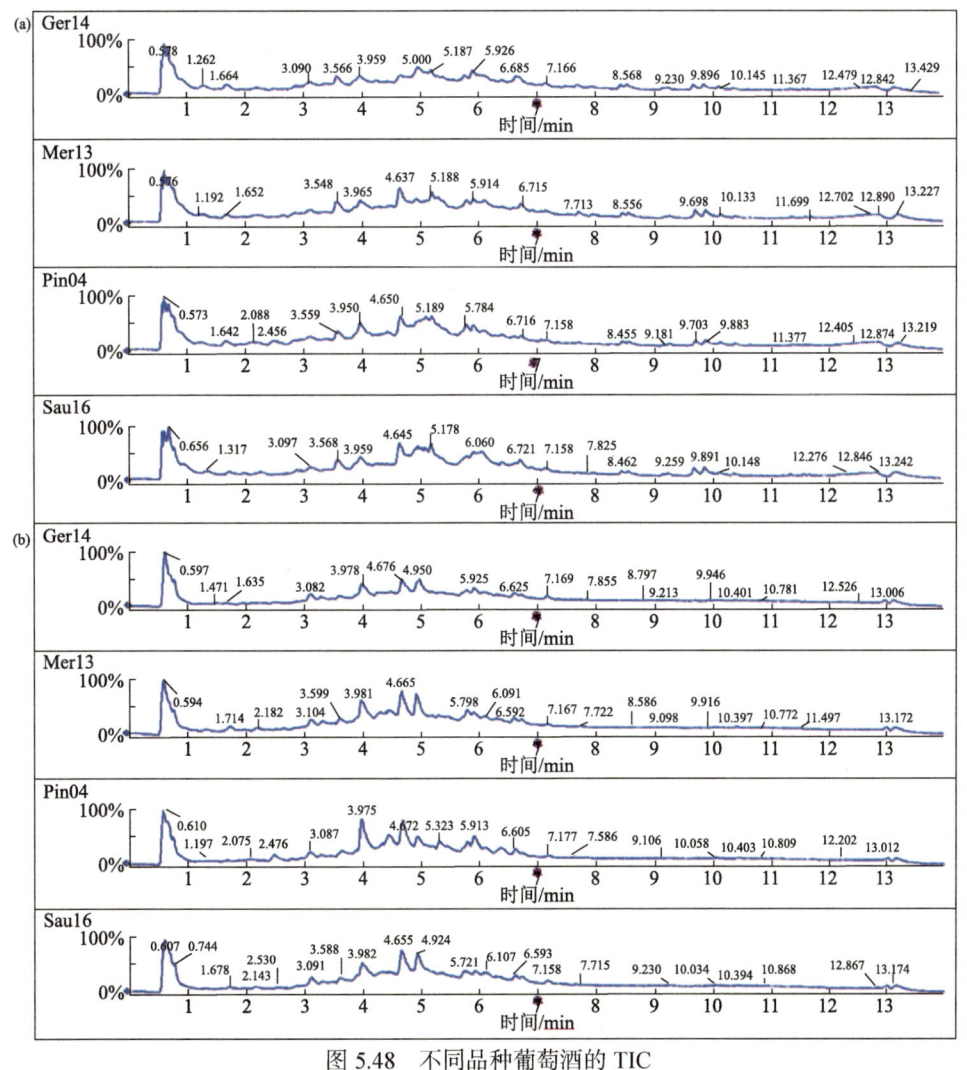

图5.48　不同品种葡萄酒的TIC

（a）电喷雾电离正离子（ESI$^+$）模式；（b）电喷雾电离负离子（ESI$^-$）模式

2）不同品种葡萄酒的差异分析

经过数据预处理后初步获得了 ESI$^+$ 模式下 440 个特征离子峰，ESI$^-$ 模式下 2073 个特征离子峰。将 80%样品作为训练集，20%样品作为预测集。首先采用无监督的 PCA 模型探索性分析了不同葡萄品种酿造的葡萄酒之间的相似性。如图 5.49（a、b）所示，葡萄酒样品按品种呈现出分类趋势，这证实了先前的研究结果——葡萄酒品种差异大于产地差异（Ziółkowska et al., 2016）。其中，黑皮诺和梅洛样品在电喷雾电离正负离子模式下都与其他品种葡萄酒的差异较大。而赤霞珠和蛇龙珠两个品种聚集较近，部分样品重叠，这可能是因为赤霞珠与蛇龙珠两个品种的葡萄酒在亲缘关系上更接近。此外，葡萄酒样品不仅存在酿酒葡萄品种的差异，还会受到原产地和酿造过程带来的差异影响，可能导致同一品种的组内差异，从而导致组间样品的重叠。

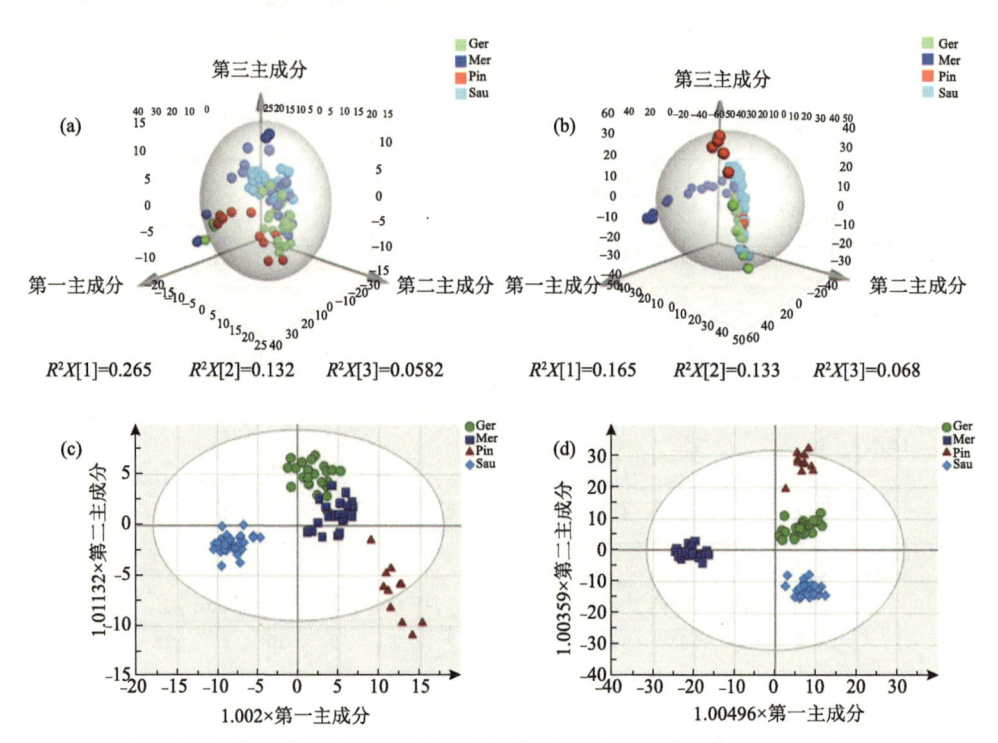

图 5.49 蛇龙珠、梅洛、黑皮诺和赤霞珠品种葡萄酒（a）ESI$^+$ 模式和（b）ESI$^-$ 模式下的 PCA 三维得分图；（c）ESI$^+$ 模式和（d）ESI$^-$ 模式下的 OPLS-DA 得分图

为了避免上述影响，建立了有监督模式的 OPLS-DA 模型以消除不相关因素（如组内方差），从而放大组间差异，以便更好地反映模型的拟合和预测效果。如图 5.49（c、d）所示，OPLS-DA 模型的分类趋势与 PCA 模型基本一致，模型具体参数为 $R^2X>0.532$、$R^2Y>0.916$、$Q^2>0.712$，显示了良好的模型解释和预测能力。

可以看出，有监督模式下葡萄酒品种之间的差异更为明显，尤其是黑皮诺样品和其他三个品种差异比较大。但值得注意的是有监督模式下的赤霞珠和蛇龙珠品种得到了显著分离，而蛇龙珠和梅洛在 ESI$^+$ 模式下略有重叠，ESI$^-$ 模式下则分离明显，这可能是 ESI$^-$ 模式下的离子峰多于 ESI$^+$ 模式，用于建模的信息更为全面造成的。另外，可能是由于赤霞珠和蛇龙珠均属于解百纳（Cabernet）品系，而赤霞珠和梅洛更多由同一父系品丽珠（Cabernet Franc）培育而来，其具有半同胞关系，而黑皮诺和其他品种之间没有遗传关系（di Gaspero et al., 2005）。

为了进一步筛选差异化合物，在蛇龙珠、梅洛、黑皮诺和赤霞珠四个品种之间成对建模，ESI$^+$ 模式和 ESI$^-$ 模式下各建立 6 个 OPLS-DA 模型，模型参数如表 5.7 所示。当 VIP>1、log$_2$FC >1、p<0.05 时，在 ESI$^+$ 和 ESI$^-$ 模式下分别筛选出 335 种和 1595 种特征化合物，可用于区分不同品种的葡萄酒。

表 5.7　蛇龙珠、梅洛、黑皮诺和赤霞珠葡萄酒成对建立的 OPLS-DA 模型参数

模型	组别	ESI$^+$模式			ESI$^-$模式		
		R^2X	R^2Y	Q^2	R^2X	R^2Y	Q^2
PCA	Ger&Mer&Pin&Sau	0.718	—	0.508	0.625	—	0.443
OPLS-DA	Ger&Mer&Pin&Sau	0.605	0.916	0.712	0.532	0.962	0.788
	Ger&Mer	0.495	0.949	0.703	0.252	0.880	0.788
	Ger&Pin	0.515	0.970	0.816	0.471	0.998	0.782
	Ger&Sau	0.541	0.991	0.952	0.415	0.997	0.922
	Mer&Pin	0.437	0.960	0.844	0.555	0.999	0.941
	Mer&Sau	0.595	0.977	0.766	0.451	0.994	0.921
	Pin&Sau	0.557	0.992	0.950	0.335	0.995	0.934

3）不同品种差异化合物的鉴定

根据差异离子的质谱信息，最终确定了 ESI$^+$ 模式下的 32 个差异化合物和 ESI$^-$ 模式下的 61 个差异化合物，化合物列表见文献（Yin et al., 2024）。鉴定出的物质主要是黄酮类化合物（如黄酮、黄酮醇、黄烷醇）、吲哚和葡萄酒中发现的一些常见化合物，如羟基肉桂酸类、二苯乙烯类等，这些化合物已被证明可用于葡萄酒品种的溯源（Heras-Roger et al., 2016）。

为了更清楚地了解各品种葡萄酒间差异化合物的含量变化规律，绘制了条形堆积统计图。从图 5.50（a、b）中可以看出，在 ESI$^+$ 模式下，含量最高的化合物是氨基酸及其衍生物，其次是吲哚及其衍生物和黄酮及其衍生物；而在 ESI$^-$ 模式下，碳水化合物及其缀合物、黄酮及其衍生物、酚类及其衍生物、二羧酸及其衍生物含量较高。其中，氨基酸及其衍生物、碳水化合物及其缀合物的含量远高于

其他化合物。据报道，含氮化合物与葡萄酒品质密切相关，而氨基酸占葡萄酒中总氮的40%。氨基酸及其衍生物的含量在赤霞珠中最多，而在黑皮诺中含量最低。因此，氨基酸可以用于区分葡萄酒品种。其他研究也发现，氨基酸在葡萄酒品种分类中具有重要作用（Geana et al., 2016）。碳水化合物及其缀合物与葡萄酒的口感密切相关，尤其是酸性副产物（Chong et al., 2019）。发酵程度和葡萄成熟度都会影响红葡萄酒中的碳水化合物组成及其含量。四种不同品种的葡萄酒中碳水化合物及其缀合物的多样性与氨基酸及衍生物相同。

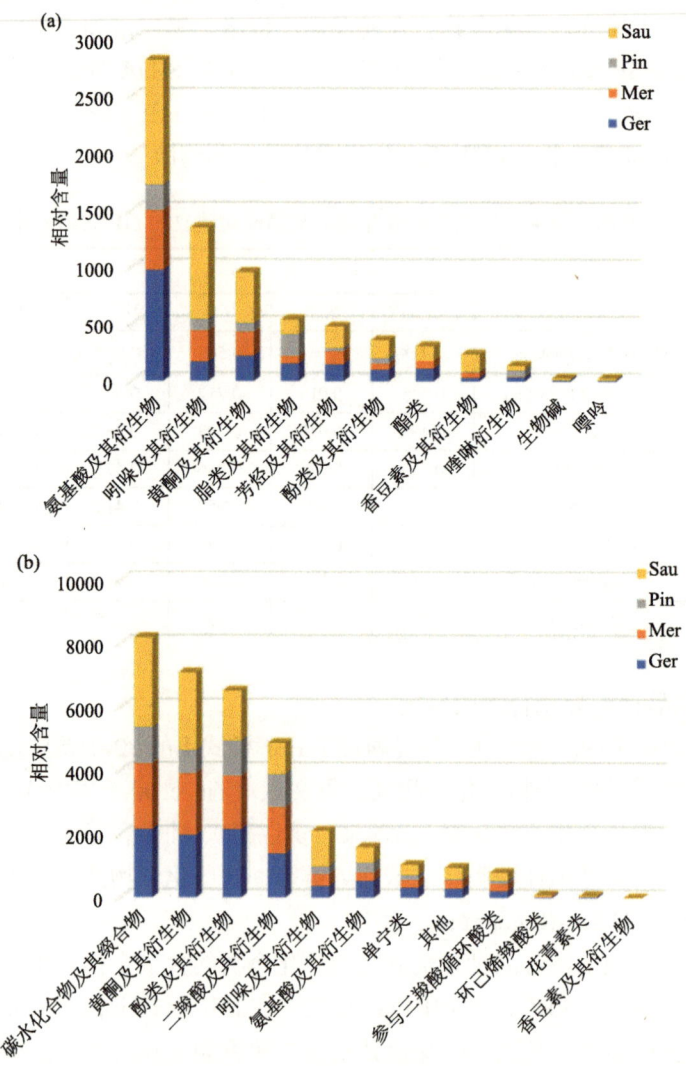

图 5.50　我国不同产地（宁夏、新疆和河北）的蛇龙珠、梅洛、黑皮诺和赤霞珠红葡萄酒中筛选出的差异化合物的条形堆积统计图

（a）ESI$^+$模式；（b）ESI$^-$模式

琥珀酸和柠檬酸都属于葡萄酒发酵过程中三羧酸循环的中间产物。其中柠檬酸的含量相对较高。具体而言，在四个品种的葡萄酒中，赤霞珠中柠檬酸含量最高，而梅洛中琥珀酸最丰富。琥珀酸是在葡萄酒发酵过程中产生的有机酸，其含量与酵母菌株和氮源组成有关。柠檬酸也是葡萄酒生产过程中的主要代谢产物之一。随着葡萄酒发酵的进行，乳杆菌被乳酸菌消耗，并生成二乙酰和苹果酸，这些化合物就是葡萄酒奶油香气的来源。此外，在两种离子模式下检测到的黄酮及其衍生物的含量相对较高，并且在四个葡萄品种之间存在明显差异，与以前的研究结果一致（Alcalde-Eon et al.，2023；Fang et al.，2008）。总体而言，在不同品种葡萄酒中鉴定到的差异化合物含量各不相同，并且大多数化合物在赤霞珠中更多，在蛇龙珠和梅洛中含量适中，在黑皮诺中含量较少，这为利用基于UHPLC-QTOF-MS 的非靶向代谢组学进行我国葡萄酒品种鉴别奠定了基础。

4）差异化合物预测能力评估

为了证明所鉴定的化合物对不同品种葡萄酒的识别和预测能力，基于这些化合物重建了 OPLS-DA 模型。在图 5.51 中，虽然相同品种的样品间较为分散，但 ESI⁺和 ESI⁻模式下四个品种的葡萄酒都可按品种准确聚类，重建模的 OPLS-DA 模型的 $R^2X>0.593$，$R^2Y>0.715$，$Q^2>0.545$，可以看出重建模型的解释和预测能力

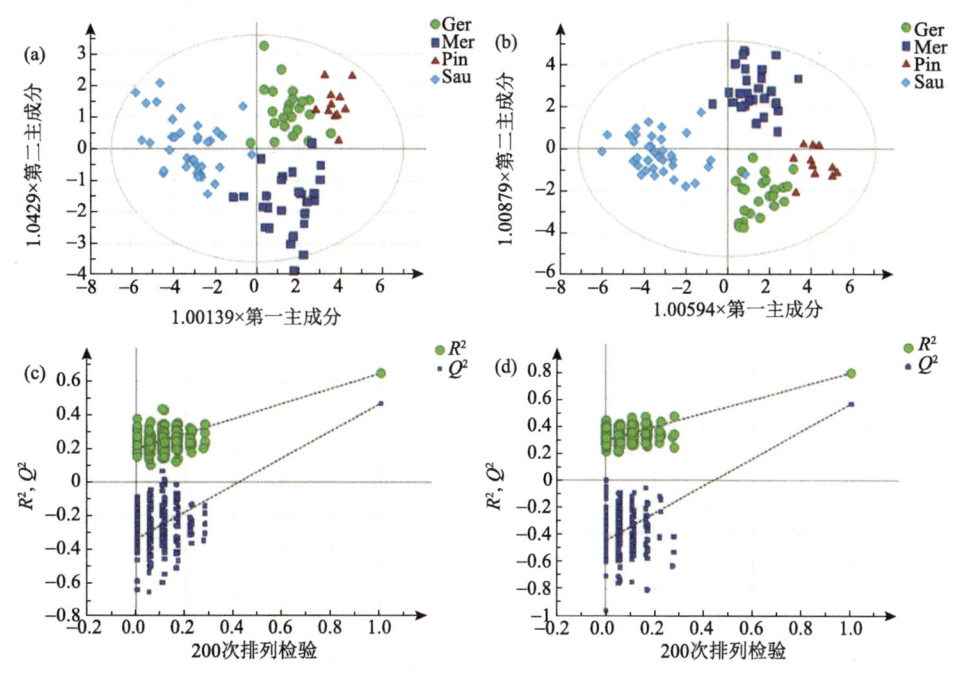

图 5.51　基于（a）ESI⁺模式和（b）ESI⁻模式下识别的差异化合物重建的不同品种葡萄酒样品的 OPLS-DA 得分图；（c）ESI⁺模式和（d）ESI⁻模式下的 200 次排列检验图

良好。同时,从图5.51(c、d)的置换检验结果可以看出,截距R^2<0.295,Q^2<−0.337,表明模型拟合良好,没有出现过度拟合。最后,对新建立的OPLS-DA模型进行了外部验证,以测试新模型的实用性及其对盲样的预测能力。从表5.8可以看出,在ESI$^+$模式下,蛇龙珠和梅洛的正确率分别为83.33%和80.00%,均有一个样品被误判,而赤霞珠和黑皮诺的识别率为100.00%。在ESI$^-$模式下,可以100.00%准确识别四个葡萄酒的品种。

表5.8 对新建立的OPLS-DA模型的外部验证结果

离子模式	组	Ger	Mer	Pin	Sau	样品数量	正确率
		\multicolumn{6}{c}{R^2X=0.725,R^2Y=0.706,Q^2=0.538;R^2=(0.0,0.2),Q^2=(0.0,−0.337)}					
ESI$^+$	Ger	4	1	0	0	5	83.33%
	Mer	0	5	0	1	6	80.00%
	Pin	0	0	2	0	2	100.00%
	Sau	0	0	0	9	9	100.00%
	总识别数量	4	6	2	10	22	90.91%
		\multicolumn{6}{c}{R^2X=0.593,R^2Y=0.821,Q^2=0.678;R^2=(0.0,0.295),Q^2=(0.0,−0.405)}					
ESI$^-$	Ger	5	0	0	0	5	100.00%
	Mer	0	6	0	0	6	100.00%
	Pin	0	0	2	0	2	100.00%
	Sau	0	0	0	9	9	100.00%
	总识别数量	5	6	2	9	22	100.00%

3. 总结

该案例通过UHPLC-QTOF-MS获取了来自四个品种的119瓶我国葡萄酒的非靶向代谢指纹。使用PCA和OPLS-DA等化学计量多元统计方法挖掘了不同品种样品之间的差异。在ESI$^+$和ESI$^-$模式下分别鉴定到了32个和61个差异化合物。基于这些化合物建立HCA和OPLS-DA模型,成功地对葡萄酒的品种进行分类,总识别率超过90.91%。这些结果表明,UHPLC-QTOF-MS非靶向代谢组学技术在葡萄酒产地研究中显示出极大优势,可为我国葡萄酒产地鉴别研究提供参考。

5.3.2 三维荧光光谱鉴别白酒真实性

在白酒的分析与鉴别领域,除了感官鉴评、色谱、质谱等大型仪器分析方法外,光谱法也被用于白酒的分类和鉴定,如Hu等(2021)通过中红外光谱和化学计量学的支持向量机和主成分分析模型对储存时间不同的白酒进行了较准确的区分;Yan等(2021)通过使用二维相关紫外可见光谱法,利用相关系数法进行的定量分析表明,不同批次的海之蓝白酒存在高度的相关性($R^2 \geq 0.99$); X. Jiang 等(2019)根据白酒独特的胶体阻抗现象,测量白酒的电化学阻抗谱,结合主成分分析对数据进行降维,用于陈年白酒的分类。

激发-发射矩阵荧光光谱技术由于具有表征综合度高、荧光信息丰富、灵敏度高、检测速度快等多重优势,在食品质量鉴定中发挥重要作用。研究表明,温度、地理来源、微生物和原料等因素对白酒酿造过程有显著影响,可能会影响不同白酒样品的荧光光谱(Liu and Sun, 2018)。因此,激发-发射矩阵荧光技术能准确提取和鉴别高温大曲白酒的真伪信息。

由于高温大曲白酒发酵过程温度高,原料中微生物分解产生的氨基酸和还原糖等产物极易通过美拉德反应产生一系列具有荧光性质的化合物(Li et al., 2020)。该案例采用激发-发射矩阵荧光结合 ATLD 算法从高温大曲白酒中提取美拉德反应产物的荧光光谱信息,最后利用数据驱动的簇类独立软模式(DD-SIMCA)鉴别同香型高温大曲白酒(Chen et al., 2023)。此外,还探究了该方法对高温大曲白酒中美拉德反应产物如 2, 3, 5, 6-四甲基吡嗪、糠醛、5-甲基-2-呋喃甲醛含量的预测能力。

1. 实验方法

1)白酒样品信息

该案例中所用到的白酒样品详细信息见本课题组已发表文章(Chen et al., 2023)。

2)数据分析方法

ATLD 和 DD-SIMCA 通过 Matlab 2018b 软件运行,用于解析白酒的 EEMF 光谱和准确识别同香型不同等级的白酒。使用 SIMCA 14.1 软件(赛多利斯集团,哥根廷,德国)基于 7 种荧光成分建立 OPLS-DA 模型,对白酒香型进行分类。将皮尔逊相关分析和多元线性回归相结合,进一步探索美拉德反应产物对白酒准确鉴定的贡献。相关聚类热图分析由 OmicStudio(生物信息学分析使用工具,https://www.omicstudio.cn/tool)实现。

2. 结果与讨论

1)EEMF 光谱初分析

为提取白酒中美拉德反应产物的荧光光谱信息,共采集了 31×10 个白酒样品的 EEMF 光谱,并通过算法去除了瑞利散射光谱,如图 5.52(a)~(c)所示。结果表明,三种香型白酒(酱香型:MT1;兼香型:BYB1;浓香型:LZLJ1)波峰的最大激发波长和发射光谱差异显著,但同香型白酒的峰值最大激发波长和发射光谱差异较小。由于不同白酒在酿造过程中和发酵温度下产生的荧光组分种

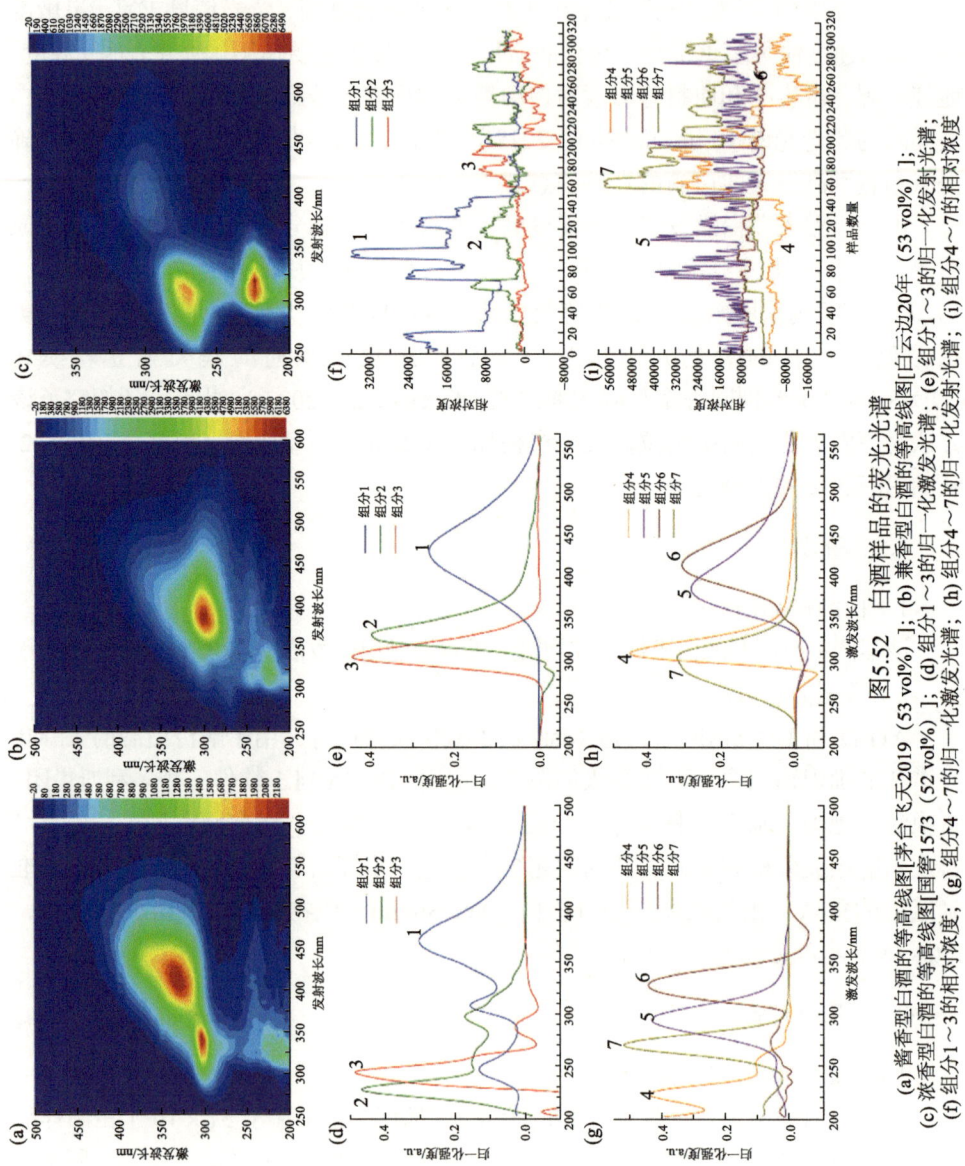

· 218 ·　食品安全检测与真实性溯源方法及应用

图5.52　白酒样品的荧光光谱

(a) 酱香型白酒的等高线图茅台飞天2019 (53 vol%)］; (b) 兼香型白酒的等高线图［白云边20年 (53 vol%)］;
(c) 浓香型白酒的等高线图［国窖1573 (52 vol%)］; (d) 组分1~3的归一化激发光谱; (e) 组分1~3的归一化发射光谱;
(f) 组分1~3的相对浓度; (g) 组分4~7的归一化激发光谱; (h) 组分4~7的归一化发射光谱; (i) 组分4~7的相对浓度

类和含量不同，其波峰数量和最大激发发射光谱存在显著差异。根据分子荧光光谱理论，水是一种非荧光物质，而白酒中的酒精可以产生一些荧光。不同酒精含量的 EEMF 结果（图 5.53）表明，这些酒精的荧光强度（100～500 a.u.）明显低于白酒的荧光强度。在 240～250 nm/300～310 nm 波段，酒精荧光与白酒荧光重叠。然而，在我国，白酒的酒精含量通常分为两组：高含量（50 vol%～53 vol%）和低含量（42 vol%～43 vol %）。因此，这种酒精特性对白酒鉴别结果的影响有限，甚至可能有助于识别不同酒精度数的白酒。

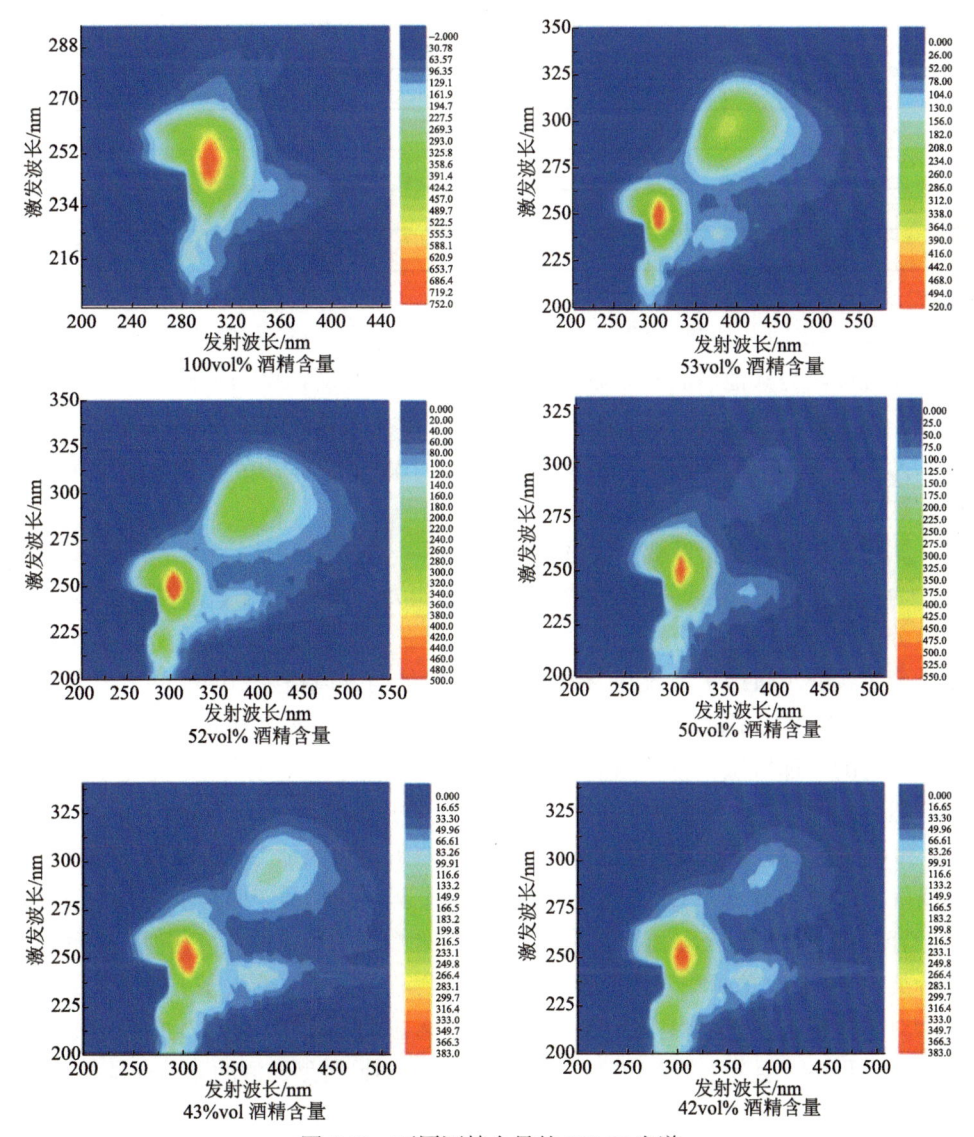

图 5.53　不同酒精含量的 EEMF 光谱

为了进一步实现对同香型白酒的准确识别，通过 ATLD 算法从 EEMF 光谱中解析出 7 种荧光组分，如图 5.52（d）～（i）所示，并在表 5.9 中指出了 7 种组分荧光的最大激发和发射波长。根据已报道的研究并结合 7 种组分的荧光性质，组分 1（Ex/Em=370/435 nm）和组分 6（Ex/Em=327/415 nm）是美拉德反应的产物。

表5.9 7种组分荧光的最大激发和发射波长

组分	最大激发波长/nm	最大发射波长/nm
1	370	435
2	226	333
3	243	307
4	222	311
5	294	387
6	327	415
7	269	307

从图 5.52（f）和图 5.52（i）中可以看出，组分 1 的相对浓度在酱香型中最高，并且可以与其他白酒样品显著区分，组分 6 的相对浓度与三种香型没有显著差异，处于稳定范围内。兼香型白酒中组分 4 和组分 7 的相对浓度较高。总之，从荧光特性和在白酒中的相对浓度方面可以看出，这 7 种组分存在显著差异。因此，这 7 种组分应该能够更好地识别同香型白酒。

2）OPLS-DA 分析及变量筛选

为了验证这 7 种组分对白酒香型的分类能力，如图 5.54（a）所示，对这 7 种组分用聚类热图进行分析。白酒样品被分为三类（酱香型、兼香型、浓香型）。酱香型茅台醇（MT7）被误判为浓香型，这可能与其风格浓烈的酿造工艺有关。玉泉方瓶（YQJ1）因其独特的酿造工艺而被誉为我国浓香型和兼香型的鼻祖，因具有独特的浓郁口感，也可能被误认为是浓香型白酒。其他样品分类良好。

然后，用 OPLS-DA 对这 7 种组分进行了香型的分类。如图 5.54（b）所示，R^2Y 和 Q^2 均>0.5，表明该模型性能稳定，具有良好的预测能力。该模型分类效果总体良好，BYB1～4 和 WL1 之间只有轻微重叠。虽然它们属于两种不同的香型，但它们有着相近的产地来源和相似的酿造工艺，使白酒中所含的成分相似，从而影响了分类结果。VIP 值可用于评估各变量的重要性程度，当 VIP 大于 1 时，该变量被认为对 OPLS-DA 分类具有统计学意义上的显著影响。如图 5.54（c）所示，组分 6、组分 7、组分 4、组分 1 的 VIP≥1，表明这些组分对同香型白酒的分类有显著影响。

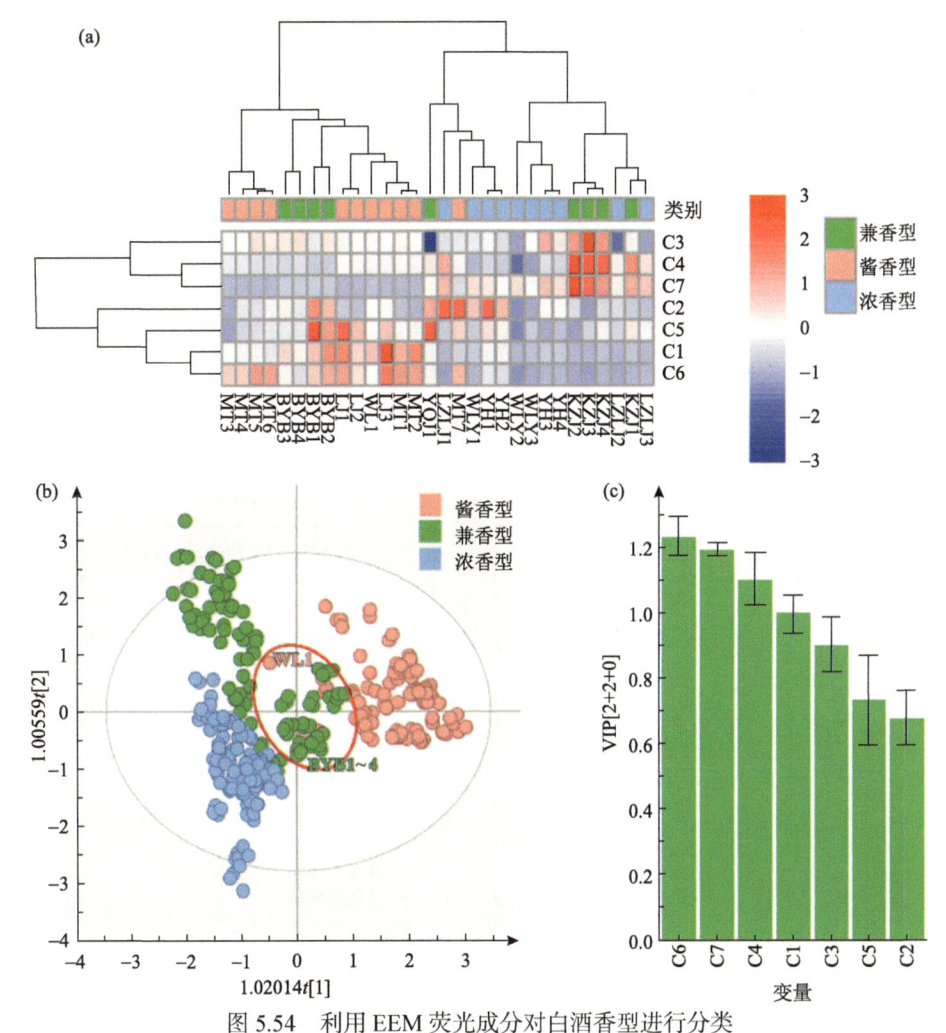

图 5.54 利用 EEM 荧光成分对白酒香型进行分类

（a）聚类热图，其中 MT1：茅台飞天 2019 年 53 度，MT2：茅台飞天 2018 年 53 度，MT3：茅台飞天 2021 年 43 度，MT4：赖茅传承 53 度，MT5：赖茅端曲 53 度，MT6：茅台迎宾 53 度，MT7：茅台醇 53 度，LJ1：郎酒青花郎 53 度，LJ2：郎酒红花郎 53 度，LJ3：郎酒珍品郎 53 度，WL1：武陵经典飘香 53 度，BYB1：白云边 20 年 53 度，BYB2：白云边 20 年 42 度，BYB3：白云边 15 年 42 度，BYB4：白云边 12 年 42 度，KZJ1：口子窖 20 年 53 度，KZJ2：口子窖 10 年 53 度，KZJ3：口子窖 10 年 42 度，KZJ4：口子窖 5 年 53 度，YQJ1：玉泉方瓶 53 度，LZLJ1：泸州老窖国窖 1573 52 度，LZLJ2：泸州老窖特曲 52 度，LZLJ3：泸州老窖头曲 52 度，WLY1：五粮液 52 度，WLY2：五粮醇 50 度，WLY3：五粮液金六福 50 度，YH1：洋河梦之蓝 M9 52 度，YH2：洋河梦之蓝 M3 52 度，YH3：洋河天之蓝 52 度，YH4：洋河海之蓝 42 度；（b）OPLS-DA 分析；（c）VIP 值分析

3）同香型白酒的鉴别

为了考察 7 种荧光组分对同香型白酒的鉴别能力，建立了 DD-SIMCA 模型。图 5.55 显示了三种香型白酒同香型掺假的 DD-SIMCA 验收图。整体可以看出同香型低档酒掺假高档酒瓶能够被准确判别。图中曲线是判别线，指属于真实样品

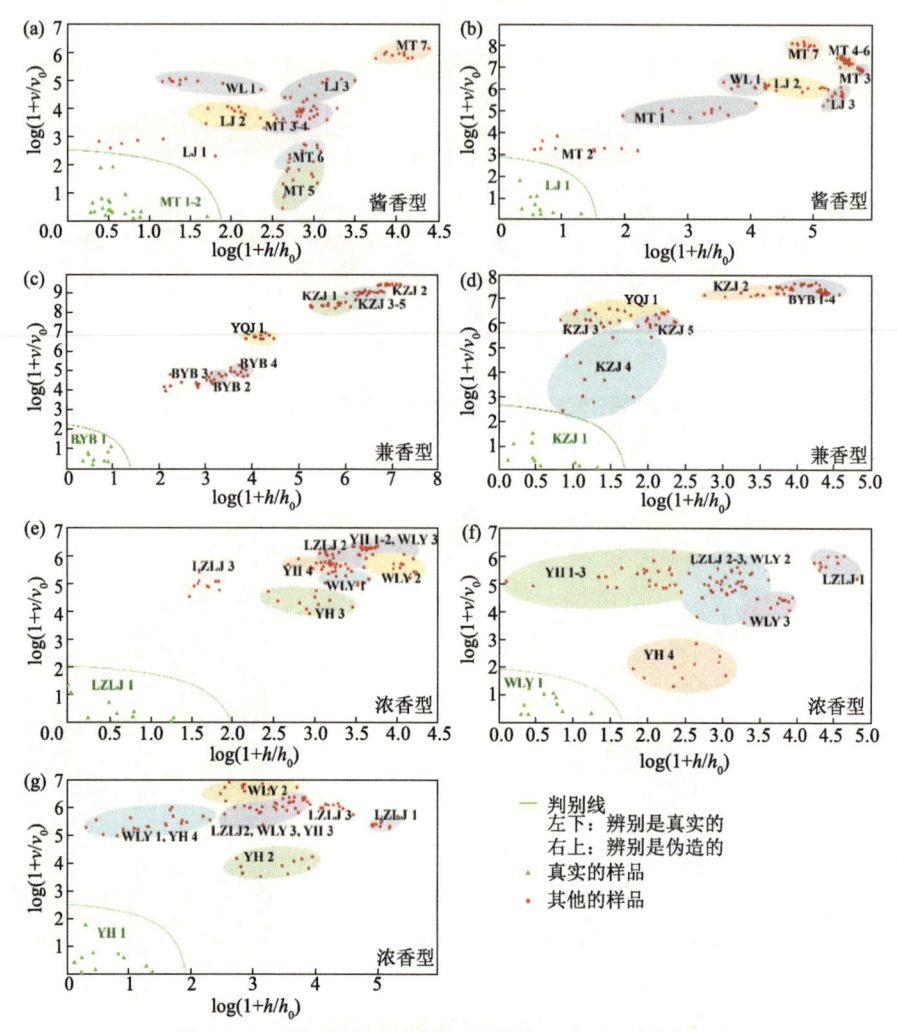

图 5.55　三种香型白酒同香型掺假的 DD-SIMCA 验收图

（a）茅台飞天 2019（53 vol%）为酱香型分类判别的真实样品；（b）郎酒青花郎（53 vol%）为酱香型分类判别的真实样品；（c）白云边 20 年（53 vol%）为兼香型判别的真实样品；（d）口子窖 20 年（53 vol%）为兼香型判别的真实样品；（e）泸州老窖国窖 1573（52 vol%）为浓香型判别的真实样品，（f）五粮液第八代（52 vol%）为浓香型判别的真实样品；（g）洋河梦之蓝 M9（52 vol%）为浓香型判别的真实样品；h 为样本的得分距离；h_0 为得分距离阈值；v 为样本的残差平方；v_0 为残差阈值

的阈值，真实样品在验收图上被标记为三角形，位于判别线左下角。其他样品也就是掺假样品则被标记为圆点，位于判别线右上角。真实样品指茅台飞天、白云边 20 年、国窖 1573 和五粮液等名优白酒。掺假样品指除名优白酒外，在同香型中风味相似的其他等级白酒。7 组判别结果表明，三种香型的真实样品和掺假样品可以准确判别，其分类判别率达到 100%。结果表明这 7 种组分可以实现对同香型白酒的有效鉴别。据研究报道，白酒的荧光主要与美拉德反应和微生物代谢

产生的一些荧光成分有关。酿造原料、地理来源、发酵温度和微生物等酿造因素也会影响这种荧光。这些鉴定结果进一步证实了白酒荧光与酿造工艺之间的相关性。同时，BYB1 和 BYB2，以及 KZJ2 和 KZJ3 拥有相同的品牌和相似的风味，但酒精度不同，却可以准确识别。除了酿造工艺的差异外，酒精的荧光也可能在这些鉴别中发挥作用。

4）荧光解析组分的化合物预测

ATLD 筛选出的 7 种组分在同香型白酒鉴别中得到了较好的效果。为了进一步研究这 7 种组分的荧光与白酒中哪些化合物有关，采用顶空固相微萃取（HS-SPME）结合 GC-MS 方法对 31 类白酒样品中的挥发性成分进行了检测，随后利用本实验开发的 Auto GC-MS Data Anal 初步筛选出 308 个挥发性化合物，并通过 2017 版 NIST 文库保留时间进一步鉴定了化合物的结构，最终得到 102 个差异性化合物。OPLS-DA 分类中荧光组分1、组分4、组分6、组分7 的 VIP≥1[图 5.54（c）]，以化合物与至少一种荧光组分之间的皮尔逊相关系数的绝对值大于 0.5 为标准，进一步筛选得出这四种荧光组分和白酒中 25 种差异化合物具有很强的相关性，如图 5.56 所示。结果表明，C6 与醛、酮、醇和酯相关，主要是糠醛、1-(2-呋喃基)-乙酮、苯乙醇、4-氧代戊酸乙酯；C1 与醛、酯和吡嗪相关，主要是糠醛、十八烷酸乙酯、2,5-二甲基-3-正戊基吡嗪；C7 与酯类和醛类相关，主要为糠醛、丁酸辛酯；C4 与丁酸辛酯相关。由于美拉德反应产物包括醛、酮和吡嗪化合物，结合相关性结果，推断 C6 和 C1 主要与美拉德反应产物有关。其中，C1 最明显，其在酱香型白酒中的含量远高于其他白酒。

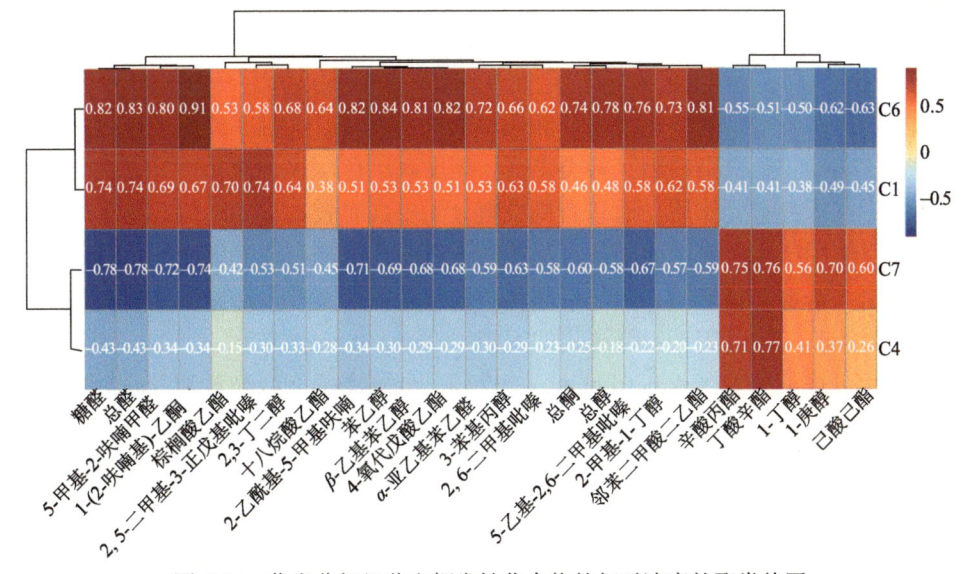

图 5.56 荧光分解组分和挥发性化合物的相对浓度的聚类热图

为了进一步验证相关性分析的结果，探索荧光组分对白酒主要差异化合物的预测能力，将差异化合物的浓度与荧光解析组分的浓度进行了多元线性回归分析。得到相关性>0.8 的化合物有 15 种。荧光解析组分与醛、酮、吡嗪类化合物具有良好的相关性，含量预测的准确率超过 90%（置信水平：95%）。其中，C6、C1 对糠醛、5-乙基-2,6-二甲基吡嗪和三甲基吡嗪等美拉德反应产物含量预测的贡献权重最大，尤其是美拉德反应的前期产物糠醛，其 C1 和 C6 的相应系数分别为 5.3283 和 1.0438，是其他化合物的 1.46~341.56 倍。

3. 总结

该案例基于美拉德反应产物的激发-发射矩阵荧光，结合 ATLD 和 DD-SIMCA，建立了同香型高温大曲白酒的快速鉴别方法。以 ATLD 筛选出的 7 种荧光组分为基础，采用 DD-SIMCA 建立判别模型，分类判别率为 100%，成功实现了高温大曲同香型白酒的判别。最后，根据 GC-MS 检测的差异化合物结合荧光解析组分进行皮尔逊相关分析，发现 C1 和 C6 与醛类、酮类和吡嗪类化合物具有良好的相关性。多元线性回归结果表明，C6 和 C1 对糠醛、5-乙基-2,6-二甲基吡嗪、三甲基吡嗪等美拉德反应产物含量预测的贡献权重最大，含量预测的准确率超过90%。综上所述，对同香型白酒判别起主要作用的荧光组分应该主要来源于美拉德反应，由于这个反应与白酒酿造过程中大曲的制曲温度、酿造工艺及微生物密切相关，所以荧光组分可以较好地代表高温大曲白酒的酿造工艺和品质。该案例建立的方法为白酒的鉴别提供了一种新思路。

5.3.3 可视化传感方法鉴别白酒真实性

为提高白酒鉴别的效率，需要筛选一类灵敏度高、准确率高、反应迅速的材料构建传感器。有机染料因其种类丰富、亮度高、色度多、选择性好，在生物化学传感中发挥着重要作用。通常有机染料分子中含有较大共轭结构，易于通过分子间相互作用产生聚集，而聚集过程往往伴有明显的颜色或光谱变化。若向染料分子中引入特定的官能团，再与待测物结合使染料解聚产生明显的光谱变化同时伴随着颜色改变，可用于对待测物的识别（Zhang et al., 2020）。

根据以往的研究（Alberti et al., 2020），金属离子可以与氮氧化合物配位，但没有明显的光谱和颜色变化信号。该案例将金属离子与有机染料结合，不仅具有肉眼可见的颜色变化，也可将光谱反应信号明显放大（Zhu et al., 2024）。以白酒中含氮氧的风味化合物与 4 种有机染料[茜素胭脂红（AC）、邻苯三酚红（PR）、儿茶酚紫（CV）、溴焦性没食子酸红（BR）]竞争配位锌离子引起的颜色变化为检测机制，构建一种白酒风味成分靶向的四通道可视化阵列传感器，并结合 DD-SIMCA 实现同香型高温大曲白酒的精准鉴别，其检测示意图如图 5.57 所示。

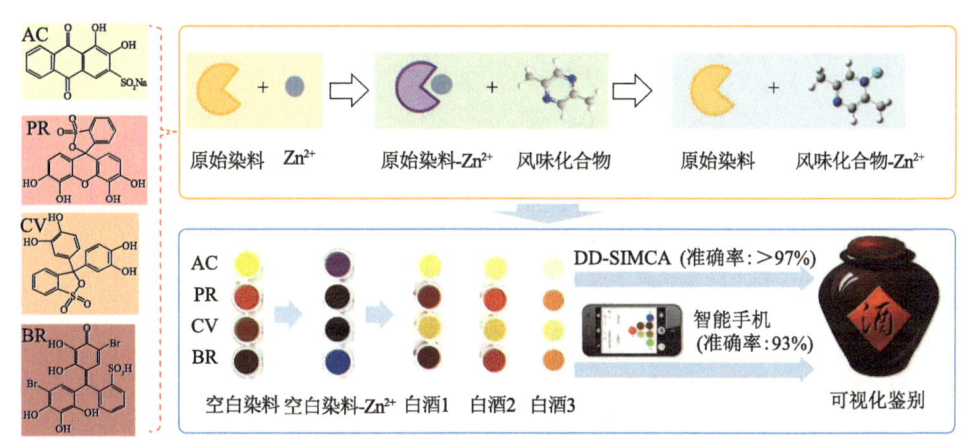

图 5.57 多酚类有机染料竞争配位锌离子结合 DD-SIMCA 对同香型高温大曲白酒的鉴别示意图

1. 实验方法

1）白酒样品与染料结构信息

该案例中白酒样品信息见本课题组已发表文章（Chen et al.，2023）。

2）数据处理与化学计量学

通过 Photoshop 2021 软件提取 10 px × 10 px，再通过 Matlab 2018b 将图像信息转换为 RGB 数值信息，DD-SIMCA 模型构建也在 Matlab 2018b 软件中进行。OPLS-DA 和 VIP 分析在 SIMCA 14.1 中完成。光谱数据在 Origin 9.0 中处理。量子化学计算在 Gauss 09 中完成。

2. 结果与讨论

1）阵列传感器的构建

为了找到能用于构建可视化传感器的金属离子，用 AC 和不同的金属离子反应。从可视化结果来看（图 5.58），Fe^{3+}、Cu^{2+}、Al^{3+} 和 Zn^{2+} 能使染料的颜色发生肉眼可见的改变，加入白酒后，仅 Cu^{2+}、Zn^{2+} 能使颜色恢复，但与 Zn^{2+} 不同，Cu^{2+} 具有较大的空间位阻，当它以离子键形式与配体结合时，呈现出半径较大的八面体形，相较之下 Zn^{2+} 更容易形成配位键，故选择 Zn^{2+} 构建可视化传感体系。

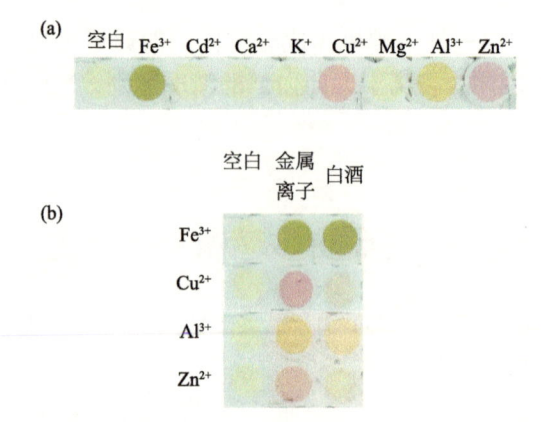

图 5.58 （a）AC 和不同金属离子反应的可视化结果；（b）AC 络合金属离子后加入白酒的可视化结果

为了提高传感器的灵敏度，采用控制变量法对四种有机色变染料与 Zn^{2+} 反应的最佳浓度进行优化，如图 5.59 所示，有机染料与 Zn^{2+} 络合会使光谱信号显著红移，表 5.10 中展示了染料与 Zn^{2+} 优化后反应浓度的具体信息。

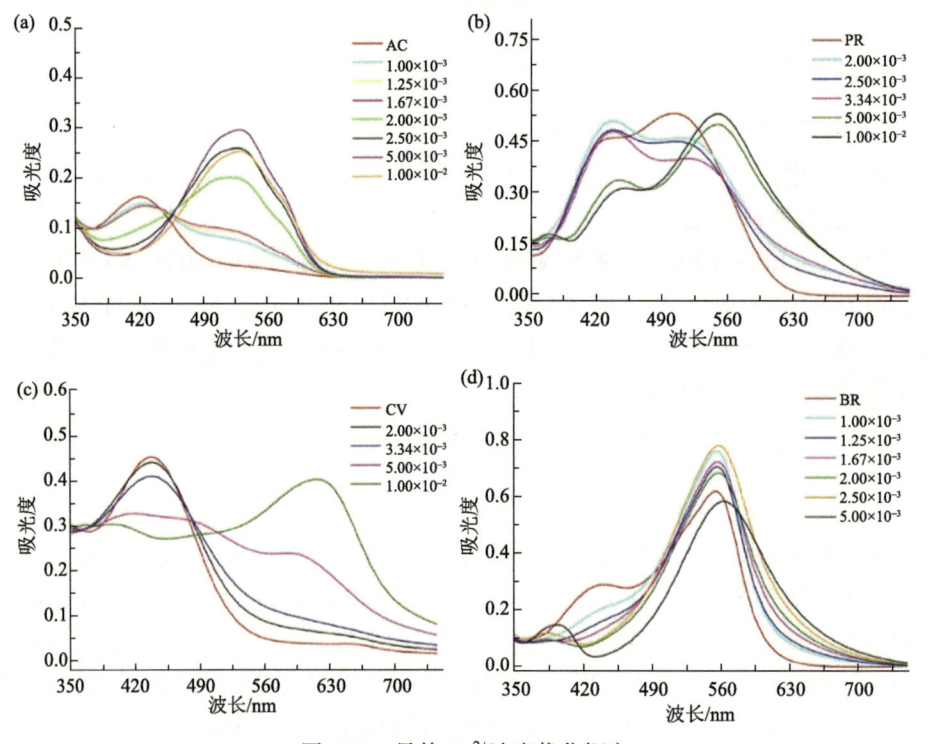

图 5.59 最佳 Zn^{2+} 浓度优化探究

表 5.10　有机染料与 Zn^{2+} 优化后的反应浓度的具体信息

染料	染料浓度/(mol/L)	Zn^{2+}浓度/(mol/L)
AC	1×10^{-4}	2×10^{-3}
PR	5×10^{-5}	5×10^{-3}
CV	1×10^{-4}	5×10^{-3}
BR	1×10^{-4}	5×10^{-3}

为进一步验证四通道比色传感器对高温大曲白酒的鉴别能力，将三种香型中有代表性的三种酒与四种有机染料和 Zn^{2+} 进行反应。图 5.60（a）～（d）分别为染料 AC、PR、CV、BR 和 Zn^{2+} 在各种白酒作用下的紫外可见光谱。结果表明，

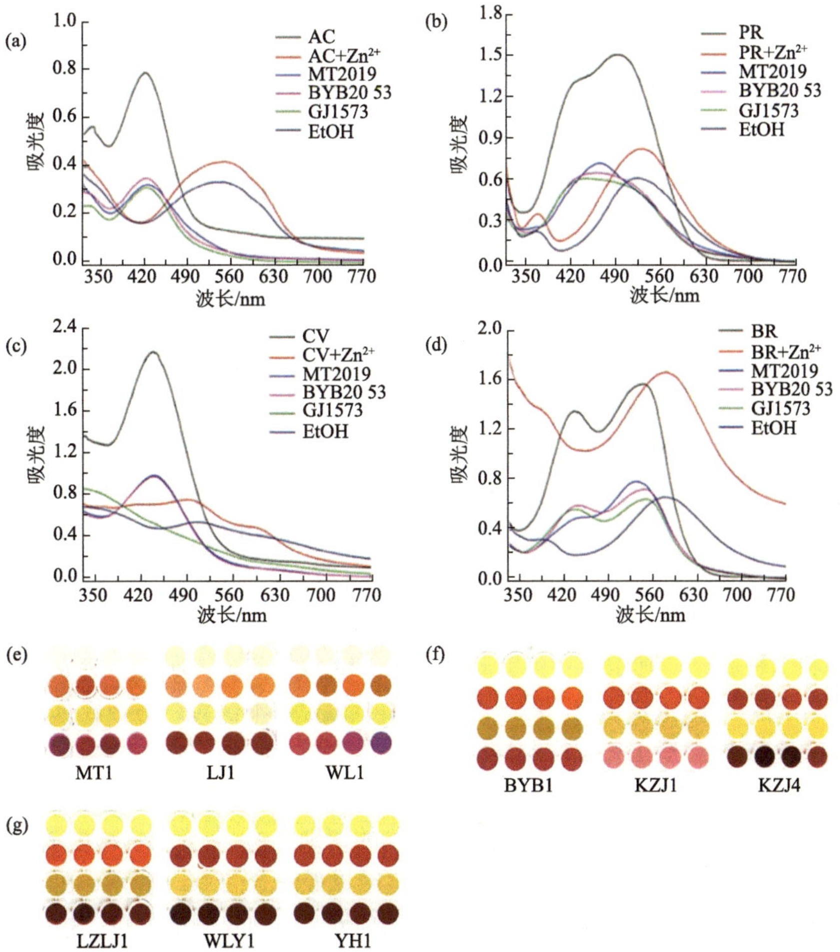

图 5.60　(a) AC、(b) PR、(c) CV、(d) BR 和 Zn^{2+} 在白酒作用下的紫外可见光谱图；四通道比色传感器对 (e) 酱香型、(f) 兼香型、(g) 浓香型白酒的可视化响应结果图

白酒可以明显恢复染料和 Zn^{2+} 结合的 UV-Vis 光谱，即白酒与染料具有竞争配位作用。图 5.60（e）～（g）显示了四通道比色传感器对三种香型中具有代表性的 9 种白酒的识别结果，从上到下四种颜色代表四个通道。显著的颜色变化使传感器对鉴别白酒展现出优异的识别能力。结果表明，酱香型与兼香型、浓香型白酒的组间差异相对显著，同香型中，BR 通道的组内差异最显著，可能与不同白酒中所含化合物的含量差异相关。

2）白酒中的氮氧化合物对有机染料色变的影响机制

图 5.61（a）～（d）分别表示不同香型、酱香型不同品牌、兼香型不同品牌、浓香型不同品牌白酒的 OPLS-DA 分析。从结果来看，不管是不同香型白酒还是同香型不同品牌的白酒，都可以正确判别分类。四个判别模型的参数 R^2X、Q^2 均大于 0.5，表明该模型是稳定可靠的。根据 VIP 值判断各挥发性物质对酒样差异的贡献，筛选出 VIP 值大于 1 的物质作为该判别模型的潜在差异物质，且 VIP 值越大说明该物质在判别过程中的贡献越大。根据模型 VIP 值确定了 42 种物质作为不同香型白酒之间的潜在差异物质[图 5.61（e）]，包括 20 种酯、6 种醇、5 种吡嗪、3 种杂环、3 种烃、2 种醛、2 种酮和 1 种酸。其中苯丙酸乙酯的 VIP 值最高，苯乙酮次之，说明苯丙酸乙酯、苯乙酮可能是造成不同香型白酒之间差异的重要物质。图 5.61（f）结果表明酱香型不同品牌白酒的差异物质有 48 种，包括 17 种酯、10 种醇、6 种吡嗪、4 种酮、4 种杂环、3 种烃、2 种醛、1 种硫醚和 1 种酸，其中 1-(1H-吡咯-2-基)-乙酮的 VIP 值最高，十六烷酸乙酯、α-松油醇、2, 3, 5-三甲基-6-正丙基吡嗪、1, 1-二乙氧基壬烷次之，说明 1-(1H-吡咯-2-基)-乙酮是造成酱香型不同品牌白酒差异的重要物质。兼香型不同品牌白酒的差异物质有 49 种[图 5.61（g）]，包括 18 种酯、8 种杂环、7 种醇、6 种吡嗪、3 种酮、3 种烃、2 种醛、1 种硫醚和 1 种酸，其中 2, 6-二甲基吡嗪的 VIP 值最高，说明它是造成兼香型不同品牌白酒差异的重要物质。从图 5.61（h）看出，浓香型不同品牌白酒差异物质有 45 种，包括 16 种酯、12 种醇、7 种吡嗪、5 种杂环、2 种酮、1 种烃、1 种醛和 1 种硫醚，其中 2-甲酸呋喃乙酯的 VIP 值最高，说明它是造成浓香型不同品牌白酒差异的重要物质。综合来看，酯类化合物不仅对白酒香气有贡献，还可能是造成不同酿造工艺酒样差异的潜在差异物质。

3）四通道比色传感器对白酒中主要化合物的响应性能探究

为了评价该传感器对白酒中氮氧化合物的识别能力，研究了白酒中 25 种含量较高的氮氧化合物。四通道比色传感器鉴定结果如图 5.62（a）所示，在不同种类的氮氧化合物中仅有机酸类化合物可以成功地恢复有机染料的颜色。指示剂成分的电离状态与未电离状态的颜色是明显不同的，酸、碱的加入破坏了指示剂成分的电离平衡，会显示不同的颜色。而白酒中各种有机酸的含量较高，故可能因为白酒中的酸性物质改变了有机染料所处的化学环境，当溶液的 pH 改变时，指示剂得到质子，由碱式转变为共轭酸式，由于其结构的转变而发生颜色的变化。

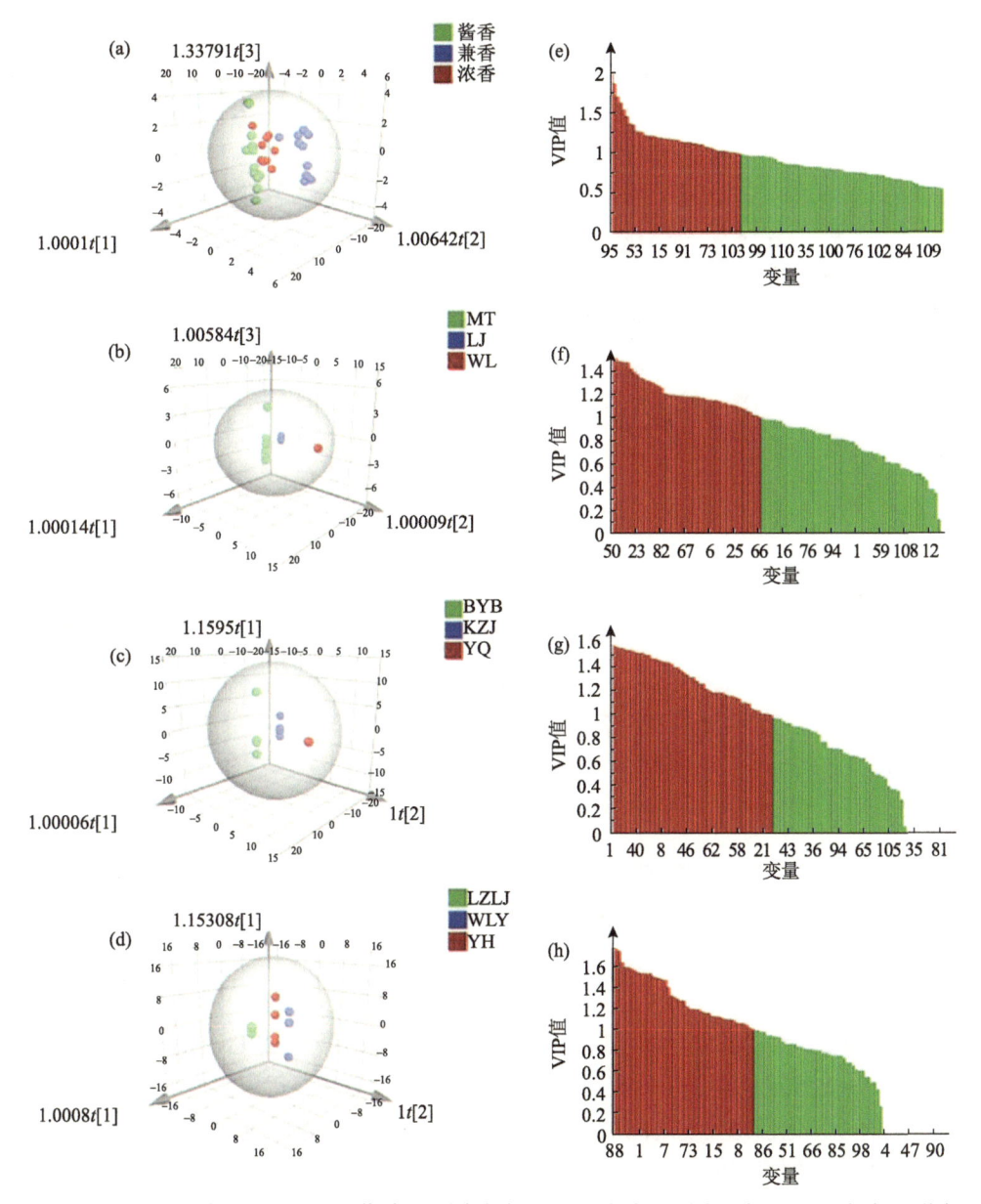

图 5.61　（a）不同香型，（b）酱香型不同品牌，（c）兼香型不同品牌，（d）浓香型不同品牌白酒的 OPLS-DA 分析；（e）不同香型，（f）酱香型不同品牌，（g）兼香型不同品牌，（h）浓香型不同品牌白酒 OPLS-DA 分析对应的 VIP 值

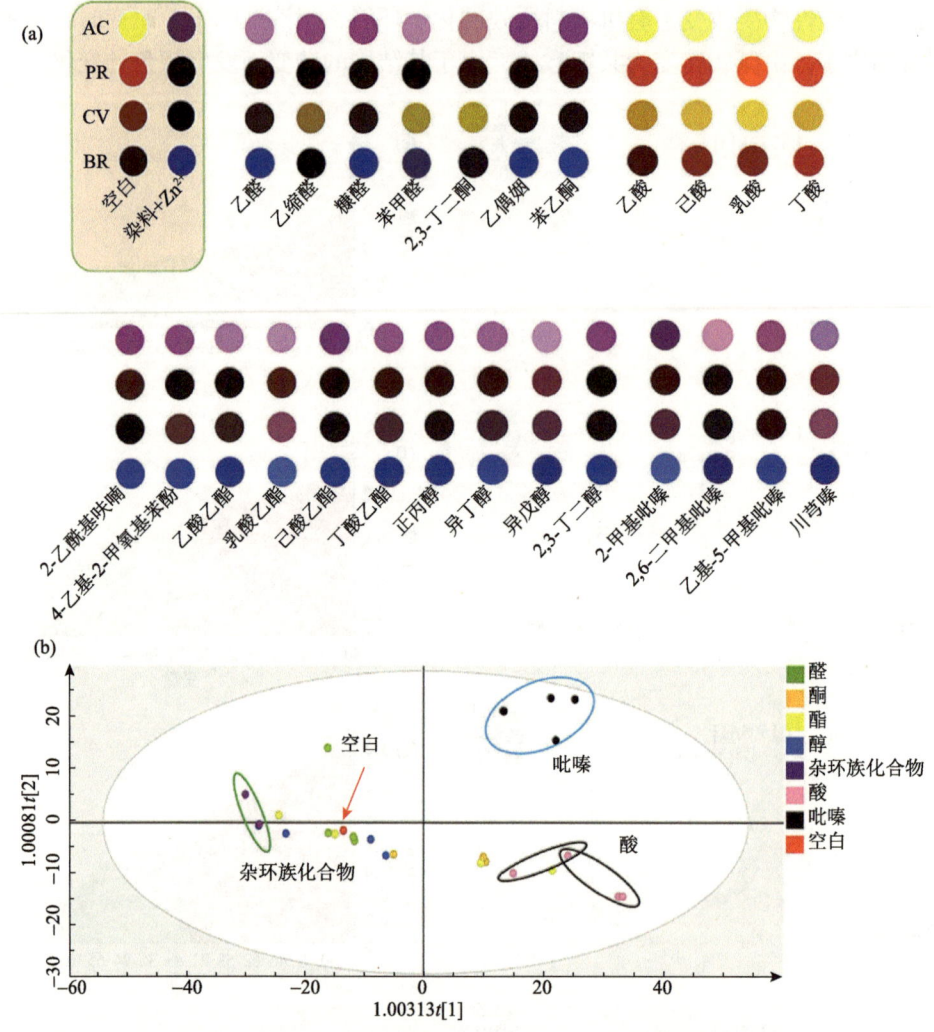

图 5.62 （a）四通道比色传感器鉴定结果；（b）AC 对 25 种氮氧化合物四通道比色传感器响应结果的 OPLS-DA 分析

AC 对 25 种氮氧化合物四通道比色传感器响应结果的 OPLS-DA 分析结果如图 5.62（b）所示。它是一种有监督的判别分析统计方法，运用偏最小二乘回归建立光谱信号与化合物类别之间的关系模型，来实现对化合物类别的预测。从横坐标的方向可以看到组间的差异，从纵坐标上可以看出组内的差异。结果表明，醇、醛、酮、酸、酯、杂环，以及吡嗪类化合物的组间差异均较大，组内差异较大的是酯类、酸类化合物，这和气质筛选差异成分的结果相同。再结合量子化学计算的结果可知，该方法中对白酒分类贡献较大的差异成分主要是酯、酸、醇、醛酮、杂环类。

4）同香型白酒的鉴别

为了探究可视化阵列传感器对同香型白酒的鉴别能力，构建了 DD-SIMCA 模型。图 5.63 为可视化阵列传感器识别三种香型白酒同香型不同等级掺假的 DD-SIMCA

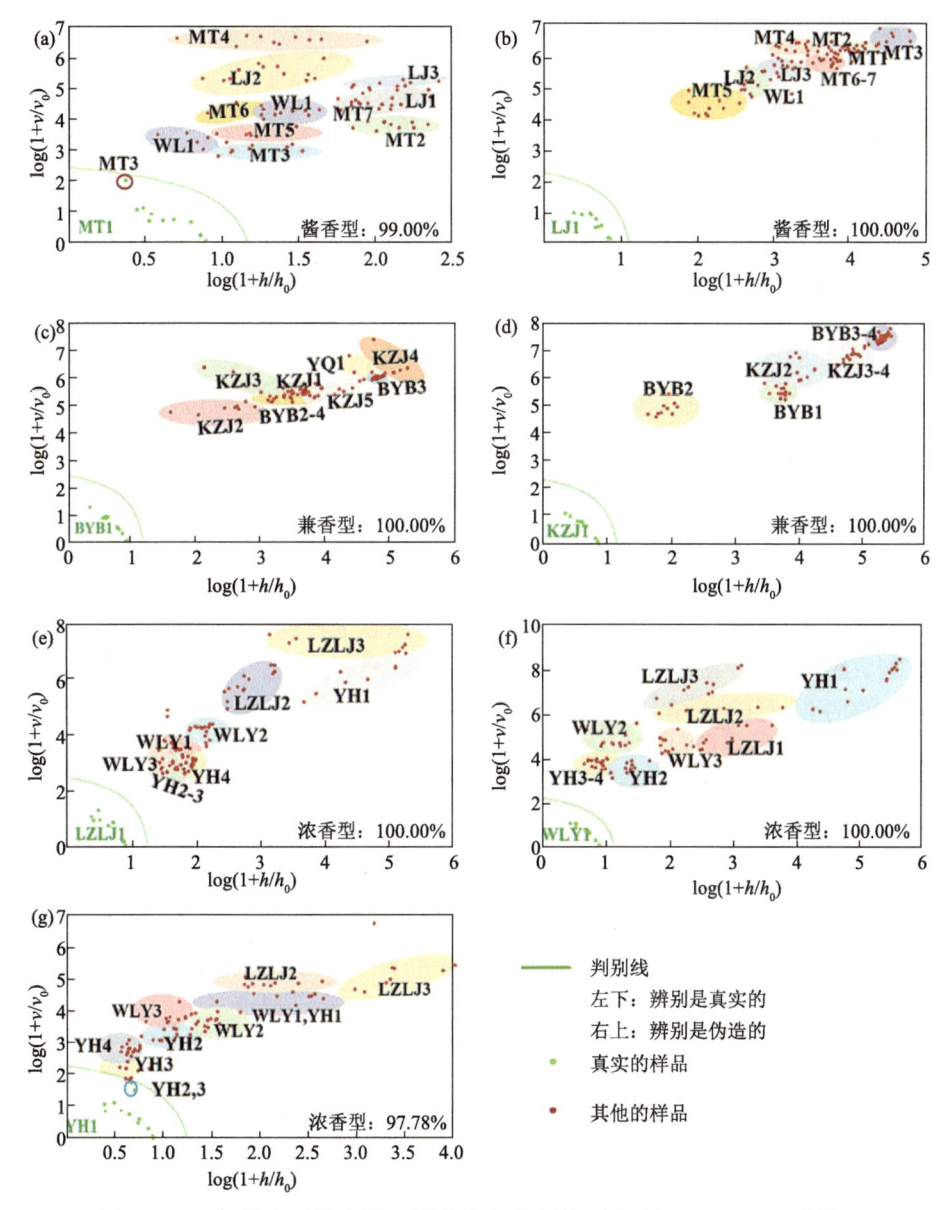

图 5.63　可视化阵列传感器识别同香型不同等级白酒的 DD-SIMCA 验收图

（a）酱香型（MT1、MT2）；（b）酱香型（LJ1）；（c）兼香型（BYB1）；（d）兼香型（KZJ1）；
（e）浓香型（LZLJ1）；（f）浓香型（WLY1）；（g）浓香型（YH1）

验收图，整体可以看出同香型低档酒掺假高档酒能够被准确判别。绿线是判别线，指属于真实样品的阈值，真实样品在验收图上被标记为绿点，位于绿色判别线左下角。其他样品也就是掺假样品则被标记为红点，位于绿色判别线右上角。图5.63（a）显示MT1和MT2为真实样品，其他酱香白酒为掺假样品，其中一个掺假样品MT3被错判为真实样品，该模型判别准确率为99%。图5.63（b）显示LJ1为真实样品，其他酱香白酒为掺假样品。结果表明，A、B两组样品的真实样品和掺假样品均能准确鉴别。此外，在图5.63（c）中，BYB1为真实样品，其他兼香白酒为掺假样品。图5.63（d）中以KZJ1为真实样品，其他兼香白酒为掺假样品，对两组兼香白酒分别进行了掺假鉴定。在图5.63（e）～（g）中，分别取LZLJ1、WLY1和YH1为真实样品，其他浓香白酒为掺假样品，对浓香型白酒进行了三组掺假判别。总体而言，该模型的准确率为97%～100%，表明该阵列传感器可用于同香型白酒的分类识别，效果良好。

由表5.11可知，单一传感点对同香型白酒的分类效果稍逊于阵列传感，显示了阵列传感在同香型白酒分类判别中的优势。最后将DD-SIMCA结果与GC-MS筛选的不同香型白酒的差异化合物、光谱表征及各传感点对化合物的敏感性比较分析得出，AC对2,3-丁二酮敏感性较强；PR对乳酸乙酯、异戊醇、4-乙基愈创木酚、2-乙酰呋喃敏感性较强；CV对乙缩醛、2,3-丁二酮、苯乙酮、乳酸乙酯、丁酸乙酯、异丁醇、异戊醇、4-乙基愈创木酚敏感性较强；BR对乙缩醛、2,3-丁二酮敏感性较强。最终表明，白酒中酯、酸、醇、醛酮、杂环等差异成分对同香型白酒的准确分类具有较大的贡献权重。

表5.11 同香型高温大曲白酒单一传感点与传感器阵列DD-SIMCA识别结果比较

香型	真实样品	传感阵列鉴别准确率/%	单一传感点鉴别准确率/%			
			AC	PR	CV	BR
酱香型	MT1	99.00	100.00	100.00	100.00	97.78
	LJ1	100.00	100.00	100.00	99.00	100.00
兼香型	BYB1	100.00	96.67	100.00	98.89	98.89
	KZJ1	100.00	97.78	98.89	100.00	100.00
浓香型	LZLJ1	100.00	92.22	95.56	72.22	100.00
	WLY1	100.00	100.00	94.44	100.00	100.00
	YH1	97.78	82.22	98.89	100.00	100.00

3. 总结

该案例利用多酚类有机染料成功实现了对白酒的鉴别，响应时间只需1～2 min就可以产生肉眼可见的明显颜色变化，同时也可以将光学信号明显放大。

根据四种多酚类有机色变染料与吡嗪类等氮氧化合物竞争配位 Zn^{2+} 引起的颜色变化，构建了一种可视化传感方法，结合 DD-SIMCA 等化学计量学算法进行判别，判别准确率为 97%～100%，并且阵列传感器对同香型白酒的鉴别结果优于单一传感点的鉴别结果。通过 HS-SPME/GC-MS 筛选差异化合物，利用量子化学计算差异化合物与 Zn^{2+} 的配位能力，表明酯、酸、醇、醛、酮、杂环等差异成分可能在同香型高温大曲白酒判别中起主要作用。因此，本研究成果可为白酒品质和真实性的快速鉴别奠定研究基础，并为高温大曲等名贵白酒的"免仪器"可视化检测方法的发展提供帮助。

5.4 药食同源食品真实性溯源

5.4.1 色质谱鉴别杭白菊真实性

菊花是菊科植物的干燥头状花序，因其独特风味、色彩丰富及健康益处，在食品、调料及草本茶饮中广泛应用。菊花品种多样，依产地及加工方法可分为"亳菊"、"滁菊"、"贡菊"、"杭菊"及"怀菊"。其中，杭白菊（*Chrysanthemum morifolium* Ramat cv.）属于杭菊的优质栽培种，产自浙江桐乡，是著名的"浙江八味"之一，其黄酮类化合物和有机酸含量显著高于其他菊花品种（Wang et al., 2022），因此功效更为突出，经济价值极高。

菊花的宏观差异主要源于其内在化学成分的差异。研究者已鉴定出包括黄酮类化合物和咖啡酰奎宁酸在内的 18 种标记化合物，并成功利用电喷雾电离四极杆飞行时间质谱（ESI-Q-TOF-MS）和超高效液相色谱-二极管阵列检测器（UHPLC-DAD）技术对四种菊花品种中的 10 种化合物进行了定量分析，实现了品种的有效区分（Nie et al., 2019）。此外，通过广泛靶向代谢组学方法，研究者还鉴定了 477 种化合物，并发现其中 72 种化合物在两种菊花间存在显著差异（Duan et al., 2022）。尽管对菊花品种组成差异的研究颇为丰富，但不同产地杭白菊的化学差异及其与地理特征的关系仍待深入探究。另外，矿质元素作为自然环境因素，对植物源食品的化合物组成和质量具有重要影响（Flores et al., 2021）。已有研究表明，土壤矿质元素在茶叶产地判别中扮演关键角色（Zhang J et al., 2021），且特定金属元素含量与葡萄中抗氧化活性化合物的浓度密切相关（Acuña-Avila et al., 2016）。然而，土壤矿质元素对菊花化合物，尤其是杭白菊化合物的调控作用尚待揭示。

为了深入探究不同产地杭白菊的化学差异及土壤矿质元素与其化合物的关系，从我国四个代表性产地收集了 60 批杭白菊样品及对应种植土壤，采用基于

UHPLC-QTOF-MS 的非靶向代谢组学策略，结合皮尔逊相关分析和随机森林回归方法，发现了杭白菊中的差异化合物，并探讨了它们与土壤矿质元素之间的潜在相关性（Long et al., 2022）。该案例不仅有助于更深入地了解杭白菊的产地差异，还将为杭白菊的质量控制、真实性溯源及品质评价提供有力支持。

1. 实验方法

1）杭白菊及土壤的采集和处理

2020 年 10~11 月，60 批杭白菊和配对土壤样品均按照五点抽样法直接从四个不同产地（江苏盐城 YC、浙江桐乡 TX、浙江金华 JH、湖北天门 TM）的种植基地取样。

称取 20 mg 菊花粉末样品，加 1.5 mL 甲醇：水（70：30，体积比）混合溶液，常温下超声提取 30 min，离心取上清液经 0.22 μm 滤膜过滤。QC 样品是通过混合等量的所有杭白菊样品制备的。

使用连接 AB SCIEX TripleTOF 5600 质谱仪的 Waters UHPLC 系统对杭白菊进行非靶向代谢组学分析。色谱条件：Waters C18 色谱柱（2.1 mm×100 mm，1.7 μm），柱温设置为 23℃，进样量为 4 μL。流动相由 0.1%甲酸水溶液（A）和 0.1%甲酸乙腈溶液（B）组成，流速 0.2 mL/min，洗脱梯度为：0 min，95%A；1 min，85%A；7 min，80%A；13 min，75%A；19 min，65%A；27 min，42%A；32 min，25%A；35 min，15%A；36 min，0%A；39 min，0%A；40 min，95%A。后运行时间为 3 min。质谱条件：正离子模式，GS1：50；GS2：50；气帘气：30；温度：500℃；喷雾电压（ISVF）：5500 V；去簇电压：80V；碰撞能量（CE）：35V；碰撞能量设置（CES）：15；母离子扫描范围：100~1000 Da，子离子扫描范围：50~1000 Da；最大候选离子数：5；动态排除时间：5 s。

2）土壤矿质元素提取和测定

先用浓缩酸和混合酸消化土壤样品，对 43 种土壤矿质元素进行分析。采用电感耦合等离子体-发射光谱仪（ICP-OES，ICAP 7400，赛默飞世尔，美国）及电感耦合等离子体质谱（ICP-MS，XII，赛默飞世尔，美国）分析了矿质元素及稀土元素和 Sc 元素。采用原子荧光光谱法（AFS，AFS-8500，北京海光仪器有限公司）分析其余两种矿质元素 As 和 Se。

3）数据处理和化学计量学分析

将 UHPLC-QTOF-MS 原始数据导入自主开发的 AntDAS 工具箱进行化合物筛选和注释。识别分数截止值为 70%，MS^1 和 MS^2 的精确质量公差分别为 0.015 Da 和 0.050 Da。采用社会科学统计软件（SPSS，国际商业机器公司，阿蒙克，纽约，美国）进行 ANOVA。采用 SIMCA 14.1 软件进行 OPLS-DA 分析。利用 RStudio

中的聚类热图包绘制聚类热图。使用 cor 函数进行皮尔逊相关分析，并使用 RStudio 中的 ggcorrplot 软件包绘制结果图。通过 RF 回归（Wang et al.，2016）利用 Matlab 软件预测种植土壤中矿质元素差异化合物的含量。

2. 结果与讨论

1）来自不同产地的杭白菊的非靶向代谢组学分析

该案例构建了一套基于 UHPLC-QTOF-MS 的高通量非靶向代谢组学分析策略，旨在全面筛选 YC、TX、JH 和 TM 四地杭白菊样品中的次生代谢物。图 5.64 展示了这四个产地杭白菊的次生化合物指纹图谱，揭示了不同产地样品在峰数、位置及高度上的显著差异，反映了种植环境（如土壤、气候）对杭白菊有效成分及最终品质的影响。

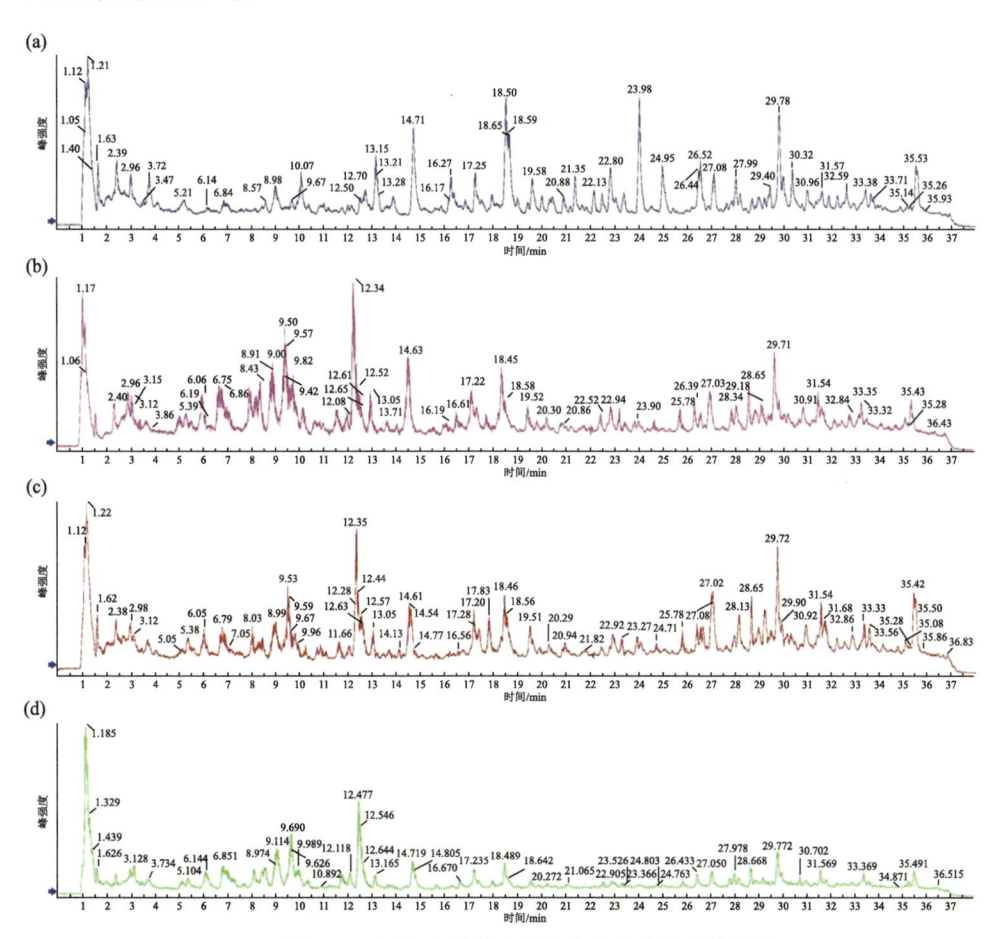

图 5.64 四个产地杭白菊的次生化合物指纹图谱

（a）盐城；（b）桐乡；（c）金华；（d）天门

为了深入理解地理差异对杭白菊化学成分的影响，采用由本课题组开发的，具备精确识别化合物离子及降低假阳性率优势的 AntDAS 非靶向代谢组学分析工具（Fu H Y et al., 2017b）。使用 AntDAS 对 60 份杭白菊样品进行了全面分析，在 ESI$^+$ 模式下共记录了 10684 个特征峰。随后，结合 ANOVA（$p<0.01$）和 $FC>3$ 筛选标准，从四个产地的杭白菊次生化合物中初步筛选出了 25 个候选差异化合物。

为了验证这些候选差异化合物的区分能力，建立了基于 60 批杭白菊候选差异化合物峰面积的 OPLS-DA 模型。该模型展现出优异的分类性能，其 R^2X、R^2Y 和 Q^2 参数分别为 0.890、0.960 和 0.964（Pan et al., 2022），且经过 200 次排列检验确认无过拟合现象。该模型能够清晰地将 60 个杭白菊样品按产地分为四组，其中 TX 和 TM 样品间距离较近，表明这两地产地条件相似。

为进一步确认差异化合物，利用 61 个菊花标准品，在相同条件下对初步鉴定的差异化合物进行了质荷比和保留时间的匹配，设定匹配容差质量为<5.00 ppm（1 ppm=1×10^{-6}），保留时间<0.15 min。经过严格验证，最终确定了 8 种差异化合物，包括芦丁、金合欢素、芹菜素-7-O-葡萄糖苷、香叶木素、芹菜素、绿原酸、异绿原酸 B 和 L-精氨酸。

另外，对 8 种差异化合物的峰面积进行了聚类热图分析。图 5.65（c）清晰显示，盐城样品中，金合欢素、香叶木素、异绿原酸 B 及 L-精氨酸等差异化合物含量较高，而其余四种则相对较低。金华样品以富含芹菜素及次之的芹菜素-7-O-葡萄糖苷为特点。桐乡样品在 L-精氨酸、芦丁、绿原酸及芹菜素-7-O-葡萄糖苷方面表现突出[图 5.65（d）]，其中 L-精氨酸为人体必需氨基酸，绿原酸则是《中华人民共和国药典（2020 年版）》规定的三大标志性成分之一。这表明桐乡产地的杭白菊可能具有更优的疗效，与已有报道相符（Wang et al., 2022；Wang et al., 2014）。

值得注意的是，天门与桐乡产地的样品共存某些差异化合物（如绿原酸、芦丁、芹菜素-7-O-葡萄糖苷），导致天门样品中部分桐乡样品被误分类[图 5.65（c）]，这一结果与 OPLS-DA 分析相呼应，即两地间差异细微，可能归因于相似的纬度及种植环境。桐乡与天门土壤可能存在的相似性，促使研究者深入探究土壤矿物组成及其对差异化合物的影响。另外，桐乡组中的一个样品（第 15 号）意外归入金华组，可能是两地产地均位于浙江省，地理位置接近所致。

综上所述，非靶向代谢组学分析揭示，杭白菊的地理差异实质上是其内在化学成分差异的外在反映，而这些化学成分的差异又源自生长环境的差异。鉴于土壤矿质元素是关键的风土因素，研究矿质元素对不同产地杭白菊中差异化合物形成的影响具有重大意义。

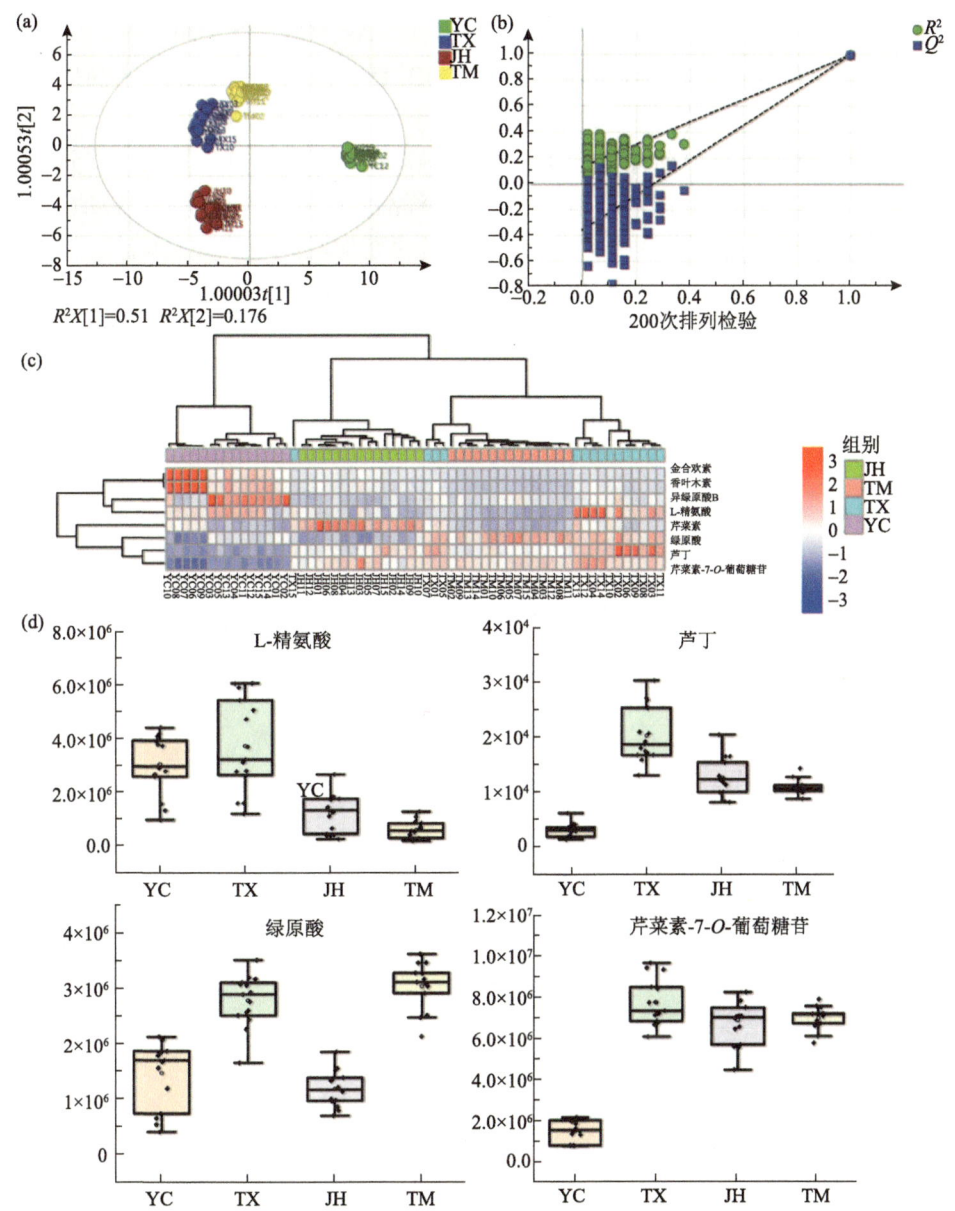

图 5.65 （a）基于 50 个候选差异化合物的 4 个不同产地杭白菊样品 OPLS-DA 得分图；（b）200 次排列检验图；（c）基于 8 种差异化合物的 60 个杭白菊样品的聚类热图分析；（d）杭白菊各产地样品 L-精氨酸、芦丁、绿原酸、芹菜素-7-O-葡萄糖苷含量箱型图

2）土壤中矿质元素的差异分布

对杭白菊种植土壤中 43 种矿质元素进行了分析。4 种土壤中矿质元素含量最高的是 Al，其次是 Fe、K、Mg、Na、Ca、Mn 和 Ba。其余矿质元素含量均低于 200 μg/g，

其中 Cd、Ho、Lu、Se、Tb、Tl 和 Tm 含量最少。As、Cd、Cr、Cu、Ni、Zn 等部分重金属的浓度几乎全部低于我国国家标准 GB 15618—2018，这意味着所研究的四个产地的土壤不会对杭白菊（HBJ）或人类消费者的健康构成威胁。

图 5.66 展示了杭白菊种植土壤中 43 种被测矿质元素的聚类热图，该分析涵盖了 60 个土壤样品。此图清晰地表明，土壤样品能够依据其产地被有效地区分，进一步验证了四个地区土壤中矿质元素存在的显著地域性差异。具体而言，JH 土壤样品中 Nb、Th、Ba、Rb、Tl 及 K 元素含量尤为突出，而其他元素则相对较低。这种分布模式可能归因于 JH 地区岩石的地质背景、红壤形成过程中的微量元素二次富集，以及岩石风化作用对 Nb、Th、Ba、Rb 和 Tl 高浓度的贡献；而 K 的高含量则可能与该地区广泛使用钾肥以增强土壤肥力有关。另外，YC 土壤样品

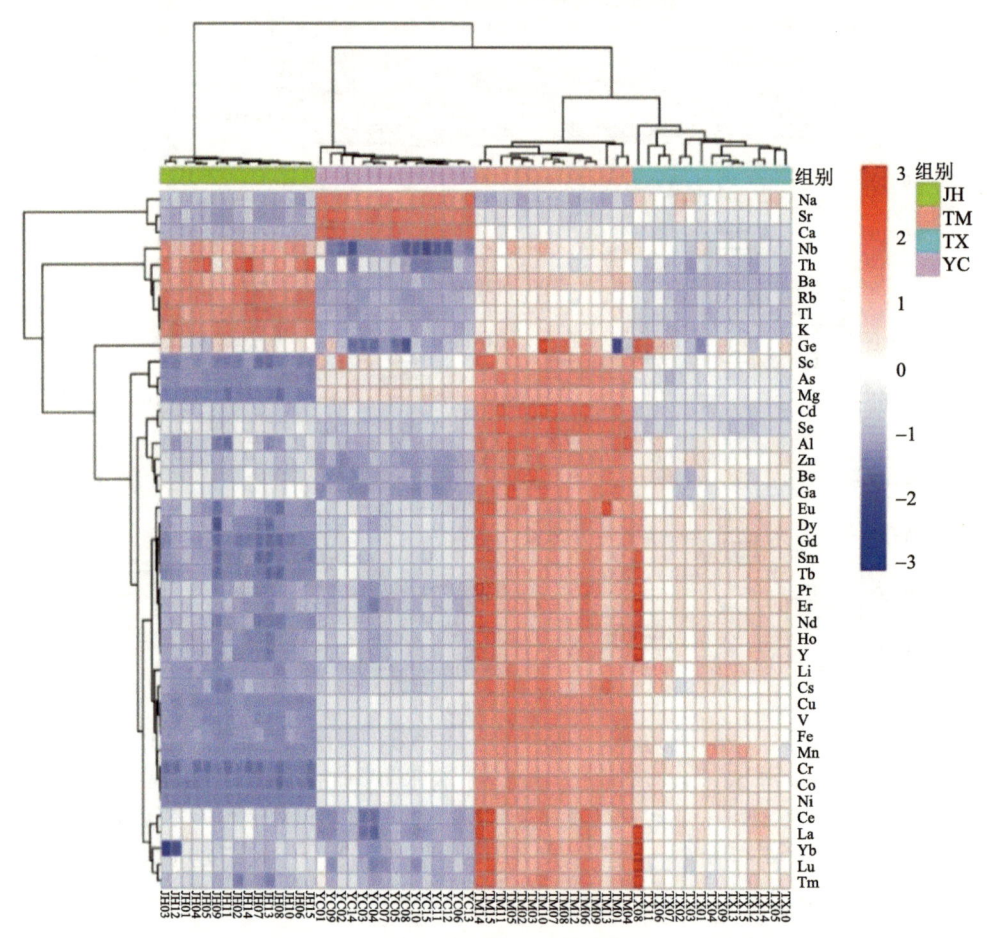

图 5.66　杭白菊种植土壤 43 种被测矿质元素的聚类热图

以 Na、Sr 和 Ca 元素含量高为特征,其余元素含量相对较低。这一特点可能与 YC 地区紧邻我国黄海,土壤中沉积古代海洋生物遗骸密切相关。TM 土壤样品中 Ge、Sc、As、Mg、Cd、Se 等多数矿质元素含量均处于最高水平,仅 Na、Sr、Ca 含量相对较低。这种矿质元素含量高的现象可能与 TM 所在地江汉平原由长江和汉江冲积形成,土壤中富含河流沉积物的地质条件有关。此外,TX 土壤中的矿质元素浓度处于其他区域的中间水平,且与 TM 土壤表现出较高的相似性。这一现象可能源于 TX 位于长江三角洲杭嘉湖平原腹地,表明 TX 与 TM 地区土壤之间可能存在某种相似性,从而验证了先前的假设。

3) 差异化合物与土壤矿质元素的关系

矿质元素通过影响酶活性和调节化合物的生物合成在植物生长中起重要作用 (Singh et al., 2016)。为了探究差异化合物与土壤矿质元素之间的关系,该案例进行了皮尔逊相关分析。结果表明,绿原酸 (Var 06) 与矿质元素呈显著正相关,相关系数大多大于 0.5。相反,芹菜素 (Var 05) 与矿质元素呈显著负相关,有一半的相关系数小于-0.5。芦丁 (Var 01) 和芹菜素-7-O-葡萄糖苷 (Var 03) 与矿质元素呈显著正相关,荆芥苷 (Var 02) 和薯蓣皂苷 (Var 04) 与矿质元素呈显著负相关。

此外,运用 OPLS-DA 分析探讨了土壤矿质元素与杭白菊差异化合物之间的关联,旨在识别对杭白菊产地分化有贡献的特征。图 5.67 (a) 和图 5.67 (b) 展示了基于 8 种差异化合物与 43 种土壤矿质元素的皮尔逊相关分析和 OPLS-DA 得分图,能够有效区分来自四个不同产地的样品。图 5.67 (c) 的共惯量分析双标图进一步揭示了每个产地样品的独有特征,这些特征使其与其他产地显著区分。在 TM 样品中,Mg、As、Sc 等多种矿质元素的存在与杭白菊中绿原酸 (Var 06) 的含量紧密相关。YC 样品中,Sr、Ca 和 Na 的含量则与金合欢素 (Var 02)、香叶木素 (Var 04)、异绿原酸 B (Var 07) 及 L-精氨酸 (Var 08) 的含量相关联。在杭白菊样品中,芹菜素 (Var 05) 与 K、Th、Tl 和 Rb 的含量呈现相关性。而在 TX 样品中,Ge、Ba 和 Nb 与芦丁 (Var 01) 及芹菜素-7-O-葡萄糖苷 (Var 03) 的含量有关。有趣的是,共惯量分析双标图中与差异化合物相关的矿质元素和皮尔逊相关分析中的正相关矿质元素高度一致,这有力地证明了杭白菊种植土壤中矿质元素与差异化合物之间存在密切的相关性。

为了深入探究差异化合物与土壤矿质元素之间的定量关系,建立了回归模型,利用种植土壤中的矿质元素预测杭白菊样品中差异化合物的含量。考虑到两者关系的复杂性和非线性特点,选择了 RF 算法来构建定量预测模型。图 5.68 展示了杭白菊样品中 8 种差异化合物的 RF 回归预测结果与实际参考含量的一致性对比,可以看出,无论是训练集还是预测集,其分布都紧密围绕理论值,且回归系数均大于 0.9000，表明所建立的定量预测模型性能良好，预测结果可靠（Wang et al.，2016）。

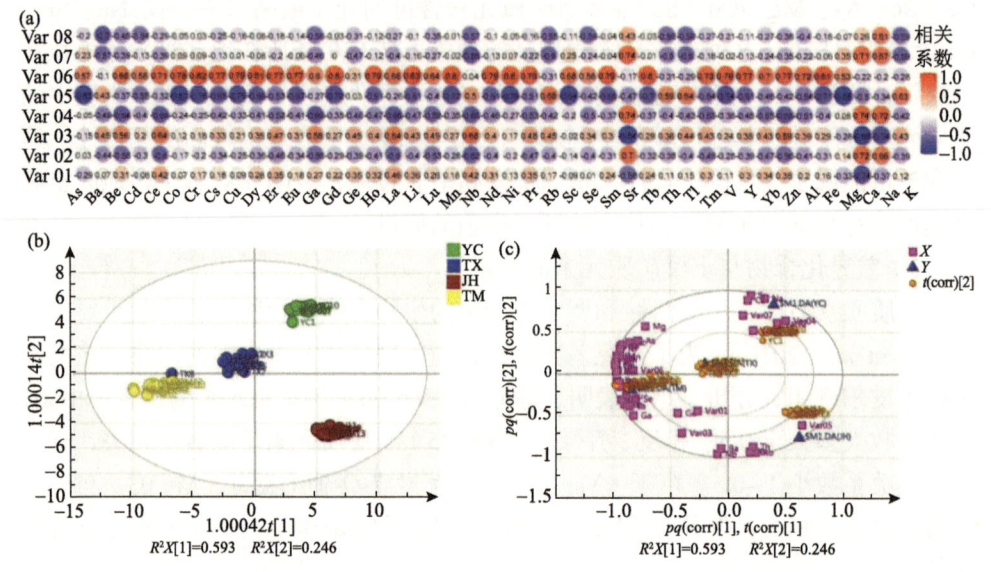

图 5.67 （a）基于 8 种差异化合物与 43 种土壤矿质元素的皮尔逊相关分析；（b）基于 8 种差异化合物与 43 种土壤矿质元素的 OPLS-DA 得分图；（c）共惯量分析双标图

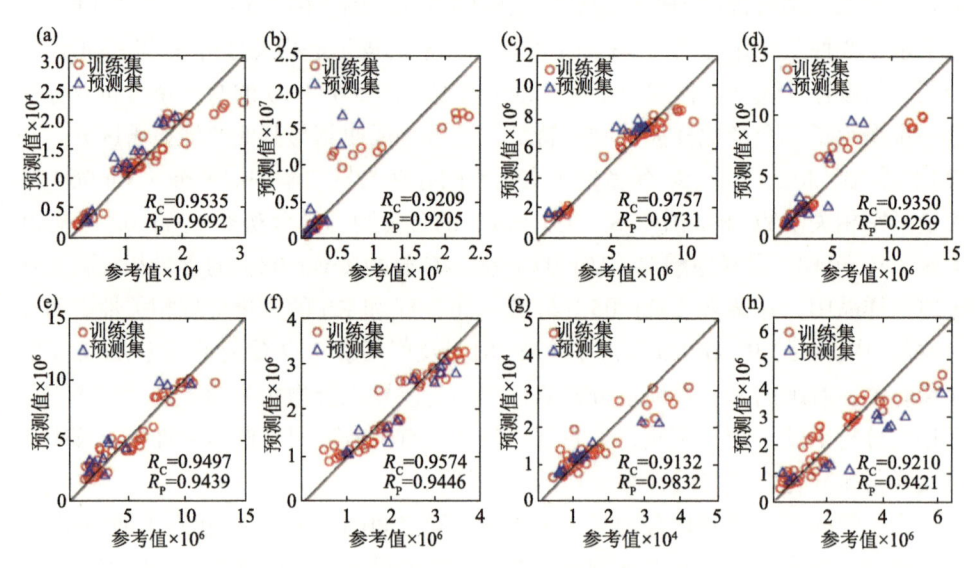

图 5.68 杭白菊样品中 8 种差异化合物的 RF 回归预测结果与实际参考含量的一致性对比
（a）芦丁；（b）金合欢素；（c）芹菜素-7-O-葡萄糖苷；（d）香叶木素；（e）芹菜素；（f）绿原酸；（g）异绿原酸 B；（h）L-精氨酸

综上所述，该案例揭示了杭白菊样品中与产地相关的差异化合物含量受种植土壤中矿质元素的显著影响。例如，已有报道指出 Al 会影响植物中有机酸的含量（Bhamore et al.，2018），这一点在该案例中也得到了验证。然而，矿质元素调节化合物生物合成的具体机制尚待进一步阐明，并且对杭白菊代谢途径的深入研究将有助于提升其品质。

3. 总结

该案例建立了一种基于 UHPLC-QTOF-MS 的非靶向代谢组学策略，旨在揭示不同产地杭白菊样品中的差异化合物。从不同产地的杭白菊样品中筛选出 8 个关键差异化合物，包括芦丁、荆芥苷、芹菜素-7-O-葡萄糖苷、薯蓣皂苷、芹菜素、绿原酸、异绿原酸 B 和 L-精氨酸。聚类热图分析表明根据这些化合物，来自 YC、TX、JH 和 TM 产地的 HBJ 样品能够得到有效区分，这从化学成分层面阐释了地理差异的存在。同时，以上化合物大部分都有药理活性，可能是不同产地杭白菊的品质差异标志物，为后续品质形成影响机制研究提供了一定基础。此外，该案例还首次深入探讨了种植土壤中矿质元素与杭白菊中差异化合物含量之间的关系。通过皮尔逊相关分析、OPLS-DA 以及 RF 回归分析发现，土壤矿质元素含量与差异化合物含量存在显著的相关性，这表明矿质元素含量对 HBJ 中差异化合物的生物合成具有重要影响，为 HBJ 生态种植建设提供了重要参考。该案例为深入理解杭白菊的地理差异提供了新的视角，有助于实现对杭白菊市场的有效管理，从而保障杭白菊的质量。由于该分析方法的独特优势，有望将该方法应用到名贵中药材及其他药食同源中药材中，为真实性溯源、质量研究等提供新的指导。

该案例仍存在一些不足之处，值得在未来的研究中进一步优化和深入探讨。例如，该案例虽然涵盖了多个产地的杭白菊样品，但每个产地的样品数量可能相对有限，这可能影响结果的普遍性和代表性；虽然该案例初步探讨了土壤矿质元素与化合物含量之间的关系，但这些元素如何具体影响化合物生物合成的分子机制尚未明确，可通过基因表达分析、酶活性测定等手段，深入探究矿质元素调控化合物合成的具体路径和机制。总之，持续深化对杭白菊化合物组成及其与生态环境因素关系的理解，可以指导更加精准的生态种植策略，提升杭白菊的品质与产量。其次，利用先进的代谢组学技术，结合人工智能和大数据分析，可以构建更完善的杭白菊品质评价体系和溯源模型，为市场监管和消费者保护提供强有力的技术支持。

5.4.2 纳米融合光谱鉴别陈皮真实性

陈皮（*Citri reticulatae Pericarpium*，CRP），作为一种广泛应用于茶饮、点心

制作、调味及传统香料中的食材，深受消费者喜爱。其主要品种包括产自广东新会的广陈皮（*Citrus reticulata* 'Chachi'，CRC）及产自其他产地和品种的陈皮（*Citrus reticulata Blanco*，CRB）。其中，广陈皮在色、香、味和功效方面均具有显著优势，且素有"陈久者良"之说（Fu H Y et al.，2017a；Wang Z L et al.，2017），因此市场价格显著高于普通陈皮，市场上不乏以劣质品冒充优质品的现象。鉴于此，准确鉴别广陈皮的真实性及陈化时间对于评估其品质与价值至关重要。

荧光光谱法因其高灵敏度和操作简便（Hu et al.，2019；Squeo et al.，2019），被认为是评价食品质量的候选新技术。纳米技术的发展，尤其是量子点和金属纳米颗粒的应用，为荧光传感法鉴别食品真实性提供了新途径（Lv et al.，2018；Yan et al.，2018；Eivazzadeh-Keihan et al.，2017）。不过食品成分复杂，易受干扰，本课题组前期已建立了 CdTeQD 和 ZnCdSe-CdTe 双量子点模型，有效识别了多种绿茶（Hu et al.，2018；Liu L et al.，2017）。这启发我们进一步探索纳米材料结合荧光传感器和化学计量学的新策略，以快速、准确、低成本地鉴别 CRC。

Au NP 作为高效的荧光猝灭剂已被广泛报道（Li et al.，2017；Liu et al.，2014），而 QD 也是常用的荧光探针（Chullasat K et al.，2019；Fu et al.，2019）。本研究选择 Au NP 和巯基乙醇（TGA）修饰的 CdTeQD 构建荧光纳米传感器，分别与 CRP 的水提物混合产生荧光猝灭光谱，以实现对不同产地 CRP 样品原始荧光差异的特异性增强作用。然而，单独的荧光猝灭光谱法仍然难以精确区分 CRB 与 CRC 及其不同的陈化年份。因此，本课题组创新性地提出了一种基于原始荧光光谱和荧光猝灭光谱的拼接光谱策略，整合不同 CRP 的差异信息，并建立 PLS-DA 模型以实现 CRC 真实性的精确识别。

1. 实验方法

1) 样品的采集与制备

本研究共购买了 41 批陈皮样品，其中 36 批用于 PLS-DA 建模，5 批（V1~V5）用于方法验证。其中 36 批陈皮样品按品种和产地可分为广陈皮（CRC）、四川陈皮"大红袍"（CRD）和其他产地杂陈皮（CRB）三组，包括 18 批广陈皮（CRC）C1~C18（f1），8 批川陈皮（CRD）D1~D8（f2），和 10 批杂陈皮（CRB）O1~O10（f3）；其中 18 批广陈皮又可按陈化年份分为五组，即 20 年 C1~C4（g1）、15 年 C5~C8（g2）、10 年 C9~C11（g3）、5 年 C12~C15（g4）和 1 年 C16~C18（g5）。制备陈皮水提取液，4℃保存待用。

2) 纳米材料的合成

通过微波加热法和水热法，分别合成酒红色的 Au NP 和橙黄色的 CdTeQD。

3）荧光数据的采集

使用 LS55 荧光光谱仪获取 CRP 样品的自身原始荧光光谱和基于纳米颗粒的荧光猝灭光谱。

4）化学计量学分析

所有的判别分析均使用原始荧光光谱进行，不进行任何数据预处理。利用 36 批 CRP 样品（分别为 C1~C18、D1~D8 和 O1~O10）的光谱数据，采用基于 PLS-DA 的监督模式识别方法进行建模。所有的陈皮自身荧光光谱、荧光猝灭光谱和拼接荧光光谱的化学计量分析均使用 Matlab 9.5（R2018b）进行，内部代码由本课题组编写。

5）方法学验证

应用三个常用指标，灵敏度、特异性和准确率来验证该方法。这三个指标根据以下公式计算：准确率=(TP+TN)/(TP+TN+FP+FN)；敏感性=TP/(TP+FN)；特异性=TN/(TN+FP)。其中，TP、TN、FN 和 FP 分别代表真阳性、真阴性、假阴性和假阳性的数量（Forina et al.，1991）。使用灵敏度和特异性评估各种荧光传感模型与 PLS-DA 耦合的性能。研究中还使用了额外的 5 批 CRP 样品（V1~V5）来测试模型，包括原产地和陈化年份的验证数据。这些数据被用于最佳识别模型中，以确保方法的准确性、灵敏度和特异性。

2. 结果与讨论

1）CRP 样品的自身荧光光谱、荧光猝灭光谱和拼接光谱特征

检测了 36 批 CRP 样品两种荧光传感系统（Au NP 和 CdTeQD）的自身荧光光谱和荧光猝灭光谱。然后通过简单的步骤获得拼接后的荧光光谱。全部光谱图如图 5.69 所示。

所有陈皮样品的最大发射波长均在（443±1）nm 处，但自身荧光强度具有明显差异[图 5.69（a）]，广陈皮样品的荧光强度最高，其次是川陈皮样品，杂陈皮样品荧光强度最弱。广陈皮荧光强度随陈化年份增加而增强，但光谱重叠使区分广陈皮和川陈皮以及精确判断陈化年份困难。

在利用 Au NP 作为荧光猝灭剂与陈皮样品进行反应的实验中，得到的荧光猝灭光谱如图 5.69（b）所示。经 Au NP 处理后，陈皮样品的最大发射波长保持基本稳定，但其荧光强度显著下降。然而，由于猝灭效率相对较低，川陈皮与广陈皮样品的光谱仍存在部分重叠现象，这使川陈皮样品的荧光强度与陈化年份较短的广陈皮样品相近，难以明确区分。另外，采用了最大发射波长为 556 nm 的 CdTeQD[图 5.69（d）]作为荧光探针。加入 CdTeQD 后，陈皮样品的荧光猝灭光谱中呈现出两个明显的发射峰，分别位于 443 nm 和 556 nm，这是陈皮中活性成

分与CdTeQD相互作用后产生的叠加效应[图5.69（c）]。值得注意的是，陈皮样品的荧光发射峰受CdTeQD的影响较小，仅发生了约5 nm的红移，并伴随荧光强度的增强或猝灭现象。同时观察到陈皮样品对CdTeQD在556 nm处的荧光强度产生了不同程度的猝灭作用，其猝灭效率依次为广陈皮>川陈皮>杂陈皮。这表明不同陈皮的活性化合物含量不同，进而导致了荧光猝灭光谱的多样性，为陈皮鉴别提供依据。

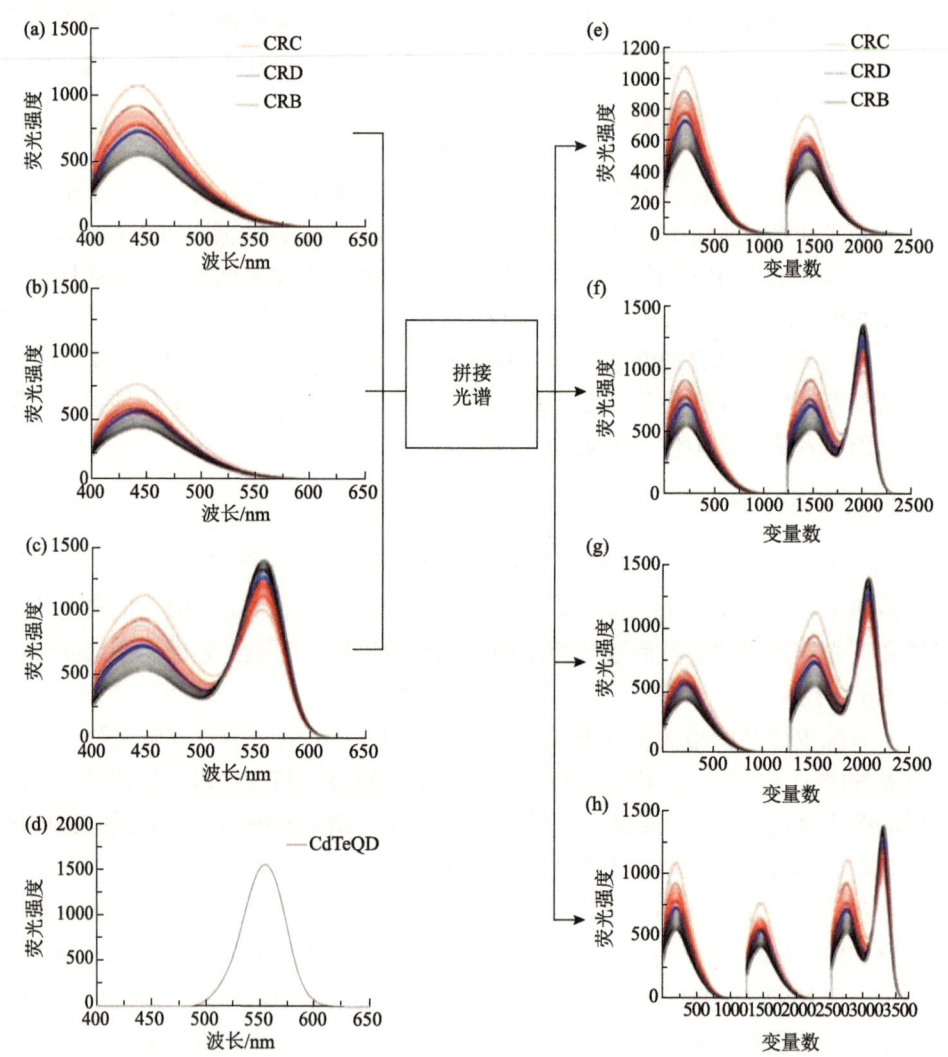

图5.69 （a）陈皮的自身荧光光谱；（b）Au NP和（c）CdTeQD的荧光猝灭光谱；（d）CdTeQD自身荧光光谱；（e）陈皮自身荧光光谱+Au NP荧光猝灭光谱；（f）陈皮荧光猝灭光谱+CdTeQD荧光猝灭光谱；（g）Au NP荧光猝灭光谱+CdTeQD荧光猝灭光谱；（h）陈皮自身荧光光谱+ Au NP荧光猝灭光谱+CdTeQD荧光猝灭的拼接光谱

鉴于不同陈皮样品在自身荧光及荧光猝灭上的差异不足以实现精确识别，本课题组创新性地提出了一种新颖且简便的光谱拼接策略，旨在获取更丰富全面的荧光光谱信息。该策略通过特定组合方式，将陈皮的自身荧光光谱与两种不同纳米效应（即 Au NP 与 CdTeQD）产生的荧光光谱进行拼接，从而生成四种独特的拼接光谱：陈皮自身荧光光谱与 Au NP 荧光猝灭光谱的拼接光谱[图 5.69（e）]、陈皮自身荧光光谱与 CdTeQD 荧光猝灭光谱的拼接光谱[图 5.69（f）]、Au NP 荧光猝灭光谱与 CdTeQD 荧光猝灭光谱的拼接光谱[图 5.69（g）]，以及融合了陈皮自身荧光光谱、CdTeQD 荧光猝灭光谱与 Au NP 荧光猝灭光谱的拼接光谱[图 5.69（h）]。此荧光光谱拼接流程简化了数据融合，直接在同一坐标轴下整合不同荧光传感系统的光谱，有效整合样品荧光信息，并放大了不同样品间的特征差异，为精准识别提供了支持。

2）自身荧光光谱、荧光猝灭光谱和拼接光谱结合 PLS-DA 识别模型鉴别陈皮产地

如表 5.12 所示，PLS-DA 模型基于陈皮样品的自身荧光光谱信息，实现了 95.10%的产地识别准确率。然而，当引入 Au NP 后，准确率出现了下降。相反，加入 CdTeQD 后，准确率显著提升至 98.04%，相较于仅依赖自身荧光光谱的方法有了明显改善。这一结果表明，CdTeQD 产生的荧光猝灭光谱在区分不同陈皮产地方面展现出一定的潜力，但仍存在提升空间。为了进一步提升鉴别能力，进一步探索了将四种拼接光谱与 PLS-DA 模型相结合的策略。实验结果显示，除了自身荧光光谱与 Au NP 荧光猝灭的拼接光谱外，其余三种拼接光谱在训练集和预测集上均达到了 100.00%的准确率，并且它们所提取的 LV 相似。综上所述，本课题组提出了一种高效且准确的陈皮识别方法，该方法包含以下三个关键步骤：首先，采集陈皮样品的自身原始荧光光谱和荧光猝灭光谱；其次，通过特定方式获取拼接光谱；最后，利用 PLS-DA 模型进行模式识别，以准确区分广陈皮、川陈皮和杂陈皮。

表 5.12 基于不同光谱的 PLS-DA 模型对陈皮产地的判别结果

模型	LV	错误率 训练集/%	错误率 预测集/%	准确率 训练集/%	准确率 预测集/%
陈皮自身荧光光谱（Self）	10.00	0.00	5.00	100.00	95.10
Au NP 荧光猝灭光谱（Au）	9.00	0.00	10.00	100.00	90.20
CdTeQD 荧光猝灭光谱	10.00	0.00	2.00	100.00	98.04
Self+Au	8.00	0.00	1.00	100.00	99.02
Self+CdTeQD	6.00	0.00	0.00	100.00	100.00
Au+CdTeQD 组成的拼接光谱	6.00	0.00	0.00	100.00	100.00
Self+Au+CdTeQD 组成的拼接光谱	5.00	0.00	0.00	100.00	100.00

3）自身荧光光谱、荧光猝灭光谱和拼接光谱结合 PLS-DA 识别模型鉴别广陈皮陈化年份

遵循"陈皮陈久者良"的传统观念，并考虑到广陈皮的等级划分及市场价格差异，本案例以 5 年为时间间隔进行了样品采集。基于不同光谱的 PLS-DA 模型对广陈皮陈化年份的判别结果详见表 5.13。对于单独使用的三种荧光光谱（即自身荧光光谱、Au NP 荧光猝灭光谱、CdTeQD 荧光猝灭光谱），预测集的准确率分别仅为 66.67%、58.82% 和 90.92%，表现不尽如人意。然而，当采用四种拼接光谱时，准确率均实现了显著提升。特别地，无论是结合自身荧光光谱与 CdTeQD 荧光猝灭光谱的拼接光谱，还是融合自身荧光光谱、Au NP 荧光猝灭光谱与 CdTeQD 荧光猝灭光谱的拼接光谱，其准确率均可高达 98.04%。但后者在保持高准确率的同时，所需的 LV 更少（仅为 10.00 个），意味着 PLS-DA 模型的复杂性得到了有效降低。

表 5.13　基于不同光谱的 PLS-DA 模型对广陈皮陈化年份的判别结果

模型	LV	错误率 训练集/%	错误率 预测集/%	准确率 训练集/%	准确率 预测集/%
Self	10.00	0.00	17.00	100.00	66.67
Au NP	5.00	0.00	21.00	100.00	58.82
CdTeQD 荧光猝灭光谱	8.00	0.00	5.00	100.00	90.92
Self+Au NP	7.00	0.00	14.00	100.00	72.55
Self+CdTeQD	13.00	0.00	1.00	100.00	98.04
Au NP+CdTeQD 组成的拼接光谱	12.00	0.00	3.00	100.00	94.12
Self+Au NP+CdTeQD 组成的拼接光谱	10.00	0.00	1.00	100.00	98.04

如图 5.70 所示，在基于陈皮自身荧光光谱、Au NP 荧光猝灭光谱与 CdTeQD 荧光猝灭光谱的拼接光谱所构建的 PLS-DA 判别模型中，仅有一个预测样品（来自 g4 组的第 37 号样品）被错误地归类到了 g5 组。同样的误判也出现在陈皮自身荧光光谱与 CdTe 荧光猝灭光谱的拼接光谱模型中。这可能是由于陈化 1 年与 5 年的样品间存在较高的相似性，暗示陈化年份小于 5 年的广陈皮中黄酮类化合物的种类与含量变化并不显著。通过整合陈皮自身荧光光谱、Au NP 荧光猝灭光谱与 CdTe 荧光猝灭光谱的拼接光谱，本课题组提出了一种简洁且高效的荧光光谱拼接方法准确识别不同陈化年份的广陈皮。

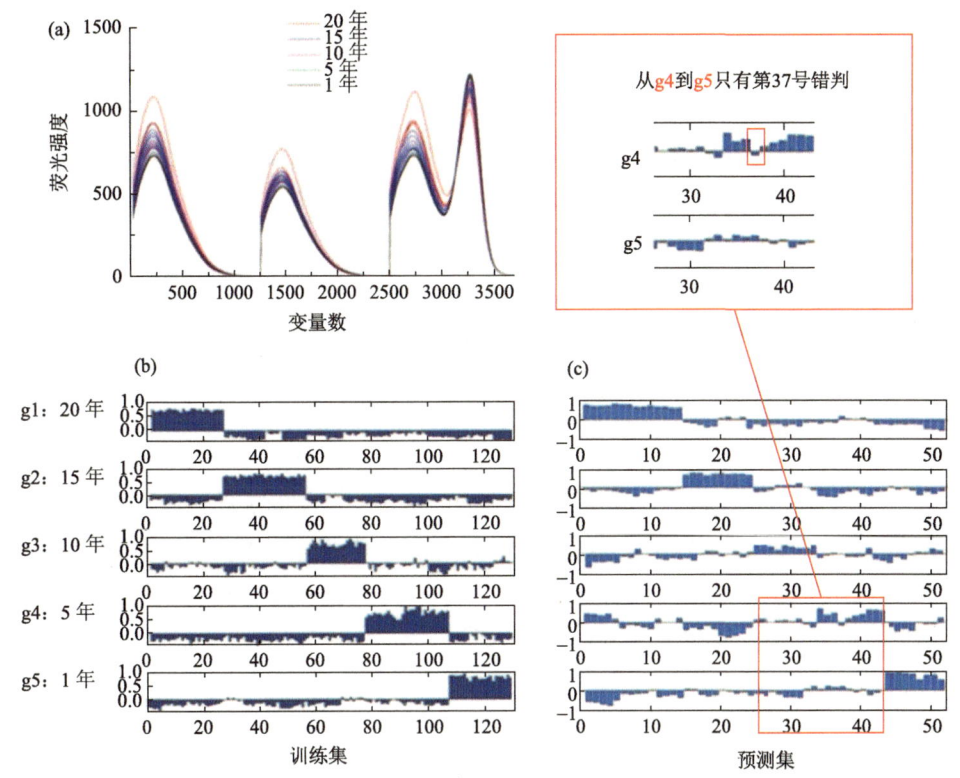

图 5.70 （a）基于广陈皮自身荧光光谱+Au NP 荧光猝灭光谱+CdTeQD 荧光猝灭光谱的拼接光谱；PLS-DA 模型中的虚拟编码图（b）训练集和（c）预测集

4）方法考察

PLS-DA 模式识别显示，自身荧光在区分不同产地陈皮时灵敏度和特异性不低于 0.90。加入 Au NP 和 CdTeQD 后，灵敏度和特异性出现波动，但使用拼接光谱后，灵敏度和特异性均达到 1.00。对于区分广陈皮陈化年份，自身荧光的灵敏度约为 0.60，特异性约 0.90，而纳米效应拼接光谱显著提高了灵敏度和特异性，接近 1.00。因此，结合自身荧光光谱和 CdTe 荧光猝灭光谱的拼接光谱是识别陈皮产地的最佳模型，而结合三种荧光猝灭光谱的拼接光谱是识别广陈皮陈化年份的最佳模型。

为了进一步验证判别模型的性能，将两组验证数据代入所建立的最佳模型进行识别，该模型识别不同产地陈皮的灵敏度、特异性和准确率均达到 1.00。识别不同陈化年份广陈皮的特异性为 1.00，而 g4 组的准确率为 0.97，其中有 1 个验证样品被误分为 g5 组，导致灵敏度仅为 0.90，这与该 PLS-DA 模型中预测集的识别结果一致。结果表明，所提出的拼接光谱模型在鉴别陈皮产地和广陈皮陈化年份方面具有较高的灵敏度、特异性和准确率，具有良好的分类性能。

5）识别机制

研究表明不同产地的陈皮中黄酮类化合物存在显著差异，如川陈皮中川陈皮素含量最高，杂陈皮中橙皮苷含量较高（Zhao et al., 2016; Lin et al., 2012），橙皮苷在广陈皮中含量最低（Luo et al., 2018; Li et al., 2014）。同时，有研究证实了陈皮中黄酮类化合物随陈化年份的增加而发生显著变化，如陈化 3 年后，橙皮苷的含量下降，而其他 5 种多甲氧基黄酮的含量上升（Jiang et al., 2019; Fu M Q et al., 2017）。

本案例选取了陈皮中六种含量最高的成分作为对照化合物，以深入探究新型荧光传感方法的识别机理。研究团队获得了这六种对照物在自身荧光体系和纳米材料传感体系中的荧光光谱[图 5.71（b）]。结果显示，陈皮的主要荧光成分包括三种多甲氧基黄酮类化合物：甜橙黄酮、川陈皮素和七甲氧基黄酮。在相同的激发波长和浓度条件下，甜橙黄酮展现出最强的荧光，而七甲氧基黄酮的荧光最弱。加入 Au NP 后，这些荧光物质的荧光强度呈现出不同程度的猝灭，它们也能猝灭 CdTeQD 的荧光，其中七甲氧基黄酮的猝灭效果最显著。此外，还发现另外三种无荧光化合物（橘皮素、橙皮苷和辛弗林）能够增强 CdTeQD 的荧光[图 5.71（b）～（e）]。

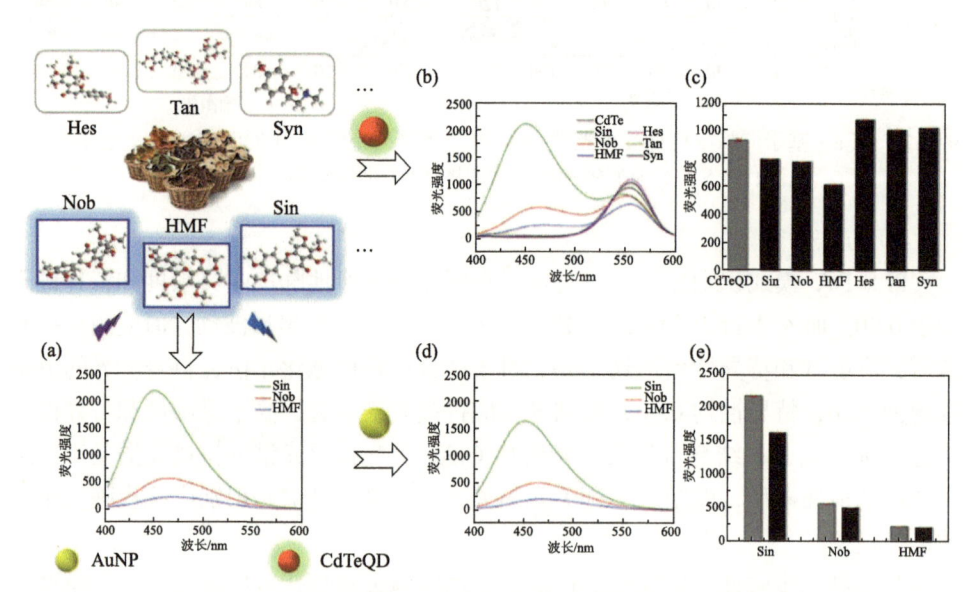

图 5.71 （a）CdTeQD 和 Au NP 对陈皮的识别机制图及三种具有荧光性质的多甲氧基黄酮类化合物标准品的荧光光谱；（b）陈皮中六种标准品与 CdTeQD 反应后的荧光光谱和（c）荧光强度对比图（Em=556 nm）；（d）陈皮中三种具有荧光性质的多甲氧基黄酮类化合物标准品与 Au NP 反应后的荧光光谱图和（e）荧光强度对比图

灰色代表反应前的原始荧光值；黑色代表反应后的荧光猝灭值；Hes：橙皮苷；Tan：橘皮素；Syn：辛弗林；Nob：川陈皮素；HMF：七甲氧基黄酮；Sin：甜橙黄酮

基于上述结果，本课题组提出了以下可能的识别机制：首先，陈皮样品间自身荧光的差异主要归因于甜橙黄酮、川陈皮素和七甲氧基黄酮等荧光成分含量的不同；其次，Au NP 通过荧光共振能量转移效应有效猝灭陈皮中多甲氧基黄酮类化合物的荧光（Mohammadi S et al., 2014）；再者，CdTeQD 的荧光猝灭是形成了非荧光配合物引起的。陈皮提取液与荧光纳米材料的相互作用因产地和陈化年份不同而异，导致荧光光谱信号放大，使相同产地和年份的陈皮光谱更相似，便于区分产地和判别年份。拼接光谱通过融合细微信息差异，提高了陈皮识别的准确率和灵敏度。

此外，CdTeQD 与部分陈皮提取液反应前后的荧光寿命测定结果表明，虽然陈皮提取液的加入导致 CdTeQD 的荧光强度猝灭（$F_1/F_0 \leqslant 1$），但其荧光寿命基本保持不变（$\tau_1/\tau_0 \approx 1$）。这表明在 CdTeQD 与陈皮提取液的相互作用中，静态猝灭效应占据主导地位，暗示 CdTeQD 可能与陈皮中的某些化合物形成了非荧光配合物。

3. 总结

本案例开发了一种结合纳米效应和化学计量学的荧光光谱分析方法，用于精确鉴别陈皮产地和评估陈化年份。该方法使用 Au NP 和 CdTeQD 作为传感器，通过光谱拼接策略提高鉴别能力，准确率极高。还探讨了荧光猝灭机理，发现是陈皮成分与纳米材料的特异相互作用所致。此技术为陈皮品质控制提供新视角，也为食品药品品质评估开辟新途径。不足在于不适用于现场检测，未来将优化液体传感方法，开发低成本、高稳定性的纸基传感材料，以实现现场快速判别药食同源食品质量。

5.4.3 可视化传感方法鉴别杭白菊产地

杭白菊是浙江桐乡的国家地理标志特产。其朵形饱满，洁白如玉，黄心清香，富含挥发油及黄酮类化合物等活性成分如木樨草苷，对缓解视疲劳、抗炎抑菌有显著作用，广泛用于中药配方及花茶等健康产品中，为菊中珍品。研究显示，菊花中有机酸（如绿原酸）、3-羟基黄酮（如槲皮素、山奈酚）等黄酮类化合物含量与产地紧密相关（Yu et al., 2021；Wang et al., 2014）。近年来，种植区域扩展导致其质量与功效一致性受到影响（He et al., 2019）。消费者难以仅凭外观识别产地，因此开发快速可视化传感方法鉴别杭白菊产地具实用价值。目前，菊花的产地溯源技术主要包括色谱法、色质谱联用法及光谱法等。其中，基于纳米材料的荧光猝灭传感方法因其快速、简便、灵敏度高及选择性好等优点而逐渐受到关注，并广泛应用于食品、医药等领域的分析检测（Park et al., 2021； Zhu et al., 2021；

Gaviria-Arroyave et al.，2020 ；Della and Compangnone，2018）。特别是，该方法在反应前后产生的光谱变化位于紫外-可见光区域，可出现肉眼可见的丰富荧光色变，具有免仪器分析的潜力（Tao et al.，2020）。

该案例创新性地建立了基于 Al@Au NC 纳米效应的可视化传感方法，鉴定杭白菊中 3-羟基黄酮等黄酮类化合物。考虑了产地差异，设计快速识别方法，合成红色荧光 Au NC，黄酮类化合物可猝灭其荧光。Au NC 与 Al^{3+} 反应形成 Al@Au NC，3-羟基黄酮衍生物与 Al^{3+} 反应产生绿色荧光，绿原酸与 Al^{3+} 反应展现蓝色荧光。构建 RGB 颜色变化传感模式，解决色差难区分问题，最后通过 PLS-DA 验证了该可视化传感方法的有效性（Wang et al.，2022）。

1. 实验方法

1）样品的采集

采集了 6 个产地（江苏、浙江、湖北各地）共 60 批杭白菊的样品。

2）杭白菊提取液的制备

杭白菊提取液依据文献（Fu and Hu，2015）略改方法制得：粉碎样品过 50 目筛，称取（0.0500±0.0005）g 粉末，100 Hz、40℃下 用 10 mL 30%甲醇水溶液超声萃取 30 min，加 70%甲醇至 10 mL，8000 r/min 离心 10 min，取上清液过滤得到提取液，密封冷藏备用。

3）Au NC 和 Al@Au NC 的合成

根据文献（Luo et al.，2012）修改合成 Au NC：将 0.092 g GSH 溶于 92 mL 去离子水，加入 8 mL 1%$HAuCl_4 \cdot 3H_2O$，用 1.0 mol/L NaOH 调至 pH=5，加热至 70℃避光搅拌 20 h 得黄色溶液。离心过滤后得透明 Au NC 溶液。

4）杭白菊鉴定的标准程序

荧光数据采集在室温和常压下进行，使用 Hitachi F-7000 分光光度计，电压 400 V、狭缝宽 10 nm，采集间距 0.2 nm。菊花标准品三维荧光光谱 Ex 设为 280～390 nm，Em 设为 350～540 nm；Au NC Ex 设为 280～390 nm，Em 设为 450～650 nm。确定二维荧光光谱最佳 Ex 为 340 nm，Em 为 380～650 nm。采集 60 批杭白菊与 Al@Au NC 反应前后的荧光光谱，每批重复测 3 次。具体操作：向比色皿中加入 100 μL 标准品或杭白菊提取液、300 μL 乙醇、100 μL 水或 50 μL Au NC 和 50～500 μL Al^{3+}，反应 3 min 后采集光谱。进一步，将上述 Al@Au NC 溶液置于黑色的 96 孔板中，以构建单通道可视化阵列传感器。向该阵列传感器中加入不同产地杭白菊提取液，室温反应完全后，阵列传感器照片采用手机在 365 nm 的紫外暗箱中拍摄（所有参数均保持为出厂设置不变）。

5）化学计量数据分析

利用 Photoshop 和 Matlab R2016a 对得到的阵列传感器图像进行预处理，结合 PLS-DA 对原始光谱数据进行识别，并将杭白菊的 RGB 数据可视化。所有预处理和化学计量方法的计算程序都是本课题组编写的。F_j（j=1, 2, 3, 4, 5, 6）和 f_i（i=1, 2, 3, 4, 5, 6）分别表示不同来源杭白菊的荧光光谱数据和可视化 RGB 数据。荧光光谱数据中每个杭白菊原点有 30 行（10×3），共有 40530（30×1351）个变量，其中"10"表示每个原点的样品个数，"3"表示每个样品收集的荧光光谱个数，"1351"为变量个数，计算公式为"[（650−380）/0.2]+1"。在可视化的 RGB 数据中，阵列传感器中每个通道的图像被裁剪为 10 px×10 px。因此，每个通道对应 100 个像素，即 100 组 RGB 值。因此，每批杭白菊的可视化结果包含 3000（10×300）个变量。

2. 结果与讨论

1）杭白菊产地的识别机制

本案例综合考虑了杭白菊中黄酮类化合物和 3-羟基黄酮衍生物反应前 Al@Au NC 的荧光颜色变化。首先，杭白菊样品中富含多种黄酮类化合物，其中 3-羟基黄酮衍生物可以与 Al^{3+} 结合并通过 ESIPT 效应产生绿色荧光。3-羟基黄酮衍生物（槲皮素和山奈酚）与其他类黄酮（如木樨草素、芹菜素、金合欢素、香叶素和柯茵）之间的结构差异是 C 环上 3 位羟基的取代。据文献报道，3-羟基黄酮衍生物的含量和种类与杭白菊的产地有关；该化合物具有较强的生物活性，易与阳离子发生 ESIPT 效应，它是一种光诱导烯醇-酮互变异构化的光化学过程（Wang et al.，2015）。

基于上述机理，本案例研究了 3-羟基黄酮衍生物等化合物与 Al^{3+} 反应的三维荧光光谱。3-羟基黄酮在 Ex=520 nm 处显绿色强荧光，其他黄酮类化合物在 Ex=300 nm、Em=400 nm 处荧光微弱。与 Al^{3+} 反应后，绿原酸无变化，3-羟基黄酮在 450 nm 处产生强发射峰，荧光由绿变蓝，且对 Al^{3+} 选择性高。山奈酚和槲皮素因 C 环 3 位羟基取代，类似反应在 Em≈500 nm 处产生强绿色荧光；其他黄酮类化合物在 Ex≈300 nm 时，于 Em=470~500 nm 荧光微弱。说明 Al^{3+} 和 3-羟基黄酮衍生物的 ESIPT 效应导致的荧光增强，可用于靶向识别 3-羟基黄酮衍生物。

为了进一步优化可视化效果，考察三种贵金属纳米簇（Au NC、Ag NC 和 Cu NC）与黄酮类化合物的反应，进一步发现黄酮类化合物与这三种贵金属纳米簇均有良好的响应并使其荧光强度猝灭，这可能是 PET 导致的（Wang et al.，2013）。然而，与具有红色荧光的 Au NC 相比，Cu NC 和 Ag NC 与黄酮类化合物反应后荧光颜色变化相对简单。此外，Cu NC 和杭白菊均表现出蓝色荧光，这不利于进一步反应后产生丰富的荧光色变。更令人惊讶的是，进一步的研究发现，只有 Au NC 才能与 Al^{3+} 结合通过阳离子诱导的聚集荧光增强效应以增强 Au NC 的红色荧光，从而形成 Al@Au NC 复合物（图 5.72）。因此，选择 Au NC 作为这项工作的候选材料。

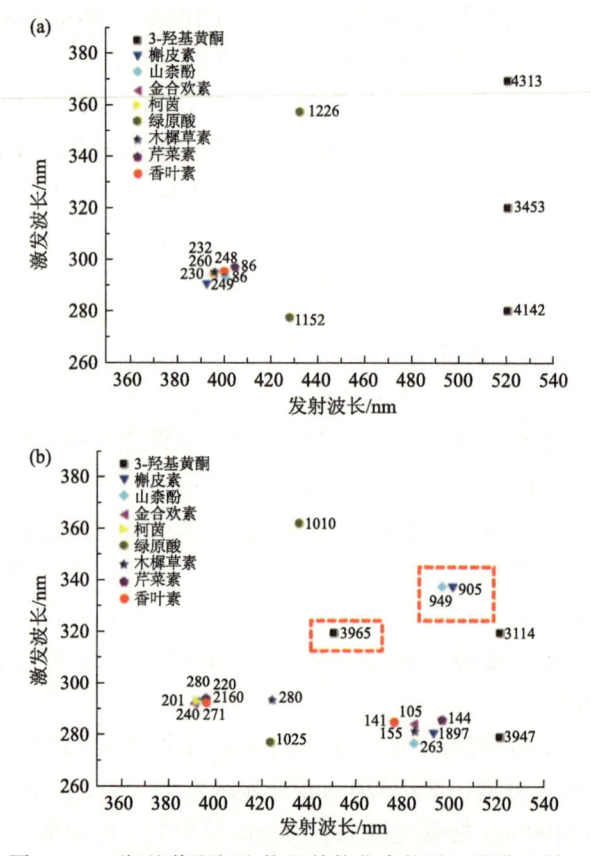

图 5.72 3-羟基黄酮衍生物和其他化合物的三维荧光结果
（a）与 Al^{3+} 反应之前；（b）与 Al^{3+} 反应之后
标准品浓度为 0.4 mg/mL；Al^{3+} 浓度为 0.2 mmol/L；标记的位置和数字分别对应于最佳峰位置和荧光强度

此外，对 Au NC 荧光强度与 Al^{3+} 浓度的线性关系进行了考察。如图 5.73 所示，Au NC 的荧光强度随着 Al^{3+} 浓度的增加而逐渐增强，并与 Al^{3+} 浓度表现出令人满意的线性关系，线性范围为 0～120 μmol/L。

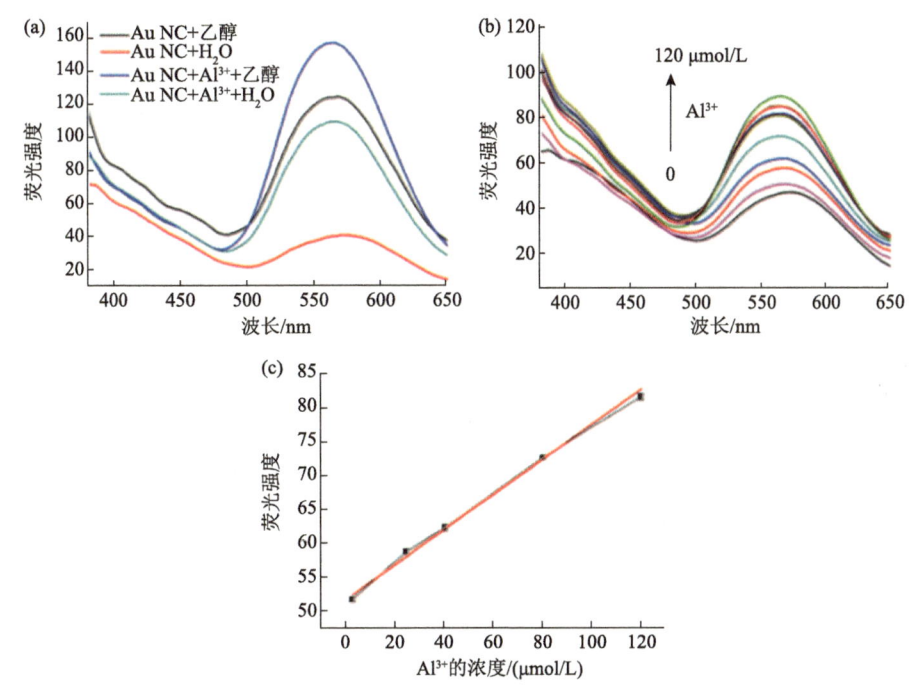

图 5.73 （a）水溶液和乙醇溶液中 Au NC 与 1 mmol/L Al^{3+}反应的荧光光谱；（b）Au NC 与不同浓度 Al^{3+}反应的荧光光谱；（c）相应的线性范围结果

最后，考察了真实杭白菊样品提取液的原始荧光。真实样品在紫外灯下呈现明显的蓝色荧光，与空白测试组中绿原酸（CA）荧光颜色相同。然而，杭白菊中的其他常见化合物没有显示出明显的荧光。同时，根据三维荧光光谱结果，绿原酸在 428 nm 处具有强烈的荧光强度，进一步证明 CA 可能是杭白菊提取液在紫外灯（365 nm）下呈现蓝色荧光的主要原因。杭白菊提取液的原始蓝色荧光为后续反应产生丰富的荧光颜色变化提供了重要基础。

综合考虑上述所有结果，本案例创新性地设计并提出了一种使用 Al@Au NC 特异性测定黄酮类化合物的方法，并确定了 3-羟基黄酮衍生物与 Al^{3+}竞争的方法。在"关-开"模式下产生新的峰值并增强可视化效果。

2）Au NC 的表征

通过透射电子显微镜和三维荧光光谱对 Au NC 的形貌、粒径和荧光特性进行了表征。结果表明，Au NC 呈规则的球形，粒径均匀分布在 1.59～2.21 nm，平均粒径为 2.00 nm。在三维荧光的表征结果中，Au NC 激发光的荧光强度在 280～390 nm 随发射光增大而减小，但其激发光的出峰位置在 575 nm 处基本保持不变。通过 Au NC 的三维荧光光谱，确定二维荧光光谱的最佳 Ex 和 Em 分别为 340 nm

和 380~650 nm。

3）基于荧光光谱数据对杭白菊的精准溯源

由于不可避免收获期、温差、湿度、采摘方式等因素产生的变化，样品干燥和研磨预处理过程可能导致样品间误差，因此不同批次的同产地杭白菊的荧光光谱重复性很差。虽然 6 个产地共 60 批次杭白菊的提取方法相同，但未经化学计量学建模分析无法直接鉴别原始荧光光谱。PLS-DA 对原始荧光光谱数据的分析结果显示，预测集中盐城、南通、嘉兴和天门的杭白菊样品存在误判，总鉴定率仅为 93.10%。

因此，为了进一步提高不同来源杭白菊样品的判别效果，利用 Al@Au NC 与 3-羟基黄酮衍生物和黄酮类化合物的反应机理，增加了不同来源杭白菊样品的光谱峰差异。结果如图 5.74 所示，Al^{3+} 与杭白菊中 3-羟基黄酮衍生物之间的 ESIPT 效应使 500 nm 处的荧光强度增强。相比之下，Au NC 和黄酮类化合物之间的相互作用降低了 570 nm 处的荧光强度。即使同源杭白菊的荧光强度因必然因素而变化，但地理来源仍是决定 3-羟基黄酮衍生物和其他化合物的类型和含量分布的主要因素。因此，同源杭白菊与 Al@Au NC 反应后，纳米效应增强了组内均质化和组间分化，使相应峰的位置和形状趋于统一，为 PLS-DA 模式识别提供了坚实的基础。根据 PLS-DA 结果，从 6 个产地获得的杭白菊样品的判别结果得到显著改善。识别准确率达到 100%，灵敏度和特异性均为 1。这证实了所提出的基于 Al@Au NC 的荧光猝灭光谱可用于准确识别不同来源的杭白菊。

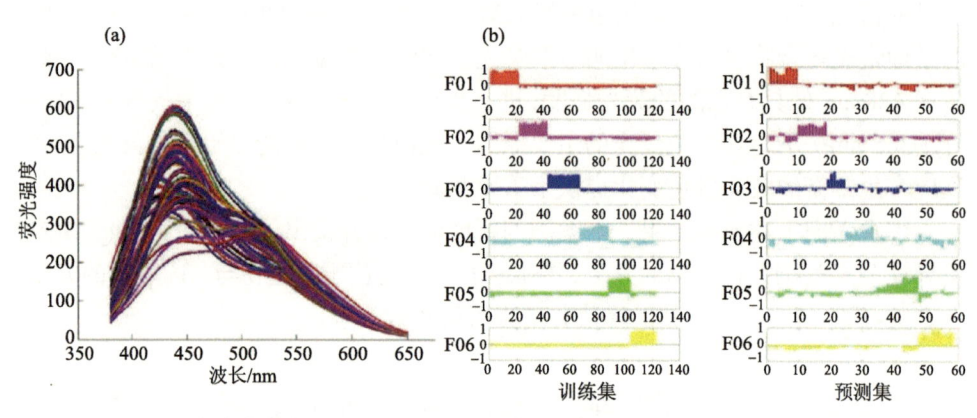

图 5.74 （a）杭白菊与 Al@Au NC 反应后荧光光谱和荧光数据；（b）在 PLS-DA 模型中的训练集和预测集虚拟编码，隐变量为 8

4）基于可视化 RGB 数据的菊花精准溯源

基于荧光猝灭光谱，构建了 96 孔板便携式单通道可视化阵列传感器，结合

Photoshop RGB 提取和 PLS-DA 分析识别杭白菊。杭白菊原始荧光肉眼难辨，但 Al@Au NC 传感器综合 Au NC 红荧光、3-羟基黄酮与 Al^{3+} 反应绿荧光、绿原酸蓝荧光，产生肉眼可见的荧光色差。建模分析显示，最优 LV=6 下，与 Al@Au NC 反应后识别准确率提升至 100%，证实纳米效应可视化传感方法可高灵敏、强特异性鉴定不同产地杭白菊。

3. 总结

本案例建立了一种基于 Al@Au NC 的新型单通道可视化传感方法，该方法充分考虑了 Au NC 的红色荧光（R）、3-羟基类黄酮衍生物与 Al^{3+} 反应的绿色荧光（G），以及杭白菊提取液中绿原酸的蓝色荧光（B）。杭白菊中化合物的组成和比例不同，经过与 Al@Au NC 不同程度的反应，产生了一系列从橙色到紫色和绿色的可见荧光色差，实现了对不同来源杭白菊的快速、准确的可视化识别。此外，利用 PLS-DA 对荧光颜色变化进行建模和分析。结果表明，上述可视化传感方法区分杭白菊来源的识别准确率从 43.10%提高到 100.00%，实现了对不同来源杭白菊的高灵敏度和强特异性识别。此外，由于独特的识别机制，该方法有望应用于其他富含 3-羟基类黄酮衍生物的食品和药物如茶、果汁和红酒的内源性质量鉴定中，且该方法具有识别灵敏度高、特异性强、可视化效果好的优点，为其他富含 3-羟基黄酮衍生物类的药食同源食品可视化识别提供了一种新策略。

本案例方法仍存在以下两点不足之处：首先，本案例主要依赖肉眼观察荧光颜色的变化进行杭白菊来源的识别，这种方法虽然直观，但在量化分析方面可能存在一定的局限性。为了更准确地描述和量化荧光颜色的变化，可以考虑引入更先进的图像处理技术和算法，以实现对荧光信号的精确提取和分析。其次，识别模型的泛化能力尚需进一步验证。虽然本案例利用 PLS-DA 对荧光颜色变化进行了建模和分析，并取得了较高的识别准确率，但是在实际应用中，识别模型需要能够处理不同来源、不同品种以及不同生长条件下的杭白菊样品。因此，下一步研究应扩大样品集，涵盖更多种类的杭白菊样品，以评估和优化识别模型的泛化能力。未来有望开发出更多具有优异性能的荧光传感方法，为食品、药物等领域的内源性质量鉴定和可视化识别提供更多新策略和新思路。

参 考 文 献

付美霞, 胡伶俐. 2015. HPLC 法测定菊花及其炮制品中主要成分的含量. 中国野生植物资源, 34: 26-29.

国家药典委员会. 2020.《中华人民共和国药典（2020 年版）》. 北京: 中国医学出版社.

江俞蓉, 刘思彤, 高静, 等. 2018. 六安瓜片拉老火-起霜-的形成机制及其对茶叶品质的影响. 茶叶科学, 38(5): 487-495.

Acuña-Avila P E, Vásquez-Murrieta M S, Hernández M O F. 2016. Relationship between the elemental composition of grapeyards and bioactive compounds in the Cabernet Sauvignon grapes *Vitis vinifera* harvested in Mexico. Food Chemistry, 203: 79-85.

Alberti G, Zanoni C, Magnaghi L R, et al. 2020. Disposable and low-cost colorimetric sensors for environmental analysis. International Journal of Environmental Research and Public Health, 17(22): 8331.

Alcalde-Eon C, Ferreras-Charro R, García-Estévez I, et al. 2023. In search for flavonoid and colorimetric varietal markers of *Vitis vinifera* L. cv Rufete wines. Current Research in Food Science, 6: 100467.

Alvarez-Casas M, Pajaro M, Lores M, et al. 2016. Polyphenolic composition and antioxidant activity of galician monovarietal wines from native and experimental non-native white grape varieties. International Journal of Food Properties, 19(10): 2307-2321.

Araya-Farias M, Gaudreau A, Rozoy E, et al. 2014. Rapid HPLC-MS method for the simultaneous determination of tea catechins and folates. Journal of Agricultural and Food Chemistry, 62(19): 4241-4250.

Arslan M, Elrasheid H, Zareef M. 2021. Recent trends in quality control, discrimination and authentication of alcoholic beverages using nondestructive instrumental techniques. Trends in Food Science & Technology, 107: 80-113.

Asakura T, Date Y, Kikuchi J. 2018. Application of ensemble deep neural network to metabolomics studies. Analytica Chimica Acta, 1037: 230-236.

Baba R, Kumazawa K. 2014. Characterization of the potent odorants contributing to the characteristic aroma of Chinese green tea infusions by aroma extract dilution analysis. Journal of Agricultural and Food Chemistry, 62(33): 8308-8313.

Bhamore J R, Jha S, Singhal R K. 2018. Facile green synthesis of carbon dots from *Pyrus pyrifolia* fruit for assaying of Al^{3+} ion via chelation enhanced fluorescence mechanism. Journal of Molecular Liquids, 264: 9-16.

Cai Y, Zhou Z, Zhu Z J. 2023. Advanced analytical and informatic strategies for metabolite annotation in untargeted metabolomics. TrAC Trends in Analytical Chemistry, 158: 116903.

Chen H Y, Zhu Y M, Xie Y F, et al. 2023. Rapid identification of high-temperature Daqu Baijiu with the same aroma type through the excitation emission matrix fluorescence of maillard reaction products. Food Control, 153: 109938.

Chen Y, Zhen X, Yu Y. 2021. Chemoinformatics based comprehensive two-dimensional liquid chromatography-quadrupole time-of-flight mass spectrometry approach to chemically distinguish Chrysanthemum species. Microchemical Journal, 168: 106464.

Cho K, Mahieu N, Ivanisevic J, et al. 2014. isoMETLIN: A database for isotope-based metabolomics. Analytical Chemistry, 86(19): 9358-9361.

Chong H H, Cleary M T, Dokoozlian N, et al. 2019. Soluble cell wall carbohydrates and their relationship with sensory attributes in Cabernet Sauvignon wine. Food Chemistry, 298: 124745.

Chullasat K, Kanatharana P, Bunkoed O. 2019. Nanocomposite optosensor of dual quantum dot fluorescence probes for simultaneous detection of cephalexin and ceftriaxone. Sensors and Actuators B: Chemical, 281: 689-697.

Della P F, Compangnone D. 2018. Nanomaterial-based sensing and biosensing of phenolic compounds and related antioxidant capacity in food. Sensors, 18: 462.

di Gaspero G, Cipriani G, Marrazzo M T, et al. 2005. Isolation of (AC) n-microsatellites in *Vitis vinifera* L. and analysis of genetic background in grapevines under marker assisted selection. Molecular Breeding, 15(1): 11-20.

Diniz P H, Barbosa M F, Kd D M M, et al. 2016. Using UV-Vis spectroscopy for simultaneous geographical and varietal classification of tea infusions simulating a home-made tea cup. Food Chemistry, 192: 374-379.

Duan X X, Zhang W J, Li J J. 2022. Comparative metabolomics analysis revealed biomarkers anddistinct flavonoid biosynthesis regulation in *Chrysanthemummongolicum* and *C. rhombifolium*. Phytochemical Analysis, 33: 373-385.

Dymerski T, Namieśnik J, Leontowicz H, et al. 2016. Chemistry and biological properties of berry volatiles by two-dimensional chromatography, fluorescence and Fourier transform infrared spectroscopy techniques. Food Research International, 83: 74-86.

Eivazzadeh-Keihan R, Pashazadeh P, Hejazi M. 2017. Recent advances in nanomaterial-mediated bio and immune sensors for detection of aflatoxin in food products. Trac Trends in Analytical Chemistry, 87: 112-128.

Elrasheid H, Arslan M, Komla G. 2020. Authentication of the geographical origin of *Roselle* (*Hibiscus sabdariffa* L) using various spectroscopies: NIR, low-field NMR and fluorescence. Food Control, 114: 107231.

Escudero A, San-Juan F, Franco-Luesma E, et al. 2014. Is orthonasal olfaction an equilibrium driven process? Design and validation of a dynamic purge and trap system for the study of orthonasal wine aroma. Flavour and Fragrance Journal, 29(5): 296-304.

Esteki M, Shahsavari Z, Simal G J. 2018. Use of spectroscopic methods in combination with linear discriminant analysis for authentication of food products. Food Control, 91: 100-112.

Fan Y, Che S Y, Zhang L, et al. 2022. Dual channel sensor array based on ZnCdSe QDs-KMnO$_4$: An effective tool for analysis of catechins and green teas. Food Research International, 160: 111734.

Fan Y, Li Y, Gai H. 2014. Three-dimensional fluorescence characteristics of white chrysanthemum flowers. Spectrochimica Acta Part A: Molecular and Biomolecular Spectroscopy, 130: 411-415.

Fan Y, Liu L, Sun D, et al. 2016. "Turn-off" fluorescent data array sensor based on double quantum dots coupled with chemometrics for highly sensitive and selective detection of multicomponent pesticides. Analytica Chimica Acta, 916: 84-91.

Fang F, Li J M, Zhang P, et al. 2008. Effects of grape variety, harvest date, fermentation vessel and wine ageing on flavonoid concentration in red wines. Food Research International, 41(1): 53-60.

Flores I R, Vásquez-Murrieta M S, Franco-Hernández M O. 2021. Bioactive compounds in tomato (*Solanum lycopersicum*) variety saladette and their relationship with soil mineral content. Food Chemistry, 344: Article 128608.

Fraisier-Vannier O, Chervin J, Cabanac G, et al. 2020. MS-cleanR: A feature-filtering workflow for untargeted LC-MS based metabolomics. Analytical Chemistry, 92(14): 9971-9981.

Fu H Y, Guo X M, Zhang J J. 2017b. AntDAS: Automatic data analysis strategy for UPLC-QTOF-based nontargeted metabolic profiling analysis. Analytical Chemistry, 89: 11083-11090.

Fu H Y, Hu O, Fan Y. 2019. Rational design of an 'on-off-on' fluorescent assay for chiral amino acids based on quantum dots and nanoporphyrin. Sensors and Actuators B: Chemical, 287: 1-8.

Fu H Y, Hu O, Zhang Y M, et al. 2017a. Mass-spectra-based peak alignment for automatic nontargeted metabolic profiling analysis for biomarker screening in plant samples. Journal of Chromatography A, 1513: 201-209.

Fu M Q, Xu Y J, Chen Y L. 2017. Evaluation of bioactive flavonoids and antioxidant activity in Pericarpium *Citri Reticulatae* (*Citrus reticulata 'Chachi'*) during storage. Food Chemistry, 230: 649-656.

Gauglitz J M, West K A, Bittremieux W, et al. 2022. Enhancing untargeted metabolomics using metadata-based source annotation. Nature Biotechnology, 40(12): 1774-1779.

Gaviria-Arroyave M I, Gano J B, Penuela G A, 2020. Nanomaterial-based fluorescent biosensors for monitoring environmental pollutants: A critical review. Talanta, 2: 100006.

Geana E I, Popescu R, Costinel D, et al. 2016. Classification of red wines using suitable markers coupled with multivariate statistic analysis. Food Chemistry, 192: 1015-1024.

Gorrochategui E, Jaumot J, Lacorte S, et al. 2016. Data analysis strategies for targeted and untargeted LC-MS metabolomic studies: Overview and workflow. TrAC Trends in Analytical Chemistry, 82: 425-442.

He J, Zhu S, Chu B. 2019. Nondestructive determination and visualization of quality attributes in fresh and dry *Chrysanthemum morifolium* using near-infrared hyperspectral imaging. Applied Sciences-Basel, 9: 1959.

Heras-Roger J, Díaz-Romero C, Darias-Martín J. 2016. A comprehensive study of red wine properties according to variety. Food Chemistry, 196: 1224-1231.

Hu L Q, Ma S, Yin C L. 2019. Quality evaluation and traceability of *Bletilla striata* by fluorescence fingerprint coupled with multiway chemometrics analysis. Journal of the Science of Food and Agriculture, 99: 1413-1424.

Hu O, Xu L, Fu H Y. 2018. 'Turn-off' fluorescent sensor based on double quantum dots coupled with chemometrics for highly sensitive and specific recognition of 53 famous green teas. Analytica Chimica Acta, 1008: 103-110.

Hu S Q, Wang L. 2021. Age discrimination of Chinese Baijiu based on midinfrared spectroscopy and chemometrics. Journal of Food Quality, 2021: 5527826.

Huang X H, Zheng X, Chen Z H, et al. 2019. Fresh and grilled eel volatile fingerprinting by e-Nose, GC-O, GC-MS and GC × GC-QTOF combined with purge and trap and solvent-assisted flavor evaporation. Food Research International, 115: 32-43.

Huang Y, Choe Y, Lee S, et al. 2018a. Drinking tea improves the performance of divergent creativity. Food Quality and Preference, 66: 29-35.

Huang Y, Tang G, Zhang T, et al. 2018b. Supercritical fluid chromatography in traditional Chinese medicine analysis. Journal of Pharmaceutical and Biomedical Analysis, 147: 65-80.

Jiang X Y, Xie Y Q, Wan D J, et al. 2019. GUITAR-enhanced facile discrimination of aged Chinese Baijiu using electrochemical impedance spectroscopy. Analytica Chimica Acta, 1059: 36-41.

Jiang Z M, Wang L J, Liu W J. 2019. Development and validation of a supercritical fluid chromatography method for fast analysis of six flavonoids in *Citri reticulatae* Pericarpium. Journal of Chromatography B: Analytical Technologies in the Biomedical and Life Sciences, 121845.

Jing J, Shi Y, Zhang Q, et al. 2017. Prediction of Chinese green tea ranking by metabolite profiling using ultra-performance liquid chromatography-quadrupole time-of-flight mass spectrometry (UPLC-Q-TOF/MS). Food Chemistry, 221: 311-316.

Kuang H, Xia Y, Liang J. 2011. Fast classification and compositional analysis of polysaccharides from s by ultra-performance liquid chromatography coupled with multivariate analysis. Carbohydrate Polymers, 84: 1258-1266.

Li M, Li Y Y, Xie R S, et al. 2020. Green synthesis of superior molecular fluorophores from chitosan assisted with cellulase for cell nucleus imaging and photosensitive printing. ACS Sustainable Chemistry & Engineering, 8(16): 6323-6332.

Li Q, Jin Y, Jiang R, et al. 2021. Dynamic changes in the metabolite profile and taste characteristics of Fu brick tea during the manufacturing process. Food Chemistry, 344: 128576.

Li S Z, Zeng S L, Wu Y. 2019. Cultivar differentiation of *Citri reticulatae* Pericarpium by a combination of hierarchical three-step filtering metabolomics analysis, DNA barcoding and electronic nose. Analytica Chimica Acta, 1056: 62-69.

Li T X, Li X, Zhang M M. 2014. Development and validation of RP-HPLC method for the simultaneous quantification of seven flavonoids in Pericarpium *Citri reticulatae*. Food Analytical Methods, 7: 89-99.

Li Z B, Miao X M, Chen Z Y. 2017. Hybridization chain reaction coupled with the fluorescence quenching of gold nanoparticles for sensitive cancer protein detection. Sensors and Actuators B: Chemical, 243: 731-737.

Li Z Q, Yin X L, Gu H W, et al. 2023. Revealing the chemical differences and their application in the storage year prediction of Qingzhuan tea by SWATH-MS based metabolomics analysis. Food Research International, 173: 113238.

Liang N N, Zhu B Q, Han S, et al. 2014. Regional characteristics of anthocyanin and flavonol compounds from grapes of four *Vitis vinifera* varieties in five wine regions of China. Food Research International, 64: 264-274.

Lin Y S, Li S M, Ho C T. 2012. Simultaneous analysis of six polymethoxyflavones and six 5-hydroxy-polymethoxyflavones by high performance liquid chromatography combined with linear ion trap mass spectrometry. Journal of Agricultural and Food Chemistry, 60: 12082-12087.

Liu H L, Sun B G. 2018. Effect of fermentation processing on the flavor of Baijiu. Journal of Agricultural and Food Chemistry, 66(22): 5425-5432.

Liu H, Zhou Q, Sun S. 2008. Discrimination of different chrysanthemums with Fourier transform infrared spectroscopy. Journal of Molecular Structure, 884: 38-47.

Liu J C, Guan Z, Lv Z Z. 2014. Improving sensitivity of gold nanoparticle based fluorescence quenching and colorimetric aptasensor by using water resuspended gold nanoparticle. Biosensors and Bioelectronics, 52: 265-270.

Liu L, Fan Y, Fu H Y. 2017. 'Turn-off' fluorescent sensor for highly sensitive and specific simultaneous recognition of 29 famous green teas based on quantum dots combined with chemometrics. Analytica Chimica Acta, 963: 119-128.

Liu M K, Tang Y M, Guo X J, et al. 2017. Deep sequencing reveals high bacterial diversity and phylogenetic novelty in pit mud from Luzhou Laojiao cellars for Chinese strong-flavor Baijiu. Food Research International, 102: 68-76.

Lockshin L, Corsi A M, Cohen J, et al. 2017. West versus east: Measuring the development of Chinese wine preferences. Food Quality and Preference, 56: 256-265.

Long Z, Qu A, Han J. 2021. Discriminant the geographical origin of Hangzhou white chrysanthemum based on mineral elements. J. Nucl. Agric. Sci, 27: 1553-1559.

Lu C, Li Y, Wang J. 2021. Flower color classification and correlation between color space values with pigments in potted multiflora chrysanthemum. Scientia Horticulturae, 283: 110082.

Luo M X, Luo H J, Hu P J. 2018. Evaluation of chemical components in *Citri reticulatae* Pericarpium of different cultivars collected from different regions by GC-MS and HPLC. Food Science & Nutrition, 6: 400-416.

Luo Y, Zeng W, Huang K E. 2019. Discrimination of *Citrus reticulata* Blanco and *Citrus reticulata* 'Chachi' as well as the *Citrus reticulata* 'Chachi' within different storage years using ultra high performance liquid chromatography quadrupole/time-of-flight mass spectrometry based metabolomics approach. Journal of Pharmaceutical and Biomedical Analysis, 171: 218-231.

Luo Z, Yuan X, Yu Y. 2012. From aggregation induced emission of Au(Ⅰ)-thiolate complexes to ultrabright Au(0)@Au(Ⅰ)-thiolate core-shell nanoclusters. Journal of the American Chemical Society, 134: 166.

Lv H P, Zhong Q S, Lin Z, et al. 2012. Aroma characterisation of Pu-erh tea using headspace-solid phase microextraction combined with GC/MS and GC-olfactometry. Food Chemistry, 130(4): 1074-1081.

Lv M, Liu Y, Geng J H. 2018. Engineering nanomaterials-based biosensors for food safety detection. Biosensors and Bioelectronics, 106: 122-128.

Meng X H, Zhu H T, Yan H, et al. 2018. C-8 *N*-ethyl-2-pyrrolidinone-substituted flavan-3-ols from the leaves of *Camellia sinensis* var. *pubilimba*. Journal of Agricultural and Food Chemistry, 66(27): 7150-7155.

Mohammadi S, Salimi A, Hamd-Ghadareh S. 2018. A FRET immunosensor for sensitive detection of CA 15-3 tumor marker in human serum sample and breast cancer cells using antibody functionalized luminescent carbon-dots and AuNPs-dendrimer aptamer as donor-acceptor pair. Analytical Biochemistry, 557: 18-26.

Murali P V S, Devi V N M, Murugan M. 2020. ICP-MS assisted heavy metal analysis, phytochemical, proximate and antioxidant activities of *Mimosa pudica* L. Materials Today Proceedings, 45:

2265-2269.

Nie J F, Xiao L, Zhang M L. 2019. An integration of UPLC-DAD/ESI-Q-TOF MS, GC-MS, and PCA analysis for quality evaluation and identification of cultivars of *Chrysanthemi Flos* (Juhua). Phytomedicine, 59: 152803.

Pan Y, Gu H W, Lv Y. 2022. Untargeted metabolomic analysis of Chinese red wines for geographical origin traceability by UPLC-QTOF-MS coupled with chemometrics. Food Chemistry, 394: 133473.

Park S Y, Yoon S A, Cha Y. 2021. Recent advances in fluorescent probes for cellular antioxidants: Detection of NADH, hNQO1, H_2S, and other redox biomolecules. Coordination Chemistry Reviews, 428: 213613.

Reygaert W C. 2018. Green tea catechins: Their use in treating and preventing infectious diseases. BioMed Research International, 2018: 1-9.

Shi B, Zhao L, Zhi R, et al. 2013. Optimization of electronic nose sensor array by genetic algorithms in Xihu-Longjing tea quality analysis. Mathematical and Computer Modelling, 58(3): 752-758.

Singh S, Pariha P, Singh R. 2016. Heavy metal tolerance in plants: Role of transcriptomics, proteomics, metabolomics, and ionomics. Frontiers in Plant Science, 6: 1143.

Squeo G, Caponio F, Paradiso V M. 2019. Evaluation of total phenolic content in virgin olive oil using fluorescence excitation-emission spectroscopy coupled with chemometrics. Journal of the Science of Food and Agriculture, 99: 2513-2520.

Tao H, Fan Q, Ma T, et al. 2020. Two-dimensional materials for energy conversion and storage. Progress in Materials Science, 111: 100637.

Wang L, Zhou X, Zhu X. 2016. Estimation of biomass in wheat using random forest regression algorithm and remote sensing data. The Crop Journal, 4: 212-219.

Wang Q, Kuang Y, Song W. 2017. Permeability through the Caco-2 cell monolayer of 42 bioactive compounds in the formula Gegen-Qinlian Decoction by liquid chromatography tandem mass spectrometry analysis. Journal of Pharmaceutical and Biomedical Analysis, 146: 206-213.

Wang S, Hao L, Zhu J. 2021. Comparative evaluation of *Chrysanthemum Flos* from different origins by HPLC-DAD-MSn and relative response factors. Food Analytical Methods, 8: 40-51.

Wang S, Zeng X Q, Chen H Y, et al. 2022. A novel visual sensing method based on Al@AuNC for rapid identification of *Chrysanthemum morifolium* from different origins. Sensors and Actuators B: Chemical, 356: 131307.

Wang T, Guo Q S, Mao P F. 2014. Flavonoid accumulation during florescence in three *Chrysanthemum morifolium* Ramat cv. 'Hangju' genotypes. Biochemical Systematics and Ecology, 55: 79-83.

Wang X, Li C, Li Z, et al. 2023. A structure-guided molecular network strategy for global untargeted metabolomics data annotation. Analytical Chemistry, 95(31): 11603-11612.

Wang X, Li P, Liu Z. 2013. Interaction of flavonoids (baicalein and hesperetin) with CdTe QDs by optical and electrochemical methods and their analytical applications. Colloids and Surfaces A: Physicochemical and Engineering Aspects, 421: 118-124.

Wang Y, Hu Y, Wu T. 2015. Triggered excited-state intramolecular proton transfer fluorescence for selective triplex DNA recognition. Analytical Chemistry, 87: 11620-11624.

Wang Z L, Zhang X, Liu S J. 2017. Historical evolution and research status of *Citri reticulatae* Pericarpium. Chinese Archives of Traditional Chinese Medicine, 35: 2580-2584.

Yan X, Li H X and Su X G. 2018. Review of optical sensors for pesticides. TrAC Trends in Analytical Chemistry, 103: 1-20.

Yan Y M, Hu Y, Du R, et al. 2021. Colorimetric assay based on arginine-functionalized gold nanoparticles for the detection of dibutyl phthalate in Baijiu samples. Analytical Methods, 13(43): 5179-5186.

Yin X L, Peng Z X, Pan Y, et al. 2024. UHPLC-QTOF-MS-based untargeted metabolomic authentication of Chinese red wines according to their grape varieties. Food Research International, 178: 113923.

Yu H, Wang J. 2007. Discrimination of LongJing green-tea grade by electronic nose. Sensors and Actuators B: Chemical, 122(1): 134-140.

Zhang H, Wang J, Zhang D, et al. 2021. Aged fragrance formed during the post-fermentation process of dark tea at an industrial scale. Food Chemistry, 342: 128175.

Zhang J, Yang R, Li Y C. 2021. The role of soil mineral multi-elements in improving the geographical origin discrimination of tea(*Camellia sinensis*). Biological Trace Element Research, 199: 4330-4341.

Zhang N, He Z, He S. 2019. Insights into the importance of dietary chrysanthemum flower(*Chrysanthemum morifolium* cv. Hangju)-wolfberry(*Lycium barbarum* fruit) combination in antioxidant and anti-inflammatory properties. Food Research International, 116: 810-818.

Zhang P, Guo X, Zhang Q, et al. 2020. Photochemical sensing based on the aggregation of organic dyes. Progress in Chemistry, 32: 286-297.

Zhao F, Chen M, Jin S, et al. 2022. Macro-composition quantification combined with metabolomics analysis uncovered key dynamic chemical changes of aging white tea. Food Chemistry, 366: 130593.

Zhao F, Lin H T, Zhang S, et al. 2014. Simultaneous determination of caffeine and some selected polyphenols in Wuyi Rock tea by high-performance liquid chromatography. Journal of Agricultural and Food Chemistry, 62(13): 2772-2781.

Zhao L H, Zhao H Z, Zhao X. 2016. Simultaneous quantification of seven bioactive flavonoids in *Citri reticulatae* Pericarpium by ultra-fast liquid chromatography coupled with tandem mass spectrometry. Phytochemical Analysis, 27: 168-173.

Zheng Y Y, Zeng X, Peng W. 2019. Characterisation and classification of *Citri reticulatae* Pericarpium varieties based on UHPLC-Q-TOF-MS/MS combined with multivariate statistical analyses. Phytochemical Analysis, 30: 278-291.

Zhou B, Xiao J F, Tuli L, et al. 2012. LC-MS-based metabolomics. Molecular BioSystems, 8(2): 470-481.

Zhu F, Xiang Y, Su X, et al. 2024. Authenticity identification of high-temperature Daqu Baijiu through multi-channel visual array sensor of organic dyes combined with smart phone App Yanmei. Food Chemistry, 438: 137980.

Zhu M Z, Li N, Zhou F, et al. 2020. Microbial bioconversion of the chemical components in dark tea. Food Chemistry, 312: 126043.

Zhu R, Avsievich T, Popov A. 2021. In vivo nano-biosensing element of red blood cell-mediated delivery. Biosensors and Bioelectronics, 175: 112845.

Zhu Y, Lv H P, Dai W D, et al. 2016. Separation of aroma components in Xihu Longjing tea using simultaneous distillation extraction with comprehensive two-dimensional gas chromatography-time-of-flight mass spectrometry. Separation and Purification Technology, 164: 146-154.

Ziółkowska A, Wąsowicz E, Jeleń H H. 2016. Differentiation of wines according to grape variety and geographical origin based on volatiles profiling using SPME-MS and SPME-GC/MS methods. Food Chemistry, 213: 714-720.

第6章 未来趋势与挑战

6.1 新型食品安全检测与真实性溯源技术发展

随着全球人口的不断增长和食品供应链的日益复杂化，食品安全问题已成为全球关注的焦点。近年来，频繁发生的食品安全事件暴露出传统检测方法难以解决"检不出、检不准和检不快"的问题，亟须更加高效、准确和灵敏的新型技术来保障食品安全。此外，随着消费者对食品品质和来源的逐渐关注，食品真实性溯源技术也得到了越来越多的重视。为了应对这些挑战，各类新兴技术如雨后春笋，并逐渐应用于食品安全检测和溯源领域。这些新技术不仅提高了检测的灵敏度和准确性，缩短了检测时间，还推动了溯源体系的透明化和智能化。

6.1.1 新型传感技术用于食品安全检测与真实性溯源

1. 纳米传感材料崛起

纳米技术的发展为食品安全检测和真实性溯源带来了革命性的变化。纳米材料由于具备独特的物理化学性质，如高表面积、优异的光学和电学特性，是理想的食品安全和真实性检测传感材料（Li and Bo，2022）。例如，纳米卟啉中可设计并调控的配位金属离子、卟啉环的官能团修饰和卟啉环孔径等结构参数；金纳米颗粒等纳米贵金属的表面等离子体共振效应；量子点优异的荧光发光性能等，可构建高灵敏和强特异的多元光谱和可视化传感器，用于食品中的微量农药残留、重金属离子、真菌毒素和微痕量且结构类似真实性标志物的快速检测。

2. 基因编辑技术潜力

CRISPR-Cas9 等基因编辑技术的应用正在迅速改变食品安全检测的方式（Hajikhani et al.，2023）。这种技术不仅可以精确地识别和剪切目标 DNA 序列，还可以用于设计具有特异性的检测探针，实现对病原微生物的快速、特异性检测。例如，利用 CRISPR-Cas12a 的核酸切割活性，可以开发出新型的荧光探针，在几分钟内实现对食品中微生物污染的检测。此外，该技术通过和适配体联用还能用于农、兽、残等小分子风险因子的快速检测。这种技术的优点在于其特异性和灵敏度高，特别适用于现场检测和便携式设备的开发。

3. 光谱成像技术进展

不同于常规的多元光谱检测，光谱成像技术可同时获取目标物的空间和光谱信息，能无损检测食品的内部质量和表面特征（Pu et al., 2023）。近红外光谱、拉曼光谱和太赫兹光谱等技术已经广泛应用于水果、肉类、乳制品等食品的品质检测中。例如，近红外光谱可以用来评估水果的糖分含量、成熟度等，而拉曼光谱则可以检测食品中的添加剂和污染物。近年来，随着光谱仪器的小型化和成本的降低，便携式光谱成像设备的开发成为可能，这为现场快速检测和食品溯源提供了强有力的技术支持。

4. 区块链和物联网技术用于食品真实性溯源

不同于真实性标志物的检测溯源，区块链技术因其去中心化、不可篡改和透明性等特点，在食品溯源领域逐渐受到重视和应用。通过区块链技术，可将食品生产、加工、运输等各环节的信息加密储存在分布式账本中，确保信息的透明和不可篡改（Zhao et al., 2019）。例如，沃尔玛、雀巢等跨国食品企业已经开始采用区块链技术进行食品溯源，消费者只需扫描产品二维码，即可获取从生产到销售的全过程信息。此外，通过整合传感器、射频识别（RFID）标签和无线通信的物联网技术，还能实现食品生产和供应链各环节的实时监控和数据采集。在食品溯源系统中，物联网技术可以实时监控食品的温度、湿度、运输状态等关键参数，并将这些信息上传至云端，供监管部门和消费者查询。例如，在冷链物流中，通过嵌入式传感器实时监控食品的温度，确保食品在运输过程中始终处于合适的储存条件，从而保障食品安全。此外，物联网技术的应用还可以实现食品生产过程的智能化管理，提高生产效率和产品质量。因此，区块链和物联网技术的应用不仅提高了食品溯源的透明度，还增强了消费者的信任，减少了食品安全风险（Feng et al., 2020）。

6.1.2 新型检测溯源技术的挑战与机遇

尽管新型技术在食品安全检测和真实性溯源领域展现了巨大的潜力，但在实际应用中仍然面临诸多挑战。例如，纳米材料传感器的实际应用受到材料稳定性和检测环境复杂性的限制；区块链技术在全球范围内的普及仍然面临法律法规和标准的不统一；而人工智能技术的应用则受到数据隐私和算法透明度的挑战。此外，量子传感和合成生物学等前沿技术的商业化应用仍然处于初期，需要进一步的研究和开发。

这些挑战同时也为新技术的发展提供了巨大的机遇。随着科学技术的进步和跨学科合作的加强，许多技术瓶颈有望得到突破。例如，材料科学的发展将提高纳米传感器的稳定性和灵敏度；国际合作和政策推动将加速区块链技术的全球应用；而 AI 算法的优化将进一步提升其在食品安全检测中的应用价值。

因此，新型食品安全检测与真实性溯源技术的发展为保障全球食品安全提供了新的手段和工具。这些技术不仅提高了检测的效率和准确性，还推动了食品供应链的透明化和智能化。然而，要真正实现这些技术的广泛应用，仍然需要解决技术瓶颈、标准化以及政策法规等方面的问题。随着研究的深入和应用的推广，新型技术将在未来的食品安全保障中发挥越来越重要的作用。

6.2 新发风险因子挖掘和检测

随着全球食品生产和贸易的日益复杂化，新发食品安全风险因子不断涌现。食品供应链的延长和多元化，以及环境变化、农业技术的进步和全球化带来的新型食品消费趋势，都可能引发新的食品安全问题。这些新发风险因子可能来源于农药、化肥、重金属污染物、微生物病原体，甚至是食品加工过程中的化学反应副产物。因此，挖掘和检测这些新发风险因子已成为确保食品安全的一个重要课题。在这一过程中，大数据和人工智能技术的引入为新发风险因子的早期识别和检测提供了强大的支持。

6.2.1 新发风险因子来源与特征

1. 全球化和国际贸易带来的风险

国际贸易的增长使各国之间的食品流通大幅增加，同时也带来了潜在的食品安全风险。例如，某些国家或地区由于气候、环境、法规等因素，其食品生产过程中可能使用了其他地区被禁止或严格管控的化学品或农药。不同国家和地区对食品安全的标准和法规存在差异，这使一些新发风险因子可能通过进口食品进入另一个国家的市场。此外，食品加工链条的延长和复杂化增加了污染物进入食品的机会。例如，近年来多次爆发的食源性细菌感染事件通常与全球化的食品供应链密切相关（Tavelli et al., 2022）。

2. 环境变化带来的新型污染物

全球气候变化和环境污染的加剧也导致了一些新型污染物进入食品供应链。例如，工业排放和农业活动导致的土壤和水源重金属污染问题日益严重，特别是镉、铅、汞等有毒重金属元素可能通过作物吸收而进入人类的食物链（Clemens and Ma, 2016）。此外，微塑料污染也成为近年来备受关注的新型食品安全风险。随着塑料制品的广泛使用和不合理处理，微塑料颗粒通过水、空气和土壤进入食品系统，特别是在水产品和贝类中，微塑料污染问题尤为严重（Eze et al., 2024）。

3. 食品加工和储存中的新发风险因子

现代食品加工和储存技术的使用虽然提高了食品的保质期和便利性，但也带来了潜在的食品安全风险。例如，在高温加工过程中，可能产生一些有害的化学反应副产物，如丙烯酰胺、晚期糖基化终末产物等，这些物质具有一定的致癌性；储存过程中，微生物的污染也会产生一些新发风险因子，危害人体健康。此外，某些食品添加剂的过量使用或非法添加也可能导致食品安全问题，如某些防腐剂、色素和甜味剂的长期使用可能对人体健康造成潜在风险（Cao et al., 2020）。

6.2.2 新发风险因子高通量筛查技术

1. 大数据分析与机器学习用于风险因子挖掘

在食品安全检测中，大数据分析和机器学习技术的引入极大提升了新发风险因子的识别效率。通过对大量的食品检测数据进行深度挖掘和分析，使用机器学习算法可以发现传统检测方法难以捕捉的隐性风险因子。例如，通过对农产品种植、加工、运输等环节的大数据进行分析，可以发现某些特定条件下食品污染的风险因子。此外，深度学习算法可以分析食品中的光谱、图像、基因组等多维数据（Goyal et al., 2024），快速识别潜在的食品污染物或有害成分。

2. 多维色质谱技术用于风险因子检测

多维色质谱技术融合了多维色谱分离与质谱检测的优势，因其灵敏度高、特异性高和强大的解析能力，成为新发风险因子检测中的核心工具。近年来，随着分析仪器的不断进步，多维色质谱技术在食品安全检测中得到了广泛的应用。该技术通过多维色谱的分离效能和质谱的高分辨率，能够在一次分析中同时检测出多种复杂样品中的风险因子，如农药残留、重金属、抗生素、霉菌毒素等。例如，二维液相色谱-质谱技术（2D-LC-MS）和二维气相色谱-质谱技术（2D-GC-MS）在检测复杂样品中多种化学污染物时，展现出了卓越的分离和检测能力（Li et al., 2020）。二维色谱的分离，不仅能够有效减少基质效应，还能将结构相似的化合物分离开，从而提高检测的灵敏度和准确性。此外，基于二维液相色谱与时间飞行质谱（2D-LC-TOF-MS）的代谢组学分析技术，能够全面捕捉食品加工过程中产生的已知和未知化学物质,有效挖掘新发潜在风险因子。多维色质谱技术的应用为食品风险因子的检测和评估提供了强有力的工具,有助于更全面地保障食品安全。

3. 高通量筛查平台发展

为了提高食品安全检测效率,高通量筛查平台的开发成为一种趋势。通过集成自动化和微流控技术,高灵敏度的色质谱等检测仪器和数据智能分析算法(如已开发的色质谱智能解析软件 AntDAS)及构建的高通量快速筛查平台,可在短时间内处理大量样品,快速识别出食品中的潜在风险因子。例如,基于微流控芯片和多维色质谱仪器的高通量筛查系统可以实现对食品中农药残留、抗生素和重金属等多种风险因子的快速筛查。因此,AI 技术,特别是机器学习和深度学习算法,在新发风险因子的精准检测中具有巨大的应用潜力。通过对大量的历史检测数据进行学习,AI 算法可以自动识别出食品中的潜在风险因子,并对其进行预测(Kudashkina et al., 2022)。例如,基于 AI 的图像识别技术可以用于检测食品外观上的异常,如霉菌污染、腐败现象等。此外,AI 算法还可以通过建立化合物结构和其安全性间的构效关系,直接通过色质谱等结构检测和表征仪器对未知化合物的安全性进行高通量智能预测。通过将这些高通量筛查平台与大数据分析 AI 算法结合,研究人员可以在海量数据中挖掘出具有潜在危害的新发风险因子。

6.3 人工智能用于食品安全检测与真实性溯源

随着全球食品供应链的日益复杂和食品安全问题的多样化,AI 技术以其强大的数据处理和模式识别能力,逐渐在食品安全检测与真实性溯源中发挥越来越重要的作用。通过结合机器学习、深度学习、计算机可视化和大数据等技术,AI 不仅能够高效地检测和分析食品中的有害物质,还能在食品溯源体系中提供更准确的来源信息和真实性保障。以下将详细探讨人工智能在食品安全检测与真实性溯源中的具体应用。

6.3.1 人工智能用于食品安全检测

1. 机器学习在食品安全检测中的应用

目前,机器学习技术在食品安全检测中的应用已越来越广泛。常见的机器学习算法主要包括 SVM、RF 和神经网络(NN)等(Saha and Manickavasagan, 2021),其核心原理是通过对大量历史数据进行训练,建立预测模型,并用于食品安全检测。机器学习可以通过分析食品的物理、化学特征及其和传感材料作用后的物化特性的改变,对食品中的农药残留、重金属污染等风险因子进行智能分析和快速检测;此外该技术还能被用于食品储存和加工过程中的实时监测,如在肉类、鱼类等高风险食品的储存和运输过程中,挥发性有机物含量的变化是食品腐败的标志,将气体传感器与 AI 算法结合,可以对食品中的挥发性有机物进行实时监测,从而检测食品的腐败状态。

2. 深度学习在食品安全检测中的应用

深度学习作为人工智能的一个重要分支,适用于处理高维复杂数据。其能通过多层神经网络自动提取数据的深层特征,能够识别复杂的食品安全问题。深度学习技术在食品安全检测中的典型应用包括图像识别和光谱数据分析等,其具有与机器学习类似的功能,但其优势主要体现在图像识别上。例如,用于食物外观检测的卷积神经网络等深度学习算法,自动监测食品外观上的异常。在水果、蔬菜等农产品检测中,深度学习可以通过分析水果表面的色差、质地、形态等参数,识别食品是否存在霉变、腐败等现象,从而提高农产品的质量控制效率(Zhou et al., 2020)。同时深度学习也能和传感材料结合,用于食品腐败气味及农、兽、残和重金属等风险因子的快速检测。

6.3.2 人工智能用于食品真实性溯源

1. AI 算法在食品真实性成分检测中的应用

食品的真实性和产地溯源是确保其品质的重要手段,深度学习技术通过对食品的基因组、化学成分和光谱等数据进行深度分析,建立准确和具有高泛化能力的溯源模型,准确判断食品的产地和生产条件。AI 算法在真实性溯源中的应用,同样也能与传感技术进行结合,对茶叶、白酒、葡萄酒、蜂蜜等食品进行精准溯源。例如,在蜂蜜的溯源中(Qian et al., 2020),AI 算法可以分析蜂蜜中的花粉 DNA,从而确定蜂蜜的采集地点,也可用于海产品、肉类等食品的 DNA 分析(Galimberti et al., 2013),以确保其来源和种类的真实性;在茶叶和白酒的溯源中,AI 算法可以直接分析其矿质元素和稳定同位素,对其产地进行快速溯源,也可以和具备高特异性识别效能的传感材料结合,对茶酒中的真实性标志物进行检测和溯源。

2. 结合 AI 算法的食品溯源系统

食品供应链的复杂性使食品的来源和生产过程难以完全追溯,而 AI 技术通过其强大的数据分析和预测能力，极大地增强了食品溯源系统的效率。通过整合物联网（IoT）、区块链和 AI 技术，现代食品溯源系统不仅可以记录食品的生产、加工、运输等过程，还可以对整个供应链中的数据进行实时分析，确保食品的真实性和安全性。例如，茶、酒、有机农产品或野生捕捞的海鲜等名贵食品在供应链中可能经过多个国家或地区的运输和处理，使用 AI 智能分析区块链记录，消费者可以快速验证食品的来源与标注信息是否一致。此外，在运输过程中，AI 算法还可以根据温度、湿度等环境数据，预测食品的保质期或变质风险，并在发现异常时立即发出警报；同时，此类智能系统能通过控制储存和运输过程中的温度、湿度和含氧量等因素显著提高食品供应链的安全性。

6.3.3　食品安全检测与真实性溯源未来发展方向

除了上述介绍的具体应用，人工智能的多模态分析能力为食品安全检测与真实性溯源系统的未来发展提供了广阔的前景，多模态 AI 可以同时处理不同来源的信息，如图像、光谱、化学成分等，为食品检测提供更加全面和精确的结果。更重要的是，随着 AI 与区块链技术的深度融合，食品溯源系统将实现前所未有的透明化。区块链的去中心化、不可篡改性和可追溯性使食品供应链中的每一个环节都可以被记录并永久保存，结合 AI 算法，能够对供应链中的各类数据进行智能化处理与预测，确保每个环节的真实性与安全性。例如，从原料采购到加工运输，AI 可以通过实时监测数据变化识别潜在的食品安全问题，及时预警并采取措施。此外，区块链确保了数据的可信度和透明度，消除了人为篡改和信息造假的可能性。除了技术层面的提升，生成式 AI 还在食品安全检测与真实性溯源技术的科普方面发挥巨大作用。通过自然语言生成（NLG）技术，AI 可以将复杂的检测技术、溯源过程以及检测结果转换为通俗易懂的内容，帮助消费者更好地理解食品安全问题。这不仅能提高公众对食品安全和真实性溯源的认知水平，还能推动消费者对食品质量和来源的监督，增强社会对食品行业的信任度。未来，AI 驱动的智能化科普工具可能会出现在各类食品安全应用程序和平台中，消费者通过扫描食品包装上的二维码，就能实时获取食品的详细来源信息、检测报告以及专家解读。

6.4　全球食品真实性检测标准和溯源体系建设

随着全球化进程的加速，食品贸易的国际化和复杂化日益凸显，全球食品供应链正在变得更加广泛，且层次更加丰富。食品的真实性问题，不仅关系到消费者的知情权和健康安全,还对国际贸易秩序的公平性与透明度产生了深远影响。因此,建立全球统一的食品真实性检测标准和溯源体系,成为应对食品欺诈和确保食品质量的重要举措。食品真实性检测的目的是验证食品的产地、成分和加工过程是否符合标签或声明,而溯源体系则确保消费者能够追溯食品的来源和了解供应链过程。要实现全球食品供应链的透明化和规范化,必须构建一个多层次、多方位的全球食品真实性检测标准和溯源体系。

6.4.1 全球食品真实性检测标准现状

1. 主要经济体的食品真实性检测标准

在全球范围内,主要经济体在食品真实性检测方面均制定了较为严格的标准和规范。例如,美国食品药品监督管理局(FDA)和美国农业部(USDA)对食品成分、食品标签和食品产地的真实性提出了明确要求,并制定了相应的检测技术标准和规范;欧盟则通过欧盟食品标签法规[Regulation (EU) No 1169/2011]及其补充条例[如(EU)2018/775],系统规范了食品标签信息并加强了管理,确保食品的原产地和成分符合规定。我国也逐步完善了食品真实性检测标准,特别是在进出口食品安全方面,海关和市场监管部门实施了严格的检测要求。尽管主要经济体在食品真实性检测领域都有较为完善的法规体系,但不同国家和地区的标准存在差异。例如,对于同一种食品,欧盟和美国在食品真实性检测中的技术标准和合规要求可能存在不同,特别是在某些传统食品的产地认证和生产工艺要求上。这种差异给全球食品贸易中的真实性检测带来了挑战,也导致跨国企业面临不同国家法规合规性问题的困扰。

2. 国际组织的协调作用

为推动全球食品真实性检测标准的统一,多个国际组织正积极发挥协调作用。联合国粮农组织(FAO)和 WHO 共同创立的国际食品法典委员会(Codex Alimentarius Commission)是全球食品标准制定的主要机构之一。该委员会通过制定和发布全球通用的食品标准、指导方针和规范,确保食品的安全性和真实性。此外,国际食品科学与技术联盟(IUFoST)、国际标准化组织(ISO)也在推动食品真实性检测标准化进程中发挥了重要作用。然而,尽管国际组织在推动标准统一方面取得了一定成效,全球各国由于国情和食品文化差异,食品真实性检测标准的完全统一仍面临巨大挑战。各国经济发展水平、检测能力和监管力度的不同,使国际标准的推广和落实存在一定的困难。

6.4.2　全球食品真实性检测标准建设路径

1. 构建统一的全球标准

为了应对全球食品真实性问题，制定统一的全球食品真实性检测标准至关重要。这一标准应涵盖从食品原材料的获取、生产加工、包装运输到最终销售的各个环节，确保每一个环节的真实性可追溯。首先，需要在检测技术层面实现标准化。目前，各国在食品真实性检测中采用的技术手段多样，包括 DNA 检测、同位素分析、光谱分析等。这些技术虽然在特定的应用领域内具有较高的准确性，但检测方法不同导致结果的可比性和一致性不足。因此，ISO 等机构可以通过制定全球通用的技术标准，确保各国在食品真实性检测中采用相同的检测方法和标准，提高检测结果的透明度和一致性。除了技术标准的统一，还需要建立全球通用的食品真实性认证机制。各国政府和国际组织可以联合设立第三方认证机构，负责对食品的产地、成分和加工过程进行独立认证。这样的认证体系不仅可以为消费者提供可靠的食品信息，还可以为国际食品贸易提供信任保障，减少因食品真实性问题引发的贸易纠纷。

2. 推动跨国监管合作

食品真实性检测和溯源体系的有效实施，离不开跨国监管机构之间的合作。由于食品在国际贸易中的流通链条复杂，单个国家难以全面覆盖监管力量。因此，全球食品监管机构应建立密切的合作机制，通过信息共享、联合执法、协同监管等方式，确保食品真实性的全球监管。全球食品真实性检测在国际贸易中需要各国监管部门的协同配合，通过建立全球食品溯源信息共享平台，各国可以实时获取食品的产地、生产过程、加工工艺和流通过程等关键数据，实现对食品真实性的全过程监管。特别是在跨境食品安全事件中，信息共享平台可以帮助各国迅速查明问题食品的来源，采取相应的防控措施。此外，各国应建立跨国联合执法机制，加强对食品欺诈行为的打击。例如，在食品欺诈案件中，各国可以通过执法协作，追踪问题食品的跨境流通路径，查明造假者的身份并追究其法律责任。这样的联合执法不仅可以提高食品真实性的监管效率，还可以对不法分子进行强大震慑。

3. 加强公众意识和国际合作

除了技术和标准的建设，公众的认知和参与也是全球食品真实性检测体系建设的重要因素。各国政府和国际组织应通过教育和宣传活动，提高消费者对食品真实性问题的认知，鼓励公众参与食品真实性的监督。同时，全球各国应加强食品真实性检测领域的国际合作，共同应对全球食品供应链中存在的挑战。消费者是食品真实性的最终受益者，因此全球食品真实性检测标准和溯源体系的建设，必须得到消费者的广泛支持。通过推广食品标签认证、食品溯源查询系统等手段，可以提高消费者对食品真实性的认知，让消费者在购买食品时能够获得更多的决策依据。特别是在跨境网购日益普及的背景下，全球食品供应链中的信息透明化显得尤为重要。此外，国际合作至关重要，全球食品真实性问题是一个复杂的跨国问题，任何国家都难以独自应对。各国应加强在食品真实性检测标准和溯源体系建设中的合作，借鉴其他国家的先进经验，共同推动全球食品安全和真实性体系的完善。例如，在"一带一路"倡议下，许多国家已经开始探索食品安全和溯源领域的合作，未来可以进一步加强这些合作机制，形成全球统一的标准和监管体系。

6.4.3　全球食品溯源体系建设

食品溯源体系的建设是确保食品真实性和安全的重要组成部分（Aung and Chang，2014）。全球范围内，食品溯源体系的建设应当包括以下几个方面：①溯源信息的全面性，全球食品溯源体系应涵盖从生产到销售的所有环节，确保每一个环节的信息都可以被追溯。这包括食品的生产地、生产方式、运输方式、储存条件等关键信息。通过构建完整的溯源信息链条，可以有效防止食品造假行为，确保食品的真实性。②溯源信息的透明化，全球食品溯源体系的另一个重要特征是信息的透明化。消费者和相关监管机构应能够随时查询食品的溯源信息，确保食品的每一个环节都是透明的。信息的透明化，可以增强消费者对食品的信任感，也可以提高食品供应链的监管效率。③溯源技术的标准化，为了确保全球食品溯源体系的高效运行，各国需要在溯源技术上实现标准化。目前，全球各国在溯源技术的应用上存在较大差异，如一些国家采用二维码技术，而另一些国家则采用RFID技术。因此，全球食品溯源体系的建设需要在技术标准上实现统一，确保全球范围内的溯源信息可以互通和共享。

全球食品真实性检测标准和溯源体系的建设是一个复杂而紧迫的任务。通过构建统一的技术标准、加强国际合作、推动先进技术的应用以及提高公众的参与度，全球食品供应链的透明度和安全性将得到显著提升。只有通过国际社会的共同努力，才能够有效应对全球食品真实性问题，确保消费者的健康和权益得到充分保障。

参 考 文 献

Aung M M, Chang Y S. 2014. Traceability in a food supply chain: Safety and quality perspectives.

Food control, 39: 172-184.

Cao Y, Liu H, Qin N, et al. 2020. Impact of food additives on the composition and function of gut microbiota: A review. Trends in Food Science & Technology, 99: 295-310.

Clemens S, Ma J F. 2016. Toxic heavy metal and metalloid accumulation in crop plants and foods. Annual Review of Plant Biology, 67(1): 489-512.

Das T K, Ganguly S. 2023. Revolutionizing food safety with quantum dot-polymer nanocomposites: From monitoring to sensing applications. Foods, 12(11): 2195.

Ding H, Tian J, Yu W, et al. 2023. The application of artificial intelligence and big data in the food industry. Foods, 12(24): 4511.

Eze C G, Nwankwo C E, Dey S, et al. 2024. Food chain microplastics contamination and impact on human health: A review. Environmental Chemistry Letters, 22(4): 1889-1927.

Feng H, Wang X, Duan Y, et al. 2020. Applying blockchain technology to improve agri-food traceability: A review of development methods, benefits and challenges. Journal of Cleaner Production, 260: 121031.

Galimberti A, de Mattia F, Losa A, et al. 2013. DNA barcoding as a new tool for food traceability. Food Research International, 50(1), 55-63.

Goyal R, Singha P, Singh S K. 2024. Spectroscopic food adulteration detection using machine learning: Current challenges and future prospects. Trends in Food Science & Technology, 146: 104377.

Hajikhani M, Zhang Y, Gao X, et al. 2023. Advances in CRISPR-based SERS detection of food contaminants: A review. Trends in Food Science & Technology, 138: 615-627.

Kudashkina K, Corradini M G, Thirunathan P, et al. 2022. Artificial intelligence technology in food safety: A behavioral approach. Trends in Food Science & Technology, 123: 376-381.

Li J, Bo X. 2022. Laser-enabled flexible electrochemical sensor on finger for fast food security detection. Journal of Hazardous Materials, 423: 127014.

Li X, Ma W, Li H, et al. 2020. Determination of residual fipronil and its metabolites in food samples: A review. Trends in Food Science & Technology, 97: 185-195.

Piro B, Shi S, Reisberg S, et al. 2016. Comparison of electrochemical immunosensors and aptasensors for detection of small organic molecules in environment, food safety, clinical and public security. Biosensors, 6(1): 7.

Pu H, Yu J, Sun D, et al. 2023. Feature construction methods for processing and analysing spectral images and their applications in food quality inspection. Trends in Food Science & Technology, 138: 726-737.

Qian J, Dai B, Wang B, et al. 2020. Traceability in food processing: Problems, methods, and performance evaluations—a review. Critical Reviews in Food Science and Nutrition, 62(3): 679-692.

Saha D, Manickavasagan A. 2021. Current research in food science. Current Research in Food Science, 4: 28-44.

Tavelli R, Callens M, Grootaert C, et al. 2022. Foodborne pathogens in the plastisphere: Can microplastics in the food chain threaten microbial food safety? Trends in Food Science &

Technology, 129: 1-10.

Zhao G, Liu S, Lopez C, et al. 2019. Blockchain technology in agri-food value chain management: A synthesis of applications, challenges and future research directions. Computers in Industry, 109: 83-99.

Zhou C, Hu J, Xu Z, et al. 2020. A monitoring system for the segmentation and grading of broccoli head based on deep learning and neural networks. Frontiers in Plant Science, 11: 402.